智能网联汽车安全

刘家佳　刘健皓
杨明坤　董　丹　等编著

西安电子科技大学出版社
http://www.xduph.com

内 容 简 介

本书详细介绍了智能网联汽车的相关概念以及面临的安全挑战，分析了近年来典型的汽车信息安全案例，披露了大量关键技术细节，展示了智能网联汽车安全的前沿攻防技术，涵盖智能网联汽车安全的各个层面。

学习智能网联汽车信息安全技术的目的不是为了攻击、破坏车辆及相关系统，而是为了更加深入地理解智能网联汽车的工作原理、攻防原理，从而能够客观科学地对智能网联汽车进行安全测试，以发现存在的漏洞和安全隐患，进而采取针对性的防护措施，促进智能网联汽车产业的健康快速发展。

本书可作为从事智能网联汽车安全相关工作的开发人员、设计人员、测试人员等的参考用书，也可作为高等学校网络空间安全专业及相关专业的教学用书。

图书在版编目(CIP)数据

智能网联汽车安全 / 刘家佳等编著. —西安：西安电子科技大学出版社，2019.8
ISBN 978 - 7 - 5606 - 5355 - 6

Ⅰ. ① 智…　Ⅱ. ① 刘…　Ⅲ. ① 汽车—智能通信网—网络安全—研究　Ⅳ. ① U463.67

中国版本图书馆 CIP 数据核字(2019)第 117368 号

策划编辑　马乐惠
责任编辑　马晓娟
出版发行　西安电子科技大学出版社(西安市太白南路 2 号)
电　　话　(029)88242885　88201467　　邮　编　710071
网　　址　www.xduph.com　　　　　电子邮箱　xdupfxb001@163.com
经　　销　新华书店
印刷单位　陕西天意印务有限责任公司
版　　次　2019 年 8 月第 1 版　2019 年 8 月第 1 次印刷
开　　本　787 毫米×1092 毫米　1/16　印 张　17.75
字　　数　418 千字
印　　数　1~3000 册
定　　价　40.00 元
ISBN 978 - 7 - 5606 - 5355 - 6 / U
XDUP 5657001 - 1

＊＊＊如有印装问题可调换＊＊＊
本社图书封面为激光防伪覆膜，谨防盗版。

　　自从 1886 年卡尔·本茨发明第一辆汽车以来，人类和汽车之间长达一百多年的安全博弈从来没有停止，随着车辆行驶速度的提高、汽车功能的不断增加、汽车保有量的飞速增长，汽车安全技术越来越受到人们的重视。近年来，随着向电动化、共享化、网联化、智能化、无人化的不断发展，汽车早已不是传统意义上简单的代步工具，已经成为万物互联时代名副其实的四个轮子上的"超级大脑"。

　　智能网联汽车集中运用了汽车工程、人工智能、计算机、微电子、自动控制、移动通信等技术，是集环境感知、规划决策、控制执行、信息交互等于一体的高新技术综合产物。随着智能网联汽车技术的不断发展，智能网联汽车的安全问题也受到越来越多的关注。在近年的黑客大会和安全会议中，智能网联汽车的安全问题已经成为万众瞩目的焦点，越来越多的安全工作者开始研究智能网联汽车的攻击方法和防御措施，智能网联汽车安全问题已经成为信息安全领域的热点问题。随着智能网联汽车的应用范围不断扩大，其所面临的安全威胁也越来越大，智能网联汽车被攻击有可能导致人身伤亡，隐私数据泄露，汽车品牌经济损失和声誉受损，更严重的可能会影响到社会稳定和国家安全等。

　　鉴于汽车安全所涉及内容的广泛性、复杂性、重要性，本书兼顾不同层次读者的需求，从学术界和产业界两个不同角度，以汽车智能网联安全为主线，结合近年来最新的汽车信息安全典型案例，深度挖掘智能网联汽车所面临的安全威胁，精准剖析智能网联汽车的前沿攻防技术，构建完整的智能网联汽车安全知识体系，为智能网联汽车产业提供详尽的技术参考和理论依据，并为智能网联汽车的飞速发展提供安全建议和专业指导。

　　本书共 9 章，后 8 章又分为三大篇：第 2、3 章为第一篇，主要讲传统汽车安全；第 4～8 章为第二篇，主要讲智能网联汽车安全；第 9 章为第三篇，主要讲自动驾驶安全。各章内容安排如下：

　　第 1 章介绍了智能网联汽车的基本概念、发展现状和面临的挑战，同时介绍了智能网联汽车面临的安全问题，描绘了智能网联汽车安全的整体框架。

　　第 2、3 章介绍了传统的汽车安全技术，包括汽车被动安全技术和汽车主动安全技术。

　　第 4 章介绍了智能网联汽车的安全威胁模型及建模方法，将智能网联汽车的安全威胁分成三个等级，从汽车车内通信、近程通信、远程通信三个方面出发，对与汽车通信相关的 16 个关键模块进行了威胁建模。

　　第 5 章介绍了智能网联汽车的总线架构、总线分类的基本知识，着重分析了 OBD 端口、OBD 盒子、CAN 总线的关键攻防技术。

　　第 6 章介绍了智能网联汽车无线通信系统的关键安全技术，主要包括 RKE/PKE 系统攻防技术、胎压监测系统攻防技术、车载蓝牙通信系统攻防技术等。

第 7 章介绍了车联网安全攻防技术，首先介绍了车联网"云""管""端"三层威胁模型，之后从硬件、T-BOX、IVI、App、TSP 等五个方面详细阐述了车联网关键安全技术。

第 8 章介绍了 V2X 通信安全攻防技术，主要包括 DSRC 技术、LTE-V 技术，并通过具体案例分析了 V2X 面临的安全风险以及关键攻防技术。

第 9 章介绍了自动驾驶的基本概念和原理，从超声波雷达攻击、毫米波雷达攻击、高清摄像头攻击、激光雷达攻击、对抗样本攻击等方面详细阐述了自动驾驶系统的攻防技术。

鉴于时间有限，书中难免存在疏漏之处，欢迎读者批评指正。

编著者

2019 年 5 月

目录 CONTENTS

第1章 智能网联汽车安全概述 ·· 1

1.1 智能网联汽车 ··· 1

1.1.1 智能网联汽车的相关概念 ·································· 1

1.1.2 智能网联汽车的发展现状和前景 ·························· 5

1.1.3 智能网联汽车面临的挑战 ·································· 9

1.2 智能网联汽车安全 ·· 10

1.2.1 智能网联汽车安全现状 ···································· 10

1.2.2 智能网联汽车安全发展趋势 ······························ 12

1.3 智能网联汽车安全分类 ··· 13

1.3.1 传统汽车安全 ··· 14

1.3.2 网联汽车安全 ··· 14

1.3.3 智能汽车安全 ··· 17

参考文献 ·· 18

第 一 篇

第2章 汽车被动安全 ·· 21

2.1 汽车被动安全概述 ·· 21

2.2 汽车被动安全主要技术 ··· 21

2.2.1 汽车安全带 ··· 21

2.2.2 汽车安全气囊 ··· 24

2.2.3 汽车安全玻璃 ··· 27

参考文献 ·· 28

第3章 汽车主动安全 ·· 29

3.1 汽车主动安全概述 ·· 29

3.2 汽车主动安全关键技术 ··· 29

3.2.1 ABS 概述 ··· 29

3.2.2 ASR 概述 ··· 30

3.2.3 ESP 概述 ··· 31

3.2.4 EBD 概述 ··· 33

3.2.5 LDWS 概述 ··· 33

3.2.6 ACC 概述 ··· 34

3.2.7 APS 概述 ··· 36

参考文献 ·· 38

第 二 篇

第 4 章　智能网联汽车威胁建模及威胁分析 ··· 41

4.1　智能网联汽车威胁建模概述及设计 ·· 41

4.2　LEVEL0 级：智能网联汽车整车级威胁分析 ·································· 41

4.3　LEVEL1 级：智能网联汽车通信系统级威胁分析 ·························· 42

    4.3.1　车内通信威胁分析 ··· 42

    4.3.2　近程通信威胁分析 ··· 43

    4.3.3　远程通信威胁分析 ··· 44

4.4　LEVEL2 级：车内通信应用模块威胁分析 ·································· 44

    4.4.1　CAN 总线威胁分析 ··· 44

    4.4.2　OBD 威胁分析 ··· 46

    4.4.3　GW 威胁分析 ··· 48

    4.4.4　ECU 威胁分析 ··· 50

    4.4.5　T－BOX 威胁分析 ··· 51

    4.4.6　IVI 威胁分析 ··· 53

    4.4.7　USB 威胁分析 ··· 54

4.5　LEVEL2 级：近程通信应用模块威胁分析 ·································· 56

    4.5.1　WiFi 威胁分析 ··· 56

    4.5.2　蓝牙威胁分析 ··· 57

    4.5.3　Radio 威胁分析 ··· 58

    4.5.4　TPMS 威胁分析 ··· 60

    4.5.5　Keyless 威胁分析 ··· 61

4.6　LEVEL2 级：远程通信应用模块威胁分析 ·································· 62

    4.6.1　TSP 威胁分析 ··· 62

    4.6.2　GPS 威胁分析 ··· 64

    4.6.3　App 威胁分析 ··· 65

    4.6.4　OTA 威胁分析 ··· 67

参考文献 ··· 69

第 5 章　汽车总线安全 ··· 71

5.1　汽车总线 ··· 71

    5.1.1　汽车总线概述 ··· 71

    5.1.2　汽车总线分类 ··· 72

    5.1.3　汽车总线威胁分析 ··· 79

5.2　汽车 CAN 总线攻击技术分析 ·· 80

    5.2.1　CAN 总线通信矩阵和报文设计 ·· 80

    5.2.2　车载 CAN 总线接入 ··· 83

    5.2.3　逆向分析 CAN 数据包 ··· 85

5.2.4 CAN 报文数据信息破解 ·· 86

5.3 汽车 OBD 攻击技术分析 ·· 91

    5.3.1 汽车 OBD 概述 ··· 91

    5.3.2 OBD 盒子攻击技术分析 ·· 93

参考文献 ·· 100

第 6 章　汽车无线通信系统安全 ······································ 101

6.1 汽车无线通信系统概述 ·· 101

6.2 RKE/PKE 系统安全 ·· 102

    6.2.1 远程无钥匙进入系统概述 ······································ 102

    6.2.2 被动无钥匙进入系统概述 ······································ 104

    6.2.3 RKE/PKE 攻击技术分析 ·· 106

6.3 胎压监测系统安全 ·· 118

    6.3.1 胎压监测系统概述 ·· 118

    6.3.2 胎压监测系统攻击技术分析 ···································· 119

6.4 蓝牙通信系统安全 ·· 125

    6.4.1 车载蓝牙系统概述 ·· 125

    6.4.2 蓝牙通信攻击技术分析 ·· 126

6.5 车载收音机系统安全 ·· 132

    6.5.1 车载收音机系统概述 ·· 132

    6.5.2 FM 收音机系统攻击技术分析 ·································· 133

6.6 WiFi 通信系统安全 ·· 137

    6.6.1 车载 WiFi 系统概述 ·· 137

    6.6.2 WiFi 通信攻击技术分析 ·· 138

6.7 汽车 GPS 系统安全 ·· 148

    6.7.1 车载 GPS 导航系统概述 ·· 148

    6.7.2 GPS 系统攻击技术分析 ·· 150

参考文献 ·· 155

第 7 章　车联网安全 ·· 157

7.1 车联网系统概述 ·· 157

7.2 车联网系统威胁分析 ·· 158

    7.2.1 车联网云平台威胁分析 ·· 158

    7.2.2 车联网网络传输威胁分析 ······································ 161

    7.2.3 车联网终端威胁分析 ·· 162

7.3 车联网系统安全技术分析 ·· 163

    7.3.1 硬件安全测试技术分析 ·· 163

    7.3.2 T-BOX 安全测试技术分析 ······································ 177

    7.3.3 IVI 安全测试技术分析 ·· 185

    7.3.4 App 安全测试技术分析 ·· 200

7.3.5　TSP 平台安全测试技术分析 ·················· 218

参考文献 ·· 225

第 8 章　V2X 通信安全 ································ 227

8.1　V2X 概述 ·· 227

8.2　V2X 技术标准 ······································ 229

8.2.1　DSRC 技术介绍 ······························ 230

8.2.2　LTE-V 技术介绍 ······························ 232

8.3　V2X 安全 ·· 236

8.3.1　V2X 安全概述 ······························· 236

8.3.2　V2X 安全案例分析：基于 V2X 通信的信号嗅探与位置跟踪 ·· 237

参考文献 ·· 240

第 三 篇

第 9 章　自动驾驶安全 ·························· 243

9.1　自动驾驶概述 ····································· 243

9.1.1　自动驾驶汽车概念 ·························· 243

9.1.2　自动驾驶原理概述 ·························· 243

9.2　自动驾驶系统关键攻击技术分析 ···················· 250

9.2.1　超声波雷达攻击技术分析 ····················· 250

9.2.2　毫米波雷达攻击技术分析 ····················· 255

9.2.3　高清摄像头攻击技术分析 ····················· 259

9.2.4　激光雷达攻击技术分析 ······················ 263

9.2.5　对抗样本攻击技术分析 ······················ 269

参考文献 ·· 274

第1章 智能网联汽车安全概述

　　智能网联汽车是智能汽车与互联网相结合的产物，是跨技术、跨产业的新兴体系，也是国际汽车技术未来发展的重要方向；智能网联汽车产业是新一轮科技革命背景下的新兴产业，可显著改善交通安全，实现节能减排，缓解道路拥堵，提升通行效率，并拉动汽车、电子、通信、服务、社会管理等行业协同发展，对促进国际汽车工业发展、产业转型升级具有重大战略意义。

　　传统产品在智能化、网联化的进程中将不可避免地面对安全问题。例如传统的手机在智能化、网联化之前很少有信息安全问题；智能手机产业爆发以后，随之而来的是大量的手机病毒、恶意攻击、个人资料泄露等问题。汽车产业也是如此，在智能网联汽车全面兴起后，恶意攻击、远程控制、隐私泄露等安全问题也将如影随形。

　　智能网联汽车在提升交通安全、给用户带来更加舒适的操控体验的同时，也带来了十分严重的安全隐患。正常运行的智能网联汽车信息系统会提升乘车安全性，研究表明，在智能汽车的初级阶段，通过先进智能驾驶辅助技术，有助于减少50％～80％的道路交通安全事故，如果实现无人驾驶，甚至可以避免交通事故。但任何事情的发展都不可能一帆风顺。智能网联汽车的信息系统也可能出问题，PC端、手机端的病毒和网络攻击等都有可能被复制到汽车领域，如果在行驶过程中的汽车被黑客控制，出现刹车、熄火、转向等操作失控等问题，会严重影响到用户的生命财产安全。

　　智能网联汽车存在安全问题已有大量例证。中国的安全厂商奇虎360早在2014年就发现特斯拉汽车应用程序存在设计缺陷，攻击者利用漏洞，可远程控制车辆，实现开锁、鸣笛、闪灯、开启天窗等操作。2015年7月，两位著名白帽黑客 Charlie Miller 以及 Chris Valasek 利用笔记本电脑入侵了车辆的电子系统，操控一辆行驶中的吉普自由光（Jeep Cherokee）汽车，导致美国菲亚特克莱斯勒公司宣布召回约140万辆存在软件漏洞的汽车，这也是首例汽车制造商因为黑客风险而召回汽车的事件。

　　智能网联汽车的发展需要在智能网联化与安全之间做出平衡，没有绝对安全的智能网联系统，只有在智能网联化与安全之间找到一个厂商、用户、政府都认可的平衡点，智能网联汽车的相关技术才能不断取得突破，智能网联汽车安全才能得到有效保障，智能网联汽车产业才能健康发展。

1.1 智能网联汽车

1.1.1 智能网联汽车的相关概念

1. 智能网联汽车的定义

　　智能网联汽车是指搭载先进的车载传感器、控制器、执行器等装置，并融合现代通信技术与网络技术，实现车与车、车与人、车与云等智能信息交换、共享，具备复杂环境感知、智能决策、协同控制等功能，可实现"高效、安全、舒适、节能"行驶，并最终实现代替人来操作的新一代汽车，见图1-1。

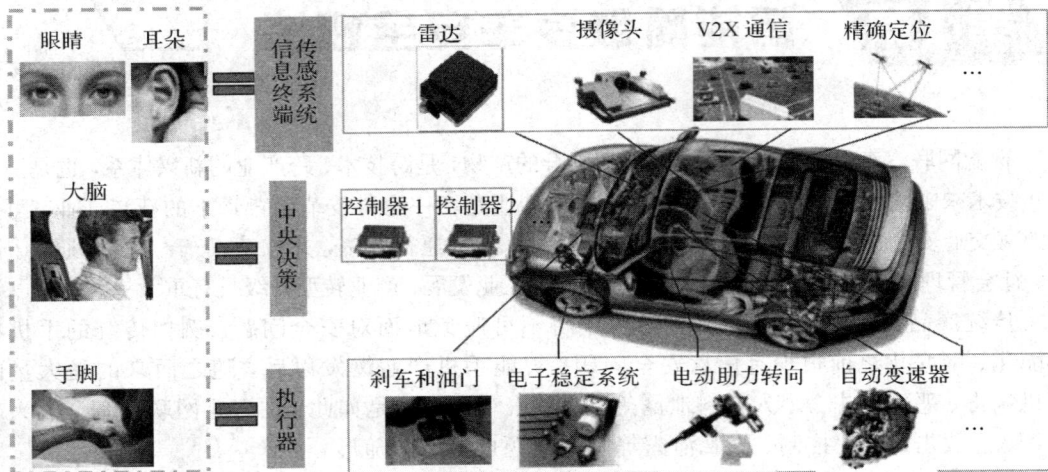

图1-1　智能网联汽车

2. 智能网联汽车的技术架构

智能网联汽车集中运用了计算机、现代传感、信息融合、模式识别、通信网络及自动控制等技术，是一个集环境感知、规划决策和多等级驾驶辅助等于一体的高新技术综合体，拥有相互依存的技术架构，如图1-2所示。

智能网联汽车的技术体系由传感、决策、控制、通信定位及数据平台等关键技术组成，主要包括：

（1）环境感知技术，包括利用机器视觉的图像识别技术、利用雷达（激光雷达、毫米波雷达、超声波雷达）的周边障碍物检测技术、多源信息融合技术、传感器冗余设计技术等。

（2）智能决策技术，包括危险事态建模技术、危险预警与控制优先级划分技术、群体决策和协同技术、多目标协同技术、车辆轨迹规划技术、驾驶员多样性影响分析技术、人机交互系统等。

（3）控制执行技术，包括面向驱动/制动的纵向运动控制技术、面向转向的横向运动控制技术，基于驱动/制动/转向/悬架的底盘一体化控制技术、融合车联网通信及车载传感器的多车队列协同技术和车路协同控制技术等。

（4）V2X通信技术，包括车辆专用通信系统、实现车间信息共享与协同控制的通信保障机制、移动自组织网络技术、多模式通信融合技术等。

（5）云平台与大数据技术，包括智能网联汽车云平台架构与数据交互标准、云操作系统、数据高效存储和检索技术、信息安全保障机制、大数据的关联分析技术和深度挖掘技术等。

（6）信息安全技术，包括汽车信息安全建模技术，数据存储、传输与应用三维度安全体系，汽车信息安全测试方法、信息安全漏洞应急响应机制等。

（7）高精度地图技术与高精度定位技术，包括高精度地图数据采集、交换和物理存储的标准化技术，多台智能网联汽车之间信息共享与协同控制所必需的通信保障技术，移动自组织网络技术，高精地图及局部场景构建技术等。

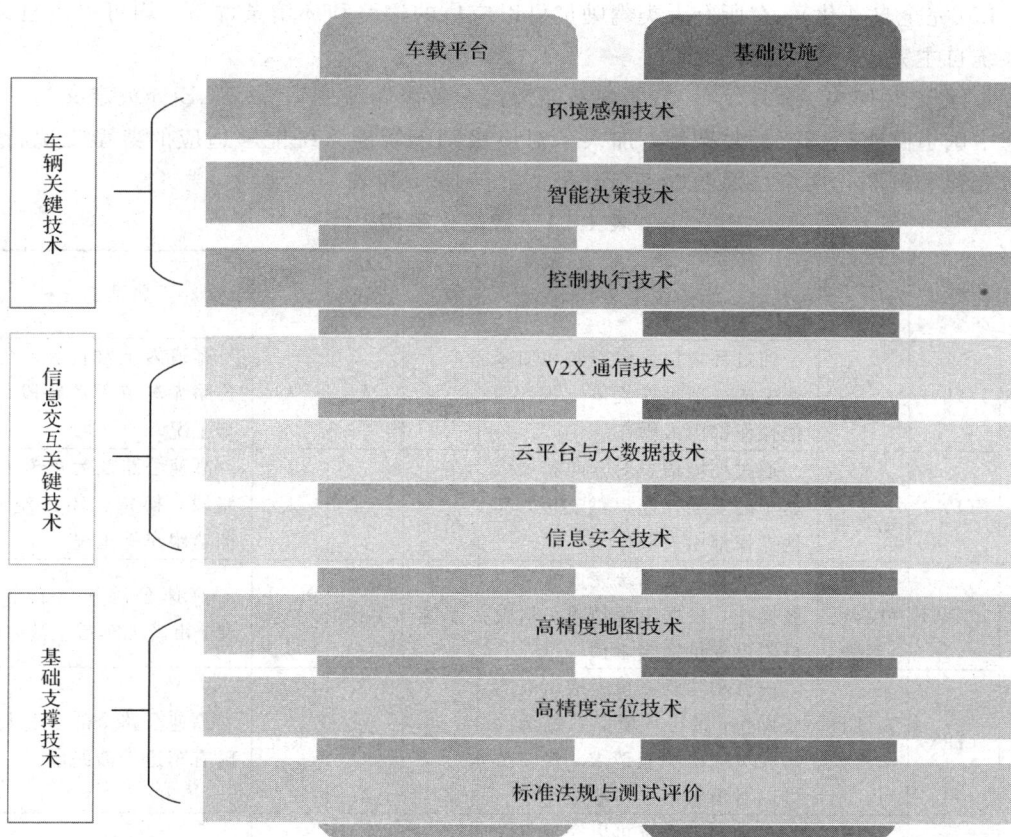

图 1-2 智能网联汽车技术架构

（8）标准法规，包括智能网联汽车整体标准体系以及涉及汽车、交通、通信等各领域的关键技术标准。

（9）测试评价，包括智能网联汽车测试评价方法与测试环境建设等。

3. 智能网联汽车的分级标准

目前，国际上多采纳的是美国的自动驾驶分级标准。美国交通部在 2016 年 9 月 20 日发布了针对自动驾驶汽车的首部联邦指导方针——《自动驾驶汽车联邦政策》（Federal Automated Vehicles Policy），宣布采用 SAE（美国汽车工程协会）分级标准。SAE 发布的分级标准如下：

L1（驾驶辅助）：通过环境信息对方向盘和加减速中的一项操作提供驾驶支持，其他的驾驶动作都由人类驾驶员进行操作。

L2（部分自动化）：通过环境信息对方向盘和加减速中的多项操作提供驾驶支持，其他的驾驶动作都由人类驾驶员进行操作。

L3（有条件自动化）：由自动驾驶系统完成所有的驾驶动作，根据系统要求，人类驾驶者提供适当的应答。

L4（高度自动化）：由自动驾驶系统完成所有的驾驶动作，人类驾驶员不需要对所有的系统请求做出应答。

L5（完全自动化）：在所有人类驾驶员可以应付的道路和环境条件下，均可以由自动驾驶系统自主完成所有的操作。

中国于 2016 年 10 月发布《节能与新能源汽车技术路线图》，以 SAE 分级定义为基础，考虑中国道路交通情况的复杂性，加入了对应级别下智能系统能够适应的典型工况特征，从智能化和网联化两个层面明确各自分级，如表 1-1 和表 1-2 所示。

表 1-1　智能化等级

智能化等级		等级名称	等级定义	控制	监控	失效应对	典型工况
人监控驾驶环境	1(DA)	驾驶辅助	通过环境信息对方向和加减速中的一项操作提供支援，其他操作都由人操作	人与系统	人	人	车道内正常行驶、高速公路无车道干涉路段，泊车工况
	2(PA)	部分自动驾驶	通过环境信息对方向和加减速中的多项操作提供支援，其他操作都由人操作	人与系统	人	人	高速公路及无车道干涉路段、换道、环岛绕行、拥堵跟车等工况
自动驾驶系统监控驾驶环境	3(CA)	有条件自动驾驶	由自动驾驶系统完成所有驾驶操作，根据系统请求，驾驶员需要提供适当干预	系统	系统	人	高速公路正常行驶工况，市区无车道干涉路段
	4(HA)	高度自动驾驶	由自动驾驶系统完成所有驾驶操作，特定环境下系统会向驾驶员提出响应请求，驾驶员可以对请求不进行响应	系统	系统	系统	高速公路全部工况及市区有车道干涉路段
	5(FA)	完全自动驾驶	自动驾驶系统可以完成驾驶员能够完成的所有道路环境下的操作，不需要驾驶员介入	系统	系统	系统	所有行驶工况

表 1-2　网联化等级

网联化等级	等级名称	等级定义	控制	典型信息	传输需求
1	网联辅助信息交互	基于车-路、车-云通信，实现导航等辅助信息的获取以及车辆行驶数据与驾驶员操作等数据的上传	人	地图、交通流量、交通标志、油耗、里程、驾驶习惯等信息	传输实时性、可靠性要求较低
2	网联协同感知	基于车-车、车-路、车-人、车-云通信，在共享自车感知信息的同时，实时获取车辆周边交通信息，作为自车决策与控制系统的输入	人与系统	周边车辆、行人、非机动车辆位置、速度、信号灯相位、道路预警等信息	传输实时性、可靠性要求较高
3	网联协同决策与控制	基于车-车、车-路、车-人、车-云通信，实时获取车辆周边交通环境信息及车辆决策信息，车-车、车-路等交通参与者之间的信息进行交互融合，形成车-车、车-路等交通参与者之间的协同决策与控制	人与系统	车-车、车-路间的协同控制信息	传输实时性、可靠性要求较高

1.1.2 智能网联汽车的发展现状和前景

在全球制造业转型升级及能源、交通、安全、环境问题日益严重的背景下，新一轮科技革命和生态建设深入推进，汽车产业和电子信息等新兴产业快速深度融合，汽车产业消费趋势、制造过程、商业模式、竞争格局发生重大变革，全球汽车产业正在飞快发展和重塑。汽车产业的电动化、智能化、网联化趋势愈发凸显，发展智能网联汽车也逐步成为共识。美国、欧盟、日本等发达国家及地区纷纷将自动驾驶汽车产业发展上升到国家战略，中国也同样出台了一系列政策法规鼓励发展智能网联汽车。传统车企和零部件供应商纷纷开展汽车技术创新，加速智能网联汽车领域布局，互联网公司等高科技企业同样抓住机遇，并行推进智能网联汽车产业布局。智能网联汽车技术的发展正在引导全球汽车产业进行深刻变革。

1. 国外智能网联汽车发展布局

美国将发展智能网联汽车作为发展智能交通系统的一项重点工作内容，通过制定国家战略和法规，引导产业发展。美国在《智能交通战略规划(2015—2019)》中明确将智能网联汽车和自动化作为两大主要发展目标，成立交通变革研究中心，对智能网联汽车进行大规模示范测试。美国交通部强势主导智能网联汽车发展，预计2020年推出V2V强制法规，通用汽车已开始装载V2V设备。2016年9月，美国交通部发布了《美国自动驾驶汽车政策指南》(后简称《指南》)，从自动驾驶汽车性能指南、州政府法规模型、NHTSA(美国国家公路交通安全管理局)现有的监管方式和新的监管方式四个方面，针对高度自动驾驶的安全设计、开发、测试和应用等，为生产、设计、供应、测试、销售、运营或者应用高度自动驾驶汽车的传统汽车厂商和其他机构，提供了一个具备指导意义的前期规章制度框架。如《指南》中提到的自动驾驶技术分级，一直是汽车行业的热议话题，而《指南》则正式确立采用前面提到的美国汽车工程师协会(SAE)的定义作为评定汽车自动驾驶水平的标准，从最低到最高为L1到L5，并且根据由人操控还是由自动驾驶系统主要监控，划定出L1到L5五级标准之间的清晰界线。《指南》还规定新的自动驾驶汽车或技术都应满足15个要点的安全评估才能上路，这15个安全要点包括数据记录和共享，隐私，车辆网络安全，耐撞性能，消费者教育和培训，碰撞后表现，联邦、州以及地方法规，操作设计，物体和事件的探测及响应等。

欧盟支持智能网联汽车的技术创新和成果转化，在世界保持领先优势。欧盟通过发布一系列政策以及自动驾驶路线图等，推进智能网联汽车的研发和应用，引导各成员国智能网联汽车产业的发展。从政府组织角度对智能网联汽车技术发展制定了明确的技术路线，因为从现有的ADAS(先进驾驶辅助系统)支持，到完全无人驾驶或自动驾驶，要突破一系列问题，除了要有技术，还要有法律支持等。2011年，欧盟委员会发布白皮书《一体化欧盟交通发展路线——竞争能力强、资源高效的交通系统》，明确要建设高效与集成化交通系统，要推动未来交通技术创新以及新型智能交通设施建设。2012年，欧盟通过了新的研究和创新框架计划——Horizon 2020，计划执行期为2014年～2020年，计划突出以下技术方向：加速推动合作式ITS系统构建；加速推进汽车自动化、网联化、标准化及产业应用；加速推进通信网络标准化及安全性研究，实现欧洲交通一体化；加速推进运输车辆网联化及应用。

日本也在很早就开始智能交通系统的研究，从车、路、物等多方面进行全面规划，政府积极发挥跨部门协同作用，推动智能网联汽车项目实施。计划2020年在限定地区解禁无人驾驶的自动驾驶汽车，到2030年在国内形成完全自动驾驶汽车市场目标。2010年6月，日本内阁发布《新增长战略：重振日本的蓝图》，要大力发展新一代的汽车，引领汽车技术的革命；2013年6月，日本信息技术战略总部发布《成为世界上最发达的信息技术国家宣言》，计划在2015年左右实现半自动驾驶汽车（第三级）的商业化应用；2016年6月，日本又发布《日本复兴战略2016——面向第四次产业革命》，将自动驾驶的研发与应用纳入到智能社会的建设中。

2. 我国智能网联汽车发展布局

在中国，2015年，国务院印发了《中国制造2025》，将智能网联汽车列入未来十年国家智能制造发展的重点领域，明确指出到2020年要掌握智能辅助驾驶总体技术及各项关键技术，到2025年要掌握自动驾驶总体技术及各项关键技术。同年，《中国智能网联汽车标准体系建设方案》（第一版）出台。

2016年6月，中国汽车技术研究中心在"第二届智能网联汽车技术及标准法规国际研讨会"上透露，全国汽车标准化技术委员会已经完成《先进驾驶辅助系统术语和定义》ISO标准草案的准备工作。8月，工信部网站发布了"三部门关于印发《装备制造业标准化和质量提升规划》的通知"，《规划》要求开展智能网联汽车标准化工作，加快构建包括整车及关键系统部件功能安全和信息安全在内的智能网联汽车标准体系。10月底，《中国智能网联汽车技术发展路线图》发布，以引导汽车制造商的研发以及支持未来政策制定。

目前由工信部组织起草的《智能网联汽车标准体系方案》已形成标准体系框架，该标准体系框架包括基础、通用规范、产品与技术应用、相关标准四个主要部分，其中基础和通用规范涉及网联化共性的基础标准；产品与技术应用涉及具体的设计标准，是该框架的主干部分，包含信息采集、决策报警、车辆控制等方面的细则；相关标准涉及信息交互、通信协议、连接接口等。

3. 车企、互联网企业的智能网联汽车发展布局

智能网联汽车产业是交通、汽车、电子信息等多产业的综合体现，需要交通、汽车和电子信息三大产业积极互动、融合发展。因此，对于汽车产业而言，智能网联汽车的发展不同于以往任何一次的汽车技术升级改造。智能网联汽车创新技术的爆发不仅仅发生在汽车行业内部，更多地体现在互联网企业、电信运营商、零部件供应商、新兴科技公司等跨界领域。智能网联汽车需要高度智能化的数据分析能力，这些都是IT企业的长处，如苹果、腾讯、百度、阿里巴巴、谷歌、英特尔等大型科技企业等都凭借自身优势，踏入智能网联汽车核心领域，将目光聚焦在智能车载系统、自动驾驶系统、高精度地图等关键核心技术的研发和解决方案上。

传统车企选择智能化的发展路径，渐进式推动自动驾驶创新，并且已经取得明显成果。福特计划2021年实现无人驾驶商业化运作；沃尔沃计划2020年实现自动化驾驶汽车量产；通用汽车通过外延合作，启动自动驾驶研究；奔驰在商用车和乘用车领域均推进无人驾驶测试并开展路测活动；丰田计划在2020年实现自动驾驶商业化；日产计划未来五年推出十部具有半自动或自动驾驶功能的汽车；现代计划在2030年推出完全自动驾驶的汽车；宝马、奥迪无人驾驶领域的研究及测试活动也在不断开展进行。据不完全统计，已至少有30家公司在研发自动驾驶技术。由于制造优势和技术积累，传统汽车厂商在自动驾驶领域的影响力似乎已经超越互联网巨头和创业公司。

互联网企业则充分利用自身海量数据优势，着手网联化技术研究并实现跨越式发展，谷歌以算法和深度学习技术为核心布局无人驾驶，谷歌无人车已完成300万英里的道路测试；特斯拉基于成熟的电动汽车制造技术，结合机器学习，不断优化自动驾驶功能并计划在三年内实现完全自动驾驶。互联网企业积极以汽车为载体拓展原有价值体系，依托企业优势资源切入汽车企业。互联网企业主试图通过智能网联和自动驾驶重新定义汽车产业链，从高级别切入，以人工智能、高精度地图、激光雷达、毫米波雷达、高清摄像头、协同式环境感知系统等技术综合实现无人驾驶，主导智能网联汽车产业。

4. 智能网联汽车发展大事件梳理

· 1925年8月：来自美国陆军的电子工程师弗朗西斯坐在一辆用无线电操控前进的汽车上，这是真正意义上的第一辆"无人驾驶汽车"。

· 1939年：通用（GM）汽车公司初步提出了"自动驾驶汽车"概念，在纽约举办的世界博览会上，通用汽车赞助研制的一辆名为Futurama的车辆展出。这辆车的具体设计者是一位名为Norman Bel Geddes的汽车设计师和工程师。这是一款由电动机驱动并由无线电控制的全自动汽车，由此拉开了自动驾驶汽车发展的序幕。

· 20世纪50年代末期：美国无线电公司RCA宣称其已经掌握了自动驾驶汽车的相关技术。

· 1956年：通用汽车公司正式展出了Firebird II概念车，这是世界上第一辆配备了汽车安全及自动导航系统的、神似火箭头的概念车。

· 1966年：美国斯坦福大学研究所（SRI）的人工智能研究中心（AIC）研发了一款名叫Shakey的自动导航仪器。

· 1971年：英国道路研究实验室（RRL）展示了一段视频，视频里的他们正在测试一辆自动驾驶汽车，车子里仅有的一个人坐在后排，方向盘一直在通过自动"抖动"调整汽车方向。

· 1977年：日本的筑波工程研究实验室开发出了第一辆基于摄像头来检测导航信息的自动驾驶汽车。这辆车配备了两个摄像头，并用模拟计算机技术进行信号处理。

· 20世纪80年代：位于德国慕尼黑的德国国防大学科学家团队研制成功一款"引领梦想"的奔驰机器人汽车，这款无人驾驶汽车在没有交通意外的情况下，时速可以达到100 km。

· 1984年：美国国防部高级研究计划署启动了ALV自主陆上车辆计划，目的是研究具有无人驾驶能力和人工智能的陆地军用机器人。ALV项目的研究持续了5年，由于成果有限以及国会削减经费而被迫中止。

· 20世纪90年代：欧洲委员会开始创设了投资8亿欧元的有关无人驾驶汽车的"普罗米修斯工程"（1987—1995），这是致力于欧洲高效交通和未来安全的一个重大项目。

· 1992年：北京理工大学、国防科技大学等五家单位联合研制了ATB-1，中国第一辆真正意义上的无人驾驶汽车诞生。

· 1998年：ARGO项目（意大利帕尔马大学视觉实验室VisLab在EUREKA资助下

完成的项目）利用立体视觉系统和计算机制定的导航路线进行了 2000 km 的长距离实验，其中 94% 的路程使用自主驾驶，平均时速为 90 km，最高时速为 123 km。

- 2001 年：国防科技大学与一汽开始合作研发自动驾驶汽车。
- 2004 年：DARPA（美国国防先进研究项目局）率先对无人驾驶汽车进行了有史以来最重要的挑战，该团队成功地让无人驾驶汽车穿越了 Mojave 沙漠。
- 2007 年：斯坦福人工智能实验室主任 Sebastian Thrun 加入谷歌，负责谷歌 X-Lab 无人驾驶项目，并开发了世界首辆无人驾驶汽车。
- 2009 年 12 月：美国交通部发布了《智能交通系统战略研究计划：2010—2014》，首次提出了车联网构想。
- 2009 年：谷歌在 DARPA 的支持下，开始了自己的无人驾驶汽车项目。谷歌通过一辆改装的丰田普锐斯在太平洋沿岸行驶了 1.4 万英里，历时一年多。许多在 2005—2007 年期间工作于 DARPA 的工程师都加入到了谷歌的团队，并且使用了视频系统、雷达和激光自动导航技术。
- 2010 年：VisLab 团队（当年的 ARGO 项目团队）开启了自动驾驶汽车的洲际行驶。四辆自动驾驶汽车从意大利帕尔玛出发，穿越 9 个国家，最后成功到达了中国上海。
- 2011 年：中国的一汽红旗 HQ3 无人驾驶车完成从长沙至武汉 286 公里的路测。
- 2014 年 5 月：谷歌对外发布了"完全自主设计"的无人驾驶汽车。
- 2014 年 7 月：谷歌无人车发生第一次交通事故。
- 2014 年 10 月：特斯拉的自动驾驶系统 Autopilot 发布。
- 2014 年 11 月：蔚来汽车公司成立。
- 2015 年 1 月：谷歌无人驾驶原型车开始在加州路试。
- 2015 年 4 月：阿里巴巴和上汽合作，计划投资 10 亿人民币研发新一代互联网汽车。
- 2015 年 5 月：Uber 挖走卡内基梅隆大学（CMU）机器人研究中心（NREC）团队。
- 2015 年 8 月：中国首辆无人驾驶客车路测完成。
- 2015 年 10 月：特斯拉推出 ADAS 系统 Tesla Autopilot 1.0，车主在高速公路上行驶时能够将驾驶系统交给汽车，可以实现自适应巡航、变道、紧急刹车以及自动转向。
- 2015 年 12 月：恩智浦 120 亿美元收购飞思卡尔。
- 2015 年 12 月：中国的百度无人驾驶汽车完成北京开放高速路的自动驾驶测试。
- 2016 年 1 月：通用汽车公司 5 亿美元收购 Lyft。
- 2016 年 4 月：蔚来汽车公司与江淮汽车公司签署 100 亿元人民币战略合作协议，双方将全面推进新能源汽车、智能网联汽车产业链战略合作。
- 2016 年 4 月：中国的长安汽车成功完成 2000 km 超级无人驾驶测试。
- 2016 年 5 月：特斯拉 Model S 在佛罗里达州因使用自动驾驶系统（Autopilot）发生车祸。
- 2016 年 6 月：中国首个国家智能网联汽车试点示范区成立。
- 2016 年 8 月：百度、福特与激光雷达公司 Velodyne 达成战略投资协议。
- 2016 年 8 月：Uber 6.8 亿美元收购 Otto。
- 2016 年 9 月：上汽和阿里巴巴发布了互联网汽车——荣威 RX5。

- 2016 年 9 月：Uber 在匹兹堡进行无人驾驶出租车测试。
- 2016 年 10 月：高通 275 亿美元收购恩智浦。
- 2016 年 11 月：三星 80 亿美元收购 Harman。
- 2016 年 12 月：谷歌自动驾驶项目成为 Alphabet 旗下一家独立公司 Waymo 的正式项目。
- 2017 年 2 月：Intel 150 亿美元收购 Mobileye。
- 2017 年 2 月：福特 10 亿美元收购 Argo AI。
- 2017 年 3 月：通用汽车公司 10 亿美元收购 Cruise Automation。
- 2017 年 3 月：Uber 无人车在亚利桑那州发生车祸。
- 2017 年 4 月：苹果公司首次出现在美国加州车辆管理局(DMV)公布的拥有测试牌照公司的名单上。
- 2017 年 5 月：三星获批在韩国测试自动驾驶汽车。
- 2017 年 6 月：日本冲绳启动首次远程操控无人驾驶汽车验证试验。
- 2017 年 6 月：德国大陆公司宣布加入宝马英特尔自动驾驶研发联盟。
- 2017 年 6 月：中国智能网联汽车产业创新联盟成立。
- 2017 年 7 月：奥迪新一代 A8 发布，支持 L3 级别自动驾驶。
- 2017 年 7 月：百度 Apollo 计划启动。

……

1.1.3 智能网联汽车面临的挑战

从国内外智能网联汽车的研发和实验中可以看出，现阶段的智能网联汽车技术路线还不够成熟。智能网联汽车是多学科相互有机融合的新生事物，它的发展是一个不断探索和循序渐进的过程，要想真正批量上路运行，还面临诸多挑战。

1. 技术上没有统一标准和评测方法

互联网的节点是 PC 机，操作系统有 Windows、Mac OS、Linux；移动终端的节点是智能手机，操作系统有 Android、iOS，各个节点可以互相连通，交换数据。智能网联汽车的网络与移动互联网基本相同，但缺少业界的统一标准，各个厂商使用的处理器不同，操作系统不同，传感器不同，导致车辆之间无法很好的通信；且软硬件没有一致的标准，厂商各自为战，最终导致的后果是难以通用，一款软件或者设备只能适用于一种车型。作为一个产业链，应该在各种汽车上形成统一，不论是宝马、奥迪、劳斯莱斯，还是长城、大众、比亚迪，都应该使用一套标准，接受的指令也应大致相似。

2. 技术瓶颈难以突破

虽然智能网联汽车技术已经发展很快，但以自动驾驶汽车为例，自动驾驶汽车搭载的感知系统在高风险和复杂的环境中(比如暴风雪的山路、人流密集的闹市区)仍然达不到实用要求。还有传感器大数据实时处理问题，系统对每个传感器产生的数据都要求有很强的实时性。要开发一套完整、高效的车载系统，技术难度非常大，其复杂程度远超于手机系统的开发。就交互方式而言，虽然现在已经有很多高配汽车安装了智能车载系统，但更多的用户在车内仍然选择使用手机，他们一致的反馈是车载系统难用。车载系统的硬件装置与手机大不相同，车载系统选择硬件设备时需要考虑更多的因素，如高低温的耐受能力、启动时间、抗震能力、信号接收能力等。车载系统还需要和汽车本身相匹配，如接入 CAN 总线、电源等。除此之外，车联网强大的信息处理能力必不可少。以智能交通为例，首先要解决车辆、人、道路基础设施等方面的信息采集问题，之后要对数据进行分析。

3. 成本居高不下

以自动驾驶为例，激光雷达成本居高不下，64 线束的激光雷达价格高达十几万美元，这也是很多汽车厂商未采用激光雷达方案的主要原因。

4. 人才培养问题

智能网联汽车领域的高端人才炙手可热，智能网联汽车领域越来越多的研发企业认识到高端人才的重要性，正在奋力招揽。但是智能网联汽车人才缺口很大，市场供不应求。

5. 法律法规亟待完善

关于智能网联汽车，各国法规的制定严重滞后于技术发展。特斯拉汽车事故给人们敲响了警钟，一旦类似车祸发生，现有法规并未明确交通事故发生后的责任认定。目前除美国已经发布了比较完整的自动驾驶汽车法规外，其他国家对于自动驾驶、智能网联汽车相关政策标准的制定仍在进行当中。整体来看，各国在相关法规标准的制定上无外乎这几点：定义、分级、技术开发、汽车制造以及各项安全法规和道路交通规则等，涵盖智能网联汽车发展的各个方面，这也决定了智能网联汽车发展必然是一个漫长的过程。

6. 信任问题

如何在技术上保证智能网联汽车更安全，如何能让普通人相信自动驾驶技术比人驾驶更安全，相比技术上的提升，信任的提升更加困难。

7. 安全问题

正如前面介绍到的，汽车黑客 Charlie Miller 以及 Chris Valasek 通过笔记本电脑在家中就能控制 Jeep Cherokee 汽车的雨刮器、行驶速度、内置空调等，甚至还可以将车开进沟里。黑客一旦将带有病毒的软件或程序植入车中，安全就更加难以保障。黑客可以窃取车主的通话信息，了解车主每天的行车路线，偷走车主的爱车，远程控制汽车，甚至酿成惨烈车祸。智能网联汽车的安全实际上就是移动终端安全、互联网安全、自动驾驶安全等的复杂融合，如今这些安全问题都很难解决，因此很多人认为解决智能网联汽车的安全问题更加遥遥无期。

1.2 智能网联汽车安全

1.2.1 智能网联汽车安全现状

在近年的黑客大会和安全会议（如 DEFCON、BlackHat、USENIX、IEEE Symposium on Security and Privacy）上，智能网联汽车的安全问题已经成为名副其实的焦点问题，越来越多的安全工作者开始研究智能网联汽车的攻击方法和防御措施。

1. 智能网联汽车安全事件梳理

· 2010 年：南卡罗莱纳大学的研究人员实现了对 TMPS 系统的攻击。

· 2010 年：华盛顿大学的研究人员利用 OBD 接口入侵汽车。

· 2011 年：在 USENIX 安全会议上，Stephen Checkoway 等人发布汽车攻击面分析报告。

· 2011 年：在 DEFCON 会议上，Don Bailey 等人利用短信漏洞解锁斯巴鲁傲虎。

· 2013 年：Charlie Miller 和 Chris Valasek 通过 OBD 接口入侵了丰田普锐斯、福特翼虎。

· 2014 年：Charlie Miller 和 Chris Valasek 发布了 12 款车型的汽车安全报告。

· 2014 年：360 公司的研究人员实现对特斯拉汽车的远程控制。

· 2015 年 1 月：因 ConnectedDrive 功能存在漏洞，导致宝马公司召回约 220 万辆汽车。

· 2015 年 2 月：Samy Kamkar 发现了通用汽车的 Onstar 系统漏洞。

· 2015 年 7 月：Charlie Miller 和 Chris Valasek 远程控制了吉普自由光，克莱斯勒公司因此召回 140 万辆汽车。

· 2015 年：360 公司的研究人员揭示比亚迪汽车云服务、蓝牙钥匙存在安全漏洞。

· 2016 年 2 月：日产聆风配套的 NissanConnect 应用被曝存在安全隐患，研究人员 Troy Hunt 侵入控制汽车的空调系统，下载了过往的日志文件。

· 2016 年：腾讯科恩实验室宣布实现了对特斯拉汽车的远程入侵。

· 2016 年 8 月：360 智能网联汽车安全实验室和浙江大学团队利用传感器漏洞对特斯拉汽车自动驾驶系统进行干扰攻击和欺骗攻击。

· 2017 年 4 月：现代汽车 BlueLink 系统被曝存在安全漏洞，车辆可被远程控制。

· 2017 年 4 月：以色列网络安全公司 Argus 在检验过程当中发现了博世的 Drivelog Connector 电子狗和与之相适配的 App 存在漏洞。

· 2017 年 6 月：Bugcrowd 的 App 安全工程师 Jay Turla 利用马自达汽车的信息娱乐系统漏洞实施了攻击。

· 2017 年 6 月：Aaron Guzman 利用斯巴鲁 WRX STI 中的软件漏洞，执行锁车门、按喇叭（honk the horn）、获取车辆的行车位置记录等操作，在侵入车载 Starlink 账户后窃取用户的账户信息。

· 2017 年 7 月：360 公司无线电安全团队展示入侵汽车无钥匙进入系统。

· 2017 年 8 月：研究人员发现，宝马、福特、英菲尼迪以及日产（NISSAN）车辆使用的远程信息处理控制单元存在安全漏洞。

· 2017 年 8 月：华盛顿大学计算机安全研究人员 Yoshi Kohno 利用深度神经网络漏洞，成功攻击了自动驾驶汽车的视觉处理系统。

......

通过以上事例，我们可以清楚地看到汽车安全事件发生的频率越来越高，造成的影响也越来越大。2013 年之前，汽车安全事件按照年为单位，2014 年按照月为单位，但是到了 2015 年以后，汽车攻击事件或者演示几乎是按照天为单位的。

2. 智能网联汽车风险表现

1）人身安全类

智能网联汽车引发的人身安全问题是指智能网联汽车信息系统被病毒感染、被黑客攻击后，出现拒绝服务、失去控制等状况，影响用户人身安全。具体来看，有些安全漏洞将削弱关键系统的安全性，将乘车人、外部行人和周边环境置于危险当中，可能导致的后果包括在驾驶途中突然熄火、车辆行驶中被黑客控制肆意改道等。一些非关键安全系统受影响将导致汽车拒绝服务或进行不必要的操作，如刹车失灵、选择性爆胎、发动机停止等。上述问题都有可能导致智能网联汽车行驶过程中用户对其失去控制，造成人身伤害。

2）数据隐私类

隐私类风险指的是安全漏洞可能导致个人信息、车辆信息被窃取、被滥用或被篡改。目前智能汽车上至少有超过 100 个智能传感器，代码量逼近一亿行，每天向云端传输的数据达到 100 MB，这些数据涵盖了汽车和乘客的各类信息，包括位置信息、操作记录、驾驶习惯等，如果信息泄露，意味着用户隐私被侵犯。

智能网联汽车运行过程中也会产生各种类型的数据，涉及汽车硬件配置、软件信息、系统设置、用户个人信息等多个层面，如果这些信息被窃取，可以对用户形成较为精准的形象素描，进而对用户造成深层次侵扰，如以隐私泄露相要挟、利用行车信息向用户播发恶意广告、利用车辆软硬件信息与用户操作习惯实施网络攻击等。

3）经济损失类

经济损失类风险指用户可能遭受经济损失，包括车内财物丢失、汽车被破坏或被盗。此外，黑客还有可能远程控制汽车和挟持乘客，索要赎金等。

4）品牌信誉类

除了前面提到的菲亚特克莱斯勒宣布召回 140 万辆汽车之外，2015 年 2 月，宝马 ConnectedDrive 车联网数字服务系统被发现存在安全漏洞，该漏洞涉及宝马集团旗下的宝马、MINI 和劳斯莱斯三大品牌，约 220 万辆配备了 ConnectedDrive 数字服务系统的车辆受到影响。智能网联汽车被频频曝出的漏洞导致大规模的召回事件，严重损害车企的品牌价值。

5）公共安全类

智能网联汽车安全涉及公众利益、经济建设、国家安全、社会秩序等方面。大规模的智能网联汽车安全事件极有可能造成交通系统大面积瘫痪，恐怖分子或极端分子有可能利用智能网联汽车实施恐怖活动等。

1.2.2　智能网联汽车安全发展趋势

1. 智能网联汽车安全事件将不断增多，影响范围将不断扩大

智能网联汽车普及后，攻击智能网联汽车对黑客越来越有吸引力，网络连接的增多也将扩大被攻击利用的风险，车载系统的统一与开放使病毒与恶意攻击的打击面增大。如果智能网联汽车的防护做得不完善，安全问题会快速增长，安全事件将不断增多，一旦发生安全事件，造成的负面影响就是无法想象的。

2. 智能网联汽车安全将成为安全产业发展的重点

各汽车产业强国在发展智能网联汽车过程中不同程度地意识到信息安全的潜在危害，特别是整车厂和零部件厂商均在研发不同的应对策略，在下一阶段，智能网联汽车安全将成为安全产业发展的重点。

3. 构建智能网联汽车纵深防御体系

网络攻击手段不断更新，智能网联汽车安全防护水平需要不断提升，网络安全防御能力也需要不断升级。因此，构建贯穿智能网联汽车全生命周期、云管端全链条的立体综合纵深防御体系，是保障智能网联汽车安全发展的必然趋势。首先，在识别智能网联汽车安全脆弱性、安全威胁、安全风险的基础上进行建模，制定安全方案，定义安全技术，采取安全措施，导入安全机制，基于软硬件防护构建纵深防御平台。其次，可从单点、特定的安全测试体系，向信息安全、车联网安全的综合防御体系转变，从本质上提高智能网联汽车防御水平。最后，可利用大数据、云计算、机器学习、人工智能等技术部署智能网联汽车安全管理平台，实现对智能网联汽车控制数据的动态安全监控防护，结合攻击模型，进行深度学习，划分整体安全需求，实现自动化威胁识别、阻断、预警、溯源、处理。

4. 构建智能网联汽车安全标准体系成必要需求

目前迫切需要建立完整有效的智能网联汽车信息安全标准体系，以应对未来大规模爆发的黑客攻击。现阶段较为可行的是在整车厂内部构建信息安全标准体系，应对未来车联网业务发展的需求。通过体系化的管理，持续地改进智能网联汽车的信息安全防护等级。例如，美国汽车工程师学会在 2016 年初，针对汽车电子信息安全问题，发布了《信息-物理融合系统网络安全指南》，即 SAE J3061 标准。

1.3 智能网联汽车安全分类

汽车安全指的是汽车在设计、生产、测试、停放、使用、维修、管理等过程中与安全相关的性能处于可知可控的状态（一种相对具体的安全状态），而汽车安全性则多指汽车在保障乘员安全、车内财物安全、汽车系统安全等方面应该具备的能力。简单地说，汽车安全性是指预防事故发生、减轻事故伤害、避免财物损失、避免系统风险的能力。多年来，人类通过综合运用与汽车相关的安全法规、安全技术、安全管理手段等多种有效措施，不断发展和完善汽车结构设计，不断丰富汽车功能，开发出性能更先进的安全设施，从而提高汽车的安全性能。目前，汽车安全的意义已不再限于保护车内乘员的生命财产安全，而是扩展到保护车外的行人、车辆、交通设施、运营平台等多元化、深层次的安全。

汽车安全技术是随着道路条件的改善、车辆行驶速度的提高、汽车保有量的增加、汽车技术的不断发展而逐步受到重视。在汽车发展初期，由于道路条件差、车辆行驶速度低、车辆保有量少，汽车安全技术受到的关注较少。随着汽车的广泛使用以及安全事件的不断增多，自 20 世纪 50 年代开始，各汽车企业全面重视汽车安全问题，开始了对汽车安全问题的系统研究，传统的汽车安全按防范伤害着眼点不同可分为汽车主动安全、汽车被动安全、汽车功能安全，而智能网联汽车安全是从传统汽车安全的基础上发展而来的，进一步延伸出了汽车信息安全、车联网安全、自动驾驶安全。

本书把智能网联汽车安全分为三大类，即传统汽车安全、网联汽车安全和智能汽车安全，下面会——介绍。

1.3.1 传统汽车安全

传统汽车安全主要包括：汽车被动安全、汽车主动安全和汽车功能安全。

（1）汽车被动安全是指汽车在发生事故以后对车内乘员的保护，它包括最大限度地减轻事故后果的所有结构和设计措施。如今这一概念已经延伸到车内外所有的人甚至物体。汽车内部被动安全主要指减轻车内乘员受伤和货物受损，而汽车外部被动安全主要指减轻事故所涉及的其他人员伤害和车辆的损害。由于国际汽车界对于被动安全已经有着非常详细的测试细节的规定，所以在某种程度上，被动安全是可以量化的。

（2）汽车主动安全就是尽量自如地操纵控制汽车，无论是直线上的制动与加速还是左右转弯都应该尽量平稳，不至于偏离既定的行进路线，而且不影响驾驶者的视野与舒适性。这样的汽车，当然就有着比较高的避免事故能力，尤其在突发情况下能尽量保证汽车安全。汽车主动安全主要取决于汽车的尺寸和设备质量参数、制动性、行驶稳定性、可操纵性以及驾驶员工作位置的状况（座椅舒适性、噪声、温度、湿度、通风和操作轻便性等）。

（3）汽车功能安全是指系统不存在由于电子电器功能故障而导致的不合理的风险。当安全系统满足以下条件时就认为是功能安全的：任一随机故障、系统故障或共因失效都不会引起安全系统的故障，从而导致人员的伤害或死亡、环境的破坏、设备财产的损失，也就是装置或控制系统的安全功能无论是在正常情况下，还是在有故障存在的情况下，都应该保证正确实施。

本书主要研究汽车被动安全和汽车主动安全。

1.3.2 网联汽车安全

目前全球约有 10 亿辆汽车投入使用，许多汽车品牌已经把带联网功能的系统嵌入旗下车型，如凯迪拉克的 OnStar 系统、宝马的车载 i-drive 系统，可以通过特定的平台，如控制中心、智能手机 App，对车辆进行远程控制，实现特定的功能。随着移动互联网技术向汽车领域的不断渗透，汽车看上去更像是奔跑在路上的联网终端，未来的汽车互联还将扩展到车辆与车辆之间、车辆与基础设施之间。然而，汽车网联化也带来了越来越多的安全风险，黑客针对网联汽车的攻击事件也呈现愈演愈烈的态势。

那么联网汽车面临哪些安全风险、存在哪些安全问题呢？本书把联网汽车安全分成四部分：汽车总线安全、汽车无线通信系统安全、车联网安全和 V2X 通信安全。

1. 汽车总线安全

首先在智能网联汽车内部，电子部件的数量越来越多，车内 ECU 就有几十个甚至上百个，这么多的电子单元都要进行信息交互，传统的点对点通信已经不能满足需求，因此必须采用先进的总线技术，车用总线是车载网络中底层的车用设备或车用仪表互联的通信网络。本书主要讨论汽车 CAN 总线的安全，图 1-3 所示为 Jeep Cherokee（吉普自由光）的CAN 总线网络。

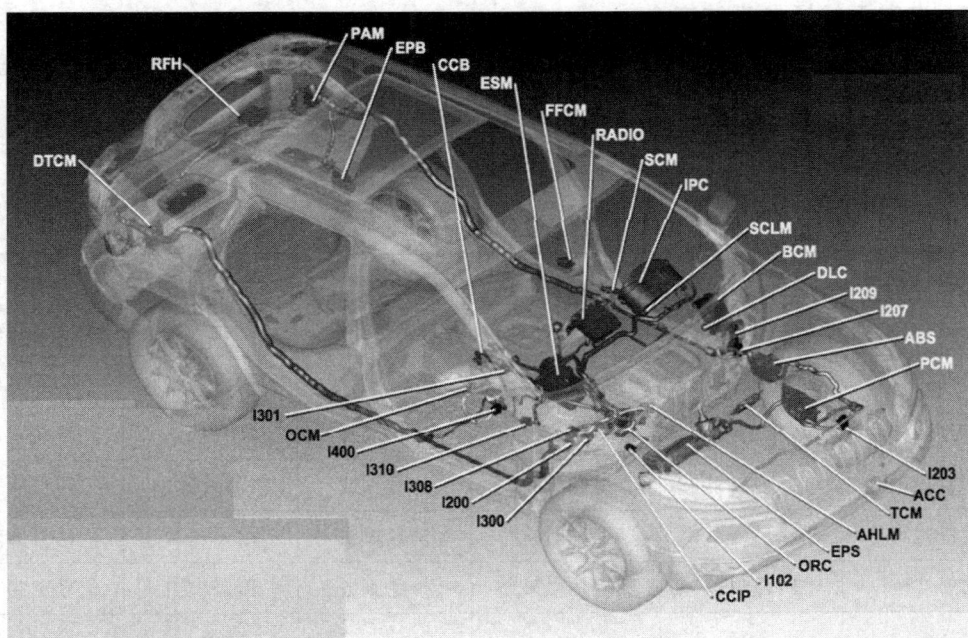

图 1-3　Jeep Cherokee 的 CAN 总线网络

　　车内网络系统通过搭建整车网络，连接车内的每一个 ECU 模块，实现模块间通信。按照美国汽车工程师协会提出的关于汽车网络的划分，车内网络可以划分为 A、B、C、D 四类。A 类：低速网络，通信速率低于 10 kb/s，主要应用于电动门窗、座椅调节、灯光照明等汽车系统；B 类：中速网络，通信速率为 10～125 kb/s，主要应用于电子车辆信息中心、故障诊断、仪表显示等系统；C 类：中高速网络，通信速率为 125 kb/s～1 Mb/s，主要应用于实时控制系统，譬如悬架、发动机、ABS 等系统；D 类：高速网络，通信速率在 1 Mb/s 以上，用于车内的音视频、网络大数据的传输。在当前的车内网络中，LIN 网络属于 A 类，CAN、TTCAN 网络属于横跨 B 类和 C 类的网络，这两类之间的界限已经越来越模糊了，而 FlexRay、TTP、MOST 则属于 D 类网络。

　　CAN 总线网络是由以研发和生产汽车电子产品著称的德国 BOSCH 公司开发的，并最终成为国际标准（ISO 11898），是国际上应用最广泛的汽车总线之一。CAN 总线协议目前已经成为汽车计算机控制系统和嵌入式工业控制局域网的标准总线，同时也是车载 ECU 之间通信的主要总线。当前市场上的汽车至少拥有一个 CAN 网络，作为嵌入式系统之间互联的主干网进行车内信息的交互和共享。

　　CAN 总线的短帧数据结构、非破坏性总线仲裁技术、灵活的通信方式等特点能够满足汽车实时性和可靠性的要求，但同时也带来了一系列安全隐患，如广播消息易被监听，基于优先级的仲裁机制易遭受攻击，无源地址域和无认证域无法区分消息来源等问题。特别是在汽车网联化大力发展的背景下，车内网络攻击更是成为汽车信息安全问题发生的源头，CAN 总线网络安全分析逐渐成为行业安全专家的关注点。如在 2013 年 9 月召开的DEFCON 黑客大会上，黑客演示了从 OBD-Ⅱ接口入侵汽车 CAN 总线，进而控制福特翼虎、丰田普锐斯两款车型，实现方向盘转向、刹车制动、油门加速、仪表盘显示等动作。

2. 汽车无线通信系统安全

由于联网汽车需要依赖蜂窝网、WiFi、蓝牙、NFC、Zigbee、卫星通信等无线通信技术，也需要依赖射频钥匙模块、胎压监测模块、GPS 导航模块等一系列无线通信模块，一旦某个通信协议出现漏洞或某个无线通信模块存在安全风险，就会对联网汽车造成严重威胁。表 1-3 列举了无线通信面临的主要安全风险。

表 1-3 无线通信面临的主要安全风险

蜂窝网	WiFi	蓝牙	ZigBee	射频通信	卫星通信
伪基站攻击	钓鱼攻击	协议栈漏洞	数据包捕获	干扰攻击	加密算法破解
中间人攻击	信号监听	信号嗅探	恶意重放	欺骗攻击	GPS 欺骗
重定向攻击	数据包捕获	PIN 码破解	密钥嗅探	SDR 攻击	导航攻击
重放攻击	暴力破解	跳频干扰	信号篡改	高能量脉冲	定位欺骗
流量监听	WiFi 干扰	匹配对抗	诱导攻击	信号压制	信号屏蔽
数据篡改	网络嗅探	加密信号破解	拒绝服务	覆盖攻击	信号定制攻击
...	...	...	...	...	...

3. 车联网安全

汽车网联化涉及车内通信、广域通信和车际通信。车内通信主要是上面提到的总线网络以及 WiFi、RFID、蓝牙、红外、NFC 等无线通信方式；广域通信包括 2G/3G/4G/5G、卫星通信等方式，也包括互联网、虚拟通信、行业专网等通信网络；车际通信目前主要包括 LTE-V2X 以及 IEEE 802.11P 等方式。汽车网联化使用的计算系统和联网系统沿袭了既有的计算机和互联网框架，也继承了这些系统的天然缺陷。车载信息系统与外界互联互通，信息传输和数据交互频率更加频繁，已影响到用户的隐私安全。

另外，汽车网联化云服务平台是车联网的管理平台，负责智能网联汽车以及相关设备的汇聚、计算、监控管理，提供智能网联汽车远程控制、智能交通管控、远程诊断、道路救援等应用服务。因为运行有大量数据后台管理，这里面临着数据量大、实时服务要求高、数据质量不稳定和软件演化导致的一系列安全挑战。

4. V2X 通信安全

V2X 技术需要通过及时可靠的车与车(V2V)、车与基础设施(V2I)、车与人(V2P)、车与网(V2N)等通信将车辆的状态信息(特别是车辆的位置、速度、行驶方向信息)通知给周围的车辆，通过协作的方式来感知碰撞风险，所涉及的关键技术包括能够支持车辆在高速移动的环境下实时可靠通信的无线通信技术、车辆状态特别是车辆位置的感知技术、海量车辆状态数据处理分析技术。与传统的无线自组织网络和无线传感器网络相比，V2X 的一些独有特性给安全机制的设计带来了诸多困难，不仅使这些领域的成熟安全理论和技术难以直接移植应用，也使得 V2X 安全架构和相关安全技术的研究充满挑战。图 1-4 所示为 V2X 的主要应用场景。

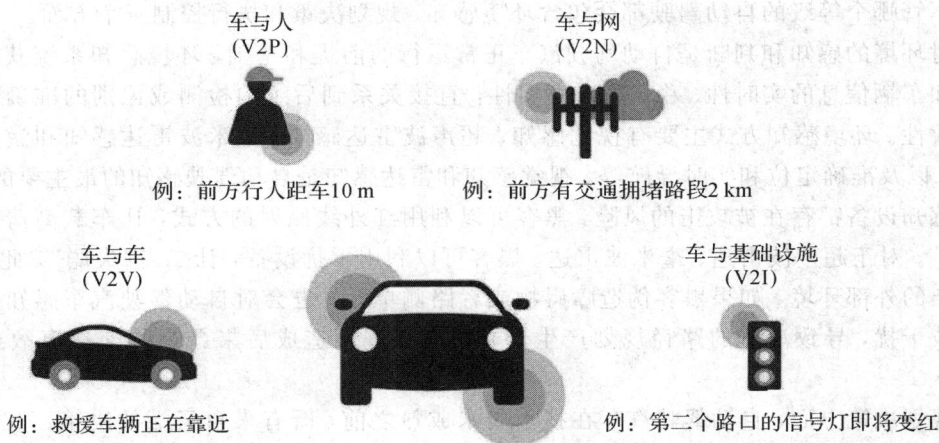

车与人
(V2P)

例：前方行人距车10 m

车与网
(V2N)

例：前方有交通拥堵路段2 km

车与车
(V2V)

例：救援车辆正在靠近

车与基础设施
(V2I)

例：第二个路口的信号灯即将变红

图 1-4   V2X 的主要应用场景

1.3.3   智能汽车安全

关于智能汽车安全，本书主要讨论自动驾驶汽车及相关系统的安全。

智能汽车有雷达、摄像头等先进传感器、控制器、执行器，通过车载环境感知系统和信息终端实现车、路、人等的信息交换，使车辆具备环境感知能力，能够自动分析车辆行驶的安全及危险状态，并使车辆按照人的意愿到达目的地，最终实现代替人进行操作运行的目的。智能汽车的初级阶段是具有先进驾驶辅助系统的汽车，终极目标是实现完全自动驾驶。智能汽车与网络相连便成为了智能网联汽车。

汽车智能化的终极形就是实现完全自动驾驶。自动驾驶汽车依靠人工智能、视觉计算、雷达、监控装置和全球定位系统协同合作，让汽车可以在没有任何人操作的情况下，自主安全地控制机动车辆。自动驾驶，包括现阶段的半自动驾驶，实现的过程都是通过安装在车辆上的各类传感器对车辆周围的环境进行感知，数据传到分析处理单元，控制单元根据分析处理单元发送的结果进行判断，进而向车辆的执行器发出命令，做出转向、加速、刹车等不同的命令。自动驾驶系统借助的是人工智能，使得在无需人控制方向盘和刹车的情况下车辆能自动行驶。图 1-5 所示为 Tesla(特斯拉)汽车的自动驾驶系统。

图 1-5   Tesla 汽车的自动驾驶系统

不管哪个等级的自动驾驶都会包含环境感知、规划决策和执行控制三个方面。

对环境的感知和判断是自动驾驶汽车正常运行的前提和基础，环境感知系统获取周围环境和车辆信息的实时性、稳定性、真实性，直接关系到后续的检测或识别的准确性和执行有效性。环境感知方式主要有视觉感知、超声波雷达感知、毫米波雷达感知和激光雷达感知，以及准确定位和实时导航等。视觉感知和雷达感知是自动驾驶感知的最主要的方式，这些感知设备都存在被攻击的风险，黑客可以利用红外线照射的方式，让车载高清摄像头"失明"。对于超声波雷达、毫米波雷达，黑客可以利用干扰设备，让二者"失聪"。此外，对于复杂的外部环境，如果黑客伪造障碍物或者路侧单元，也会对自动驾驶汽车感知系统造成有效干扰，导致汽车的路径规划产生严重偏移，进而造成后果严重的交通事故或安全事件。

规划决策方面，自动驾驶汽车在技术尚未成熟之前，既有来自云端的决策，也有来自汽车内部单元的决策，还有车内驾驶者或者实际操控者的决策。对于来自云端的决策，一旦云端被黑客攻破或者控制，或者说决策信息或命令在传输过程中被黑客"劫持"，那么汽车就会成为"砧板上的鱼肉"；对于车内各嵌入式单元的决策，如果使用的算法不够合理或科学，极有可能被黑客利用。决策算法面临的最大挑战，就是如何达到自动驾驶所需要的极高安全性和可靠性。作为智能决策的控制器是智能汽车的核心，这种情况下，汽车在黑客眼中，和手机、电脑没多少差别，也就是说，只要能攻破中央处理单元，就能拿到整车的控制权。

参 考 文 献

［1］ 中国汽车工程学会. 节能与新能源汽车技术路线图［M］. 北京：机械工业出版社，2016.

［2］ Li Shengbo, Li Keqiang, Wang Jianqiang, et al. Modeling and verification of heavy-duty truck drivers' car-following characteristics ［J］. Int'l J Automotive Tech, 2010, 11(1)：81 - 87.

［3］ Wang Jianqiang, Li Shengbo, Huang Xiaoyu, et al. Driving simulation platform applied to develop driving assistance systems ［J］. IET Intell Transp Syst, 2010, 4(2)：121 - 127.

［4］ Dang Ruina, Wang Jianqiang, LI Shengbo, et al. Coordinated adaptive cruise control system with lanechangeassistance ［J］. IEEE Trans Intell Transp Syst, 2015, 16(5)：2373 - 2383.

［5］ Li Daofei, Du Shangqian, Yu Fan. Integrated vehicle chassis control based on direct yaw moment, activesteering and active stabilizer ［J］. Vehi Syst Dyna, 2008, 46(1)：341 - 351.

［6］ Lee C, Lee . Object recognition algorithm for adaptive cruise control of vehicle using laser scanning sensor ［C］. Dearborn, 2000.

第

一

篇

第2章 汽车被动安全

2.1 汽车被动安全概述

第一章已述及，汽车被动安全性是指当交通事故不可避免地要发生时，汽车本身保护成员和行人，减轻人员伤害和财物损失的能力。

汽车被动安全技术是指在交通事故发生、车辆已经失控的状况之下，对乘坐人员进行被动保护的技术，希望通过固定装置，让车内的乘员固定在安全的位置，并利用结构上的导引与溃缩，尽量吸收撞击的力量，确保车室内乘员的安全。

2.2 汽车被动安全主要技术

由于汽车被动安全技术在交通事故发生后，可以极大程度地减轻乘员的人身伤害，故各大汽车厂商在设计、制造汽车时，对汽车被动安全技术越来越重视。本书介绍的汽车被动安全技术主要有：汽车安全带、汽车安全气囊、汽车安全玻璃等。

2.2.1 汽车安全带

1. 汽车安全带概述

当汽车高速运行时，乘客与车辆一起移动；当汽车撞到障碍物时，障碍物的阻力会使汽车突然停下，但是乘员的惯性运行速度仍保持不变，乘员将以汽车碰撞前的运行速度撞向方向盘或者撞击挡风玻璃，甚至飞出挡风玻璃。

安全带的作用就是将乘员束缚在座椅上，固定在车身上的座椅将使乘员停止惯性运动，从而避免二次撞击伤害。良好的安全带设计，将安全带对身体的作用力扩散到身体比较强壮的部位上，以尽可能减少伤害。安全带能够拉伸和收回，当安全带未拉紧时，身体可以轻松地前倾。但在车辆撞击、人体急速前倾时，安全带会突然收紧并将人体固定好。

安全带将制动力施加到人体能够较长时间承受压力的部分。典型的安全带由一个围在骨盆处的安全腰带和一个跨过胸部的肩带组成。这两段安全带紧紧固定在汽车框架上，以便将乘客束缚在座椅上。安全带所用的材料比较柔软，动作时可以略微拉伸，使停止过程不会过于突然。

2. 汽车安全带分类

1）按固定方式分类

按固定方式不同，安全带可分为两点式、三点式、四点式等几种。

（1）两点式安全带。两点式安全带是与车体或座椅仅有两个固定点的安全带。这种安全带又可分为腰带（或膝带）式和肩带式两种。腰带式是应用最广的形式，它不能保护人体上身的安全，但能有效地防止乘客被抛出车外。肩带式也称斜挂式，盛行于欧洲，但美国、日本、澳大利亚等国基本不采用。图2-1所示为两点式安全带。

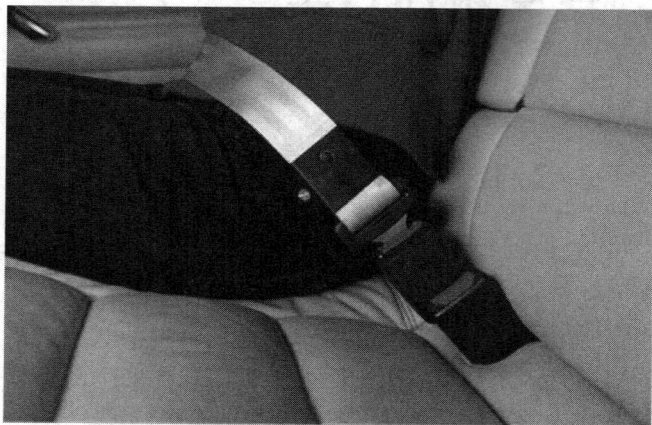

图2-1　两点式安全带

两点式安全带的软带从腰的两侧挂到腹部，形似腰带，在碰撞事故中可以防止乘员身体前移或从车内被甩出，优点是使用方便，容易解脱；缺点是乘员上身容易前倾，前座乘员头部会撞到仪表板或挡风玻璃上。这种安全带主要用在汽车后排座位上。

（2）三点式安全带。三点式安全带在两点式安全带的基础上增加了肩带，在靠近头部的车体上有一个固定点，可同时防止乘员躯体前移和上半身前倾，增强了乘员的安全性，是目前使用最普遍的一种安全带。图2-2所示为三点式安全带。

图2-2　三点式安全带

（3）四点式安全带。四点式安全带在两点式安全带上连接了两根肩带，一般用于赛车上。图2-3所示为四点式安全带。

图 2-3 四点式安全带

2）按智能化程度分类

按智能化程度不同，安全带分为被动式安全带与自动式安全带。被动式安全带需要乘员的操作才能起作用，即需要乘员自己挂接，目前大部分汽车所装配的都是被动式安全带。自动式安全带是一种自动约束驾驶员或乘客的安全带，即在汽车启动时，不需驾驶员或乘客操作就能自动提供保护，而且乘客上下车时也不需要任何操纵动作。自动式安全带有全自动式安全带和半自动式安全带两种。

（1）被动式安全带。目前，汽车上普遍使用的被动式安全带主要由织带、卷收器和固定件（附件）等部件组成。织带是构成安全带的主体，多用尼龙、聚酯、维尼纶等合成纤维丝纺织成宽约 50 mm、厚约 1.5 mm 的带子，具有足够的强度、延伸性能和吸收能量的性能。对于织带的技术性能指标各国都有明确的规定，要符合规定才能使用。

卷收器的作用是储存织带和锁止织带拉出，它是安全带中最复杂的机械件。初期的卷收器里面是一个棘轮机构，织带从卷收器中连续拉出的动作一旦停止，棘轮机构就会做锁紧动作，使安全带不会自动放松。20 世纪 70 年代中期出现了当车辆遇到紧急状态时可将织带自动锁紧，而在正常情况下乘员可以在座椅上自由活动的卷收器，这也是目前使用最多的一种安全带卷收器。图 2-4 所示为卷收器。

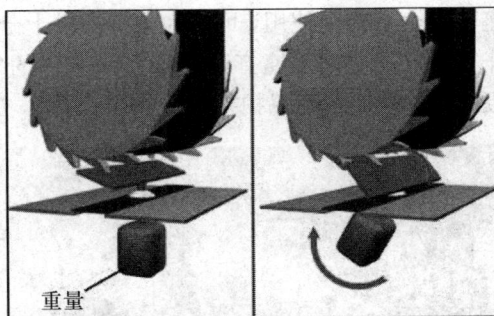

重量

图 2-4 卷收器

固定件指与车体或座椅构件相接的耳片、插件和螺栓等。它们的安装位置和牢固性直接影响到安全带的保护效果和乘员的舒适感，因此，各国对于固定件的安装位置和安装标准也有明确的规定。

（2）自动式安全带。由于被动式安全带需要乘员自己动手挂接与解脱，使用不够方便，所以人们往往不愿使用，从而导致安全带的使用率不高。自 20 世纪 70 年代以来，美国的通用、福特，德国的大众、奔驰以及日本的丰田等汽车公司相继开发出自动式安全带。采用了自动式安全带的汽车，只要乘员上车关上车门，安全带就能自动挂接在乘员身上，不需要乘员做任何动作。图 2-5 所示为自动式安全带。

图 2-5 自动式安全带

　　自动式安全带主要由膝带、腰带、肩带、电动机以及紧急锁紧卷收器等组成。肩带由电动机驱动，与车门开关联动，大大改善了上、下车的方便性。打开车门时，可把肩带抽出；关上车门时，肩带上部的固定件就返回到中立柱的规定位置上，乘员也就被自动挂上肩带。自动式安全带本身是由织带、带扣、长度调节件、滑移导向件、安装附件及卷收器等组成的。有的自动式安全带还采用微机控制，当控制系统确认乘员安全带的使用正确无误时，发动机才能被启动，否则汽车无法启动。

2.2.2　汽车安全气囊

1. 汽车安全气囊概述

　　安全气囊系统也称为辅助乘员保护系统。它是一种当汽车遭到冲撞而急剧减速时能很快膨胀的缓冲囊，通过它与座椅安全带配合使用，可以为乘员提供十分有效的防撞保护。当汽车发生碰撞时，在乘员和汽车内部结构之间迅速打开一个充满气体的袋子(安全气囊)，使乘员撞在气袋上，避免或减缓硬碰撞，从而达到保护乘员的作用。图 2-6 所示为汽车安全气囊。

图 2-6 汽车安全气囊

2. 汽车安全气囊分类

1）按系统的控制类型分类

按控制类型不同，安全气囊可分为电子式和机械式两种。无论是电子式还是机械式，工作原理大体相同，不同的是控制系统的工作方式不一样。

电子式安全气囊由电子传感器、中央电子控制器、气体发生器和气囊等组成。传感器接到碰撞信号后，将信号传至中央电子控制器，信号经过判断、确认，当需要时，立即向引爆装置发出引爆指令，使气囊迅速充气。电子式安全气囊已经在现代汽车上被广泛使用。

机械式安全气囊由机械式传感器、气体发生器和气囊组成。气囊装于方向盘衬垫内，气体发生器在气囊之下，传感器在气体发生器的下面。这种气囊系统通过机械式传感器监测碰撞惯性力大小，并以机械方式触发气囊，进行充气。机械式安全气囊在现代汽车上已经很少使用。

2）按系统的功用分类

安全气囊系统可分为正面气囊系统、侧面气囊系统。正面气囊系统以汽车前方碰撞保护为前提设计，也称作前方电子控制式安全气囊系统。侧面气囊系统是为了解决侧面碰撞问题而设计的。侧面安全气囊一般安装在车门上。图2-7所示为汽车安全气囊分布。

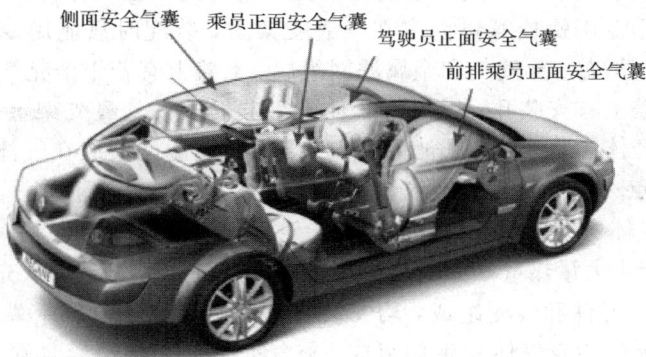

侧面安全气囊　乘员正面安全气囊　驾驶员正面安全气囊　前排乘员正面安全气囊

图2-7　汽车安全气囊分布

3）按安全气囊数量分类

按气囊数量不同，汽车安全气囊系统可分为单安全气囊系统、双安全气囊系统和多安全气囊系统。

单安全气囊系统只有一个安全气囊，安装在驾驶员侧的转向盘中。

双安全气囊系统有两个安全气囊，一个安装在驾驶员侧，一个安装在前座乘员侧。由于前座乘员在汽车发生碰撞时面临的危险比驾驶员的要大，所以前座乘员侧的安全气囊的尺寸通常比较大，并与驾驶员侧的安全气囊同时起作用。一些车型将前座乘员侧安全气囊作为选装配置。

多安全气囊系统是指在车上安装了3个或3个以上的安全气囊。例如，瑞典沃尔沃850、通用的别克、大众帕萨特等车型都安装有多个气囊。

3. 汽车安全气囊结构与工作原理

汽车安全气囊系统基本都由传感器、ECU、触发器、气体发生器和气囊组件等组成。

图2-8所示为汽车安全气囊结构示意图。

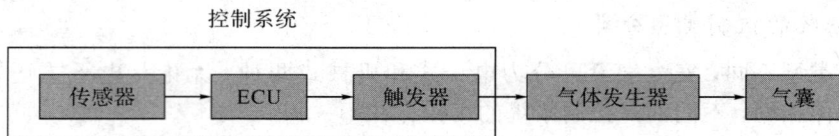

控制系统

传感器 → ECU → 触发器 → 气体发生器 → 气囊

图2-8　汽车安全气囊结构示意图

传感器用于检测、判断汽车发生碰撞时的撞击信号，以便及时点爆安全气囊。传感器按其功能可分为碰撞信号传感器和碰撞防护传感器两种。碰撞防护传感器和碰撞信号传感器的结构原理基本相同，其区别在于设定的减速度阈值有所不同。一般碰撞传感器既可用做碰撞信号传感器，也可用做碰撞防护传感器，但是必须设定其减速度阈值。碰撞传感器负责检测碰撞的激烈程度；设置防护传感器的目的是防止前传感器意外短路而造成错误膨开，因为在不设置碰撞防护传感器的情况下，当监测前碰撞传感器时，如果不将其信号输出端短路，使点火器电路接通，那么气囊就会引爆充气膨开。碰撞传感器按其结构可分为偏心锤式碰撞传感器、滚球式碰撞传感器、滚轴式碰撞传感器、水银开关式碰撞传感器、有压阻效应式碰撞传感器和压电效应式碰撞传感器。

气体发生器又称充气器，当点火器引爆点火剂时，其产生气体并向气囊充气，使气囊膨开。气体发生器用专用螺栓螺母固定在气囊支架上，装配时只能用专用工具进行装配。气体发生器由上盖、下盖、充气剂和金属滤网组成。上盖上有若干个充气孔，充气孔有长方孔和圆孔两种。下盖上有安装孔，以便将气体发生器安装到气囊支架上。上盖与下盖用冷压工艺装成一体，壳体内装充气剂、滤网和点火器。金属滤网安放在气体发生器的内表面，用以过滤充气剂和点火剂燃烧后的渣粒。

目前，大多数气体发生器都是利用热反应产生氮气而充入气囊的。在点火器引爆点火剂的瞬间，点火剂会产生大量热量，叠氮化钠受热立即分解释放氮气，并从充气孔充入气囊。

气囊组件由充气元件和气囊组成，均安装在方向盘内或工具箱上端，不可分解。充气元件由电爆管、点火药粉及气体发生剂组成。充气元件的功用是给气囊充气。气囊由尼龙布制成，内表面敷有树脂。

当汽车发生正面碰撞事故、安全气囊控制系统检测到冲击力超过设定值时，控制单元立即接通充气元件中的电爆管电路，点燃电爆管内的点火介质，火焰引燃药粉和气体发生剂，产生大量气体，在0.03 s的时间内给气囊充气，使气囊急剧膨胀，冲破方向盘上装饰盖板鼓向驾驶员和乘员，使驾驶员和乘员的头部和胸部压在充满气体的气囊上，缓冲对驾驶员和乘员的冲击，随后再将气囊中的气体放出。

安全气囊可将撞击力均匀地分布，防止脆弱的乘客肉体与车身产生直接碰撞，大大减少受伤的可能性。在遭受正面撞击时，安全气囊的确能有效保护乘客，即使未系上安全带，防撞安全气囊仍足以有效减轻伤害。据统计，配备安全气囊的车发生正面碰撞时，可降低乘客受伤的程度高达64%，甚至在其中有80%的乘客未系上安全带，至于来自侧方及后座的碰撞，则仍有赖于安全带的功能。

此外，气囊爆发时的音量大约只有130分贝，在人体可忍受的范围；气囊中78%的气体是氮气，十分安定且不含毒性，对人体无害；爆出时带出的粉末是维持气囊在折叠状态下不粘在一起的润滑粉末，对人体亦无害。

安全气囊同样有危险的一面，据计算，若汽车以 60 km/h 的速度行驶，突然的撞击会令车辆在 0.2 s 之内停下，而气囊则会以大约 300 km/h 的速度弹出，而由此所产生的撞击力约有 180 kg，这对于头部、颈部等人体较脆弱的部位就很难承受。因此，如果安全气囊弹出的角度、力度稍有差错，就有可能酿成一场悲剧。

2.2.3 汽车安全玻璃

1. 汽车安全玻璃概述

汽车安全玻璃是汽车被动安全设施之一。汽车安全玻璃必须满足以下安全因素：良好的视线、足够的强度、意外事故发生时能对乘员起到保护作用。汽车玻璃的发展将会越来越信息化、科技化、智能化。图 2-9 所示为可投影的汽车玻璃。

图 2-9 可投影的汽车玻璃

2. 汽车安全玻璃分类

汽车安全玻璃的分类方法有两种：一种是按照玻璃在整车上的安装位置分类；一种是按照工艺进行分类。按照安装位置不同，汽车安全玻璃可划分为前挡风玻璃、侧窗玻璃、后挡风玻璃等。按照工艺不同，汽车安全玻璃可分为夹层玻璃、钢化玻璃、区域钢化玻璃、中空安全玻璃、塑玻复合材料玻璃等。不同工艺的玻璃优缺点及常用的位置见表 2-1。

表 2-1 常用汽车安全玻璃的优缺点及位置

玻璃类型	优 点	缺 点	常用的位置
夹层玻璃	隔音隔热性能好，安全性能好	成本高，玻璃较重	常用做前挡风玻璃，其他的玻璃也可以用夹层玻璃
钢化玻璃	机械性能好，强度高，成本低	隔音隔热效果差，抗穿透性能差	多用于前挡风以外的玻璃
中空安全玻璃	隔音隔热效果好	玻璃太厚，重量大	可以用做前挡风以外的玻璃，但是目前很少用
区域钢化玻璃	机械性能好，强度高，成本低	隔音隔热效果差，抗穿透性能差	用于不以载人为目的的货车或者用做前挡风玻璃
塑玻复合材料玻璃	可见光透过率高，隔热隔音效果好，抗穿透能力非常强。在几种玻璃中最安全	塑料板的抗老化要求高，易变形，成本非常高	目前只在部分汽车上将其用做前挡风玻璃，也可以用做前挡风玻璃以外的玻璃

3. 汽车安全玻璃的发展趋势

随着汽车工业的发展，汽车上的玻璃面积在逐步增加。目前，不少玻璃生产厂家致力于研究、开发应用新一代玻璃，有的已取得很多成果，智能化的汽车玻璃也正在开发应用。

（1）防光、防雨玻璃。这种玻璃采用新的材料、技术及表面的处理方法，使玻璃表面既光滑又清晰，从而达到防雨、防光的效果。下雨时，落到玻璃上的雨水可很快流走且不留水珠，无需通过雨刮器强制刮水。由于内表面反射性低，仪表盘及其他装饰物不会反射到挡风玻璃上，这样既不浪费电，也不干扰驾驶员视线。

（2）电热融雪玻璃。下雪时，汽车雨刮器下的雪堆在前挡风玻璃下方，雨刮器的工作会受到影响。目前，一些汽车在挡风玻璃下方安装有电热丝等发热体，从而使积雪迅速融化。

（3）影像显示玻璃。在挡风玻璃的某一部分涂上透明反射膜，在片膜上可根据需要显示从投影仪转过来的仪表盘上的图像和数据。这种玻璃的应用范围可扩展到导航系统，驾驶员能在行车时平视观看图像，不需在车辆高速行驶时低头观看仪表，因而具有较高的安全性。这种玻璃如与某一种红外线影像显示系统配合，能使驾驶员在雾天看清远方 2 km 左右的物体。

（4）防碎裂的安全玻璃。为提高玻璃的耐撞性及防止玻璃碎片将乘员划伤，在车窗玻璃内侧表面粘贴塑料片的安全玻璃已进入实用阶段。为防止汽车侧窗玻璃破碎，一种与前挡风玻璃同样结实的防碎、防撞、防噪声、隔热及防紫外线辐射的新型安全玻璃已用于奥迪、宝马等品牌的汽车上。

（5）具有调光功能的玻璃。大部分用户的最迫切需求是具有调光功能的玻璃，这种玻璃可根据车外光线的变化来调节车窗玻璃颜色的深浅，调节驾驶员的眼睛对光的适应性，从而避免戴变色眼镜驾车，增强行车安全性。

（6）光电遮阳顶棚玻璃。这种顶棚玻璃在轿车行驶、停车时，能自动吸收、积聚、利用太阳能来启动车内风扇，以保持车内空气新鲜，还可用来对轿车蓄电池进行连续充电。

参 考 文 献

［1］ 蒋德彪，孙丽娟. 车辆安全气囊系统分析［J］. 纳税，2017，（20）：174.

［2］ 宋淑丽. 谈汽车被动安全防护装置分析［J］. 民营科技，2015，（4）：26.

［3］ 张金换，杜汇良，马春生，等. 汽车碰撞安全性设计［M］. 北京：清华大学出版社，2010.

［4］ 中国汽车技术研究中心. 中国汽车安全发展报告［M］. 北京：社会科学文献出版社，2016.

3.1 汽车主动安全概述

汽车主动安全性主要包括制动性能、操纵稳定性能、动力性能、轮胎性能、照明灯和信号灯的性能以及汽车前后视野性能等，这些性能综合起来，形成了汽车主动安全评价体系。汽车的制动性能是使行驶的车辆减速或停车，以及在长下坡时维持一定车速和在坡道及平路驻车的能力；汽车的操纵稳定性能是指驾驶员以最少的修正来维持汽车按给定的路线行驶，以及按驾驶员的愿望转动转向盘以改变汽车行驶方向的性能；汽车的动力性能主要包括爬坡能力、加速能力及最大车速三个方面，一般选用加速时间作为评价汽车动力性能的主要参数。汽车轮胎与安全行驶性能与负荷、气压、高速性能、侧偏性能、水滑效应、耐磨性等有关。

针对汽车主动安全的综合评价体系，汽车产业在相应的主动安全环节加大了投资力度，开展关键技术的研究及试验，现已成熟的相关技术有 ABS、ASR、ESP、EBD、LDWS、ACC 等。

3.2 汽车主动安全关键技术

3.2.1 ABS 概述

ABS(Antilock Braking System，车轮防抱死制动系统)是一种具有防滑、防锁死等优点的汽车安全控制系统。图 3-1 所示为电子 ABS 结构。

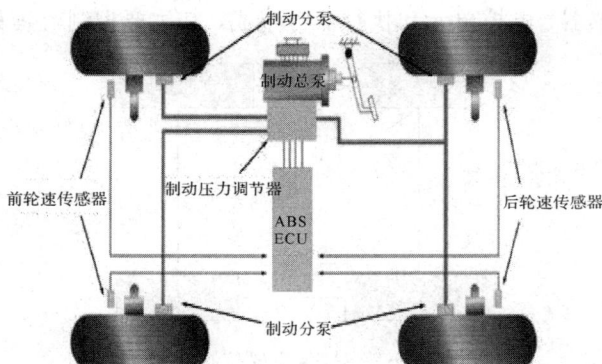

制动分泵
制动总泵
前轮速传感器
制动压力调节器
ABS ECU
后轮速传感器
制动分泵

图 3-1 电子 ABS 结构

ABS 的工作原理为：汽车制动时，根据 ABS 电控单元的控制指令，自动调节制动轮缸的制动压力的大小，使车轮不抱死，并处于理想滑移率的状态。其具体工作分为四个过程。

（1）常规制动过程：当驾驶员踩下制动踏板时，制动主缸产生的油压通过管路，进入制动轮缸，从而使车轮制动器产生制动力。

（2）保压制动过程：随着制动压力升高，当车轮转速下降到一定程度、车轮开始出现部分滑移现象时，ABS 电控单元向制动压力调节装置发出指令，关闭制动主缸与制动轮缸的通道，使制动轮缸的油压保持不变，即处于一个稳定的油压状态。

（3）降压制动过程：当制动油压保持不变而车轮转速继续下降，车轮滑移率超过 20% 时，ABS 电控单元将向制动压力调节装置输出控制信号，打开制动轮缸与储能器的通道，制动轮缸内的高压油流入储能器，制动油压下降，车轮转速由下降逐渐变为上升。

（4）增压制动过程：当车轮转速上升，滑移率下降到低于 10% 时，ABS 电控单元向制动压力调节装置发出指令，使制动主缸和制动轮缸油路接通，高压油进入制动轮缸，制动油压增加，车轮转速又开始下降。

如此交替进行控制，使车轮的滑移率始终被控制在 10%～20% 的范围内，从而使汽车的制动性能达到最佳状态。

3.2.2 ASR 概述

ASR(Acceleration Slip Regulation，驱动防滑系统)是继 ABS 后采用的一套防滑控制系统，是 ABS 功能的进一步发展和重要补充。ASR 可独立设立，但大多数与 ABS 组合在一起，常用 ABS/ASR 表示，统称为防滑控制系统。

随着驱动轮转矩的不断增大，汽车的驱动力随之增大，当驱动力超过地面附着力时，驱动轮开始滑转。当车轮与地面之间的附着系数非常小时，尽管驱动轮不停地转动，但汽车仍原地不动，即驱动轮滑转。ASR 在车轮滑转时，将滑转率控制在最佳滑转率(10%～30%)范围内，从而获得较大的附着系数，使路面能够提供较大的附着力，车轮的驱动力能够得到充分利用。ASR 在汽车驱动加速时发挥效用，以获得尽可能高的加速度，使驱动轮的驱动力不超过轮胎与路面间的附着力，以防止车轮滑转，从而改善汽车的操纵稳定性能及加速性能，提高汽车的行驶平顺性。与 ABS 不同的是，ASR 在整个汽车行驶过程中均起作用。

ASR 主要由传感器、电控单元和执行器等组成，其主要控制流程如图 3-2 所示。

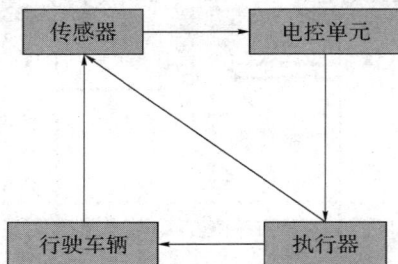

图 3-2　ASR 主要控制流程

传感器主要包括加速踏板开度传感器、制动踏板压力传感器、轮速传感器、节气门位置传感器、防滑差速器压力传感器等。执行器主要包括发动机副节气门开度调节器、制动压力控制器和防滑差速器压力控制器等。

当电控单元接收到来自传感器的信号后，判断驱动轮是否打滑（如加速时驱动轮打滑），如果驱动轮空转或打滑严重，则电控单元向执行器发送控制信号，改变发动机副节气门开度、制动器或防滑差速器压力，以降低驱动轮滑移率，然后传感器采集轮速信号、副节气门开度信号、防滑差速器压力信号等重新发送给控制单元，进入下一轮判断。

ASR 的电控单元具有运算功能，根据前后轮速传感器传递的信号及发动机和自动变速器的电子控制单元中节气门开度信号来判断汽车的行驶条件，经过分析判断，对副节气门执行器、ASR 制动执行器发出指令，执行器完成对发动机供油系统或点火时刻的控制，或对制动压力进行调整。图 3-3 所示为 ASR 控制系统控制模式示意图。

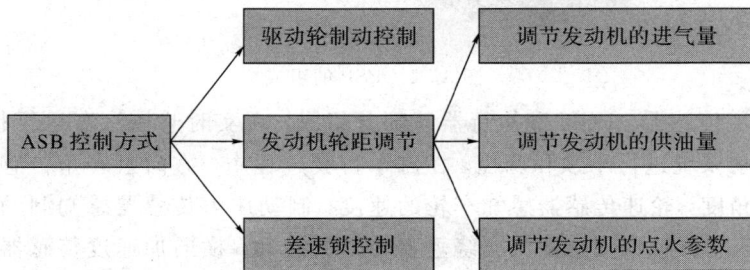

图 3-3　ASR 控制系统控制模式示意图

主、副节气门开度传感器用于检测节气门的开启角度，并将这些信号传送给发动机和自动变速器。ASR 的执行器主要是 ASR 执行器和副节气门执行器，它与 ABS 共用轮速传感器、液压驱动元件等，并扩展了电控单元的功能，增设了 ASR 制动执行器、节气门执行器、ASR 工作指示灯及 ASR 诊断系统等。

一般情况下，对于单轴驱动汽车，启动后，当车轮速度高于 10 km/h 时，ASR 系统便开始监测驱动轮的驱动特性，各轮速传感器将采集到的信号传给电控单元，经电控单元处理后，得到各驱动轮的速度和加速度值。当车速小于门限速度（一般取为 40~50 km/h）时，再进一步识别驱动轮的滑转率，如果发现某一驱动轮发生过度滑转，ECU 就指令 ASR 制动系统制动滑转轮，并根据滑转轮的滑转情况改变制动力，直至滑转率达到要求。

如果另一驱动轮也发生滑转，当其滑转率刚好超过门限值后，电控单元便指令节气门执行器减小节气门开度，降低发动机输出转矩；若车速大于门限值，驱动轮发生滑转，则电控单元便指令节气门执行器减小节气门开度，从而使汽车驱动轮始终处于最佳的滑转范围内。如果 ASR 系统的某个部件发生故障，则 ASR 诊断系统将通过仪表板上的 ASR 故障指示灯指示，提醒驾驶员注意。

3.2.3　ESP 概述

ESP(Electronic Stability Program，电子稳定程序系统)是对旨在提升车辆的操控表现的同时，有效地防止汽车达到其动态极限时失控的系统或程序的通称。图 3-4 所示为 ESP 的组成。

1—ESP 电子控制单元；
2—轮速传感器；
3—方向盘传感器；
4—摇摆运动感应器；
5—发动机 ECU

图 3-4　ESP 的组成

ESP 主要由传感器、ECU 和执行器等部分组成，在实时监控汽车运行状态的前提下，对发动机及制动系统进行干预和调控。在汽车行驶过程中，方向盘转角传感器感知驾驶员转弯的方向和角度，轮速传感器感知车轮的速度，制动压力传感器感知制动装置的制动压力，而横摆角速度传感器则感知汽车绕垂直轴线的运动，横向加速度传感器感知汽车发生横向移动时的横向加速度。ECU 得到这些信息之后，通过计算后判断汽车正常安全行驶和驾驶者操纵汽车意图的差距，然后发出指令，调整发动机的转速和车轮上的制动力，从而修正汽车的过度转向或转向不足，以避免汽车打滑、转向过度、转向不足和抱死，从而保证汽车的行驶安全。

汽车与路面之间力的作用全靠轮胎，轮胎通过纵向、横向滑转来传递地面施加的纵向力及侧向力。轮胎力和其他外力决定了汽车的运动，也由此决定了其稳定性。ESP 通过对每个车轮滑移率的精确控制，使各个车轮的纵向分力和侧向分力迅速改变，从而在所有工况下均能获得期望的操纵稳定性。图 3-5 所示为 ESP 的工作流程。

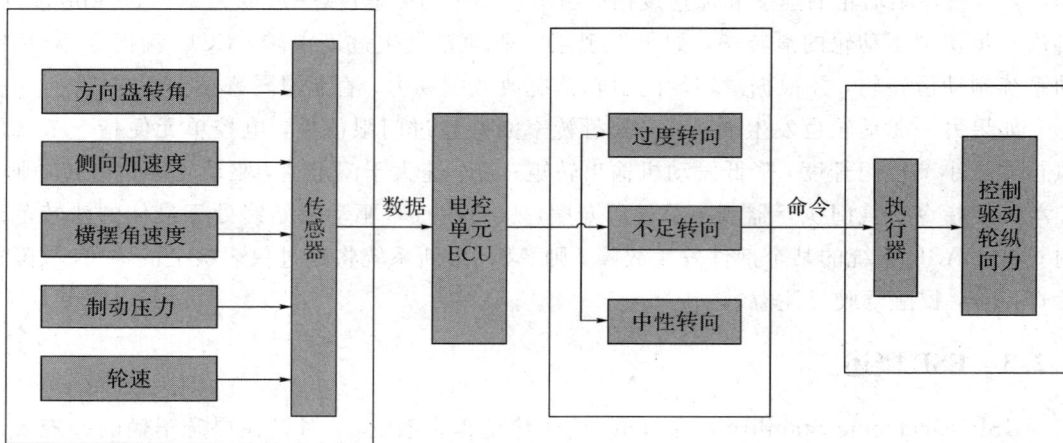

图 3-5　ESP 的工作流程

ESP 通过车载传感器不断地检测车辆当前行驶状态和驾驶员的意图，然后对车辆进行必要的干预，使车辆按照驾驶员意图在正确的轨道上行驶。ECU 发出信号给 ESP 控制模块，ESP 控制模块采用通断液压管路的方式对各个车轮进行制动，从而保证行车安全。

3.2.4　EBD 概述

EBD(Electronic Brake-force Distribution，电子制动力分配系统)完善并提高了 ABS 的功能，它在 ABS 开始动作之前就已经平衡了每一车轮的制动力。ABS 可以在汽车制动过程中自动控制和调节车轮制动力，防止车轮抱死，保持最大的车轮附着系数，从而得到最佳制动效果，即最短的制动距离、最小的侧向滑移量和最好的制动转向性能。EBD 可以在制动时控制制动力在各轮间的分配，更好地利用后桥的附着系数，不仅提高了汽车制动的稳定性和汽车制动时的操纵性能，而且使后轮获得更好的制动效能。

EBD 必须在 ABS 的基础上工作。从硬件而言，它并没有增加新的元器件，而是通过软件升级和改变应用程序来实现制动力的合理分配，这样也就降低了成本。EBD 在汽车制动时根据各轮速传感器的信号来运算滑移率(定义为车辆实际车速与车轮线速度之差和车辆实际车速之比)，通过控制后轮制动压力，使后轮滑移始终保持小于或等于前轮滑移率，取代机械式分配阀对后轮的控制，实现接近于理想制动力分配曲线的制动效果。图 3-6 所示为有、无 EBD 的汽车制动情况对比，可以看出 EBD 能更好地控制汽车滑移。

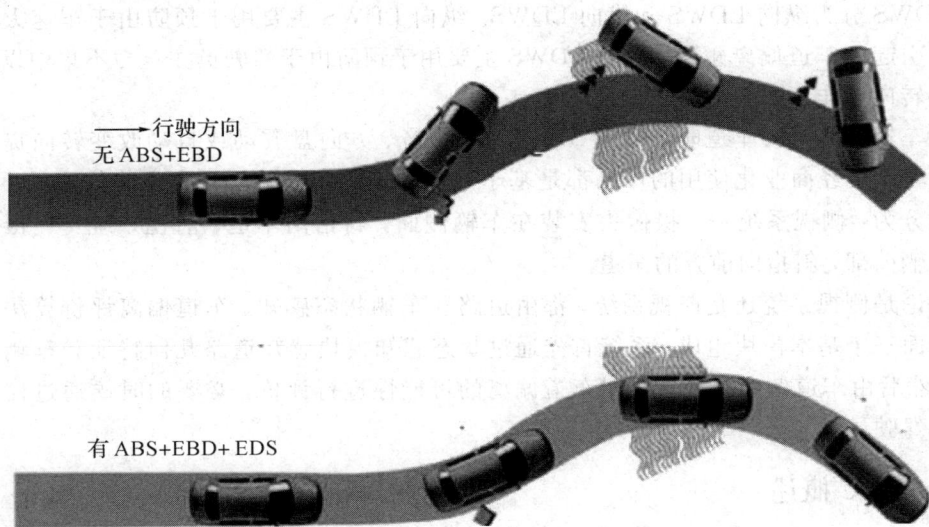

图 3-6　有、无 EBD 的汽车制动情况对比

3.2.5　LDWS 概述

LDWS(Lane Departure Warning System，车道偏离预警系统)主要由 HUD 抬头显示器、摄像头、控制器以及传感器组成。当车道偏离系统开启时，摄像头(一般安置在车身侧面或后视镜位置)会时刻采集行驶车道的标志线，通过图像处理获得汽车在当前车道中的位置参数，当检测到汽车偏离车道时，传感器会及时收集车辆数据和驾驶员的操作状态，之后由控制器发出警报信号，整个过程大约在 0.5 s 内完成，为驾驶者提供更多的反应时

第 3 章　汽车主动安全

33

间。如果驾驶者打开转向灯，进行正常变线行驶，那么LDWS不会做出任何提示。

LDWS的工作过程：如图3-7所示，当车辆越过路标（白色行车道表示）、没有启动转向指示灯时，前保险杠后的红外传感器检测到这个动作，并且触发ECU，根据偏离车道的方向，通过司机座椅的左侧或者右侧的震动，来对司机进行警示。

图3-7 车道偏离预警示意图

LDWS分为纵向LDWS和横向LDWS。纵向LDWS主要用于预防由于车速太快或方向失控引起的车道偏离碰撞，横向LDWS主要用于预防由于驾驶员注意力不集中以及驾驶员放弃转向操作而引起的车道偏离碰撞。

当车辆偏离行驶车道时，LDWS可通过警报音、方向盘震动或自动改变转向提醒驾驶员。LDWS已经商业化使用的产品都是基于视觉的系统，根据摄像头安装位置的不同，可以将之分为：侧视系统——摄像头安装在车辆侧面，斜指向车道；前视系统——摄像头安装在车辆前部，斜指向前方的车道。

无论是侧视系统还是前视系统，都由道路和车辆状态感知、车道偏离评价算法和信号显示界面三个基本模块组成。系统首先通过状态感知模块感知道路几何特征和车辆的动态参数，然后由车道偏离评价算法对车道偏离的可能性进行评价，必要的时候通过信号显示界面向驾驶员报警。

3.2.6 ACC概述

ACC（Adaptive Cruise Control，自适应巡航控制系统）是定速巡航控制系统的提升和扩展，它除了定速巡航功能外，还具有获取前方道路信息，并基于与前车的间距和相对速度等信息，控制汽车的节气门开度和制动力矩，调节其纵向速度，使其相对前车以合适的安全间距行驶的功能。当与前车之间的距离过小时，ACC控制单元可以通过与制动防抱死系统、发动机控制系统协调动作，使车轮适当制动，并使发动机的输出功率下降，以使车辆与前方车辆始终保持安全距离。

1. ACC的架构

ACC的架构如图3-8所示，包括信号采集、信号控制、执行控制和人机交互界面等几部分。信息采集单元主要采集本车状态信息与行车环境等信息，如前车与本车间距和相对速度等；信号控制单元根据车载传感器采集到的行驶信息，确定本车的控制方案，并调节油门控制单元或刹车制动执行单元；执行控制单元根据信号控制单元发出的指令动作，主要包括使油门踏板动作、使刹车踏板动作等；人机交互界面供驾驶员对 ACC 进行功能选择和参数设定。

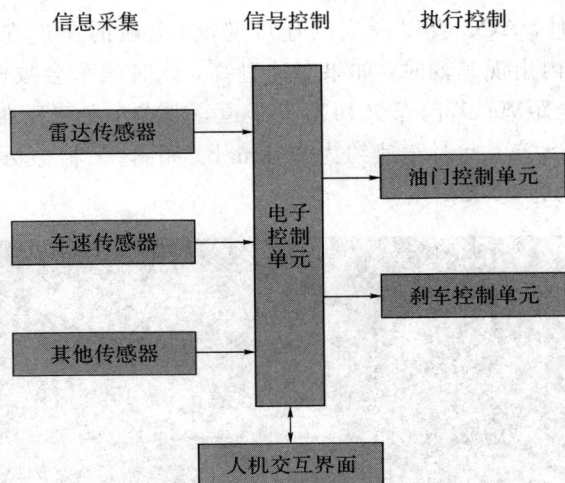

图 3 - 8　ACC 的架构

2. ACC 的功能概述

ACC 在特定工况下实现了汽车的纵向自动驾驶，减轻了驾驶员的操作负担。起初 ACC 只能在车速大于一定的情况下才能启用，随着技术的不断进步，ACC 逐渐得到完善，可以具有起停跟随功能，工作范围扩展到全车速，可以应对城市中多信号灯、拥堵等路况。本书将传统型需要车速达到一定条件才能启用的 ACC 称为典型 ACC，将拥有在全速范围内发挥功能的 ACC 称为全速 ACC。

1）ACC 的具体作用

通过车距传感器的反馈信号，ACC 控制单元可以根据靠近车辆物体的移动速度判断道路情况，并控制车辆的行驶状态，通过反馈式加速踏板感知驾驶者施加在踏板上的力，ACC 控制单元可以决定是否执行巡航控制，以减轻驾驶者的疲劳感。图 3 - 9 所示为车距判断示意图。

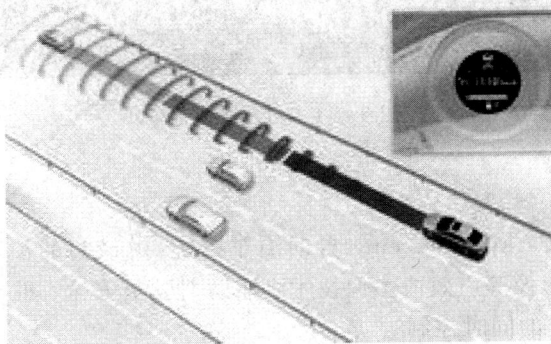

图 3 - 9　车距判断示意图

典型的 ACC 一般在车速大于 25 km/h 时才会起作用，而当车速降低到 25 km/h 以下时，就需要驾驶者进行人工控制。通过系统软件的升级，全速 ACC 可以实现"停车/起步"功能，以应对在城市中行驶时频繁的停车和起步情况。

2）ACC 在典型路况的应用

当前方没有车辆时，ACC 会以一定的速度巡航（巡航的车速在设定的车速限值范围内），当雷达监测范围内出现车辆时，如果车速过高，此时汽车会减速，并以一定的车速跟随前车行驶，保持安全距离；若前车又切出本车道，则本车会自动加速至设定车速。如图 3-10 所示，前方车道无车，此时车速约为 80 km/h。如图 3-11 所示，前方车道出现车辆，车速下降，此时车速约为 70 km/h。

图 3-10 前方道路无车

图 3-11 前方道路有车

3.2.7 APS 概述

APS（Automatic Parking System，自动泊车系统）由最初的泊车辅助系统演化而来。APS 借助雷达或倒车影像等声效或影像技术，辅助驾驶员安全、准确地停车入位，能够实现车辆在纵向和横向上的同时控制。

如图 3-12 所示，APS 主要由传感器、ECU、执行器以及人机交互单元等组成。传感器系统包括环境数据采集系统和车身运动状态感知系统。环境数据采集系统一般具有两种检测方式，即图像采集检测（如摄像头）和距离探测（如超声波），用以采集在泊车过程中的周边环境信息以及停车位空间参数。车身运动状态感知系统通过轮速传感器、加速度传感器、陀螺仪等，获取车辆实时行驶状态信息。ECU 接收各传感器系统传递来的电信号，计算并分析当前目标停车位信息，判断是否具备停车的空间条件，进行最优泊车路径的规划，将泊车过程中所需的转向力矩、转角信号等以电信号形式向执行器发出控制指令。执行器主要是指转向执行机构，它具体执行 ECU 的控制指令，实施转向操作，完成泊车时行车方向的控制。

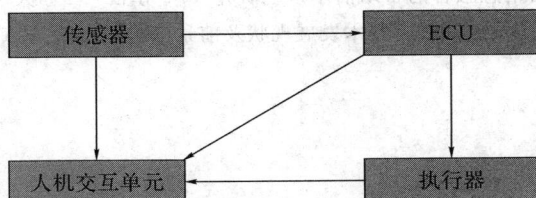

图 3-12　自动泊车系统组成

当 APS 的 ECU 借助安装在车身周围的摄像头、雷达等装置检测到合适车位时，通过人机交互单元以语音或屏幕显示等方式将目标停车位信息提示给驾驶员，并由驾驶员予以确认。驾驶员若认可目标车位信息并确认后，由 ECU 规划最佳泊车路径并向执行器发出控制指令，执行器具体实施转向动作，同时车身运动状态感知系统将汽车行驶状态向 ECU 实时反馈，便于 ECU 适时调整泊车策略，实现闭环控制。

APS 涉及的关键技术如下：

（1）泊车车位检测技术：通过超声波雷达或者摄像头等装置来检测目标泊车车位，判断目标车位类型，分析车位空间大小，确定车位起点和终点。在车位识别的技术方面，停车泊位一般分为两种类型：一种是空间车位，如两车之间的停车区域；另一种是线车位，即地面划有停车标线的区域。前者多采用超声波进行车位探测，后者常利用摄像头获取车位信息。用于超声波检测的传感器（雷达），其主要功能是对前后障碍物的感知和车位的识别，一般在汽车前部和后部各配置 4 只雷达。其中，用于前后障碍物感知的雷达，探测距离可小于 2 m，但要求有一个较大的波束角。用于车位识别的雷达，要求探测距离大于 5 m，要有一个小的波束角。基于摄像头的线车位检测，是通过摄像装置拍摄目标停车位及周边环境影像，利用图像处理的算法有效地识别出车位的标线区域。

（2）泊车路径规划技术：运用转向几何学和运动学原理，利用汽车在泊车过程中围绕转向中心做圆周运动的特点。通过车位检测信息获取停车位空间的几何形状，以及当前车辆位置与目标停车位的相对位置数据，分析低速时汽车动力学模型和避免碰撞的条件，采取两个最小半圆法和圆弧切直线等控制算法，预先规划出泊车的几何路径。

（3）泊车运动控制技术：也称为路径跟踪控制。ACC 根据停车位信息和车辆初始位置选择合适的泊车路径，并实时跟踪车辆实际运行路径。如果车辆运动中偏离目标路径，则进行车辆跟踪，路径的调整控制策略设计，使车辆重新回到目标路径上或重新规划新路径。对于泊车运动控制方面，基于对行车安全以及路径跟踪的效果，车速要求一般控制在 5～12 km/h。

参 考 文 献

[1] 陈天殷. 汽车电子制动力分配系统 EBD[J]. 汽车电器, 2014, (7): 1-3.

[2] 王家恩. 基于视觉的驾驶员横向辅助系统关键技术研究[D]: 合肥: 合肥工业大学, 2013.

[3] 许伦辉, 罗强, 夏新海, 等. 车道偏离预警系统中偏离时间的估算方法[U]. 华南理工大学学报, 2014, 42(3): 59-65.

[4] 沈峥楠. 基于多传感器信息融合的自动泊车系统研究[D]. 镇江: 江苏大学, 2017.

[5] 左培文, 孟庆阔, 李育贤. 自动泊车技术发展现状及前景分析[J]. 上海汽车, 2017(2): 44-45, 56.

第

二

篇

第4章 智能网联汽车威胁建模及威胁分析

4.1 智能网联汽车威胁建模概述及设计

目前，学术界针对智能网联汽车的安全研究大都停留在理论阶段，缺乏相关的实践技术支持，研究内容、数学建模等往往与实际情况有所偏差。已有的关于智能网联汽车的威胁分析大多数建立在 VANET 模型上，而在实际的攻击中，攻击者只需通过汽车与外部网络连接的接口就可以实现对汽车的攻击。此外，目前已有的攻击案例都是面向单一品牌车辆的攻击，攻击方法和行为不具有一般性，且实际攻击案例对智能网联汽车安全性的影响也并未有明确评估。

如图 4-1 所示，本书将智能网联汽车的威胁模型分为三级：LEVEL0、LEVEL1 和 LEVEL2，从智能网联汽车整车级、智能网联汽车通信系统级、智能网联汽车应用模块级三个层级构建威胁模型，将威胁分析聚焦到具体应用单元及零部件，细化智能网联汽车面临的安全威胁和风险。

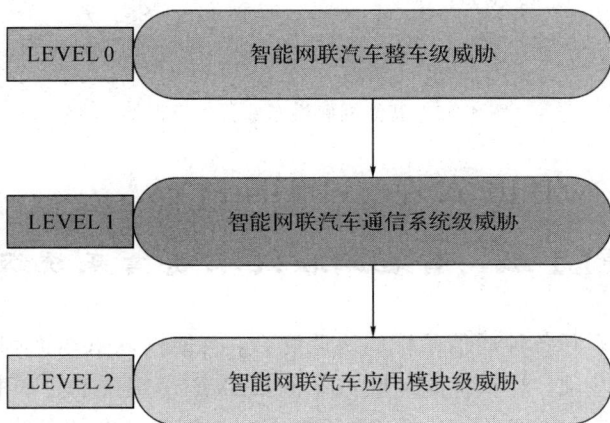

图 4-1 智能网联汽车威胁模型

4.2 LEVEL0 级：智能网联汽车整车级威胁分析

图 4-2 所示为智能网联汽车整车级威胁建模框架，从通信角度把智能网联汽车面临的威胁分为 3 大类 16 个子类的单元及模块，全面覆盖智能网联汽车的各个风险点，通过深入分析可以得到智能网联汽车面临威胁的细粒度全貌。

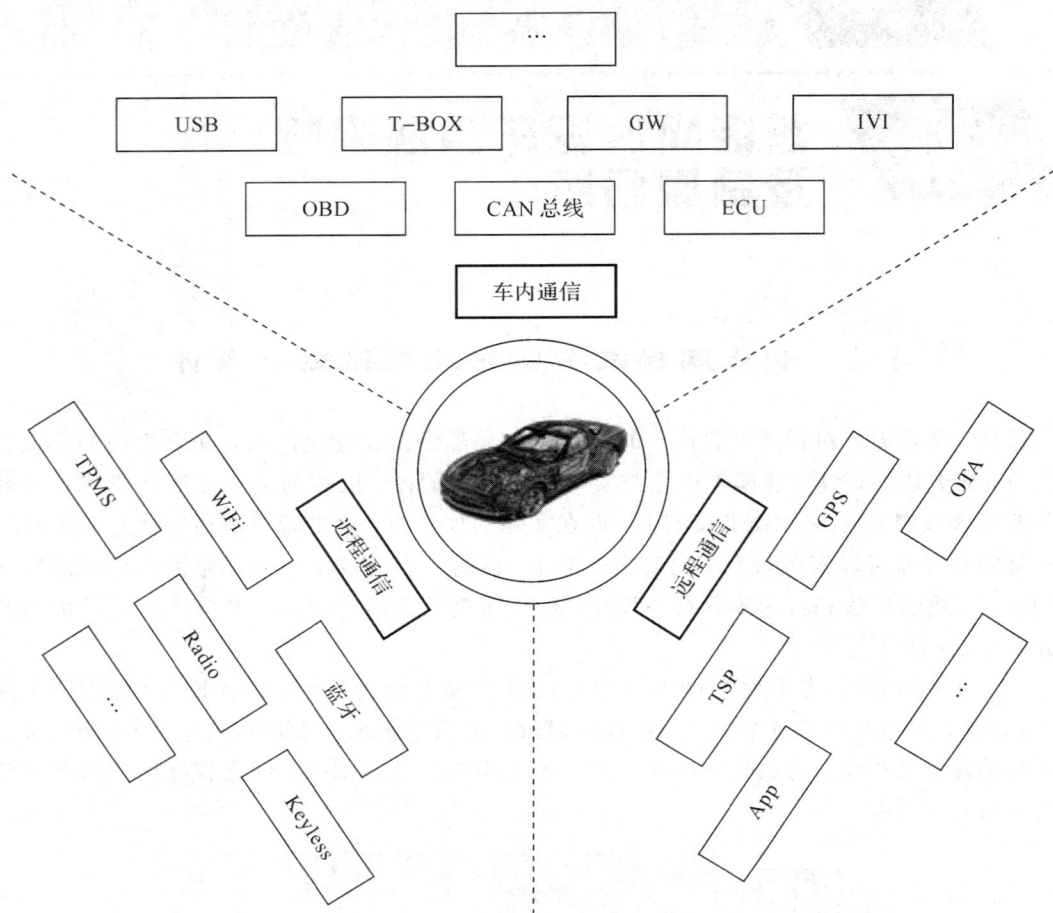

图 4-2 智能网联汽车威胁建模框架

4.3 LEVEL1 级：智能网联汽车通信系统级威胁分析

　　智能网联汽车离不开各种通信系统的协调配合，智能网联汽车面临的威胁也以这些通信系统面临的威胁为基础，对于智能网联汽车的 LEVEL1 级威胁，本书主要从车内通信、近程通信、远程通信三个角度进行分析，全面覆盖智能网联汽车的通信系统级威胁。

4.3.1 车内通信威胁分析

　　车内通信是指车载端与车内总线以及电子电气系统之间的通信。由于车内通信要满足数据交换的需求，所以无法做到外部威胁与内部网络之间的安全隔离，无法保证车载端向内部关键电子电气系统发送伪造、重放等攻击方式的指令和数据，进而威胁到车内子系统和数据的保密性、完整性等。如图 4-3 所示，车内通信主要涉及 CAN 总线、GW、IVI、T-BOX、各种ECU、USB、OBD 等子模块。

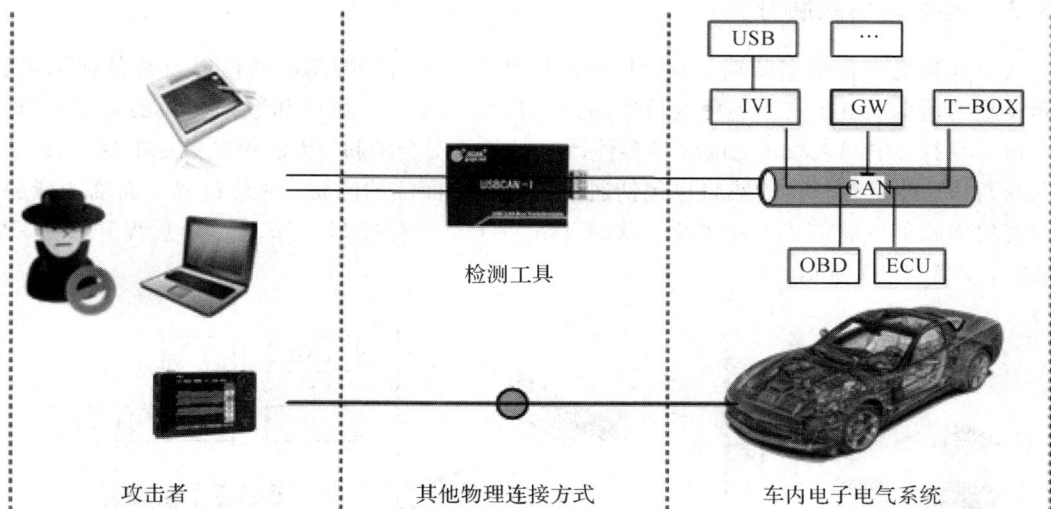

图 4 - 3　车内通信攻击示意图

4.3.2　近程通信威胁分析

汽车近程通信技术是从无接触式的认证和互联技术演化而来的短距离通信技术。随着多种近程通信技术的广泛应用，车辆需要部署多个近程通信模块，实现 WiFi、蓝牙、Radio、TPMS、Keyless 等多种通信功能。近程通信攻击如图 4 - 4 所示。近程通信面临的安全威胁主要包括通信协议本身面临的威胁、通信过程面临的威胁、通信模块面临的威胁等，具体涉及协议逆向破解、嗅探窃听、数据破坏、中间人攻击、拒绝服务攻击等。

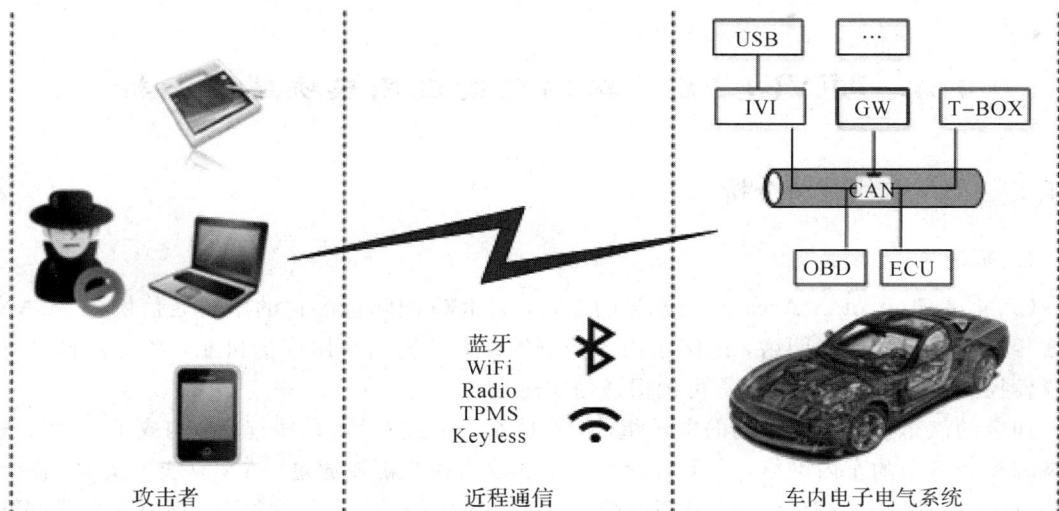

图 4 - 4　近程通信攻击示意图

4.3.3 远程通信威胁分析

汽车远程通信包括车载端与蜂窝网络的通信、与移动终端间的通信以及与其他车辆和路侧设施的通信。由于汽车远程通信要满足不同应用场景对通信和数据交换的需求，因而存在信号嗅探、中间人攻击、重放等多种针对通信的安全威胁，无法保证数据的保密性、完整性及通信质量。车外通信威胁也包括通信协议本身面临的威胁、通信过程中面临的威胁、通信模块面临的威胁等，主要涉及车联网 TSP 平台、远程控车 App、OTA 远程升级、GPS通信等，如图 4-5 所示。

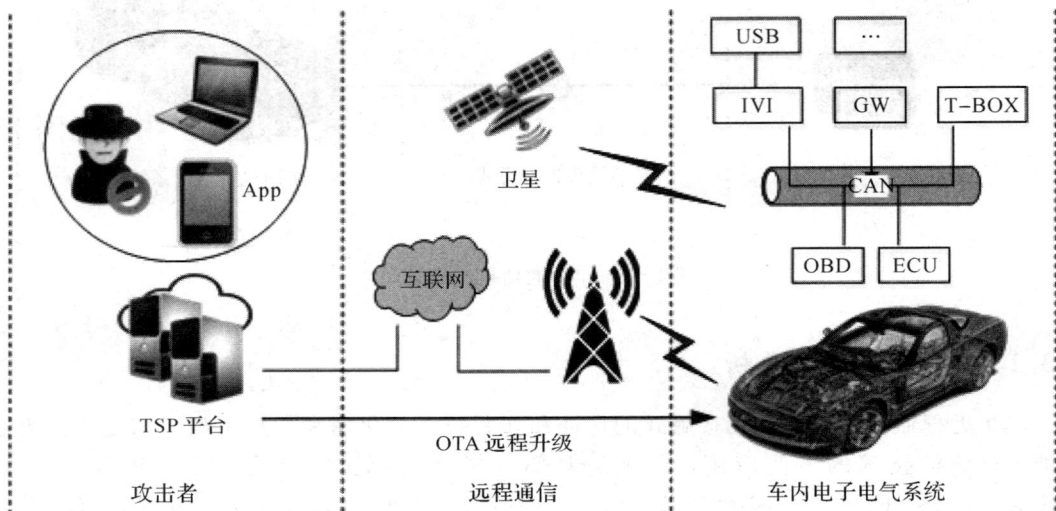

图 4-5　远程通信攻击示意图

4.4　LEVEL2 级：车内通信应用模块威胁分析

4.4.1　CAN 总线威胁分析

1. 概述

CAN 是 Controller Area Network 的缩写，是 ISO 国际标准化的串行通信协议。CAN总线相当于汽车的神经网络，连接车内各控制系统，其通信采用广播机制，各连接部件均可收发控制消息，通信效率高，可确保通信实时性。

如今的汽车包含很多不同的电子组件，这些组件通过 CAN 总线连接，构成了一个负责监视和控制汽车的车内网络，大多数针对汽车的攻击最终都要通过 CAN 总线来实现。由于CAN 总线本身只定义 ISO/OSI 模型中的物理层和数据链路层，通常情况下 CAN 总线网络都是独立的网络，所以没有网络层。CAN 总线的基本拓扑结构如图 4-6 所示。

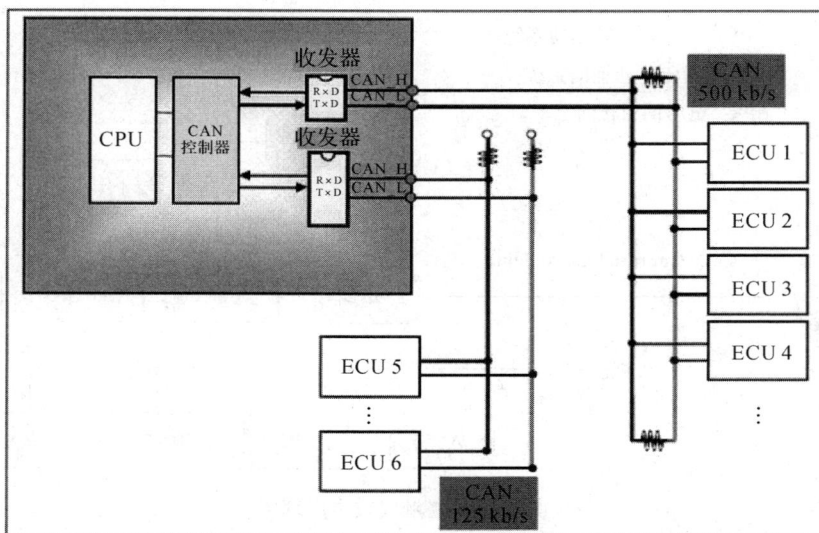

图 4 - 6 CAN 总线的基本拓扑结构

2. 威胁分析

从机密性角度，CAN 总线中报文是通过广播方式传送，所有的节点都可以接收总线中发送的消息，使得总线数据容易被监听和获取。

从完整性角度，CAN 总线协议中的 ID 只是代表报文的优先级，协议中并没有原始地址信息，接收 ECU 对于收到的数据无法确认是否为原始数据，即接收报文的真实性在现有的机制下无法确认，这就容易导致攻击者通过注入虚假信息对 CAN 总线报文进行伪造、篡改等。

从可用性角度，CAN 总线协议中基于优先级的仲裁机制，为黑客对总线收发报文进行拒绝服务攻击提供可能。攻击者可以通过嗅探或监听等手段对汽车总线进行重放或洪泛攻击，导致 ECU 无法正常发送和接收报文。

从可控性角度，汽车总线数据帧发送和接收过程中通过"挑战"与"应答"机制进行诊断和保护 ECU，由于计算资源限制，当前 ECU 访问的密钥通常是固定不变的，这就为黑客向总线发送报文进行破解和改写提供可能。

3. 案例分析：物理接触攻击 CAN 总线

2010 年，华盛顿大学的研究人员通过物理接触入侵了汽车 CAN 总线，研究人员利用连接在 OBD 接口上的笔记本电脑实现了对汽车的控制，如图 4 - 7 所示。

研究人员将笔记本电脑与汽车 OBD 接口相连，利用现成的 CAN-USB 转换线（即图中的 CAN Capture ECOM cable）与高速 CAN 总线相连，利用 AVR-CAN 开发板与低速 CAN 总线进行通信，并在电脑端开发了软件工具 CARSHARK。CARSHARK 可以用来分析总线数据并向 CAN 总线发送数据，由于 CAN 总线上所有节点收发数据使用同一条总线，而且发送的数据是广播性的，所以研究人员通过 OBD 接口可以接收总线上的所有数据。

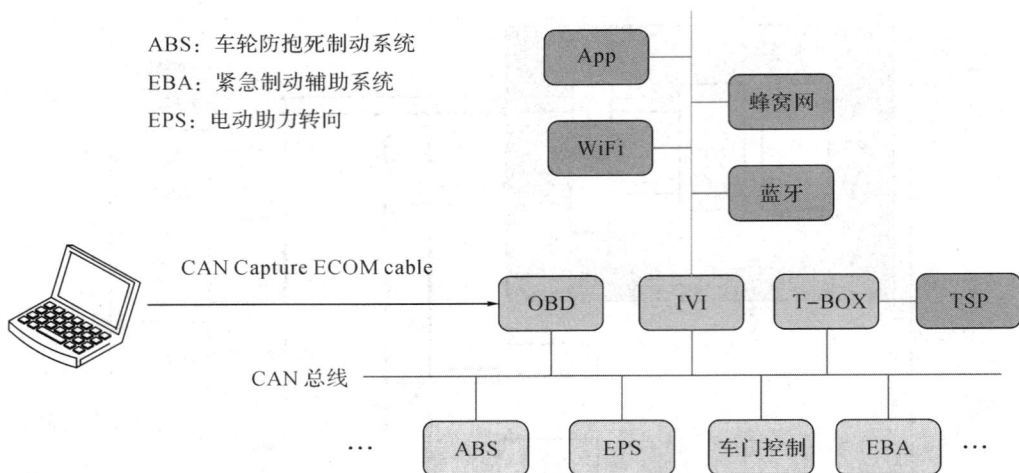

ABS：车轮防抱死制动系统
EBA：紧急制动辅助系统
EPS：电动助力转向

图 4 - 7　接触式攻击原理图

研究人员分别对静止状态和行驶状态的汽车做了测试，通过改变控制器的行为来观察总线数据变化，利用模糊测试获取对应功能的 CAN 总线数据。随后对部分 ECU 进行了逆向工程，利用内存读取设备读取部分 ECU 固件，并利用第三方调试工具 IDA Pro 对代码进行分析。

通过以上步骤，研究人员分析出汽车总线结构、数据流流向，破解了部分总线协议，实现了对汽车部分模块的控制，被控制的汽车模块包括：车门、引擎、仪表盘、刹车、车灯等。

4.4.2　OBD 威胁分析

1. 概述

OBD 的全称是 On Board Diagnostics，翻译成中文是：车载诊断系统。"OBD Ⅱ"又称为 OBD2，是 Ⅱ 型车载诊断系统的缩写。

本书讨论的有关 OBD 的内容，既包括 OBD 接口，又包括 OBD 盒子。OBD 接口是车载诊断系统接口，是智能网联汽车外部设备接入 CAN 总线的重要接口，可下发诊断指令与总线进行交互，进行车辆故障诊断、控制指令收发等，一般在汽车驾驶室的油门踏板上方。OBD 盒子也叫 OBD 诊断仪，一般由第三方厂家生产，功能大同小异，大多 OBD 盒子可以实现远程检测、跟车导航（路况通畅、定位、报警）、行车分析（某一段路程的用时及油耗）、油耗管理等功能。图 4 - 8 所示为 OBD 盒子和 OBD 接口。

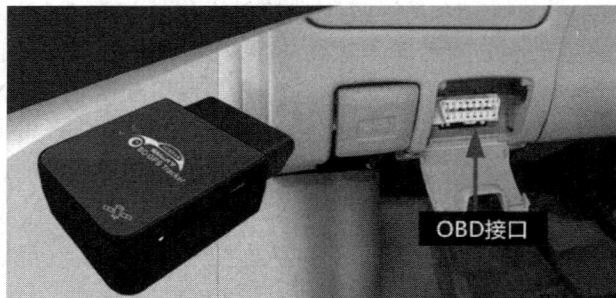

图 4 - 8　OBD 盒子（左）和 OBD 接口（右）

2. 威胁分析

OBD 接口对接入的设备没有任何访问验证授权机制，再加上 CAN 总线系统中的消息采用明文传输，因此任何人都可以使用 OBD 诊断设备接入车辆进行操作。通过 OBD 接口对 CAN 总线操作主要分三种情况：一是 OBD 对 CAN 总线数据可读可写，此类安全风险最大；二是 OBD 接口对 CAN 总线可读不可写；三是 OBD 接口对 CAN 总线可读，但消息写入需遵循 J1939 协议，后两者安全风险较小。

3. 案例分析：OBD 诊断设备漏洞

移动设备 C4 OBD2 分析仪已经被用在共享汽车业务上，如 Metromile 的共享汽车业务。该诊断设备本身包含一个 GPS 接收器、蜂窝芯片和板载微处理器，通过蜂窝网络与服务提供商通信，以共享车辆操作的数据。研究人员发现，利用该设备的漏洞（主要为三个 CVE 漏洞），可通过 OBD 端口向 CAN 总线注入消息控制车辆[①]。图 4-9 所示为 CVE-2015-2906 的相关信息。

CVE-ID

CVE-2015-2906 Learn more at National Vulnerability Database (NVD)
• Severity Rating • Fix Information • Vulnerable Software Versions • SCAP Mappings

Description

** DISPUTED ** Mobile Devices (aka MDI) C4 OBD-II dongles with firmware 2.x and 3.4.x, as used in Metromile Pulse and other products, store SSH private keys that are the same across different customers' installations, which makes it easier for remote attackers to obtain access by leveraging knowledge of a private key from another installation. NOTE: the vendor states "This was a flaw for the developer/debugging devices (again not possible in production versions)."

图 4-9　CVE-2015-2906

该设备支持一些默认启用的服务（Telnet、SSH、HTTP），这些服务可以远程访问，可能用于调试目的。该设备与服务器通信需要 6 个 SSH 私钥（用于 root 账户、更新服务器和设备），这些密钥在所有 C4 OBD2 设备中都是相同的，如果一个密钥被攻击者提取，那么其他设备也可能受到攻击。图 4-10 所示为 CVE-2015-2907 的相关信息。

CVE-ID

CVE-2015-2907 Learn more at National Vulnerability Database (NVD)
• Severity Rating • Fix Information • Vulnerable Software Versions • SCAP Mappings

Description

** DISPUTED ** Mobile Devices (aka MDI) C4 OBD-II dongles with firmware 2.x and 3.4.x, as used in Metromile Pulse and other products, have hardcoded SSH credentials, which makes it easier for remote attackers to obtain access by leveraging knowledge of the required username and password. NOTE: the vendor states "This was a flaw for the developer/debugging devices (again not possible in production versions)."

图 4-10　CVE-2015-2907

---

① 详情请参考 https://www.usenix.org/conference/woot15/workshop-program/presentation/foster。

设备的用户名和密码被硬编码，并且所有设备都共享同一个 SSH 用户名，攻击者使用硬编码的 SSH 用户名和密码能够访问任何 C4 OBD2 分析仪设备。图 4 - 11 所示为 CVE - 2015 - 2908 的相关信息。

CVE-ID

CVE-2015-2908 <u>Learn more at National Vulnerability Database</u> <u>(NVD)</u>
• Severity Rating • Fix Information • Vulnerable Software Versions •
SCAP Mappings

Description

** <u>DISPUTED</u> ** Mobile Devices (aka MDI) C4 OBD-II dongles with firmware 2.x and
3.4.x, as used in Metromile Pulse and other products, do not validate firmware updates,
which allows remote attackers to execute arbitrary code by specifying an update server.
NOTE: the vendor states "This was a flaw for the developer/debugging devices, and was
fixed in production version about 3 years ago."

图 4 - 11　CVE - 2015 - 2908

C4 OBD2 分析仪使用短信消息方式管理远程更新升级，短信消息没有进行任何加密。C4 OBD2 分析仪采用了白名单机制授权管理升级，但未验证设备固件的更新，远程攻击者可以将任意代码上传至设备。

4.4.3　GW 威胁分析

1. 概述

GW，即 Gateway，网关。汽车网关是汽车内部通信局域网的核心模块，与各 ECU 通过 CAN 协议或其他协议进行通信。

网关其作为整车网络的数据交互枢纽，可将 CAN、LIN、MOST、FlexRay 等网络数据在不同网络中进行路由。汽车网关主要有以下三个功能：第一，报文路由，网关具有转发报文的功能，并对总线报文状态进行诊断；第二，信号路由，实现信号在不同报文间的映射；第三，网络管理，监测网络状态，进行错误处理、休眠唤醒等。图 4 - 12 所示为 GW 的通信拓扑图。

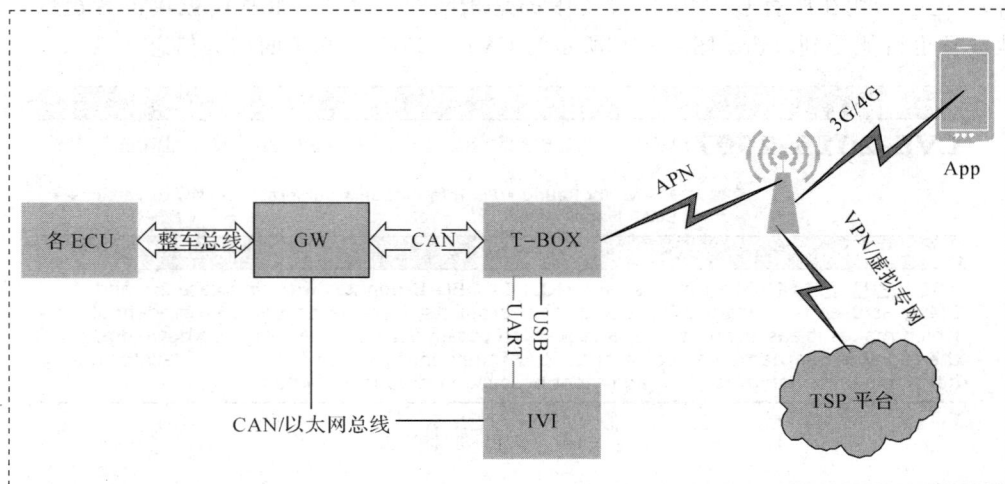

图 4 - 12　GW 的通信拓扑图

2. 威胁分析

网关作为汽车内部网络的枢纽，其面临的威胁可概括为两个层面。第一，攻击者可利用网关通过总线网络向各 ECU 发送恶意控制信息。第二，对于具备远程通信功能的汽车网关(TGU，Telematics Gateway Unit)，攻击者可以远程控制网关，进而控制汽车。

3. 案例分析：安装有 TGU 模块的汽车可被黑客跟踪

2016 年 3 月，来自研究机构 EyeOS 的研究人员 Jose Carlos Norte 发现，用于接收汽车远程命令的 TGU 在网上保持开放状态，黑客能够利用这些 TGU 跟踪汽车[①]。这些存在安全风险的 TGU 名叫 C4 Max，由法国公司 Mobile Devices 制造，实物如图 4-13 所示。

图 4-13   C4 Max

Norte 表示能够通过利用搜索工具 Shodan 找到大批量的 C4 Max 设备，许多设备都没有对 Telnet 会话和设备的 Web 访问进行身份验证，攻击者可以非常轻松地通过 Shodan 识别 C4 Max 设备，并获取车辆信息，如 GPS 坐标、车速、电池状态等。图 4-14 所示为 C4 Max 的 Telnet 会话。

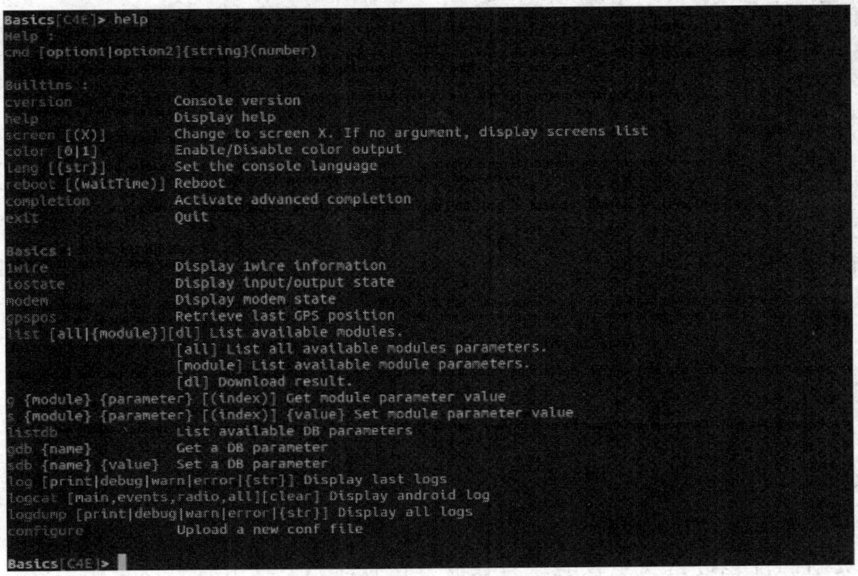

图 4-14   C4 Max 的 Telnet 会话

---

① 详情请参考 https：//news. softpedia. com/news/internet-connected-trucks-can-be-tracked-and-hacked-researcher-finds-501415. shtml。

4.4.4 ECU威胁分析

1．概述

ECU(Electronic Control Unit，电子控制单元)是汽车专用微机控制单元，如图4-15所示。

图4-15 汽车上的各种ECU

ECU和普通的单片机一样，由微处理器、存储器、输入/输出接口、模数转换器以及整形、驱动等大规模集成电路组成。像防抱死制动系统、自动变速箱、刹车辅助系统、巡航定速系统、自动空调系统、驱动系统、主动悬架系统、安全气囊等都包含有各自的ECU模块，这些系统都由ECU控制管理，并且ECU都通过CAN总线或其他汽车总线连接，形成车载网络。

2．威胁分析

ECU面临的安全威胁主要有三个：一是攻击者通过OBD接口直接获取ECU的有效信息或将ECU拆解下来读取固件，然后进行逆向分析；二是ECU固件应用程序因代码缺陷存在安全漏洞，可能导致拒绝服务攻击，进而导致汽车功能不能正常响应；三是ECU更新时没有对更新固件包进行安全校验或者校验方法被绕过，攻击者可以重刷篡改过的固件。

3．案例分析：攻击安全气囊

2015年，一个由三位研究员组成的小组，演示了如何通过利用存在于第三方软件中的0day漏洞让奥迪TT(及其他车型)的安全气囊及其他功能失效。图4-16所示为CVE-2017-14937的相关信息。

CVE-ID

CVE-2017-14937 Learn more at National Vulnerability Database (NVD)
• Severity Rating • Fix Information • Vulnerable Software Versions •
SCAP Mappings

Description

The airbag detonation algorithm allows injury to passenger-car occupants via predictable Security Access (SA) data to the internal CAN bus (or the OBD connector). This affects the airbag control units (aka pyrotechnical control units or PCUs) of unspecified passenger vehicles manufactured in 2014 or later, when the ignition is on and the speed is less than 6 km/h. Specifically, there are only 256 possible key pairs, and authentication attempts have no rate limit. In addition, at least one manufacturer's interpretation of the ISO 26021 standard is that it must be possible to calculate the key directly (i.e., the other 255 key pairs must not be used). Exploitation would typically involve an attacker who has already gained access to the CAN bus, and sends a crafted Unified Diagnostic Service (UDS) message to detonate the pyrotechnical charges, resulting in the same passenger-injury risks as in any airbag deployment.

图 4 - 16 CVE - 2017 - 14937

图 4 - 17 所示为安全气囊漏洞利用过程。

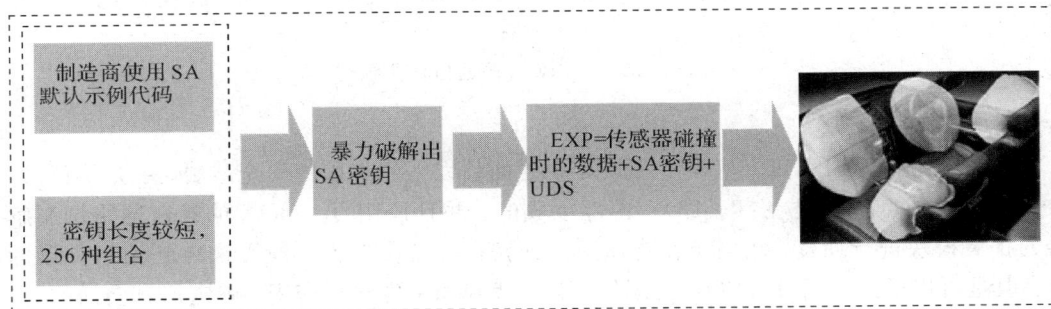

图 4 - 17 安全气囊漏洞利用过程

汽车上安全气囊爆炸算法允许输入可预测的访问数据到 CAN 总线网络内,进而触发气囊爆炸,伤害车内的乘客。ISO 26021 中规定了安全气囊的烟火控制单元算法,但烟火控制单元中的 SA 访问算法是一个安全性极低的算法,若安全气囊制造商直接复制标准中的实例代码而没有修改 SA 算法,则攻击者能够利用相同的算法碰撞出适用于 SA 的密钥。SA 算法的密钥长度是两个字节,如果攻击者尝试暴力破解,那么密钥将有 65536 种组合,但是 ISO 26021 要求两个字节长度密钥中要有一字节包含实施爆炸算法的版本号,这就使得密钥组合从 65536 个减少至 256 个,破解成功率大大增加。

攻击者得到密钥后进行攻击时,还要满足一定的条件:汽车点火启动并且行驶速度低于 6 km/h。结合其他传感器在发生碰撞时的返回数据,构造触发引爆安全气囊的 EXP,远程引爆汽车安全气囊。

4.4.5 T-BOX 威胁分析

1. 概述

T-BOX 全称 Telematics BOX。车载 T-BOX 一方面可与 CAN 总线通信,实现指令和信息的传递,另一方面用于和后台系统/手机 App 通信,实现手机 App 的车辆信息显示与控制,是车内外信息交互的枢纽。

T-BOX 主要由 MCU、蜂窝网通信模块等组成。MCU 主要负责整车 CAN 网络数据的接收与处理、信息上传、电源管理、数据存储、故障诊断以及远程升级等；蜂窝网通信模块主要负责网络连接与数据传递，为用户提供 WiFi 热点链接，为 IVI 提供上网通道，同时为 T-BOX 与服务器之间的信息传递提供传输通道。图 4-18 所示为 T-BOX 的通信拓扑结构。

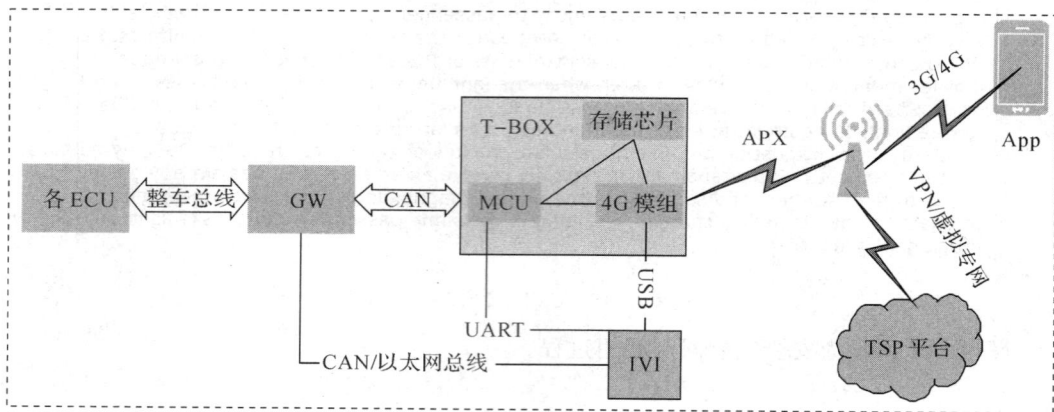

图 4-18　T-BOX 的通信拓扑结构

2. 威胁分析

根据业界的 STRIDE 模型，T-BOX 主要面临以下三方面的安全威胁。一是协议破解。控制汽车的消息指令是在 T-BOX 内部生成的，并且使用 T-BOX 的蜂窝网络调制解调器的扩展模块进行加密，相当于在传输层面加密，所以攻击者一般无法得到消息会话的内容，但是可以通过分析 T-BOX 的固件代码，找到加密方法和密钥，确定消息会话的内容。二是信息泄露。有些 T-BOX 出厂时是留有调试接口的，这样就不需要用吹焊机吹下芯片，攻击者通过 T-BOX 预留调试接口就可以读取内部数据。三是中间人攻击。攻击者通过伪基站、DNS 劫持等手段劫持 T-BOX 会话，伪造通信内容，实现对汽车的远程控制。

3. 案例分析：T-BOX 漏洞案例

2017 年，来自 McAfee 的三名研究人员 Mickey Shkatov、Jesse Michael 和 Oleksandr Bazhaniuk 发现福特、宝马、英菲尼迪和日产汽车的远程信息处理控制单元(也即 T-BOX)存在漏洞，这些 T-BOX 都是由 Continental AG 公司生产的。图 4-19 所示为存在漏洞的 T-BOX。

图 4-19　存在漏洞的 T-BOX

其中一个漏洞是该 T‒BOX 的 S‒Gold 2 (PMB 8876)蜂窝基带芯片中处理 AT 命令的组件存在缓冲区溢出漏洞(漏洞编号 CVE‒2017‒9647),如图 4‒20 所示。另一个漏洞是攻击者可以利用 TMSI(临时移动用户识别码)来入侵并控制内存(漏洞编号 CVE‒2017‒9633),这个漏洞可以被远程利用。

```
AT+CIMI
310650701614947

OK

AT+XLOG
+XGENDATA: "cas2_21.41.23:NOVANTO_NAD_51R    dows_NT
"

OK

AT+XAPP="AAAAAAAAAAAAAAAAAAAAAAAAAAAAAAAAAAAAAAAAAAAAAAAAAAAAAAAAAAAAAA"

Traceback (most recent call last):
  File "./leaf.py", line 32, in <module>
    dev.write(2, "%s\r" % command)
  File "/usr/lib/python2.7/dist-packages/usb/core.py", line 948, in write
    self.__get_timeout(timeout)
  File "/usr/lib/python2.7/dist-packages/usb/backend/libusb1.py", line 824, in bulk_write
    timeout)
  File "/usr/lib/python2.7/dist-packages/usb/backend/libusb1.py", line 920, in __write
    _check(retval)
  File "/usr/lib/python2.7/dist-packages/usb/backend/libusb1.py", line 595, in _check
    raise USBError(_strerror(ret), ret, _libusb_errno[ret])
usb.core.USBError: [Errno 5] Input/Output Error
root@atr-lt01:~/leaf#
```

图 4‒20　处理 AT 命令的组件存在缓冲区溢出漏洞

4.4.6　IVI 威胁分析

1. 概述

IVI(In-Vehicle Infotainment,车载信息娱乐系统)是采用车载专用中央处理器,基于车身总线系统和互联网服务,形成的车载综合信息娱乐系统。IVI 能够实现包括三维导航、辅助驾驶、故障检测、车辆信息、车身控制、移动办公、无线通信、基于在线的娱乐功能等一系列应用。图 4‒21 所示为 IVI 的通信拓扑结构。

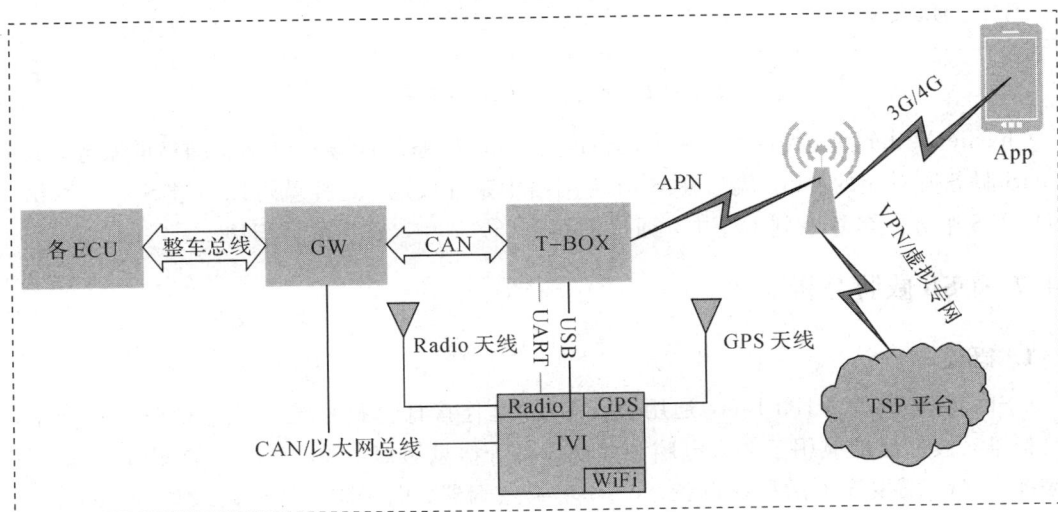

图 4‒21　IVI 的通信拓扑结构

2. 威胁分析

IVI 面临的主要威胁包括软件攻击和硬件攻击两方面：攻击者可通过软件升级的方式，在升级期间获得访问权限进入目标系统；攻击者可拆解 IVI 的众多硬件接口，包括内部总线、无线访问模块、其他适配接口（如 USB）等，通过对车载电路进行窃听、逆向等获取 IVI 系统内信息，进而采取更多攻击。

3. 案例分析：攻击 Jeep Cherokee

首先，Charlie Miller 利用 CVE - 2015 - 5611 越狱了 Uconnect 系统（一款车载 IVI），发现该系统存在 D-BUS 服务，该服务允许匿名登录，登录后可以进入到系统底层。这款设备同时还使用了 Renesas 制造的 V850ES 微型控制器，Charlie Miller 和 Chris Valasek 发现 V850 芯片的固件更新没有验证签名，他们编译了一个经过特殊构造的固件，刷新到 V850 芯片中去，可以实现通过 IVI 控制车身的功能。攻击流程如图 4-22 所示。

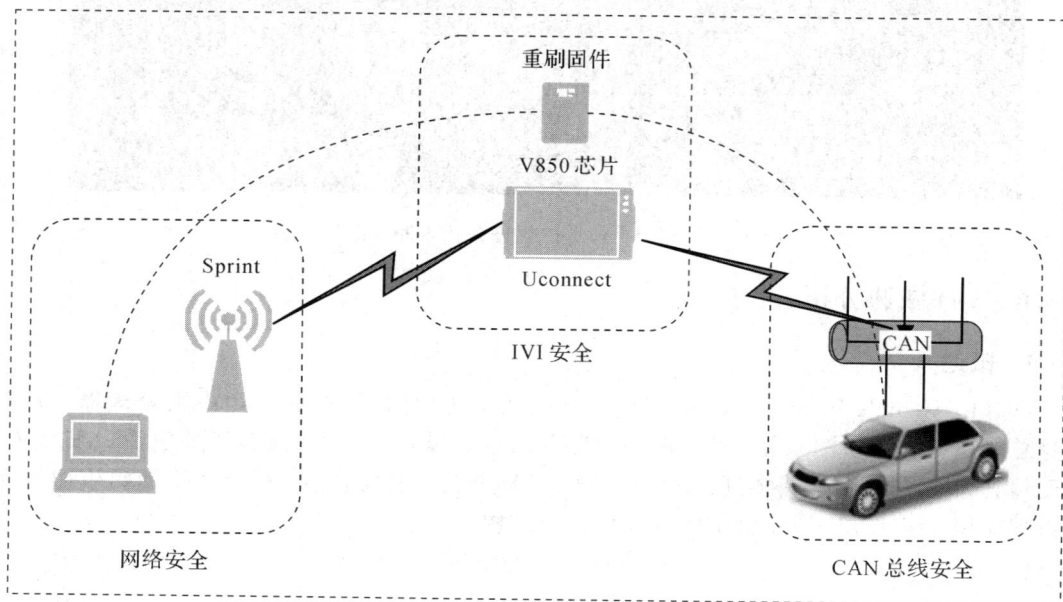

图 4 - 22　攻击 Jeep Cherokee 的流程

Charlie Miller 和 Chris Valasek 发现该 Uconnect 系统能够提供基于网络的服务，其中 D-BUS 服务所对应的 6667 端口在 Sprint 网络中是开放的，这样就可以通过 Sprint 网络利用 D-BUS 服务匿名登录到 IVI 中，通过刷写 V850 芯片，最终控制车身。

4.4.7　USB 威胁分析

1. 概述

USB（Universal Serial Bus，通用串行总线）是连接计算机系统与外部设备的一种串口总线标准，被广泛地应用于个人电脑和移动设备等信息通信产品。汽车上的 USB 接口可以用来插 U 盘、需要充电的移动设备、USB 车载点烟器、电子狗、行车记录仪等。图 4 - 23 所示为汽车上的 USB 接口。

图 4 - 23 汽车上的 USB 接口

2．威胁分析

USB 主要面临以下威胁：一是利用 USB 接口，攻击者可以在 IVI 上安装恶意软件或安装篡改后的 IVI 升级固件；二是利用 IVI 的 USB 协议栈漏洞进行渗透测试；三是插入恶意 USB 设备，瞬时提高 IVI 的电压，从物理上损坏 IVI 系统。

3．案例分析：利用 U 盘入侵马自达

2017 年，研究人员 Turla 发现仅靠插入一个装有特定代码的 U 盘就能黑进马自达信息娱乐系统（MZD Connect）[①]。以下是已知配置了 MZD Connect 的马自达车型：MazdaCX-3、MazdaCX-5、MazdaCX-7、MazdaCX-9、Mazda2、Mazda3、Mazda6、MazdaMX-5 等。Turla 的 mazda_getInfo 项目在 GitHub 上开放，可让使用者在他们的 U 盘上复制一组脚本，将其插入汽车的 USB 接口即可在 MZD Connect 上执行恶意代码，如图 4 - 24 所示。

图 4 - 24 执行恶意代码

---

① 详情请参考 https://www.freebuf.com/articles/terminal/137393.html。

4.5 LEVEL2 级：近程通信应用模块威胁分析

4.5.1 WiFi 威胁分析

1. 概述

WiFi，一种基于 IEEE 802.11 标准的无线局域网技术。汽车 WiFi 需要车载 WiFi 设备，一般是指装载在车辆上的通过 3G/4G/5G 转 WiFi 的技术，提供 WiFi 热点的无线路由。WiFi 模块一般集成在汽车的 IVI 上，消费者能够在车载 WiFi 环境下使用各种智能移动设备，还可以利用 WiFi 实现车内软件的更新。

2. 威胁分析

当前车载 WiFi 主要面临以下威胁：一是攻击者连接车载 WiFi 接入车内网络，攻击车内网络模块，如攻击 IVI；二是车载 WiFi 默认密码较简单，攻击者接入车内网络后嗅探攻击同局域网的用户；三是耗尽车载 WiFi 流量使之无法正常工作。

3. 案例分析：黑客利用 WiFi 攻击三菱欧蓝德

2016 年 6 月，来自英国的黑客利用 WiFi 漏洞远程关闭了三菱欧蓝德汽车防盗报警器。三菱欧蓝德配备了 WiFi 接入点来代替 GSM 模块，用户需要断开其他 WiFi 连接，显式地连接汽车接入点才能控制各模块功能，并且用户只能在 WiFi 的有效范围内连接汽车。三菱欧蓝德将 WiFi 预共享密钥写在了用户手册中，且格式十分简短，欧蓝德汽车的 SSID 有较强的特征，攻击者可轻而易举地对汽车进行定位。获取 SSID 和相关的 PSK 后，攻击者借助中间人攻击，结合手机 App 重放发送到汽车的各种消息，成功开启或关闭车灯、关闭防盗报警器。图 4-25 所示为针对三菱欧蓝德的攻击示意图。

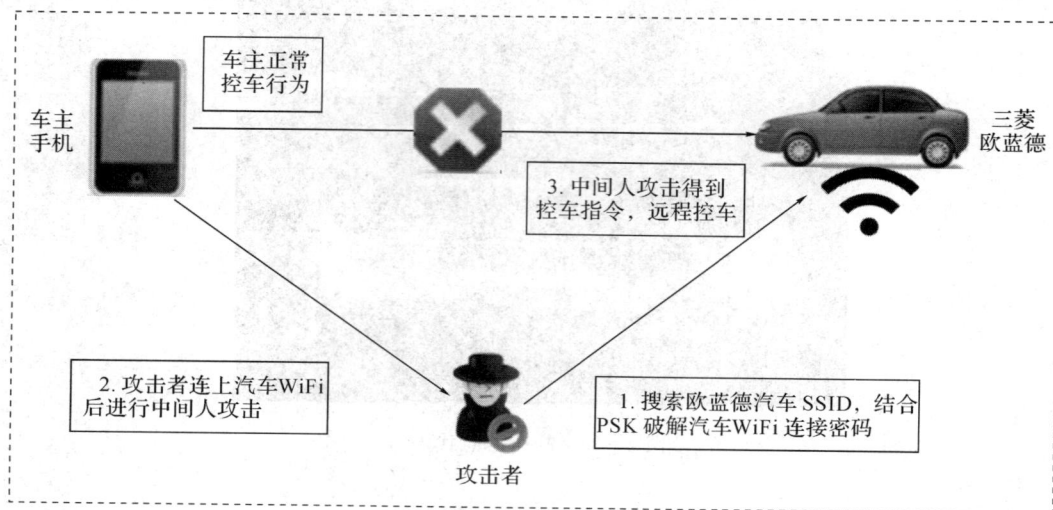

图 4-25 针对三菱欧蓝德的攻击示意图

4.5.2 蓝牙威胁分析

1. 概述

蓝牙，一种无线通信技术，车载蓝牙系统中的蓝牙通信技术是从蓝牙技术延续而来的。车载蓝牙系统的主要功能是在车辆行驶中用蓝牙技术与手机连接进行通话，达到解放双手、降低交通肇事隐患的目的。蓝牙技术还用于汽车钥匙中（如结合移动 App，在一定范围内控制汽车车门、车窗等）。图 4-26 所示为某品牌的蓝牙钥匙 App。

图 4-26　某品牌的蓝牙钥匙 App

2. 安全威胁分析

汽车蓝牙存在的安全威胁包含两部分。一是在汽车蓝牙使用了老旧的蓝牙版本的情况下，因旧版本的蓝牙存在大量的安全漏洞，如 PIN 码易受到窃听攻击，如果给予足够时间，窃听者能够收集所有的配对帧，破解出 LTK，从而破解蓝牙链路层 AES-CCM 加密的密文，获取数据包内的授权码、UUID 等数据，对车主或者汽车带蓝牙功能的设备进行攻击；二是搭载蓝牙功能的设备实现蓝牙功能时因编码不当导致的安全风险，如 CVE-2017-0781 是最近爆出的 Android 蓝牙栈的严重漏洞，允许攻击者远程获取 Android 手机的命令执行权限。图 4-27 所示为汽车黑客利用安卓蓝牙漏洞攻击的示意图。

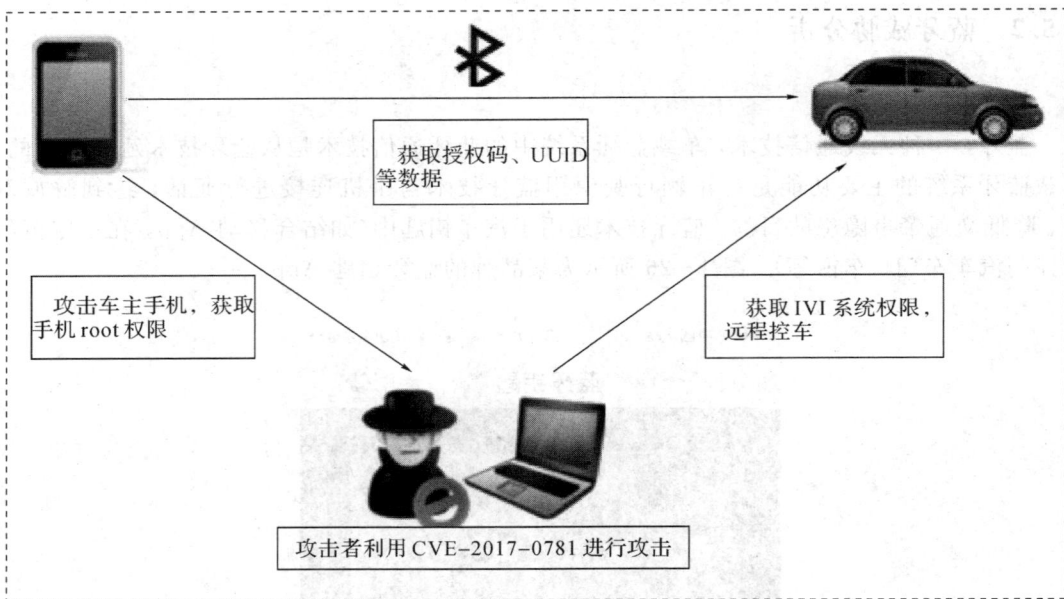

图 4 - 27   汽车黑客利用蓝牙漏洞攻击示意图

3. 案例分析：汽车诊断工具的蓝牙模块存在漏洞

2016 年 4 月，研究人员发现 Lemur 的车辆监视器产品 BlueDriver 不需要 PIN 码就可以连上蓝牙，这使得在蓝牙信号范围内任何人均可以访问 BlueDriver 的诊断信息，包括行驶里程、诊断故障码、速度和排放等，甚至还允许攻击者发送任意 CAN 指令来控制车辆。图 4 - 28 所示为 CVE - 2016 - 2354 的相关信息。

CVE-ID	
CVE-2016-2354	Learn more at National Vulnerability Database (NVD) • Severity Rating • Fix Information • Vulnerable Software Versions • SCAP Mappings
Description	
The Bluetooth functionality in Lemur Vehicle Monitors BlueDriver before 2016-04-07 supports unrestricted pairing without a PIN, which allows remote attackers to send arbitrary CAN commands by leveraging access to a device inside or adjacent to the vehicle, as demonstrated by a CAN command to disrupt braking or steering.	

图 4 - 28   CVE - 2016 - 2354

4.5.3   Radio 威胁分析

1. 概述

本书讨论的 Radio，是指车载收音机系统。车载收音机的主要性能指标有频率范围、灵敏度、选择性、整机频率特性、整机谐波失真、输出功率等。频率范围是指收音机所能接收到的电台广播信号的频率。要收听收音机，首先一定要捕获无线电波，收音机的接收天线就是用来接收无线电信号的，如图 4 - 29 所示。

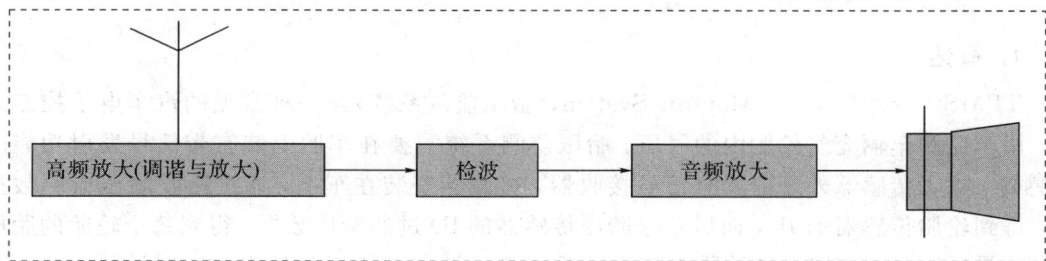

图 4 - 29　车载收音机基本接收框图

2. 威胁分析

车载收音机主要面临以下几种威胁：一是无线数据报文监听，使用与目标系统运行频率相同的监听设备对无线报文进行收集及逆向分析，将无线报文数据通过相应的方法解密后，可深入了解整套收音机系统的运作原理，找出关键指令对汽车实施远程控制；二是无线信号欺骗攻击，结合无线监听及解密方法，解析无线通信协议，构造合法的可以通过认证的无线报文，对目标进行欺骗攻击；三是无线信号劫持攻击，通过使用无线协议层或通信层网络阻断的方法，对无线信号进行劫持。

3. 案例分析：攻击车载数字音频广播收音机

2015 年，来自 NCCGROUP 的研究人员 Andy Davis 发现车载数字音频广播（DAB）收音机存在漏洞。数字音频广播收音机一般集成在 IVI 中，IVI 通过 CAN 总线连接到其他车辆模块，Andy Davis 发现 DAB 无线电堆栈代码任何漏洞都可能导致攻击者利用 IVI 系统并将其攻击转向更多的车内网络模块[①]。图 4 - 30 所示为 Andy Davis 利用设备对 DAB 收音机进行安全测试。

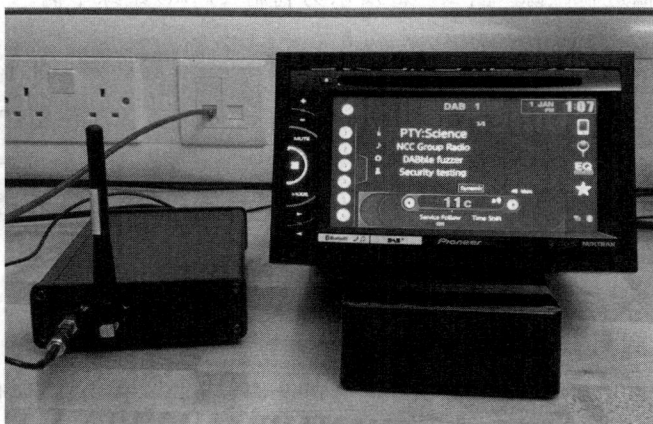

图 4 - 30　利用设备对 DAB 收音机进行安全测试

[①] 具体细节请参考 https：//docplayer. net/11405459-Broadcasting-your-attack-security-testing-dab-radio-in-cars. html。

4.5.4 TPMS 威胁分析

1. 概述

TPMS(Tire Pressure Monitor System，胎压监测系统)是一种常见的汽车电子控制系统，用于监测车辆充气轮胎内的气压。胎压监测系统需要在车胎上装有带信号发射功能的传感器，除了传感器外还需要有信号接收器，接收器安装在车上，通过接收胎压监测数据包，得到轮胎传感器的 ID，而后基于胎压传感器的 ID 过滤胎压数据，得到每个轮胎的胎压数值，最后通过仪表盘、显示器或简单的低压警示灯向车辆驾驶员报告实时胎压信息。图 4-31 所示为 TPMS 的基本原理。

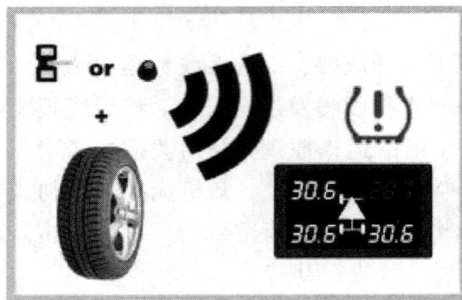

图 4-31　TPMS 的基本原理

2. 威胁分析

TPMS 主要存在以下威胁：一是攻击者可以侦听和重放胎压信号，一旦收到胎压数据包，就可以解密得到轮胎传感器的 ID 值，修改其中的胎压值，进而引发 TPMS 系统发出警报；二是利用传感器 ID 的唯一性跟踪车辆，将 TPMS 信号接收器置于目标跟踪区域，利用 TPMS 传感器对车辆进行跟踪。图 4-32 所示为利用 TPMS 跟踪车辆。

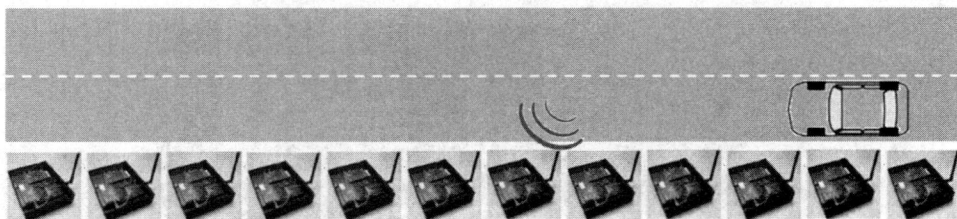

图 4-32　利用 TPMS 跟踪车辆

3. 案例分析：利用 HackRF 攻击 TPMS

在 YouTube 上，Lead Cyber Solutions 频道上传有攻击 TPMS 的视频演示[①]。视频中，研究人员 Christopher Flatley、James Pak 和 Thomas Vaccaro 展示了利用软件定义无线电工具——HackRF 对 TPMS 进行中间人攻击的操作。图 4-33 所示为研究人员的实验装置。

---

① 请参考 https：//www. rtl-sdr. com/exploring-vulnerabilities-in-tire-pressure-monitoring-systems-tpms-with-a-hackrf/。

智能网联汽车安全

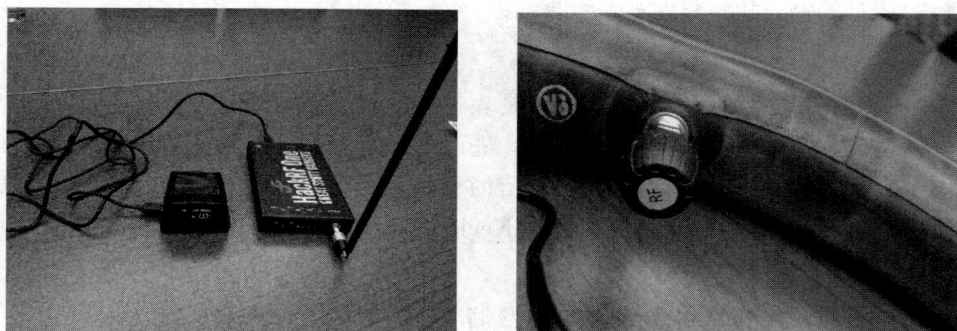

图 4-33 研究人员的实验装置

研究人员利用 HackRF 及配套软件对 TMPS 信号进行逆向工程,然后传输伪信号,使胎压信号接收器显示异常读数,错误的低压读数可能导致轮胎过度充气和严重损坏,导致汽车发出警报甚至紧急停车。

4.5.5 Keyless 威胁分析

1. 概述

汽车无钥匙进入系统,不是传统的钥匙,也不是完全不需要钥匙,它分为 RKE (Remote Keyless Entry,远程无钥匙进入系统)和 PKE(Passive Keyless Entry,被动无钥匙进入系统)两种。

RKE 系统省去了人们用手去摸钥匙,钥匙插入锁孔,转动钥匙的一系列动作,当人们手拿物品时只要轻轻一按对应的按键即可完成对车辆的解锁/闭锁(解防/设防)控制。如图 4-34 所示,RKE 系统主要由一个安装在汽车上的接收控制器和一个由用户携带的发射器,即无线遥控车门钥匙组成。RKE 系统允许用户使用钥匙扣上的发射机来锁定汽车门或者开锁,该发射机传输数据到汽车内,用户按下钥匙扣上的按钮开关可触发系统工作。

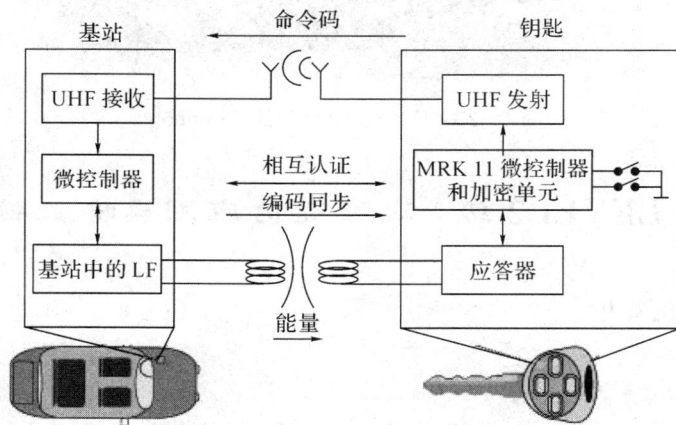

图 4-34 RKE 系统的组成

PKE 系统进一步省去了按钥匙按键的操作,只需要人带着合法的 PKE 钥匙,当人接近车辆到一定范围时,系统会自动识别钥匙,然后根据用户的操作(如摸门把手)等执行对应的解锁/闭锁控制，其便利性进一步提高。

2. 威胁分析

汽车无钥匙进入系统面临的威胁：一是攻击者通过信号中继或者信号重放的方式，窃取用户无线钥匙信号，并发送给智能汽车，进而欺骗车辆开锁，这样的重放攻击是有次数限制的；二是攻击者寻找汽车钥匙认证通信的算法漏洞进行攻击，这种针对认证算法的攻击是永久有效的。例如，HCS 滚码芯片和 Keeloq 算法都曾被曝出安全漏洞，对于满足特定条件的信号，汽车会判断成功并开锁。

3. 案例分析：无钥匙进入系统存在漏洞

2016 年，在奥斯汀举办的 USENIX 安全大会上，来自伯明翰大学的研究团队和德国 Kasper & Oswald 工程公司公开披露了两个漏洞，波及全球约 1 亿辆汽车的无钥匙进入系统。第一个漏洞让黑客能够无线解锁几乎近二十年来大众集团售卖的所有汽车；第二个漏洞涉及的车企更多，如雪铁龙、菲亚特、福特、三菱、日产、欧宝和标致等。

研究人员使用了价格便宜，易于操作的无线硬件截获来自目标车主钥匙终端发出的信号，并利用这些信号克隆一把新钥匙。攻击也能够通过与笔记本无线连接的软件实现，或者只使用一块装有无线接收器的 Arduino 板，花费只有 40 美元，如图 4 - 35 所示。

图 4 - 35 价值约 40 美元的 Arduino 板

4.6 LEVEL2 级：远程通信应用模块威胁分析

4.6.1 TSP 威胁分析

1. 概述

TSP(Telematics Service Provider，汽车远程服务提供商)在 Telematics 产业链中居于核心地位，上接汽车、车载设备制造商、网络运营商，下接内容提供商。TSP 平台集合了位置数据库、云存储、远程通信等技术，为车主提供导航、娱乐、资讯、安防、远程寻车、灯光控制、开关空调、开关车门等服务。图 4 - 36 所示为 TSP 平台的通信拓扑结构。

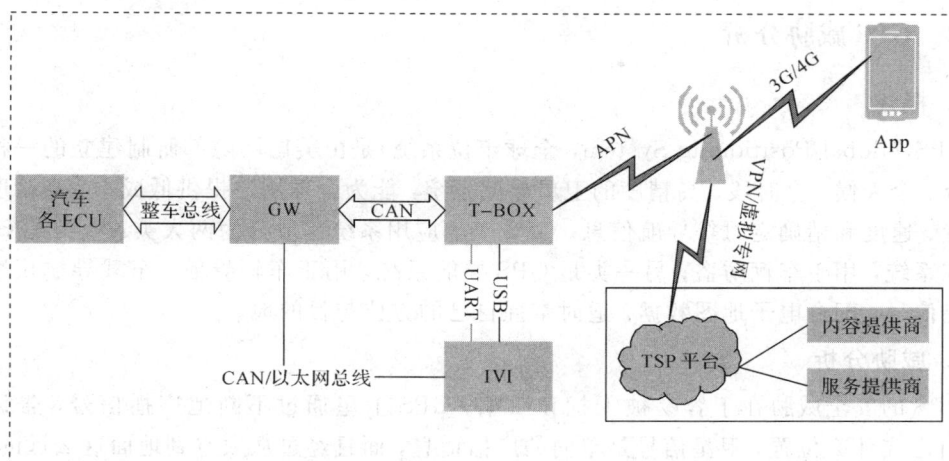

图 4 - 36　TSP 的通信拓扑结构

2. 威胁分析

从众多整车厂的调研结果来看,目前大多数 TSP 平台的云端服务器使用公有云技术,因此 TSP 平台面临云端的威胁。比如攻击者可以通过虚拟机逃逸到宿主机,再从宿主机到达 TSP 平台的虚拟机中,从而获取 TSP 平台的配置信息、密钥、证书等,导致大量汽车被非法管控。其他安全威胁还涉及云数据安全、Web 安全、边界防护安全等。

3. 案例分析:宝马汽车被曝存安全漏洞

2015 年 2 月,德国汽车协会(ADAC)发布报告称,约 220 万辆配备 BMW Connected Drive 的汽车(包括劳斯莱斯幻影、MINI 掀背车、i3 电动汽车以及部分宝马品牌产品)存在数字服务系统的安全漏洞,黑客可利用这些漏洞远程打开车门[①]。漏洞产生的原因之一是宝马的 TSP 平台和 T - BOX 之间的通信数据没有使用 HTTPS 进行加密传输,泄露了包括 VIN 号、控制指令等关键信息。黑客可以利用伪基站,让宝马汽车用户注册到一个假的 TSP 平台,利用分析出来的有效信息给汽车下发控制指令,实现非法打开车门、启动汽车的目的(细节会在第 8 章介绍)。图 4 - 37 所示为 ADAC 的研究人员正在对存在漏洞的宝马汽车进行安全测试。

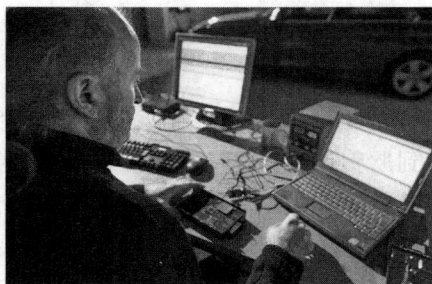

图 4 - 37　研究人员对存在漏洞的宝马汽车进行安全测试

---

① 请参考 https：//www. cs. bu. edu/~goldbe/teaching/HW55815/presos/bmw. pdf。

4.6.2 GPS 威胁分析

1. 概述

GPS(Global Positioning System，全球定位系统)是由美国国防部研制建立的一种具有全方位、全天候、全时段、高精度的卫星导航系统，能为全球用户提供低成本、高精度的三维位置、速度和精确定时等导航信息。GPS 车辆应用系统一般分为两大类：一类是 GPS 车辆跟踪系统，用于车辆防盗；另一类是 GPS 导航系统，用于车辆导航。车载导航仪通过接收卫星信号，配合电子地图数据，适时掌握自己的方位与目的地。

2. 威胁分析

GPS 的安全威胁在于容易被干扰和欺骗。GPS 卫星通过不断地广播信号，告诉汽车GPS 自己在什么位置，卫星信号是单向的广播信息，而且经过从太空到地面这么远的传播，信号已经变得非常弱了。使用 GPS 模拟器，在接收机旁边伪装成卫星，那么这个模拟器的信号很容易掩盖真正的 GPS 信号，就可以很容易地欺骗汽车 GPS 接收模块。图 4 - 38 所示为 GPS 欺骗攻击示意图。

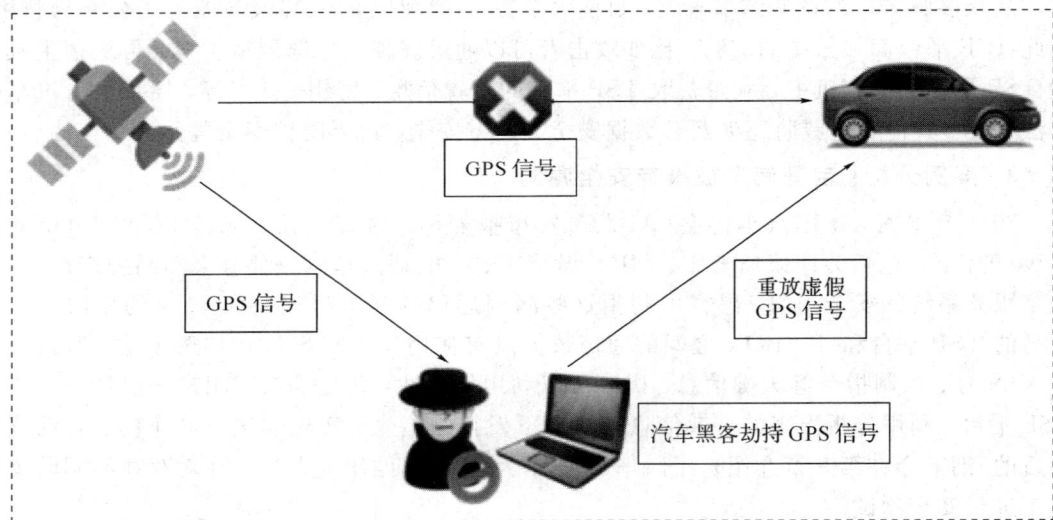

图 4 - 38　GPS 欺骗攻击示意图

3. 案例分析：GPS 欺骗攻击

民用 GPS 易受到欺骗攻击。GPS 欺骗攻击有两个关键步骤：一是攻击者会诱使受害者GPS 接收器从合法信号转移到欺骗信号，这一阶段可以是暴力破解的，也可以是静默执行的；二是攻击者可以修改 GPS 接收器的信号到达时间或修改导航信息。2018 年，来自弗吉尼亚理工大学和电子科技大学的研究人员提出了一种改进的方法，即在考虑道路布局的情况下进行 GPS 欺骗攻击。为进行攻击，研究人员开发了一种近乎实时的算法，以及价格约为 223 美元的便携式 GPS 欺骗设备，如图 4 - 39 所示。该设备可以很容易地连接到汽车上，也可以安装在距离目标车辆 50 m 以内的汽车上。

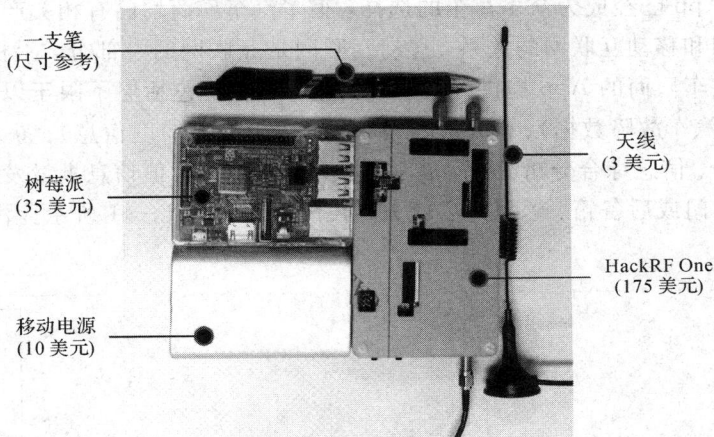

一支笔
(尺寸参考)

天线
(3 美元)

树莓派
(35 美元)

HackRF One
(175 美元)

移动电源
(10 美元)

图 4-39　便携式 GPS 欺骗设备

攻击算法可以分为基本攻击算法和迭代攻击算法。在基本攻击算法中，攻击者只改变 GPS 的位置信号。在迭代攻击算法中，攻击者可以于受害者驾驶过程中，在不同的位置创建不同的位置偏移。研究人员还设计了一种可以实时搜索攻击路径的搜索算法，以达到静默攻击的目的，算法会向目标设备伪造 GPS 输入，这样触发的导航指令与地图上显示的导航路线和真实的路网是一致并连续的。在现实中，若受害者依据指令行驶，则会沿着错误的路径行驶或到达错误的目的地[①]。

4.6.3　App 威胁分析

1. 概述

汽车远控 App 主要指安装在智能手机或其他移动设备上的远程控车应用软件。图 4-40 所示为某款汽车远控 App。

图 4-40　某款汽车远控 App

---

① 详情请参考 https：//people. cs. vt. edu/gangwang/sec18-gps. pdf。

汽车远控 App 已经成为众多车企的选择，很多汽车厂商均已有相关产品并拥有众多用户。就像互联网和移动互联网的关系，移动互联网是互联网的一部分，手机 App 是车联网的一部分，各汽车厂商的 App 提供的功能有所差异，主要包括但不限于以下功能：获取汽车实时数据（含汽车故障数据）、获取当前地理定位数据（经纬度信息）、获取汽车基本信息（型号、牌号等）、信息综合分析处理、展示车辆信息、将有价值信息批量发送给后台云服务器、远程解锁车门或后备箱、远程开启或关闭发动机等。图 4 - 41 所示为汽车远控 App 的通信拓扑结构。

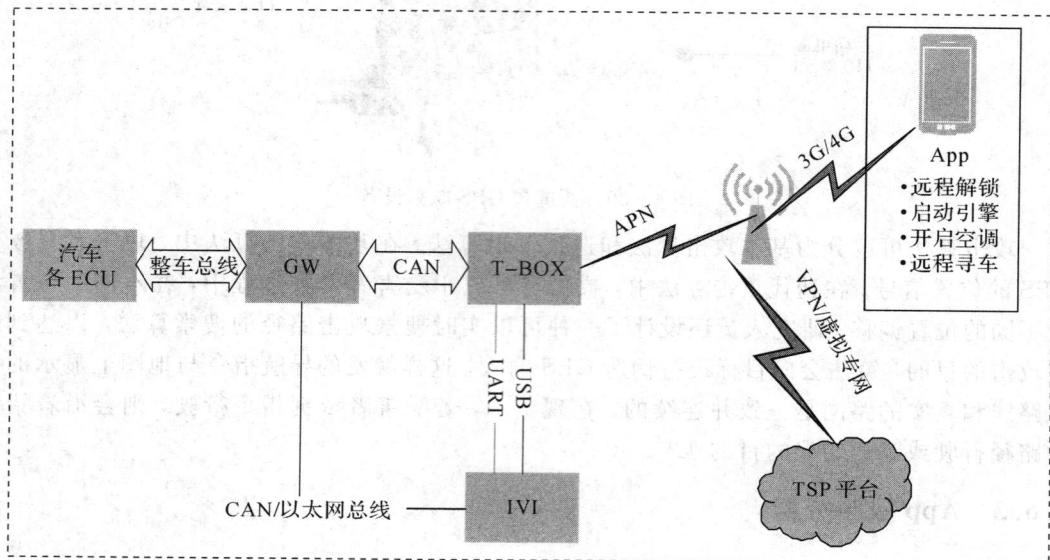

图 4 - 41　汽车远控 App 的通信拓扑结构

2. 威胁分析

App 因其广泛应用及易于获取等特点成为黑客攻击的热点，尤其逆向技术的成熟，越来越多的攻击者选择通过调试或者反编译应用来获取通信密钥、分析通信协议，并结合车联网远程控制功能伪造控制指令，干扰用户使用。

此外，App 一般安装在移动智能终端上，移动智能终端也面临安全威胁。一是移动智能终端时常接入到车内 WiFi 局域网，可作为攻击智能网联汽车的跳板。目前，移动智能终端都存在被攻击植入恶意代码并严重泄露车主隐私的风险，若这些设备直接连接到 IVI，可进一步对 IVI 系统进行攻击，通过 IVI 控制其他电子控制单元。二是移动智能终端存储有云平台的敏感数据，这些敏感数据存在泄露风险，如移动 App 可能存在云平台账户、密码等信息，攻击者若控制移动智能终端，可进一步获取账户密码，通过云平台下发指令威胁汽车安全。

3. 案例分析：斯巴鲁破解案例分析

研究人员 Guzman 曾发现 2017 款斯巴鲁 WRX STI 存在数量惊人的软件漏洞，通过利用这些高危的漏洞，未经授权的攻击者可以自由执行解锁/锁闭车门、鸣笛、获取车辆位置记录信息等一系列危险操作。图 4 - 42 所示为攻击流程。

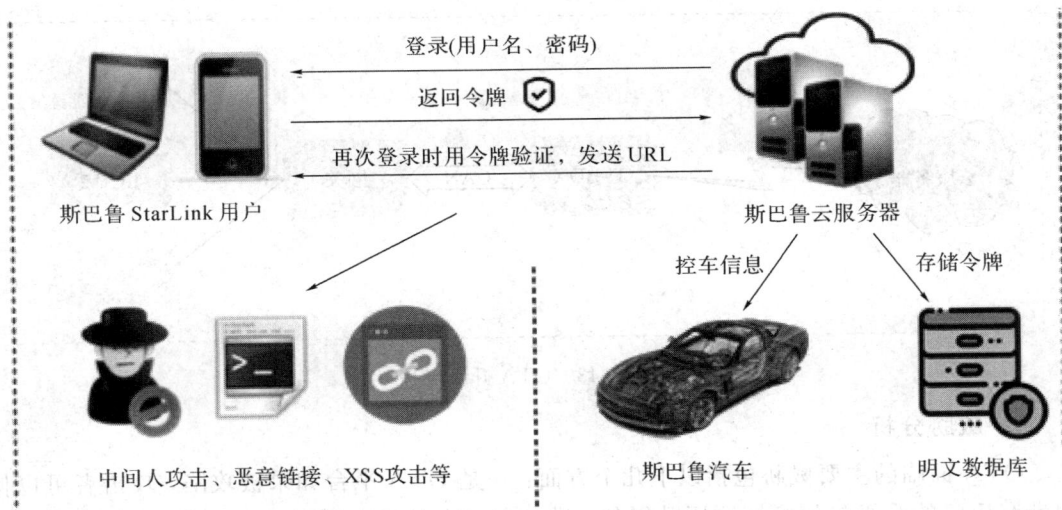

图 4-42 攻击流程

斯巴鲁汽车的远控 App 使用随机生成的认证令牌,以便在有用户认证后允许访问。通常来说,客户端与服务端采用这样的认证方式是很正常的,根据良好的 Web 应用安全实践,令牌应在短时间内过期或失效,以防止重复使用。然而 Starlink 允许用户利用令牌永久登录斯巴鲁,也就是说令牌一旦生成,永远不会失效。该令牌通过一个 URL 发送,并且被存放在未被加密的数据库中。

攻击者可以使用该令牌制作远程服务请求,并通过网络发送。斯巴鲁的服务器认为令牌足以确认请求是从授权用户发送来的,并执行命令。斯巴鲁服务端不会检查请求是从哪儿或由谁发送的,无论是通过 iOS、Android,还是其他终端设备,就像要打开一把锁,不管钥匙的所有者是谁,只要有钥匙,就可以开锁。攻击者可以通过中间人、跨站脚本攻击、发送获取凭证的恶意链接得到斯巴鲁用户的合法登录凭证,进而对汽车进行非授权的操作。

4.6.4 OTA 威胁分析

1. 概述

OTA(Over-The-Air)指通过云端升级技术,实现车辆功能及网联服务的快速更新迭代。OTA 有助于整车厂商快速修复软件故障和安全漏洞,但是该技术带来方便的同时,也为黑客打开了一扇攻击汽车的大门。

OTA 分为两类:一类是 FOTA(Firmware Over The Air,固件空中升级),指为一个设备、ECU 闪存下载完整的固件镜像,或者修补现有固件、更新闪存;另一类是 SOTA(Software Over The Air,软件空中升级),指固件之外的软件更新,如应用程序、地图软件等的远程更新都属于 SOTA 的范畴。无论是 FOTA 还是 SOTA,都可以分成三个阶段:第一步,生成更新包;第二步,传输更新包;第三步,安装更新。图 4-43 所示为 OTA 升级流程。

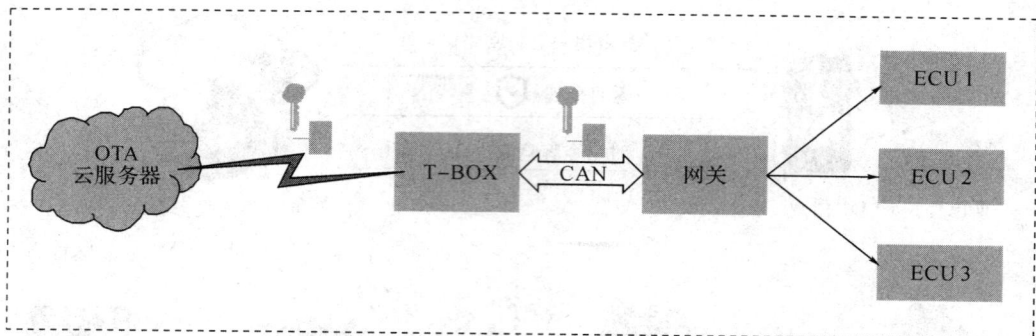

图 4-43　OTA 升级流程

2. 威胁分析

OTA 面临的主要威胁包括以下几个方面：一是 OTA 平台如果被攻陷，攻击者可以使用带有后门的升级包替换掉原厂升级包，进而向某个品牌下所有具有 OTA 升级功能的车辆植入恶意代码；二是 OTA 平台与 T-BOX 的通信安全，如果未采用双向认证加密方式传输升级包，则存在被劫持风险，攻击者可以利用漏洞阻止厂商正常功能升级或安全漏洞修复；三是 OTA 平台存在拒绝服务攻击的风险，攻击者可以从 T-BOX 端提取的固件中分析得到升级服务器的地址。目前大多数厂商 OTA 升级采用 HTTP 方式，这种传输方式非常危险。图 4-44 所示为 OTA 攻击路线示意图。

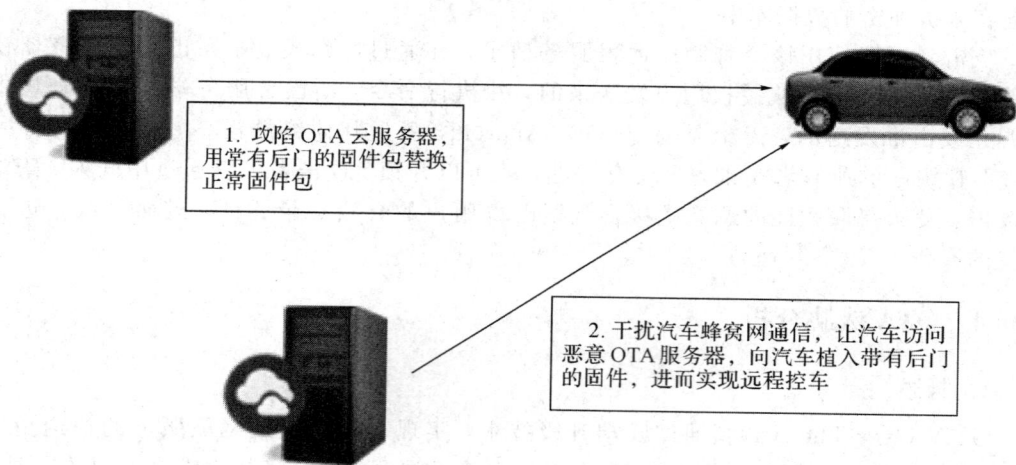

1. 攻陷 OTA 云服务器，用常有后门的固件包替换正常固件包

2. 干扰汽车蜂窝网通信，让汽车访问恶意 OTA 服务器，向汽车植入带有后门的固件，进而实现远程控车

图 4-44　OTA 攻击路线示意图

3. 案例分析：特斯拉的 OTA 升级存在漏洞

在 Black Hat USA 2018 上，腾讯科恩实验室展示了对特斯拉 OTA 功能相关的安全研究成果。研究人员发现，通过特斯拉自有的握手协议下发固件下载地址后，特斯拉中控屏上的 cid-updater 会从云端下载固件，进行解密并校验其完整性。通过类似于 A/B Update 的方式，车内其他强运算力的联网组件（如 APE 等）根据 cid-updater 提供的固件文件进行升级。cid-updater 还会负责根据固件包中的目录信息与车辆配置做比照，据此产生 release

.tgz 文件，并和升级软件 boot.img 一同提供给网关，然后网关执行上述升级软件，更新在网关上连接的二十余个 ECU。图 4 – 45 为特斯拉汽车的 OTA 升级流程[①]。

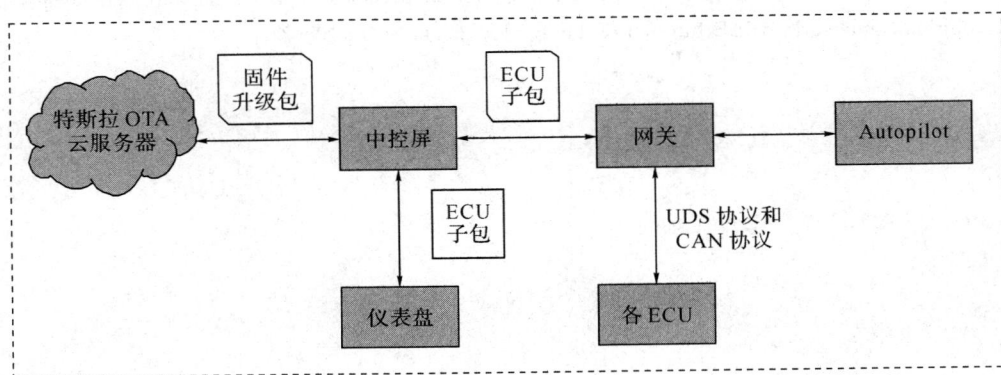

图 4 – 45　特斯拉的 OTA 升级流程

参 考 文 献

[1]　斯巴鲁展示全新 STARLINK 互联系统. Web：http：//www. eeworld. com. cn/qcdz/2015/0407/article_10640. html.

[2]　CAVD 中国汽车行业漏洞共享平台. Web：https：//cavd. org. cn/.

[3]　2016 年智能网联汽车信息安全测试报告. Web：http：//www. freebuf. com/articles/terminal/120510. html.

[4]　从自动驾驶汽车政策标准看未来发展. Web：http：//www. cnautonews. com/qchl/201611/t20161129_507834. html.

[5]　Hacking a Tesla Model S：What we found and what we learned. Web：https：//blog. lookout. com/blog/2015/08/07/hacking-a-tesla/.

[6]　汽车动力系统 ECU 固件逆向工程初探. Web：http：//www. kanxue. com/.

[7]　福特、宝马、英菲尼迪和日产汽车 TCU 存在漏洞，可被远程入侵. Web：http：//www. freebuf. com/news/143040. html.

[8]　张文博，包振山，李健，等. 基于可信计算的车联网云安全通信模型. 华中科技大学学报：自然科学版，2014，11：102 – 105.

[9]　马世典，江浩斌. 车联网环境下车载电控系统信息安全综述. 江苏大学学报：自然科学版，2014，6：635 – 643.

[10]　王文骏，李春彦. 基于车联网的合谋攻击研究. 网络安全技术与应用，2014，10：122 – 123.

[11]　Nie Sen，Liu Ling，Du Yuefeng. Free-fall：hacking tesla from wireless to can bus. USA：BlackHat，2017.

[12]　Woo S，Jo H J，Lee D H. A practical wireless attack on the connected car and security protocol for in-vehicle CAN. IEEE Transactions on Intelligent Transportation Systems，2015，16，5：993 -1006.

[13]　Exclusive：vulnerabilities could unlock brand-new subarus. Web：http：//www. databreachtoday. com/exclusive-vulnerabilities-could-unlock-brand-new-subarus-a-9970.

① 具体漏洞利用过程和研究细节请参考 https：//www. anquanke. com/post/id/155942。

[14] Attack surface for telematics hardware. Web: https://ruxcon.org.au/speakers/# Minrui Yan & Mingge Cao.

[15] Zhang T, Antunes H, Aggarwal S. Defending connected vehicles against malware: challenges and a solution framework. IEEE Internet of Things J., 2014, 1, 1: 10-21.

第5章 汽车总线安全

5.1 汽车总线

5.1.1 汽车总线概述

汽车总线是汽车信息安全的"生命线"。随着汽车各系统的控制逐步向自动化和智能化转变，汽车电气系统变得日益复杂。传统的电气系统大多采用点对点的单一通信方式，相互之间少有联系，这样必然会形成庞大的布线系统。据统计，一辆采用传统布线方法汽车中，导线长度可达 2000 m，电气节点可达 1500 个，而且该数字大约每 10 年就增加 1 倍，进一步加剧了粗大的线束与汽车上有限的可用空间之间的矛盾。无论是从材料成本还是从工作效率看，传统布线方法都不能适应现代汽车的发展。图 5-1 所示是传统的汽车布线网络。

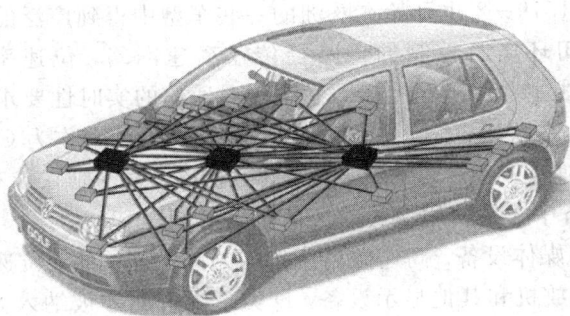

图 5-1 传统的汽车布线网络

汽车内部有许多电子控制单元（即 ECU），分别负责不同的工作，如门控单元、灯控单元等。ECU 起初都通过独立的数据线进行交换，随着 ECU 数量的增加，需要消耗的线束也会成倍增加，导致成本增加，占用更多空间，增加更多重量，也会增加更多的安全隐患。

另外，为了满足各电子系统的实时性要求，需对汽车公共数据（如发动机转速、车轮转速、节气门踏板位置等信息）实行实时共享，而每个控制单元对实时性的要求又各不相同，因此，传统的电气网络已无法适应现代汽车电子系统的发展，于是新型汽车总线技术应运而生。工程师们设计了基于总线通信的方案，每个 ECU 都连接在一条总线上面，避免了点对点通信方式存在的隐患。图 5-2 所示为汽车总线网络。

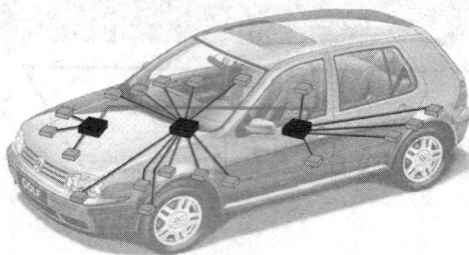

图 5-2 汽车总线网络

5.1.2 汽车总线分类

目前绝大多数车用总线都被 SAE(美国汽车工程师协会)下属的汽车网络委员会按照协议特性分为 A、B、C、D 四类。

A 类总线：面向传感器或执行器管理的低速网络，传输速率通常小于 20 Kb/s。A 类总线以 LIN(Local Interconnect Network，本地互联网络)规范最具代表性，其由摩托罗拉与奥迪等企业联手推出，主要用于车内分布式电控系统，尤其是面向智能传感器或执行器的数字化通信场合。

B 类总线：面向独立控制模块间信息共享的中速网络，速率一般在 10～125 Kb/s 之间。B 类总线以 CAN(Controller Area Network，控制器局域网络)为典型应用。CAN 网络起初只用于汽车内部测量和执行部件间的数据通信，1993 年 ISO 正式颁布了道路交通运输工具-数字信息交换-高速通信控制器局域网(CAN)国际标准(ISO11898-1)，近几年低速容错 CAN 标准 ISO 11519-2 也开始在欧洲的一些车型中得到广泛的应用。

C 类总线：面向闭环实时控制的多路径传输高速网络，位速率大多在 125 Kb/s～1 Mb/s 之间。C 类总线主要用于车上动力系统中对通信的实时性要求比较高的场合，主要服务于动力传递系统。在欧洲，汽车厂商大多使用"高速 CAN"作为 C 类总线，它实际上就是 ISO 11898-1 中位速率高于 125 Kb/s 的那部分标准。美国则在卡车及其拖车、客车、建筑机械和农业动力设备中大量使用专门的通信协议 SAE J1939。

D 类总线：面向多媒体设备、高速数据流传输的高性能网络，位速率一般在 2 Mb/s 以上，主要用于 CD 等播放机和其他显示设备。D 类总线近期才被纳入 SAE 对总线的分类范畴之中，其带宽范围相当大，用到的传输介质也不止一种。

目前约有五种主要的车用总线：LIN 总线、CAN 总线、FlexRay 总线、MOST 总线、汽车以太网总线，各类总线的区别如表 5-1 所示。

表 5-1 汽车总线对比

总线名称	通信速度/(b/s)	主要应用范围
LIN 总线	10 K～125 K(车身)	车灯、灯光、门锁、电动座椅等
CAN 总线	125 K～1 M	汽车空调、电子指示、故障检测等
FlexRay 总线	1 M～10 M	引擎控制、ABS、悬挂控制、线控转向等
MOST 总线	10 M 以上	汽车导航系统、多媒体娱乐等
汽车以太网总线	100 M 以上	车载信息娱乐系统、整车等

1. LIN 总线

LIN 总线是一种低速串行总线，主要用做 CAN 总线等高速总线的辅助网络或子网络。在带宽要求不高、功能简单、实时性要求低的场合，如车身电器的控制等方面，使用 LIN 总线，可有效地简化网络线束、提高网络通信效率和可靠性。在不需要 CAN 总线的带宽和多功能的场合使用，降低成本。

LIN 总线基于 SCI/UART 数据格式，采用单主机多从机模式，总线仅由三根导线组成（电源、地线和数据线）。LIN 总线的驱动/接收器规范遵从 ISO 9141 标准，且 EMI 性能有所提高。LIN 总线在硬件和软件上保证了网络节点的互操作性，并可预测 EMC。

LIN 总线的特点主要有以下几点：成本低，基于通用 UART/SCI 接口，几乎所有微控制器都具备 LIN 必需的硬件；极少的信号线就可实现 ISO 9141 标准；传输速率最高可达 20 Kb/s，最大总线长度为 40 m；无需总线仲裁；从节点不需石英或陶瓷振荡器就能实现自同步；保证信号传输的延迟时间；不需要改变 LIN 从节点的硬件和软件就可以在网络上增加或删除节点等。LIN 的拓扑结构如图 5-3 所示。

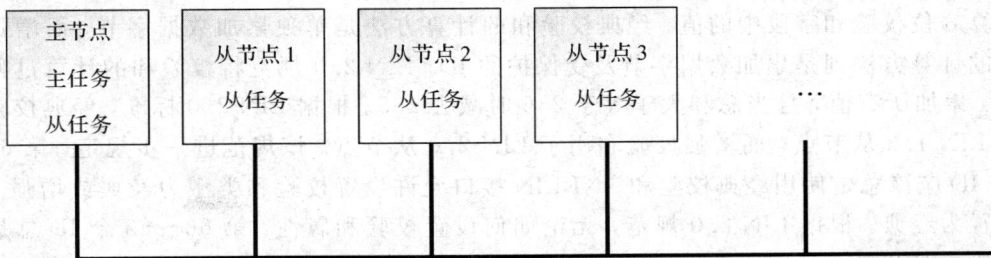

图 5-3 LIN 的拓扑结构

LIN 总线是一种轮询总线，带有一个主设备和一个或多个从设备。主设备同时包含一个主任务和一个从任务。每个从设备仅包含一个从任务。LIN 总线上的通信完全由主设备上的主任务控制。通常，主任务通过传输标题，在循环中轮询每个从任务。启动 LIN 之前，每个从任务被配置为根据接收到的标题 ID 向总线发布数据或从总线订阅数据。一旦收到消息标题，每个从任务将验证 ID 校验，并检查 ID，以决定发布或订阅。若从任务需要发布响应，将向总线传输 1~8 数据字节，后接 1 个校验和字节。若从任务需要订阅，将从总线读取数据载荷和校验和字节，并采取适当的内部动作。

LIN 总线中数据借助消息帧来传输，消息帧由消息标题和消息响应组成。消息标题总是通过主节点传输，包含 3 个不同的字段：中断、同步及 ID；消息响应通过从任务传输，可位于主节点或从节点中，包含数据字节和校验和两部分。LIN 消息帧如图 5-4 所示。

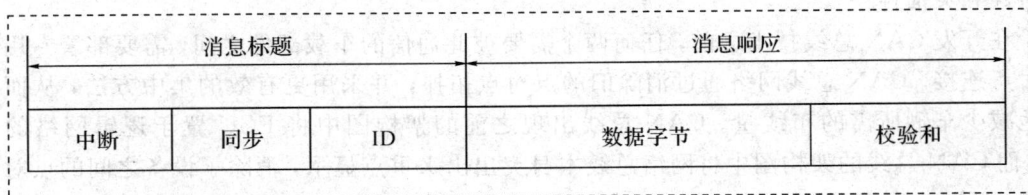

图 5-4 LIN 消息帧

（1）中断。每个 LIN 帧都以中断作为开始，包含 13 个显性位（额定），后接一个 1 位（额定）隐性中断分隔符。中断的作用是将帧的开始通知给总线上的所有节点。

（2）同步。同步字段是主任务在标题中传输的第二个字段。同步被定义为字符 0x55。同步字段允许进行自动波特率检测的从设备测量波特率周期，并调节其内部波特率，与总线进行同步。

（3）ID。ID 字段是主任务在标题中传输的最后一个字段。该字段识别网络上的每条消息，并最终决定由网络中的哪些节点接收或响应每个传输。所有从任务连续监听 ID 字段、验证其校验，并决定其是否是该特定标识符的发布者或订阅者。LIN 总线一共能提供 64 个 ID，第 0～59 个 ID 用于信号携带（数据）帧，第 60、61 个 ID 用于携带诊断数据，第 62 个 ID 预留给用户自定义扩展，第 63 个 ID 预留给未来协议升级。ID 作为一个受保护的 ID 字节通过总线传输，低 6 位包含原始 ID，高 2 位包含校验。

（4）数据字节。从任务在响应中传输数据字节字段。该字段包含 1～8 字节的载荷数据字节。

（5）校验和。从任务在响应中传输校验和字段。LIN 总线采用两个校验和算法之一，以计算 8 位校验和字段中的值。经典校验和的计算方法是单独累加数据字节，而增强校验和的计算方法则是累加数据字节及受保护的 ID。LIN 2.0 规范将校验和的计算过程定义为：累加所有值，且当总和大于等于 256 时减去 255。根据 LIN 2.0 标准，经典校验和用于 LIN 1.3 从节点，而增强校验和用于 LIN 2.0 从节点。该规范进一步规定，第 60～63 个 ID 应该总是使用经典校验和。NI LIN 接口允许设置校验和类型为经典或增强。默认设置为经典。根据 LIN 2.0 规范，无论如何设置校验和属性，第 60～63 个 ID 总是使用经典校验和。

根据传输条件的不同，消息帧可分为绝对帧、触发帧、离散帧、诊断帧、用户定义帧和保留帧 6 种。LIN 总线上的所有通信都由主节点中的主任务发起。主任务根据进度表来确定当前的通信内容，发送相应的帧头，并为消息帧分配帧通道。总线上的从节点接收帧头之后，通过解读标识符来确定自己是否应该对当前通信做出响应、做出何种响应。基于这种报文滤波方式，LIN 可实现多种数据传输模式，且一个消息帧可以同时被多个节点接收利用。

2. CAN 总线

前已述及，CAN 总线是一种串行数据通信协议，其通信接口集成了 CAN 协议的物理层和数据链路层功能，可完成对通信数据的成帧处理，包括位填充、数据块编码、循环冗余检验、优先级判别等工作。CAN 总线具有较高的通信速率和较强的抗干扰能力，可以作为现场总线应用于电磁噪声较大的场合。CAN 总线相对于普通通信总线而言，具有可靠性、实时性和灵活性。

在开发 CAN 总线技术之前，任何两个需要彼此通信的车载部件之间，需要部署专用的点对点连接。CAN 总线网络通过消除旧的点对点拓扑，并采用更有效的集中方法，从而显著地减少车辆所需的布线量。CAN 总线出现之前的架构图中将 ECU 置于逻辑网络的中心，而 CAN 总线的架构图中将网络总线本身突出出来重点显示，消除了设备之间的点对点连接，并减少了 ECU 的参与。CAN 总线的特点总结如下：

第一，CAN 网络上的各节点无主从之分，节点站地址无需等待信息，均可以在任意时刻主动地向网络中的其他节点发送信息。该特点可以方便地实现多机备份系统。

第二，CAN 总线在速率 5 kb/s 以下时，具有可达 10 km 的最远通信距离，当最大速率为 1 Mb/s 时，通信距离长达 40 m。

第三，CAN 网络使用无破坏性总线仲裁技术，在网络负载很重的情况下可使网络不出现瘫痪情况。基于优先权的原则，根据总线接收到的不同节点发出的信息，确定哪个节点将退出信息传输或不受影响继续传输，优先权提高了 CAN 总线的工作效率。

第四，CAN 总线所挂接的节点数量主要取决于 CAN 总线收发器和驱动器，目前的驱动器一般都可以使用同一网络，容量达到 110 个节点。CAN 报文分为两个标准，分别是 CAN2.0A 标准帧和 CAN2.0B 扩展帧。两个标准最大的区别在于 CAN2.0A 只有 11 位标识符，CAN2.0B 具有 29 位标识符。

第五，CAN 总线定义使用了硬件报文滤波，可实现点对点及点对多点的通信方式，不需要软件来控制。数据采用短帧发送方式，每帧数据不超过 8 字节，抗干扰能力强，每帧接收的数据都进行 CRC 校验，使得数据出错概率极大限度地降低。CAN 节点在错误严重的情况下具有自动关闭的功能，避免了对总线上其他节点的干扰。

第六，CAN 的通信介质选择灵活，可以是双绞线、同轴电缆或光纤。CAN 遵循 ISO/OSI 标准模型，定义了 OSI 模型的数据链路层（包括逻辑链路控制子层和媒体访问子层）和物理层。而应用层可以由用户自行定义。依照 ISO 8802－2 和 ISO 8802－3（LAN 标准），数据链路层被进一步细分为：逻辑链路控制（LLC）和介质访问控制（MAC）。物理层被进一步细分为物理信令（PLS）、物理介质附件（PMA）和介质附属接口（MDI）。LLC 子层主要负责接收滤波、载波通告和恢复管理。MAC 子层主要负责报文分帧、仲裁、应答、错误检测和标定，是 CAN 协议的核心，它把接收到的报文提供给 LLC 子层，并接收来自 LLC 子层的报文。

3. FlexRay 总线

FlexRay 总线是由宝马、飞利浦、飞思卡尔和博世等公司共同制定的一种通信标准，专为车内网络设计。FlexRay 总线数据收发采取时间触发和事件触发的方式。利用时间触发通信时，网络中的各个节点都预先知道彼此将要进行通信的时间，接收器提前知道报文到达的时间，报文在总线上的时间可以预测出来。即便行车环境恶劣多变，干扰了系统传输，FlexRay 协议也可以确保将信息延迟和抖动降至最低，尽可能保持传输的同步与可预测。这对需要持续及高速性能的应用（如线控刹车、线控转向等）来说，是非常重要的。

FlexRay 具有高速、可靠及安全的特点。FlexRay 在物理上通过两条分开的总线通信，每一条的数据速率是 10 Mb/s。FlexRay 还能够提供很多网络所不具有的可靠性特点，尤其是 FlexRay 具备的冗余通信能力可实现通过硬件完全复制网络配置，并进行进度监测。FlexRay 同时提供灵活的配置，可支持各种拓扑，如总线、星形和混合拓扑。FlexRay 本身不能确保系统安全，但它具备大量功能，可以支持以安全为导向的系统（如线控系统）的设计。

FlexRay 可以应用在无源总线和星形网络拓扑结构中，也可以应用在两者的组合拓扑结构中。这两种拓扑均支持双通道 ECU，这种 ECU 集成多个系统级功能，以节约生产成本并降低复杂性。双通道架构提供冗余功能，并使可用带宽翻了一倍，每个通道的最大数据传输率达到 10 Mb/s。

FlexRay 联盟目前只规定了物理层和数据链路层的协议，图 5-5 所示为 FlexRay 的数据帧格式，包括帧头（Header Segment）、有效负载段（Payload Segment）和帧尾（Trailer Segment）三部分。

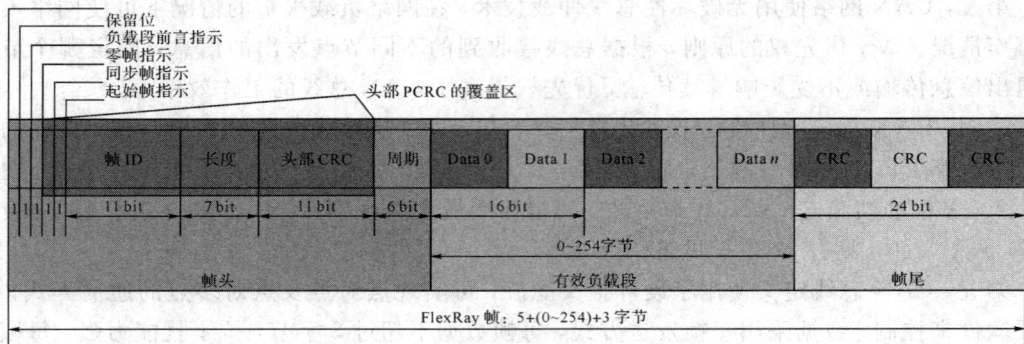

图 5-5　FlexRay 数据帧

帧头部分共由 5 个字节（40 bit）组成，包括以下几位：

· 保留位（Reserved bit，1 位），为日后的扩展做准备。

· 负载段前言指示（Payload Preamble indicator，1 位），指明帧的负载段的向量信息。在静态帧中，该位指明的是 NWVector；在动态帧中，该位指明的是信息 ID。

· 零帧指示（Null frame indicator，1 位），指明负载段的数据帧是否为零。

· 同步帧指示（Sync frame indicator，1 位），指明这是一个同步帧。

· 起始帧指示（Startup frame indicator，1 位），指明发送帧的节点是否为起始帧。

· 帧 ID（Frame ID，11 位），指明在系统设计过程中分配到每个节点的 ID（有效范围：1～2047）。

· 长度（Length，7 位），说明负载段的数据长度。

· 头部 CRC（Header CRC，11 位），表明同步帧指示器和起始帧指示器的 CRC 计算值，以及由主机计算的帧 ID 和帧长度周期。

有效负载段包括三个部分：

· 数据（Data），可以是 0～254 字节。

· 信息 ID，该信息 ID 使用负载段的前两个字节进行定义，可以在接收方作为可过滤数据使用。

· 网络管理向量（NWVector），该向量长度必须为 0～10 个字节，并和所有节点相同。

帧尾部分只含有单个的数据域，即 CRC 部分，包括帧头 CRC 和数据帧 CRC，这些 CRC 值会在连接的信道上面改变种子值，以防不正确的校正。

4. MOST 总线

MOST 总线是作为宝马公司、戴姆勒克莱斯勒公司、Harman/Becker 公司（音响系统制造商）和 Oasis Silicon Systems 公司之间的一项联合技术。1998 年，参与各方建立了一个自主的实体，即 MOST 公司，由它控制总线的定义工作，Oasis 公司自己保留对 MOST 命名的权利。

MOST 总线专门用于要求严格的车载环境。这种新的基于光纤的网络能够支持 24.8 Mb/s 的数据速率，与其他基于铜缆的网络相比具有减轻重量和减小电磁干扰（EMI）的优势。与 CAN 总线系统不同，MOST 总线不是采用双绞线连接，而是采用单根光纤连接，MOST 总线利用光脉冲传输数据。在物理层上，MOST 总线传输介质本身是有塑料保护套、内芯为 1 mm 的 PMMA(聚甲基丙烯酸甲酯)光纤，供应商可以将一束光纤像电线一样捆成光缆。光纤传输采用 650 nm(红色)的 LED 发射器(650 nm 是 PMMA 光谱响应中的低损耗"窗口")。数据以 50 Mbaud、双相编码的方式发送，最高数据速率为24.8 Mb/s。

在 MOST 规范中，MOST 网络模型可以分为物理层、数据链路层、基础网络服务层、高层服务接口层、应用层；MOST 节点模型可以分为光电收发器、网络接口控制器、基础网络服务、高层网络服务以及功能模块。MOST 网络的这种划分方式对应了七层 ISO 模型。图 5 - 6 所示为 OSI 模型、MOST 节点模型与 MOST 网络模型的对应关系。

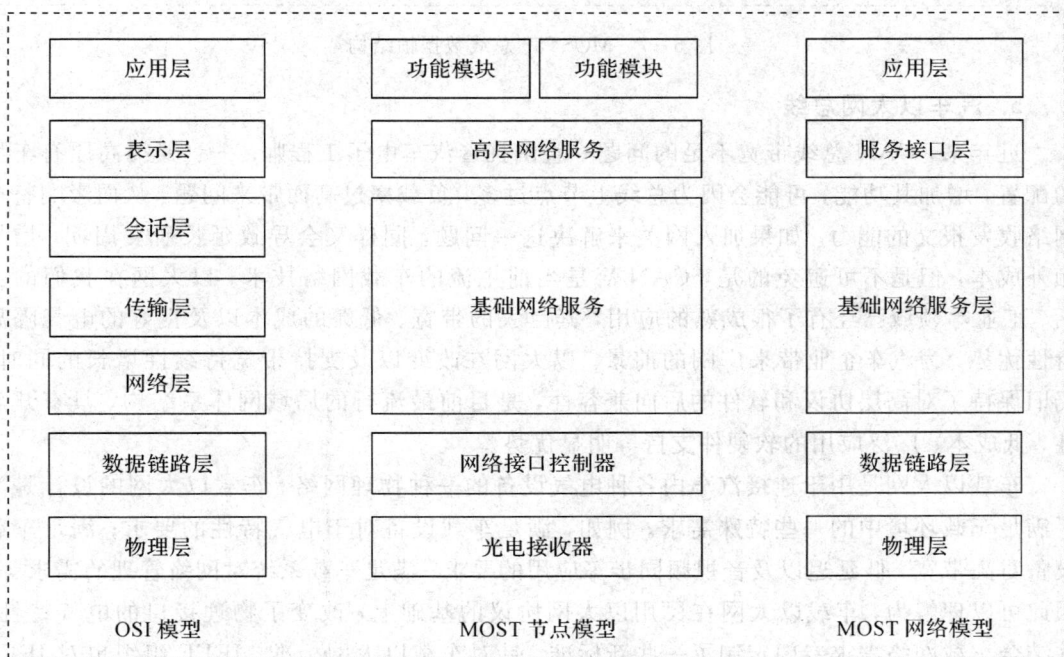

图 5 - 6 OSI 模型、MOST 节点模型与 MOST 网络模型之间的对应关系

MOST 网络允许采用多种拓扑结构，包括星形和环形，大多数汽车装置都采用环形布局。一个 MOST 网络中最多可以有 64 个结点，一旦汽车接通电源，网络中的所有 MOST 节点就全部激活，这对低功耗、停电模式设计是一大重点，包括系统处在该种状态下的功耗量以及如何进入状态。MOST 节点在通电时的默认状态是直通，即进入的数据从接收器直接传送至发射器，以保持环路的畅通。在 MOST50 网络中，数据传输的基本单位是数据帧，每个数据帧的长度是 1024 bit(128 字节)。图 5 - 7 所示为 MOST50 数据帧的结构。

MOST 网络支持三种不同类型的数据传输方式：控制数据传输、同步数据传输以及异步数据传输。对于每个数据帧传输 4 字节控制数据，所以往往需要多个数据帧来传输一条控制信息。同步数据即为实时性数据（如音频、视频数据）。异步数据是非实时性的大块数据（如因特网数据、GPS地图数据等）。异步数据以令牌环的方式，非周期地在网络中传输，接收方通过 CRC 校验的方式确保数据传输的准确性。

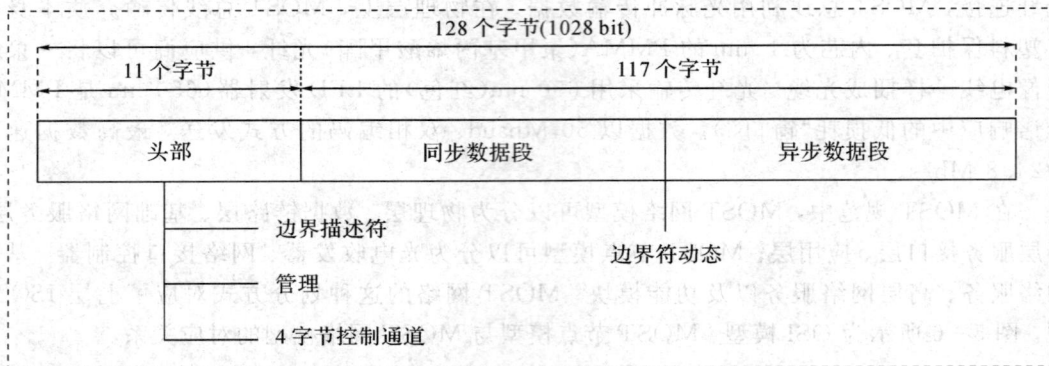

图 5-7　MOST50 总线数据帧结构

5. 汽车以太网总线

近年来，CAN 总线带宽不足的问题一直困扰着汽车电子工程师。一旦要提高原有车型的配置，增加其功能，可能会因为总线上节点过多，负载率过高而带来问题，从而影响整车网络收发报文的能力。如果加入网关来解决这一问题，同样又会导致延长研发周期，增加额外成本，但是不可避免的是，CAN 恰是当前主流的车载网络技术。以太网在我们的生活、工业等领域已经有了很成熟的应用，其巨大的带宽、低廉的成本以及良好的电气隔离特性优势，为汽车企业带来广阔的前景。以太网在改变以及支持带宽持续性增长的同时，仍旧保持了对高层协议和软件的后向兼容性，是目前最流行的局域网体系结构，具有开放性、低成本、广泛应用的软硬件支持等明显优势。

车载以太网是用于连接汽车内各种电气设备的一种物理网络。车载以太网的设计是为了满足车载环境中的一些特殊需求。例如，满足车载设备对于电气特性的要求；满足车载设备对高带宽、低延迟以及音视频同步等应用的要求；满足车载系统对网络管理的需求等。因此可以理解为，车载以太网在民用以太网协议的基础上，改变了物理接口的电气特性，并结合车载网络需求专门定制了一些新标准。针对车载以太网标准，IEEE 组织也对 IEEE 802.1 和 IEEE 802.3 标准进行了相应的补充和修订。

汽车以太网可实现全双工运行，可同时发送和接收数据，不需要轮候。其分组交换功能可实现在多种情况下不同设备同时进行多次交换。以太网的数据是基于地址的消息传输，每个以太网消息都有一个源地址和一个目的地址，交换机根据目的地址将消息发送给目标接收者，而接收者可根据从消息中读取到的原地址进行回复。

目前，以太网最重要的 4 个基本拓扑结构为点到点拓扑、总线拓扑、环形拓扑和星形拓扑，如图 5-8 所示。

通过以太网几十年在各领域的成功应用，对比传统车载网络在传输速率和成本的巨大优势，以及对未来汽车安全性、舒适性更高的要求，以太网很有希望作为新的车载主干网络成为新的车载网络总线技术潮流。

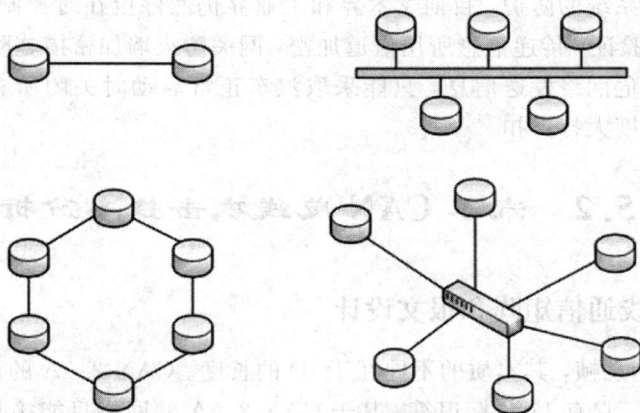

图 5-8 以太网总线拓扑

5.1.3 汽车总线威胁分析

前已述及,汽车中大量控制器的网络化程度飞速发展,使得外部网络可以访问汽车关键部件(如引擎、刹车、气囊等),控制信息通过总线系统进行各部件之间的信息传递,总线系统对于恶意攻击基本处于不设防状态,尤其是负责多媒体通信的 MOST 总线、负责传递控制信息的 CAN 总线以及负责中控门锁系统的 LIN 总线等。它们与无线网络接口的耦合性逐渐增强,加上所有控制器间的通信都是明文传送(非加密状态),大部分总线传递消息的编码方式和通信协议都是公开的,控制器也没有相应的检测程序来验证抵达的信息是否是合法的控制信息。

理论上讲,任何 CAN、MOST、LIN 总线上的控制器都可以向其他任何控制器发送指令,因此,任何遭受到总线攻击的控制器,都会对整车通信网络构成实质性的威胁。例如,多媒体总线 MOST、D2B 等与外部接口和互联网相连使得恶意软件(远程木马、恶性病毒)可能通过光盘、USB、电子邮件等方式侵入车内核心系统。虽然车内部分网关提供了简单的防火墙机制,但与此同时,MOST 总线和 D2B 总线也提供了强大的、不设防诊断接口,从而使得攻击者能够轻而易举地攻破整车网络。表 5-2 列举了汽车总线面临的主要威胁。

表 5-2 汽车总线面临的主要威胁

总线类型	风险评估	主要威胁
CAN 总线	风险高	窃听、伪造、篡改数据帧;阻断高优先级正常帧的传输;伪造错误信号帧,使控制器与 CAN 总线终端通信
LIN 总线	风险低	利用从节点对主节点的依赖关系,制造单节点失效;由于 LIN 总线具有同步功能,造成 LIN 总线无法正常工作
MOST 总线	风险低	通过 MOST 时间源特性,干扰信号同步;伪造信道请求信息,消耗带宽
FlexRay 总线	风险高	窃听、伪造、篡改数据帧;阻断高优先级正常帧的传输;另外,攻击者可以通过制造休眠信号帧使控制器休眠
以太网总线	风险高	DDos 攻击;窃听、伪造、篡改数据包;重放攻击;模糊测试攻击

对于汽车总线系统的防护，目前学术界和工业界仍然停留在对控制器所接收到信息的源地址、目的地址验证，传递信息所用信道加密，网关防火墙加密措施阶段，这些措施无法避免低危网络向高危网络发送信息，只能采取汽车正常启动时关闭所有接口等防护措施，这使得驾驶者体验度大打折扣。

5.2 汽车 CAN 总线攻击技术分析

5.2.1 CAN 总线通信矩阵和报文设计

CAN 有两种消息帧，其本质的不同在于 ID 的长度。CAN 2.0A 的消息帧格式是 CAN 消息帧的标准格式，它有 11 位标识符。基于 CAN 2.0A 的网络只能接收这种格式的消息。CAN 2.0B 的消息帧格式又叫扩展消息格式，它有 29 位标识符，前 11 位与 CAN 2.0A 消息帧的标识符完全一样，后 18 位专用于标记 CAN 2.0B 的消息帧。CAN 数据包如图 5-9 所示。

```
630 [8] 17 00 00 00 00 00 00 00
638 [8] 13 00 1E 00 00 00 00 00
440 [8] 42 02 00 00 00 00 00 00
```

图 5-9　CAN 数据包

第一个数字是设备的 ID 或发送消息的地址（如 0x630、0x638），与以太网 MAC 地址或 IP 地址没有什么不同；后面的数字是数据字节，承载传输的信息。

CAN 的消息帧根据用途主要分为四种不同的类型，如表 5-3 所示。数据帧用于发送单元向接收单元传送数据；远程帧用于请求发送数据；错误帧用于标识探测到的错误；超载帧用于延迟下一个信息帧的发送。下面对它们分别进行介绍。

表 5-3　CAN 协议的帧格式

帧类型	帧用途
数据帧	是发送单元向接收单元传送数据的帧
远程帧	是接收单元向有相同 ID 的发送单元请求数据的帧
错误帧	是当检测出错误时向其他单元通知错误的帧
超载帧	是接收单元通知尚未做好接收准备的帧

1. 数据帧

CAN 数据帧由 7 个不同的位场组成，即帧起始、仲裁场、控制场、数据场、CRC 场、应答（ACK）场和帧结束，其中数据场长度可为 0。下面对这些场的功能做简要分析。图 5-10 所示为数据帧的构成。

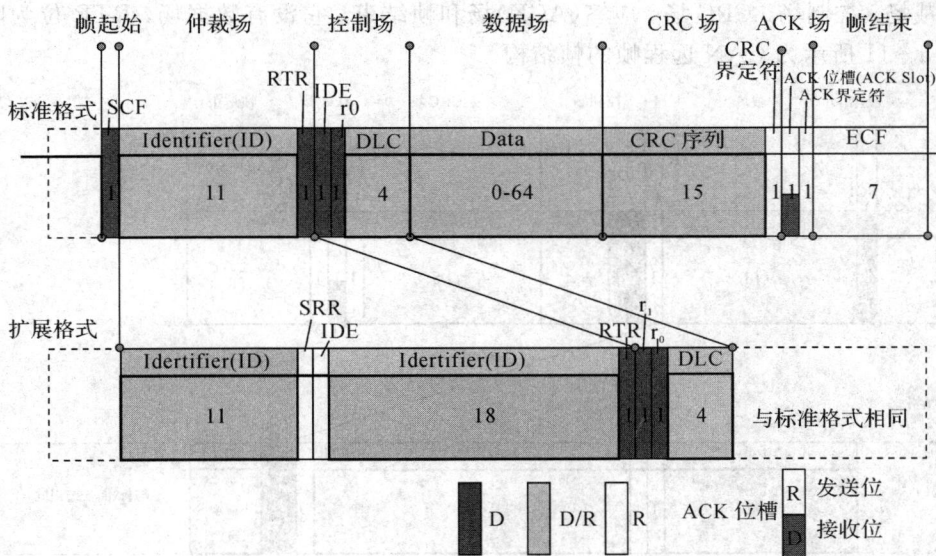

图 5-10　CAN 数据帧

（1）帧起始：标志数据帧或远程帧的起始，由一个单独的"显性"位组成。只在总线空闲时，才允许节点发送信号。所有节点必须同步于首先开始发送信息的节点的帧起始前沿。

（2）仲裁场：在标准格式中，仲裁场由 11 位标识符和 RTR 位组成；在扩展格式中，仲裁场由 29 位标识符和 SRR 位、标识位以及 RTR 位组成。

· RTR 位（远程传输请求位）：在数据帧中，RTR 位必须是显性电平，而在远程帧中，RTR 必须是隐性电平。

· SRR 位（替代传输请求位）：在扩展格式中始终为隐性位。

· IDE 位（标识符扩展位）：对于扩展格式属于仲裁场，对于标准格式属于控制场。IDE 位在标准格式中为显性电平，而在扩展格式中为隐性电平。

（3）控制场：由 6 位组成，包括数据长度代码和两个将来作为扩展用的保留位。在标准格式中，一个消息帧中包括 DLC（数据长度码）、发送显性电平的 IDE 位和保留位 r0。在扩展格式中，一个消息帧包括 DLC 和两个保留位 r1 和 r0，这两位必须发送显性电平。

（4）数据场：数据区域由数据帧中的发送数据组成。它可以为 0～8 个字节，每字节包含了 8 个位，首先发送最高有效位。

（5）CRC 场：包括 CRC 序列和 CRC 界定符。

（6）应答场：长度为 2 个位，包含应答间隙和应答界定符。在应答场里，发送节点发送两个隐性位。一个正确接收到有效报文的接收器，在应答间隙期间，将此信息通过传送一个显性位报告给发送器。所有接收到匹配 CRC 序列的站，通过在应答间隙内把显性位写入发送器的隐性位来报告。应答界定符是应答场的第二位，并且必须是隐性位。

（7）帧结束：每一个数据帧或远程帧均可由一标志序列界定，这个标志序列由 7 个隐性位组成。

2. 远程帧

接收数据的节点可以通过发送远程帧要求源节点发送数据，它由 6 个位场组成：帧起

第 5 章　汽车总线安全

81

始、仲裁场、控制场、CRC 场、应答（ACK）场和帧结束。它没有数据场，RTR 位为隐性电平。图 5-11 所示为 CAN 远程帧的帧结构。

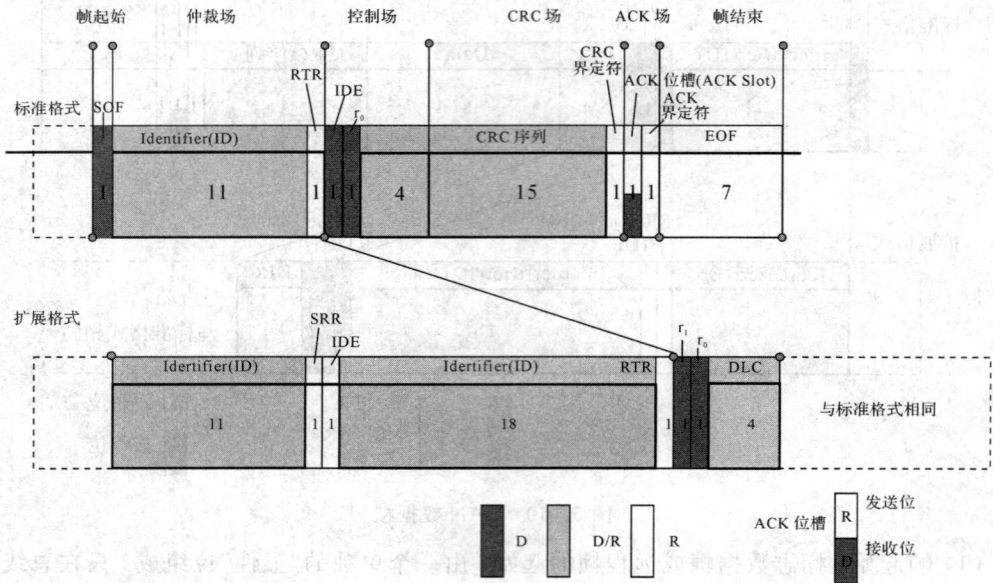

图 5-11　CAN 远程帧

3. 出错帧

出错帧由错误标志和错误界定符组成，图 5-12 所示为 CAN 出错帧的帧结构。接收节点发现总线上的报文有错误时，将自动发出活动错误标志，由 6 个连续的显性位组成。其他节点检测到活动错误标志后发送错误认可标志，由 6 个连续的隐性位组成。由于各接收节点发现错误的时间可能不同，所以总线上实际的错误标志可能由 6～12 个显性位组成。错误界定符由 8 个隐性位组成。当错误标志发生后，每一个 CAN 节点监视总线，直至检测到一个显性电平的跳变。表示此时所有的节点已经完成错误标志的发送，并开始发送 8 个隐性电平的错误界定符。

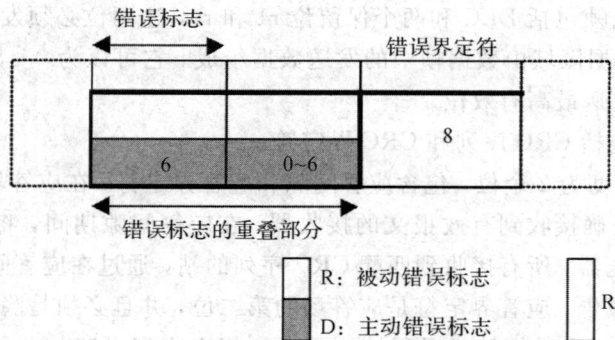

图 5-12　CAN 出错帧结构

4. 超载帧

过载帧包括两个位场：过载标志和过载界定符。存在两种导致发送超载标志的超载条件类型：一个是要求延迟下一个数据帧或者远程帧的接收器的内部条件，另一个是在间歇场的第一和第二位上检测到显性位。超载标志由 6 个显性位组成，超载界定符由 8 个连续的隐性位组成。图 5-13 所示为 CAN 超载帧的帧结构。

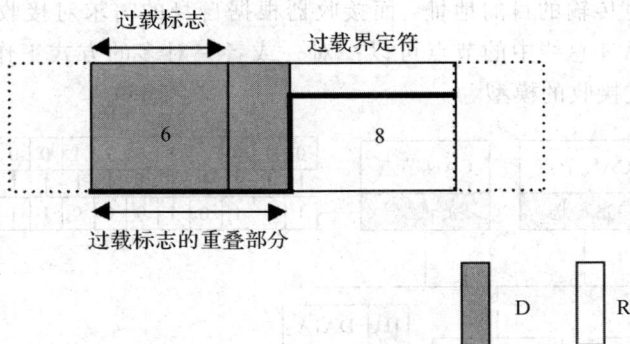

图 5-13　CAN 超载帧结构

在 CAN 总线应用于汽车后，其信息安全问题就一直存在，之所以没有被重视的原因在于：虽然 CAN 网络在物理层和逻辑链路层使用统一的标准，但是请求指令、响应机制等内容，不同厂商甚至不同车型都使用不同的数据交换协议，这些协议是秘密且不兼容的，因此这些通信协议上的障碍阻止了攻击者的入侵。

随着汽车智能化的发展，出现了越来越多的车联网产品，这使得内部网络通信协议不再神秘。车内外的众多设备和应用都与互联网相连，加之提供车载网络通信内容的适配器的大量普及，对车载总线网络实施攻击变得愈加容易。在现有的针对汽车的攻击中，无论是通过直接连接的方式，还是通过娱乐系统的漏洞进行的远程的攻击。最终都是通过 CAN 总线向车内 ECU 节点发送伪造的指令报文，从而达到控制汽车的目的。

5.2.2　车载 CAN 总线接入

入侵 CAN 总线之前首先要找到汽车上的 CAN 总线。汽车的 CAN 总线接口存在于车门、大灯、后备箱、IVI 等处。在汽车的这些接口处有众多的线束，需要从众多的线束当中找到 CAN 总线。

首先 CAN 总线有明显的特点，它是双绞线，像麻花一样拧在一起。找到这样的双绞线后，使用万用表测量线两端的电压，如果两根线的电压分别为 3.5 V 和 1.5 V 左右，那么它们很有可能是 CAN 总线。如果测出的电压是 2.5 V 左右，则也有可能是 CAN 总线，这是因为 CAN 总线目前处于休眠的状态，没有信号数据，没有产生差分电压。此外，还可以测量两根线之间的阻抗，大约在 120 Ω 左右，这样的双绞线也极有可能是 CAN 线。综合以上信息，判断哪根线是 CAN 总线。图 5-14 所示为 CAN 数据总线双绞结构说明图。

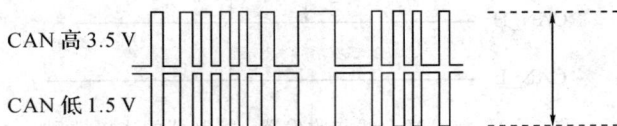

图 5-14　CAN 数据总线双绞结构说明图

CAN 总线中的节点有发送节点与接收节点之分。在 CAN 网络中，当总线空闲时向 CAN 网络发送消息的节点称为发送节点，而当节点不作为发送节点时，就作为接收节点。利用 CAN 总线的这种方式可以实现多播或者广播的操作。CAN 总线中的发送节点利用标识符 ID 来指定消息传输的目的地址，而接收器根据自身的需求对接收的消息进行报文的过滤，这样使得 CAN 总线中的节点可以一对一或者一对多的方式工作。图 5-15 所示为 CAN 网络中的报文接收的模型。

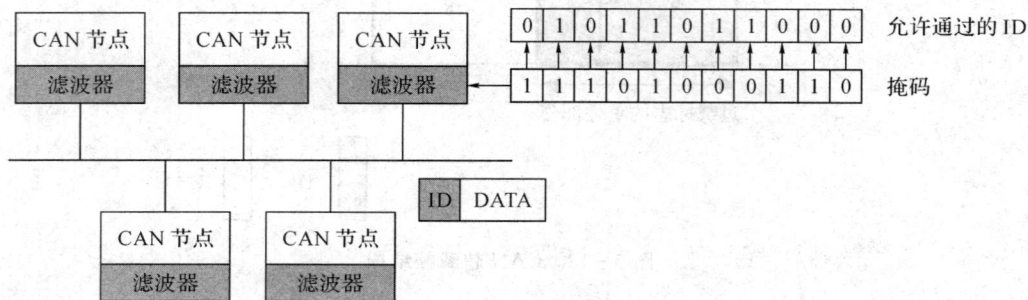

图 5-15　CAN 总线中消息的接收模型

在 CAN 总线网络中，每当发送节点发出一个 CAN 消息时，与这条 CAN 总线相连的所有节点就根据所配置的节点 ID 与掩码进行消息的过滤，根据自身的需求来接收数据。在 CAN 的网络层次结构中，数据链路层与物理层是保证通信质量不可缺少的部分，也是 CAN 网络中最为复杂的部分。CAN 控制器就是用来实现 CAN 通信协议的数据链路层，在通用的微处理器中的 CAN 模块就代表了 CAN 控制器。CAN 控制器是在微处理器的芯片内部利用集成逻辑电路的组合来实现 CAN 帧的填充，并转换为二进制码流或者将接收到的二进制码流进行解析的。

CAN 的收发器是 CAN 总线的物理层，用于将二进制代码转换为 CAN 总线中的差分信号进行发送。CAN 的收发器通常提供两个引脚，即 CAN_H 与 CAN_L，信号以两个引脚之间的差分电压的形式出现。总线上利用"显性"与"隐性"这两个互补的逻辑值分别表示"0"和"1"，只有两个引脚都发送隐性信号时，总线上的数值才会是隐性。图 5-16 所示为 CAN 总线与 CAN 收发器、CAN 控制器的连接模型。

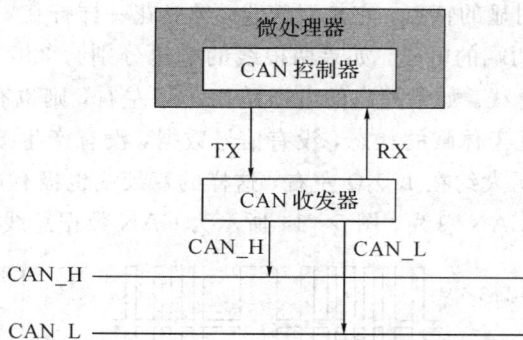

图 5-16　CAN 总线与收发器、控制器的连接模型

在实际操作时，利用万用表测量，电压高的是 CAN-H，电压低的是 CAN-L。分清楚高低

线之后，将其对应接入 CAN 收发器，车载总线通过 CAN 收发器连接 PC 端。这样 PC 端就以节点形式接入了 CAN 总线，可以从 CAN 总线中读取报文信息，也可以向 CAN 总线发送消息。图 5-17 所示为 CAN 总线的接入过程，其中 PC 端对应图 5-16 中的 CAN 控制器。

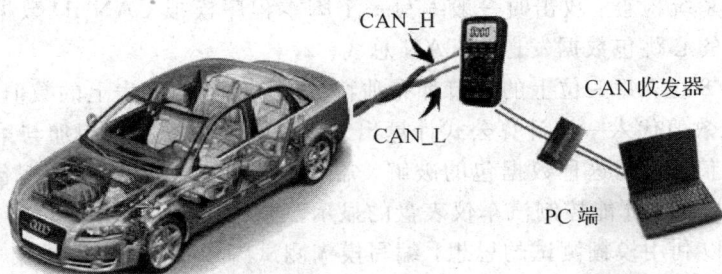

图 5-17 CAN 总线接入过程

5.2.3 逆向分析 CAN 数据包

通过使用 CANalyst-II 总线报文收发器与汽车的 CAN 总线相连，可以获取到 CAN 总线上广播的 CAN 数据包。通过 CanTest 软件可以实时地观察到 CAN 总线上正在发送的数据包。从大量的 CAN 数据包中进行逆向分析，找到汽车车身的控制指令对应的 CAN ID，逆向分析出该 CAN 数据包所代表的含义，这是最基本也是最重要的一步。CanTest 界面如图 5-18 所示（因采集的是实际的汽车 CAN 总线的报文信息，因此对报文部分数据做了隐藏，下同）。

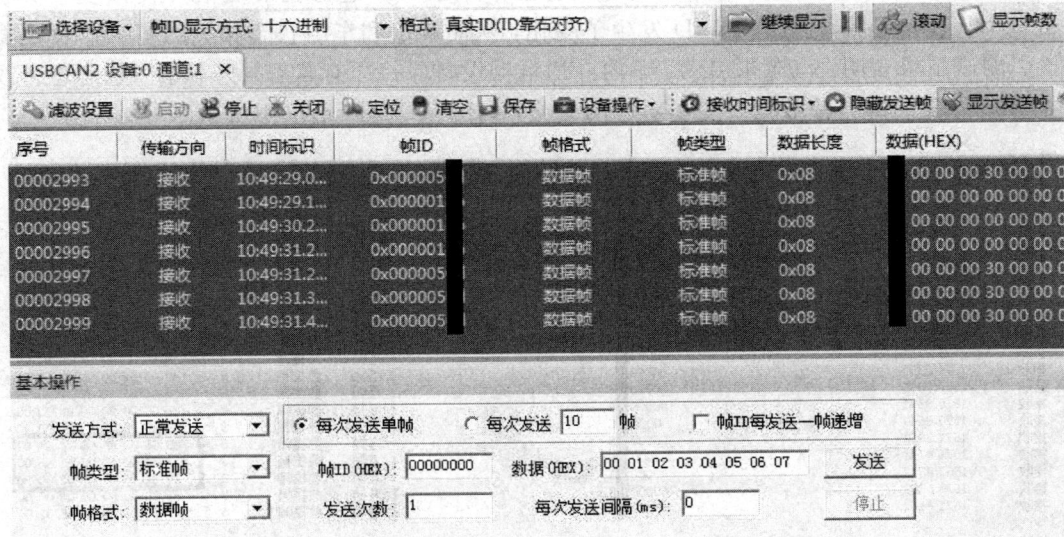

图 5-18 CAN 数据包抓取

逆向分析出这些车身控制的数据包指令信息后，解析这些数据包的含义和工作原理，根据这些数据包的工作原理，制定出可行性攻击策略。例如：对于车身的某一项功能的控制，可能只需要一个 CAN ID 数据包，单纯地重放这个数据包即可达到攻击的目的；也可能需要多个 CAN ID 数据包，构造这样的混合 CAN ID 数据包，设定发送间隔将之发送到 CAN 网络当中，才能达到控制的目的（设定发送间隔是为了绕过 ECU 的时间检测机制）。

在某些 CAN ID 数据包中带有计数器，即所谓的"心跳包"。在攻击的时候必须加上计数器，才能绕过系统检查。攻击时一般编写一个脚本程序模拟 CAN ID 数据包数据位的变化规律，将这样的心跳包数据发送到 CAN 总线。

数据包一共 8 位，每一位上的字节都有独特含义。例如速度表上的数值，是 CAN 数据包数据位某几位数值代入一个计算公式计算出来的，如前两位数值相加与第四位数值的乘积为当前的车速值。对于这种数据包的破解，需要攻击者收集大量的数据包，逆向推导公式，改变相应的数值，才能控制汽车仪表盘的显示。

此外，还可以利用模糊测试的思想，编写模糊测试脚本工具，不断地给 CAN 总线发送数据包，观察汽车的响应，判断发送的数据包所对应的汽车指令功能，进而发现更多汽车漏洞。

5.2.4 CAN 报文数据信息破解

1. 通过 DBC 方法观察破解数据包

通过 CanTest 的 DBC（数据库）逆向数据包所代表的指令，DBC 能够显示当前总线中有多少种 CAN ID。在汽车做出动作指令后，CAN ID 的报文会有所变化，DBC 会把变化的部分标记成红色。通过观察哪一个 CAN ID 在汽车发出指令后发生变化（这种变化通常只在瞬间），可以确定此项车身控制指令对应的是哪一个 CAN ID。

以车门数据为例（通过改变车门的开关状态，利用 DBC 进行观察），在车门改变开关状态的同时，观察是哪一个 CAN ID 发生了变化，从而确定和车门状态相关的 CAN ID 是哪一个。测试结果表明：汽车未启动，车内一切电器设备保持原有状态，只对车门状态进行改变，DBC 界面的部分帧数据发生了对应的变化，如图 5-19 矩形框中所示。

图 5-19 DBC 界面

DBC 会把汽车总线上目前所有 CAN ID 列举出来，当汽车状态发生变化的时候，数据位的变化会以红色标出。通过观察，发现在开关车门的时候，CAN ID 为 111 的报文发生了变化，说明与车门状态相关的 ID 为 111，其数据为 * * * * * 10 04 19 02 FF。之后，可以继续改变车门的开关状态并观察记录，结果如表 5-4 所示。

表 5 - 4 CAN 报文列表

ID(后三位)	数 据						
4	15	4B9	15	4B9	15	4B9	15	4B9
4	15	4FA	15	4FA	15	4FA	15	4FA
1	A9	1EB	A9	1EB	A9	1EB	A9	1EB
1	10	12D	10	12D	10	12D	10	12D
1	00	133	00	133	00	133	00	133
1	48	12F	48	12F	48	12F	48	12F
0	00	055	00	055	00	055	00	055
4	04	49C	04	49C	04	49C	04	49C
2	0B	2B6	0B	2B6	0B	2B6	0B	2B6
3	57	3D9	57	3D9	57	3D9	57	3D9
4	15	4B8	15	4B8	15	4B8	15	4B8
4	A9	4A6	A9	4A6	A9	4A6	A9	4A6
4	F1	4C8	F1	4C8	F1	4C8	F1	4C8
3	0A	3C0	0A	3C0	0A	3C0	0A	3C0
3	80	394	80	394	80	394	80	394
3	02	369	02	369	02	369	02	369
3	15	3C1	15	3C1	15	3C1	15	3C1

　　在确定了哪一个 CAN ID 与车门状态相关以后，再确定数据位的哪一位是控制状态显示的。CAN 消息的有效信息包括不同的 CAN 信号，每个 CAN 信号携带用于特定功能的选项或配置的数据。例如，一个 CAN 消息的数据字段中可能包含防抱死制动系统的状态信息以及配置数据和传感器值的不同信号。分类器为消息的每个信号值生成一个事件类，也就是说一个 CAN ID 可以具有多种功能，它的数据信息里面包含多种不同功能的状态信息和控制信息。在知道了车门状态和哪一个 CAN ID 相关后，需要确定数据位中具体哪一项是和车门状态实际相关的。

　　通过实验统计，发现车门的开关状态和数据位的第一位的第二个字节有关。四个车门正好有 16 种状态，第一位的第二个字节正好能全部表示，如表 5 - 5 所示。

表 5 - 5　汽车车门状态分析

数据第一位	左前门	左后门	右前门	右后门
11	✓	×	×	×
12	×	×	✓	×
14	×	✓	×	×
18	×	×	×	✓
13	✓	×	✓	×
15	✓	✓	×	×
1A	×	×	✓	✓
1C	×	✓	×	✓
19	✓	×	×	✓
16	×	✓	✓	×
17	✓	✓	✓	×
1B	✓	×	✓	✓
1E	×	✓	✓	✓
1D	✓	✓	×	✓
10	×	×	×	×
1F	✓	✓	✓	✓

　　这个字节表示了车门的不同状态。这样就破解了控制车门开关状态的具体信号，控制左前门的状态信号为 0x111 10 00 00 00 00 00 00 00，当使用 CanTest 将该数据包发送到 CAN 总线上时，汽车会显示哪一个车门处于打开状态，但实际上车门此时并没有打开，如图 5 - 20 所示。

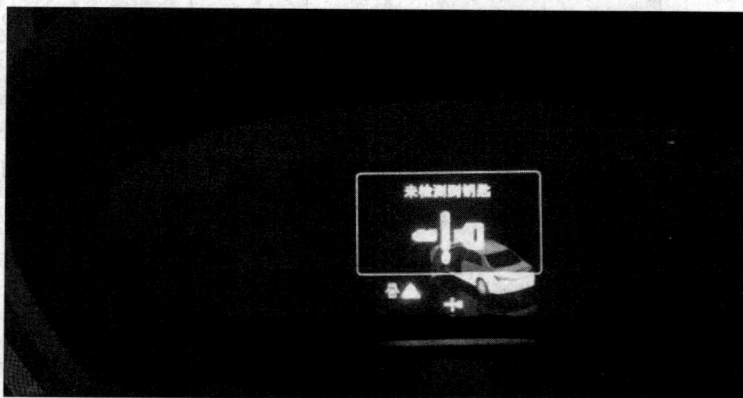

图 5 - 20　汽车仪表盘显示屏上显示车门处于打开状态

2. 通过模糊测试的方法攻击 CAN 总线

借鉴模糊测试的思想，可以通过向目标系统提供非预期的输入并监视异常结果来发现漏洞。模糊测试的实现过程：使用正确的数据输入文件系统，在这个正确的数据文件中随机地改变、替换某一些数据，再用系统去打开这个数据文件，观察这个系统出现了什么异常。模糊测试的关键是制定有效模糊测试规则的测试文件，有目的性的测试才能很快地测试出漏洞。

编写模糊测试脚本，制定模糊测试的规则。例如，CAN 数据包的数据位不变，CAN ID 不断地自增、不断地向 CAN 总线当中发送模糊测试数据包，观察汽车的响应变化，通过将汽车的变化与当前发送的数据包相对照，可以找出控制汽车的 CAN 报文指令，利于对汽车 CAN 总线数据包进行逆向。

在找到控制指令的 CAN ID 后，再对其数据位进行模糊测试，通过对数据位的变化输入，可找到控制命令是在哪个位上。使用编写的 CAN-Pick（该工具已经入选 2017 年 BlackHat 大会的 Arsenal 武器库）软件对车载总线进行模糊测试，攻击者可以灵活地制定模糊测试规则。图 5-21 所示表示启动 CAN-Pick 连接汽车总线收发器。

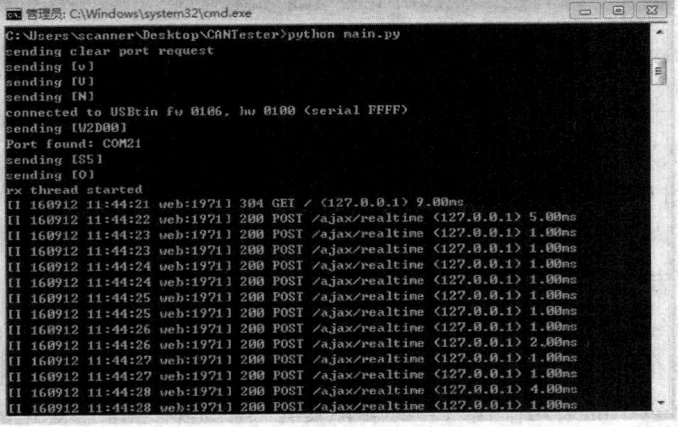

图 5-21　启动 CAN-Pick 连接汽车总线收发器

连接上 CAN 收发器后，输入 127.0.0.1：5555，进入模糊测试界面。在此界面上可以设定模糊测试的规则。图 5-22 所示为模糊测试工具界面。

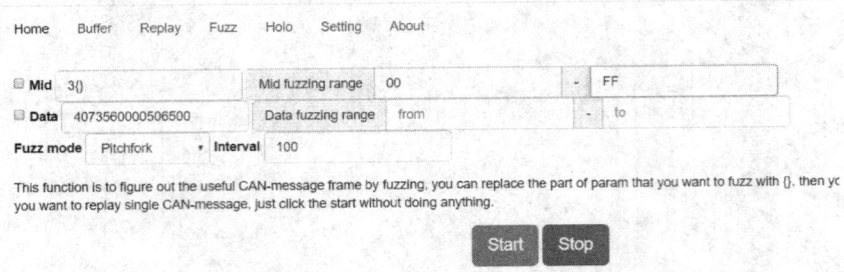

图 5-22　模糊测试工具界面

界面中，Mid 项用于设定 Mid 的哪几位要进行模糊测试；Mid fuzzing range 区域用于

设定要模糊测试的范围；Data 项用于设定 Data 的哪几位要模糊测试；Fuzz mode 项用于选择模糊测试的模式；Interval 项用于设定模糊测试的时间的间隔。

当进行模糊测试的时候，可以观察到 ID 为 0x∗∗F 的数据的变化和车门的开闭有关。提取数据进行重放，发现数据 ∗∗ ∗∗ ∗∗ 00 00 00 00 00 表示车门开，数据 ∗∗ ∗∗ ∗∗ 00 00 00 00 00 表示车门关。这样就达到了不用车钥匙就能开关车门的目的。利用 CanTest 软件将数据包重放到汽车 CAN 总线当中进行验证，发现车门不需要车钥匙就打开了。图 5-23 所示为将报文发送至 CAN 总线。

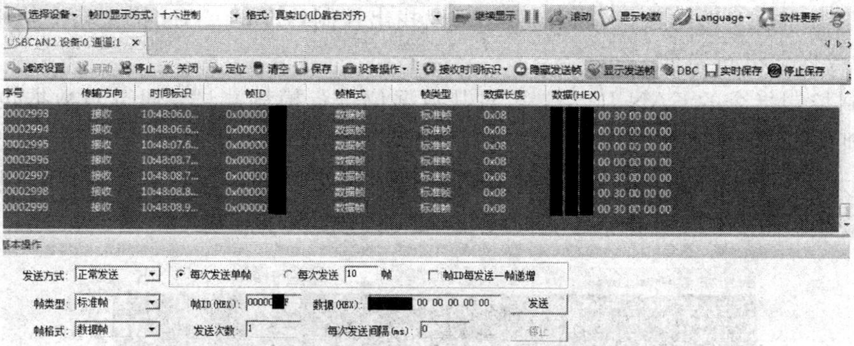

图 5-23　重放开车门的数据包

通过模糊测试发现控制汽车车门开关的指令，逆向出这个数据包所代表的含义，再将这个数据包发送到 CAN 总线当中，就可以不用车钥匙将汽车车门打开。黑客可以利用此种攻击方式打开车门，对车内物品进行盗窃。

3. 利用数学方法逆向数据包

汽车 CAN 总线中控制车速显示的数据包，其数据位中某几个位组合的值代表当前车速信息，车速的变化近似于一个一次函数。攻击者可以收集 CAN 总线数据包，通过预先设定方程式，将数据包中的某几位代入，观察有没有一个是符合车速变化的，从而确定数据包中哪几位代表的是当前的车速信息。

通过将数据包数据位代入方程观察，找到 CAN ID 为 0x∗∗d 的数据包，它的某几位组合变化符合一个一次函数方程的变化规律，从而判断这样的数据包有可能代表的就是当前的车速信息。图 5-24 所示为图形化的函数显示。

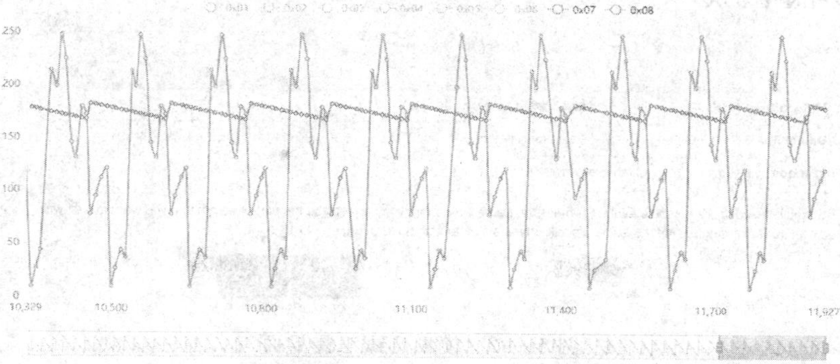

图 5-24　图形化的函数显示

从图形曲线的变化可以看出，数据变化接近汽车行驶速度的变化，因而可以重放这样的数据包，用来控制当前的车速显示。在 CAN 总线上有一个防护机制，当车速数据包没有连续发送时，车速显示达不到预期的值，将呈现一种忽上忽下的变化。为了绕过这种防护机制，可以采取大量密集地发送百条以上的数据包的方法，让车速显示随攻击者的预期变化，大量地构造出一组数据包让车速显示汽车理论上的最大值，如图 5-25 所示。

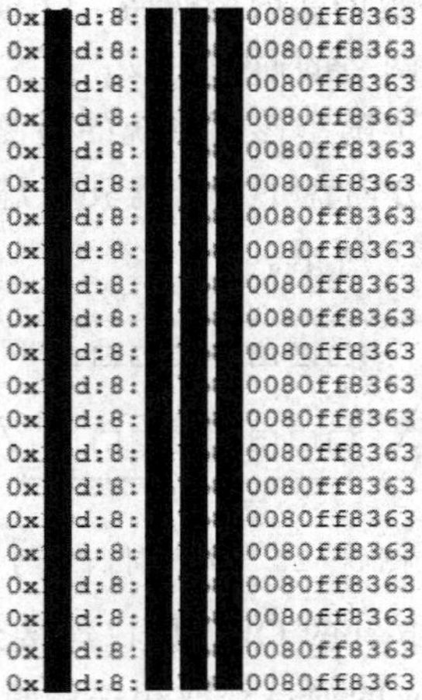

图 5-25　控制车速的数据包

向 CAN 总线发送数据包，可以控制车速显示理论上的最大车速，但是此时汽车并没有开动。汽车的攻击效果如图 5-26 所示，车速显示已经达到最大的车速 185 km/h，但是实际此时汽车并没有启动。

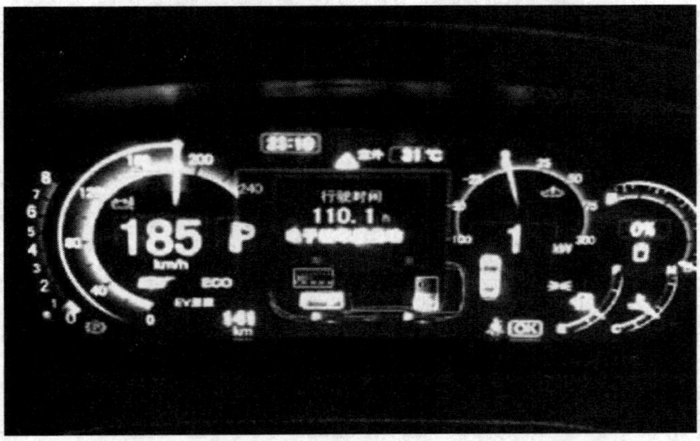

图 5-26　车速控制效果：达到最大车速

5.3　汽车 OBD 攻击技术分析

5.3.1　汽车 OBD 概述

OBD 的发展经历了 OBD-Ⅰ 和 OBD-Ⅱ 两个阶段。OBD-Ⅰ 是通用汽车公司研发的，只

能监控部分部件的工作和一些与排放相关的电路故障，其诊断功能有限。因为获取 OBD 信息的数据通信协议以及连接外部设备接口的标准未统一，因此又研发了 OBD-Ⅱ。与 OBD-Ⅰ 相比，OBD-Ⅱ 在诊断功能和标准化方面有较大的提升。美国汽车工程师协会 (SAE) 对故障指示灯、诊断连接口、外部设备和行车电脑之间的通信协议以及故障码都通过相应标准进行了规范。此外，OBD-Ⅱ 可以提供更多的可被外部设备读取的数据，这些数据包括故障码、一些重要信号和参数的实时数据等。OBD-Ⅱ 诊断系统的优越性主要体现在如下方面：第一，统一了汽车内部网络的通信协议；第二，统一了故障诊断接口；第三，统一了故障代码的设置；第四，扩充了随车诊断系统的检测项目。

汽车 OBD 接口一般位于汽车方向盘下方、驾驶员膝盖附近的位置，其形状是一个 16 针的插座，接口针脚编号如图 5-27 所示。

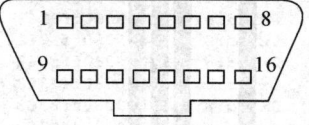

图 5-27 OBD 针脚编号

汽车的故障诊断设备是通过 16 针的 OBD 接口连接到汽车 ECU，向车载 ECU 发送服务请求命令，并通过汽车 ECU 响应的消息获取相关诊断数据的。在 SAE J1979 协议中，详细定义了 OBD-Ⅱ 的 8 种不同的诊断工作模式，如表 5-6 所示。

表 5-6　OBD-Ⅱ 的 8 种诊断工作模式

模式一	采集汽车动态数据
模式二	采集与汽车发动机相关的冻结帧数据
模式三	采集与汽车尾气排放相关的诊断数据信息
模式四	重置或清除汽车尾气排放相关的诊断码
模式五	采集与汽车氧传感器相关的测量结构数据
模式六	采集特别监测目标的在线监测结果数据
模式七	采集与汽车尾气排放相关的诊断故障代码
模式八	控制 OBD 系统、元件或者测试

OBD-Ⅱ 为车辆故障诊断带来了极大的方便，但是 OBD-Ⅱ 也有它的局限性，主要体现在以下两个方面：

（1）无故障码输出。其一，OBD 系统不能诊断出电控系统中所有的故障，存在着"盲区"。比如某些原因使电源系统产生断路、短路故障，以致发动机无法启动或机车无法正常运行时，ECU 本身的工作主电源往往也处于无电状态，因而无法取得任何传感信号和执行反馈信号，自诊断系统无法使用。当故障指示灯与通信接口损坏时，也无法获取故障码。其二，OBD 系统通常只能提供与电控系统有关的线路短路、断路或电气装置损坏所导致的无输出信号等"硬"性故障码。当 ECU 的输入、输出信号电压都在规定范围内变化时，故障自诊断系统就判断电子控制系统工作正常。故自诊断系统不能检测出大部分执行器及传感器

智能网联汽车安全

因灵敏度下降、精度误差所造成的输出特性偏移等"软"性故障。

（2）故障码显示的不一定就是真正的故障部位。其一，故障信号的出现，不只是与传感器或执行器本身出现故障有关，还与相应的配线电路故障有关。ECU 判断出某一电路故障，只是提供了故障的性质和范围，最后要确定是传感器、执行器还是相应配线的故障，还需进一步检查配线、插头、ECU 和相关元器件。其二，故障码仅仅是 ECU 认可的一个"是"或"否"的界定结论，不一定就是真正的故障部位，由于系统中各部件工作性能相互影响，导致有些故障现象相似，自诊断系统可能显示虚假的故障码。其三，ECU 自身出现故障，导致自诊断输出信号不正常，故障码无法使用。

OBD 系统的应用提高了故障检测的效率，但现阶段仍具有自身的局限性，在应用 OBD 进行故障诊断时，应根据故障码提示，结合故障现象和数据流等信息进行综合判断，并采用车内自诊断和车外诊断相结合的方法进一步进行故障分析。随着现代电子技术、微机技术、通信技术等的快速发展，OBD 系统也将更趋复杂化，其随车检测功能将更加强大和趋于完善，也将发挥更大的作用。

5.3.2　OBD 盒子攻击技术分析

对于汽车个人用户来讲，OBD 设备一般分为两部分：即 XX 盒子和 App。盒子主要放置在汽车上，用于数据收集，而 App 则可以帮助车主检测汽车故障，记录车辆轨迹、违章，让用户全面掌握汽车动态。除了基于大数据的应用，后期的社交功能也在进一步的完善中。图 5-28 所示为 OBD 盒子的一般通信架构。

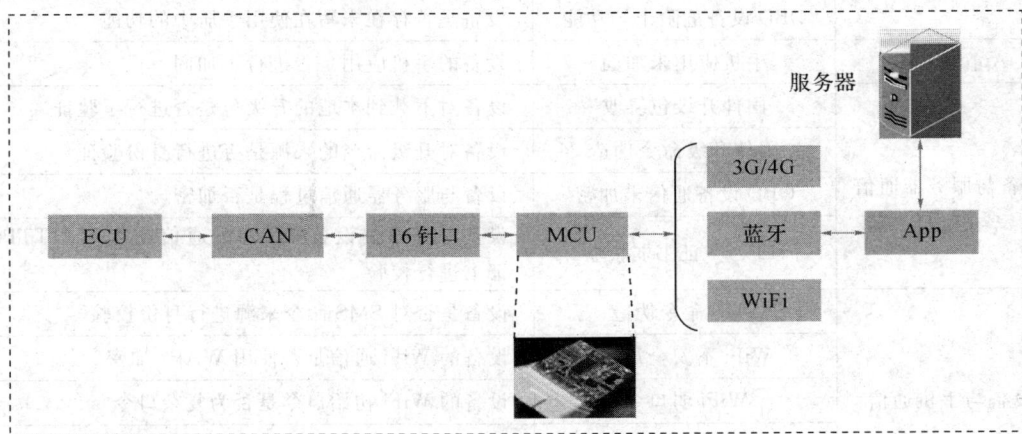

图 5-28　OBD 盒子通信架构

目前市场上的 OBD 盒子一般分为三类：一类是 WiFi 版的；一类是 SIM 卡版的；一类是蓝牙版的。WiFi 版的 OBD 盒子内置有无线通信模块。SIM 卡版的 OBD 盒子自带 SIM 卡，好处在于这类盒子一般带有安防功能，当汽车的门、窗、灯未关，或遇到非法点火等情况时，手机都会主动报警提醒。蓝牙版的 OBD 盒子则是直接通过蓝牙连接，但不带安防功能，相比具有安防功能带 SIM 卡的盒子，用蓝牙连接的盒子价格也相对较低。图 5-29 所示为各种品牌的 OBD 盒子。

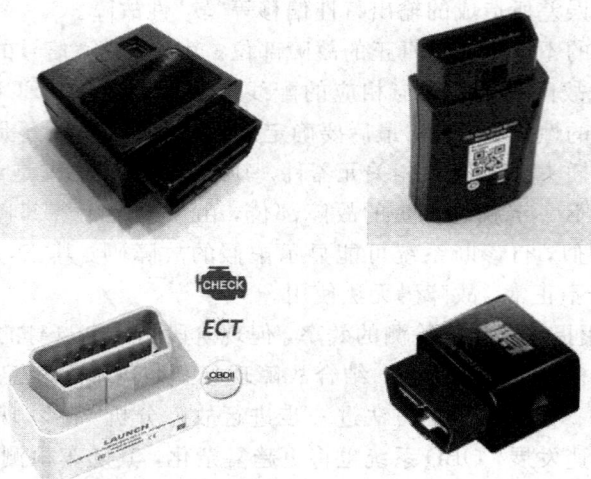

图 5-29　各种品牌的 OBD 盒子

考虑到 OBD 盒子使用的生命周期和通信架构，此类设备可能存在表 5-7 列举的安全威胁。

表 5-7　OBD 盒子面临的主要安全威胁

OBD 设备端	CAN 数据包注入	设备是否对接收的 CAN 数据进行安全验证
	身份凭证硬编码	设备用于验证访问者凭证是否写在固件中不可变
	OBD 设备无安全配置信息	设备是否提供准确的安全配置方法和使用注意事项
	OBD 设备危险未知功能	设备是否存在未写在使用手册中的功能
App 应用端	手机应用未加固	设备的手机应用是否进行了加固
设备与服务器通信	固件升级包篡改	设备对下载到本地的升级包是否进行了验证
	固件升级命令伪造	设备对升级命令的来源是否进行身份验证
	OBD 设备通信未加密	设备与服务器通信过程是否加密
	HTTPS 证书弱校验	设备与服务端设备 HTTPS 通信是否对 HTTPS 证书进行校验
设备与手机通信	SMS 命令伪造	设备是否对 SMS 命令来源进行身份校验
	WiFi 不安全加密	设备的 WiFi 通信是否使用 WAP2 加密
	WiFi 弱口令	设备的 WiFi 初始口令是否为复杂口令
	蓝牙未使用 PIN 码	设备的蓝牙功能是否使用 PIN 码验证身份
	蓝牙弱口令	设备的蓝牙初始 PIN 码是否为复杂的 PIN 码
手机与服务器端	手机通信加密	手机应用与服务器通信过程是否加密
后台服务器	管理网站弱口令	设备的管理网站后台初始密码是否为弱口令
	管理网站通信未加密	设备的管理网站后台通信是否加密
	后台服务器身份弱校验	设备的后台服务器是否对请求来源进行身份验证
	后台服务器未加固	设备的后台服务器是否进行安全加固
其他	无设备漏洞披露机制	设备厂商是否有设备漏洞的信息发布

2015 年，来自加州大学圣迭戈分校的 Andrew Prudhomme、Karl Koscher 和 Tefan Savage 发表了一篇论文 *Fast and Vulnerable：A Story of Telematic Failures*，该文讨论了 OBD 盒子（论文中研究人员将之称为汽车外置 TCU）的安全性以及如何利用 OBD 盒子控制汽车的相关功能的方法。下面就来分析一下他们对 OBD 盒子的研究成果。

1. 攻击面分析

研究人员分析的 OBD 盒子购自 eBay 电商平台，该设备（如图 5 - 30 所示）由 Mobile Devices Ingenierie 生产，并用于保险目的。这款 OBD 盒子的 CPU 为一款频率为 500 MHz 的 ARM11 芯片，RAM 的存储空间为 64 MB，闪存的存储空间为 256 MB。对于外部连接，主要包含以下几个部分：一个 USB 接口、一个 2G 蜂窝网数据调制解调器（以后的型号为 3G）和一个连接到 OBD-Ⅱ引脚的 CAN 收发器。

图 5 - 30　研究人员的 OBD 盒子

在评估这款设备的安全性能时，研究人员考虑了两种威胁模型：本地安全威胁模型和远程安全威胁模型。在本地安全威胁模型中，考虑攻击者如何能够直接攻击 OBD 盒子以获取对设备的控制权（例如，在运输过程中获取对车辆的短暂物理访问权限）。在远程安全威胁模型中，假设攻击者没有对 OBD 盒子的物理访问权限，但 OBD 盒子安装在受害者的汽车中，攻击者可以远程控制车辆的部分功能。

1）本地攻击面

在本地安全威胁模型中，假定攻击者可以对 OBD 盒子进行物理访问。研究人员没有针对车辆的任何通信方式，假设具有物理访问权限的攻击者已经可以直接访问该车辆。研究人员发现该设备用于调试目的 USB 接口可以被配置为网络适配器模式（OBD 盒子此时成为联网设备），一旦 OBD 盒子联网，就可以利用配置好的 Web 服务器监听 80 端口和 23 端口，探测 OBD 盒子的信息。另外，研究人员发现可以利用该 USB 接口进行配置更改和软件更新。研究人员还分析了该设备内部电路板上的多个测试点（需要打开封装），攻击者通过物理访问也可以移除 NAND 闪存芯片并转储或更改芯片的内容。

2）远程攻击面

在远程安全威胁模型中，研究人员假设攻击者没有物理访问设备或车辆的权限，甚至不知道 OBD 盒子在车辆上的准确位置。远程安全威胁模型的攻击目标是通过蜂窝网络提供远程连接的 2G 调制解调器（该设备提供 SMS 短信服务和基于 IP 地址的数据通信，用于车辆的各种功能，可以被远程识别、访问和控制），对受害车辆进行远程控制。

2. 攻击过程分析

1）本地攻击分析

如果通过物理方式访问设备，最简单的方式是通过 USB 端口连接。首先利用 USB 线缆将 OBD 盒子与联网计算机相连，通过分析设备信息，可以确定设备的子网编号和 IP 地址，然后利用网络接口探测设备运行的服务。研究人员发现该 OBD 盒子在标准端口上能响应 Telnet、Web 和 SSH 等服务。

2）Web/Telnet 控制台访问

一旦与 OBD 盒子连接成功，Web 服务器和 Telnet 服务器就会提供一个专用接口，用于查询和设置设备参数以及检索状态信息，这包括一些隐私敏感的信息，如 GPS 定位信息等。此外，研究人员侦测到一组更高级的指令，包括将 SMS 消息发送到指定端口的指令等。通过分析这些指令，可以直接识别 SIM 芯片中用于随后的基于 SMS 测试的号码。研究人员还确定了一个接口，用于检索所有 OBD 盒子内部组件的版本、状态以及底层 Linux 内核的日志文件（这两个文件都有助于后续分析）。最后研究人员还发现，运行软件模块的所有配置变量都是可更改的。

3）NAND 转储

为了获得设备上运行的软件的更多信息，研究人员拆下了 NAND 闪存芯片，并利用硬件读取器提取了芯片的数据。为了分析提取的数据，研究人员利用 Linux nandsim 内核模块创建了一个模拟的原始 NAND 闪存芯片，随后配置该模块以模拟 OBD 盒子上存在的 NAND 文件副本。研究人员发现，有一个未分类的镜像文件系统（Unsorted Block Image File System，UBIFS），它管理原始 NAND 芯片的错误检测和纠正情况，这个文件系统会记录并跟踪被破坏的模块。

研究人员利用 UBI 文件系统可以对 OBD 盒子的信息进行分区读取，其中一个分区包含在 OBD 盒子上运行的第三方软件中，这些软件包括与各种系统操作相关的脚本和二进制文件。研究人员还发现了与 OBD 盒子进行传输交互的重要信息，这些信息中包含了许多公钥、私钥和证书。

4）SSH 密钥

最初，研究人员无法访问设备上运行的 SSH 服务，在研究了 NAND 闪存的转储信息并确定了根用户的私钥之后，这一情况发生了变化，根用户的私钥让研究人员能够通过 SSH 服务向 OBD 盒子进行身份验证，并直接获取设备的根用户权限。随后研究人员可以读取和写入任何文件，下载安装其他软件以创建任意功能并执行任意命令。读者可能认为这似乎对汽车并不具有足够的威胁，因为首先攻击者需靠通过物理访问 OBD 盒子设备来获取根私钥。但是，在来自同一制造商的其他几个设备（包括生产环境）上测试此 SSH 密钥后，研究人员发现这些设备使用了相同的密钥，这样攻击者就可以同时控制大量设备。

5）进一步分析

通过 USB 接口获得对 OBD 盒子的控制后，研究人员将重点转移到如何远程控制 OBD 盒子并进一步控制汽车上，两个远程通信接口引起了研究人员的注意：SMS 接口和提供互联网连接的蜂窝数据接口。

（1）基于互联网的访问。在检查 OBD 盒子的源代码时，研究人员发现 OBD 盒子的 Web 服务、Telnet 服务和 SSH 服务都绑定在网络接口上，由于设备上网需要用到连接互联网的蜂窝数据调制解调器，外部攻击者可以直接使用先前发现的 SSH 密钥（IP 地址已知）直接远程登录到该盒子。然而，研究人员测试的大部分 OBD 盒子的蜂窝载体广泛使用网络地址转换（NAT）模式，因此不能直接登录到盒子。研究人员注意到实现访问依赖设备使用的蜂窝载体属性，如果设备使用允许直接寻址的蜂窝网络提供商提供的服务，那么直接登录访问 OBD 盒子的方式将是有效的。研究人员之后发现了上千个暴露在互联网上的允许直接寻址的 OBD 盒子。

（2）基于 SMS 的访问。除了蜂窝数据连接外，该 OBD 盒子还具有接收 SMS 信息的功能，因此，如果 OBD 盒子的 SMS 号码已知，则外界用户可以发送 SMS 信息。研究人员在网络上搜索到的 SMS 管理命令完全适用于测试的 OBD 盒子，这些命令包括检索或设置本地调试接口、检索传感器状态信息（如调制解调器信息、GPS 位置）、远程更新等。其中，远程更新功能是非常危险的，因为它有可能提供一种机制来获得反向 shell（反向 shell 是一种往远程设备发送 shell 命令的技术），实现对 OBD 盒子的任意访问。

通过检查 SMS 发起更新创建的日志后，研究人员确定了 OBD 盒子本地文件的完整更新过程，如图 5 - 31 所示。更新过程会依赖一个特殊的文本文件——来自远程服务器的 UpdateFile.txt，该文件包含要从系统添加或删除的文件的文件名、路径和散列值。

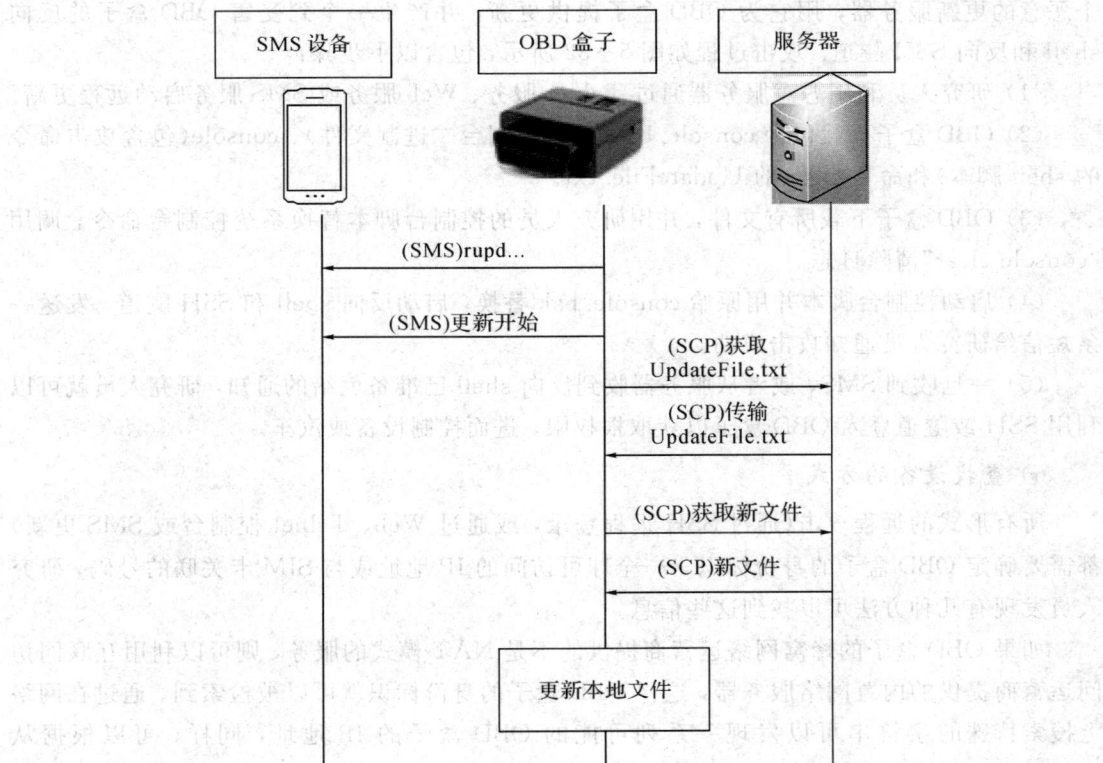

图 5 - 31　远程更新过程

更新过程的步骤如下：

① SMS 设备向 OBD 盒子发送更新信息（包含用户名、主机名、端口号、路径信息等），OBD 盒子响应更新并启动。

② OBD 盒子通过 SCP（Secure Copy Protocol，用来定义"本地设备和远端机器之间"或者"远端机器和远端机器之间"传输文件的协议）并利用 SMS 设备发送的信息登录到指定的更新服务器，从路径信息中检索 UpdateFile.txt。

③ 检查 UpdateFile.txt，通过 SCP 从更新服务器检索 OBD 盒子本地系统上存在的不正确散列或不存在的文件，将其发送到 OBD 盒子上的临时目录中。

④ 如果新文件的散列值与 UpdateFile.txt 中的散列值相匹配，则将新文件移至目标目录，否则将重新启动更新过程。

⑤ 如果 UpdateFile.txt 包含清除、确认或重置等。控制台命令中的任何一个，则执行相应的操作。

OBD 盒子的这种更新流程存在很多安全风险。首先，更新包没有以任何方式进行加密和签名，攻击者很容易在更新过程中替换任意代码。其次，在服务器对设备进行身份验证时，由于所有的 OBD 盒子都共享相同的公钥和私钥更新密钥对，所以 OBD 盒子不会对服务器进行身份验证。

为了验证上述 OBD 盒子在本地文件更新过程中存在的安全风险，研究人员创建了一个恶意的更新服务器，用它为 OBD 盒子提供更新，并产生一个到受害 OBD 盒子的反向 shell 和反向 SSH 隧道。攻击过程如图 5-32 所示，包含以下步骤：

(1) 研究人员利用恶意服务器通过 Telnet 服务、Web 服务或 SMS 服务启动远程更新。

(2) OBD 盒子下载包含 console.bak（原始控制台二进制文件）、console（包含攻击命令的 shell 脚本）和命令 clear 的 UpdateFile.txt。

(3) OBD 盒子下载所有文件，并用研究人员的控制台脚本替换系统控制台命令，调用"console clear"清除日志。

(4) 启动控制台脚本并用原始 console.bak 替换，启动反向 shell 和 SSH 隧道，发送一条短信给研究人员通知攻击成功。

(5) 一旦收到 SMS，或者从服务器收到反向 shell 已准备就绪的通知，研究人员就可以利用 SSH 或隧道登入 OBD 盒子以获取根权限，进而控制设备或汽车。

6) 查找设备的方式

所有形式的远程攻击（通过 SSH 远程登录，或通过 Web、Telnet 控制台或 SMS 更新）都需要确定 OBD 盒子的身份标识——全球可访问的 IP 地址或与 SIM 卡关联的号码，研究人员发现有几种方法可以找到这些信息。

如果 OBD 盒子的蜂窝网络运营商提供的不是 NAT 模式的服务，则可以利用互联网访问运营商提供的内置网络服务器，这样 OBD 盒子的身份标识就可以被检索到。通过在网络上搜索特殊的字符串可以发现一系列可能的 OBD 盒子的 IP 地址，同样，可以根据从 Telnet 和 SSH 服务器输出的信息来识别易受攻击的 OBD 盒子。由于所有该款 OBD 盒子都使用相同的 SSH 服务器密钥，因此连接时显示的服务器指纹也是相同的，攻击者可以搜索由此指纹产生的大约 1500 个潜在设备的 IP 地址。

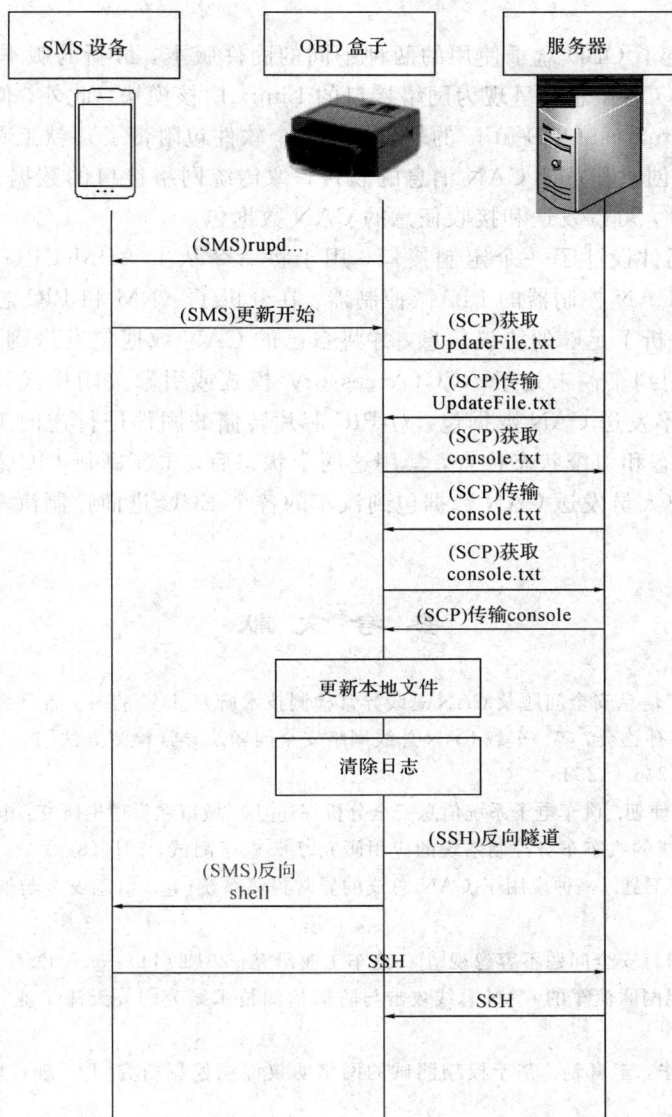

图 5 - 32   利用恶意服务器进行攻击

研究人员评估了通过与 SIM 卡关联的号码查找设备的可能性。由于该款 OBD 盒子需要数据连接才能将传感器信息发送到远程服务器，因此该设备通常会与有预付费数据的蜂窝网连接，而连接时需要的号码不是随机的。研究人员发现这些号码大多都是由 566 地区代码中顺序分配的，这些地区代码仅供"个人通信服务"使用，如果可以确定其中一台通信设备的号码，则附近的号码就极有可能是 OBD 盒子的号码。

3. 入侵汽车 CAN 总线

入侵了 OBD 盒子后，下一个问题就是如何利用 OBD 盒子控制车辆。一种情况是，OBD 盒子只能从 OBD-Ⅱ接口接收 CAN 数据，但是无法发送 CAN 消息。另一种情况是，OBD 盒子可能允许与 CAN 总线的任意数据交换，允许攻击者直接与车辆上的各个 ECU

进行通信。

研究人员确定了 OBD 盒子使用的两种不同的固件版本,最新的版本包括 SocketCAN 模块,这是一个将 CAN 总线呈现为网络接口的 Linux 内核模块。此外,使用新版本固件的 OBD 盒子装有 Linux canOBD-utils 的软件包,这个软件包附带了几款工具软件,其中包括用于读取、保存、创建和重播 CAN 消息的软件,像传统网络接口的数据包捕获方式一样,有了这些工具软件,可以发送和接收任意的 CAN 数据包。

较早版本的固件设计了一个定制接口,用于将命令从主 ARM CPU 发送到用于控制 OBD 盒子上物理 CAN 控制器的 PIC 微控制器。在分析了 ARM 和 PIC 芯片之间的串行线之后,研究人员解析了足够的协议信息,并将自己的 CAN 数据包发送到 PIC 芯片,但是,如果 PIC 芯片检测到车辆未处于 ACC(Accessory)模式或引擎关闭模式,则它将定期查询 OBD-Ⅱ接口并且不发送 CAN 数据包。对 PIC 芯片转储的固件进行逆向工程后,研究人员能够识别 ACC 状态和引擎状态检查,禁用这两个状态后,重新刷新 PIC 芯片的固件,这一系列修改允许研究人员发送 CAN 数据包到汽车的各个 ECU 进而控制汽车,而不管汽车处于什么状态。

参 考 文 献

[1] 于赫. 网联汽车信息安全问题及 CAN 总线异常检测技术研究[D]. 吉林:吉林大学,2016.

[2] 于赫,秦贵和,孙铭会,等. 车载 CAN 总线网络安全问题及异常检测方法[J]. 吉林大学学报(工),2016,46(4):1246 - 1253.

[3] 刘营,张姗,吴沛朝. 汽车电子系统信息安全分析综述[J]. 城市建设理论研究:电子版,2015,5(26).

[4] 宁轩. CAN 总线的汽车车身控制系统的应用研究[J]. 电子测试,2016(8).

[5] 张子键,张越,王剑. 一种应用于 CAN 总线的异常检测系统[J]. 信息安全与通信保密,2015 (8):92 - 96.

[6] 王喜文. 汽车信息安全问题不容忽视[J]. 汽车工业研究,2013 (11):34 - 39.

[7] 杨宏. 基于智能网联汽车的 CAN 总线攻击与防御检测技术研究[J]. 天津工业大学学报,2017(2):11 - 19.

[8] 张开便,董振华,李喜艳. 基于模糊测试的网络协议漏洞挖掘研究[J]. 现代电子技术,2016,39 (13):84 - 87.

[9] Miller C,Valasek C. Adventures in autom otive networks and control units[C]. Las Vegas:DEFCON,2013.

[10] Miller C,Valasek C. A survey of remote automotive attack surfaces[J]. USA:BlackHat,2014.

[11] Miller C,Valasek C. Remote exploitation of an unaltered passenger vehicle[C]. USA:BlackHat,2015.

[12] IEEE trial-use standard for wireless access in vehicular environments-security services for applications and management messages. New York:IEEE 3 Park Avenue,NY 10016 - 5997.

[13] Checkoway S,McCoy D,Kantor B,et al. Comprehensive experimental analyses of automotive attack surfaces. Proc. 20th USENIX SEC,2011,6 - 6.

[14] Roel Verdult,Flavio D Garcia,Josep Balasch. Gone in 360 seconds:Hijacking with Hitag2. 21st USENIX Security Symposium,2012.

6.1 汽车无线通信系统概述

汽车无线通信系统是将汽车技术、电子技术、计算机技术、无线通信技术等紧密结合，整合不同的应用模块产生的综合系统，主要实现汽车状况实时监测、汽车定位导航、车辆指挥调度、数据采集共享、车内信息娱乐等功能。

汽车无线通信技术主要由车载导航模块、专用无线通信模块、安全警报模块、行车状态记录模块、多媒体信息模块、数据采集模块、无线钥匙模块、车载收音机模块等组成，所有的数据和有效信息基本都需要通过汽车 IVI 进行处理、协调并做出正确的响应。图 6-1 所示为车载无线通信技术的模块示意图。

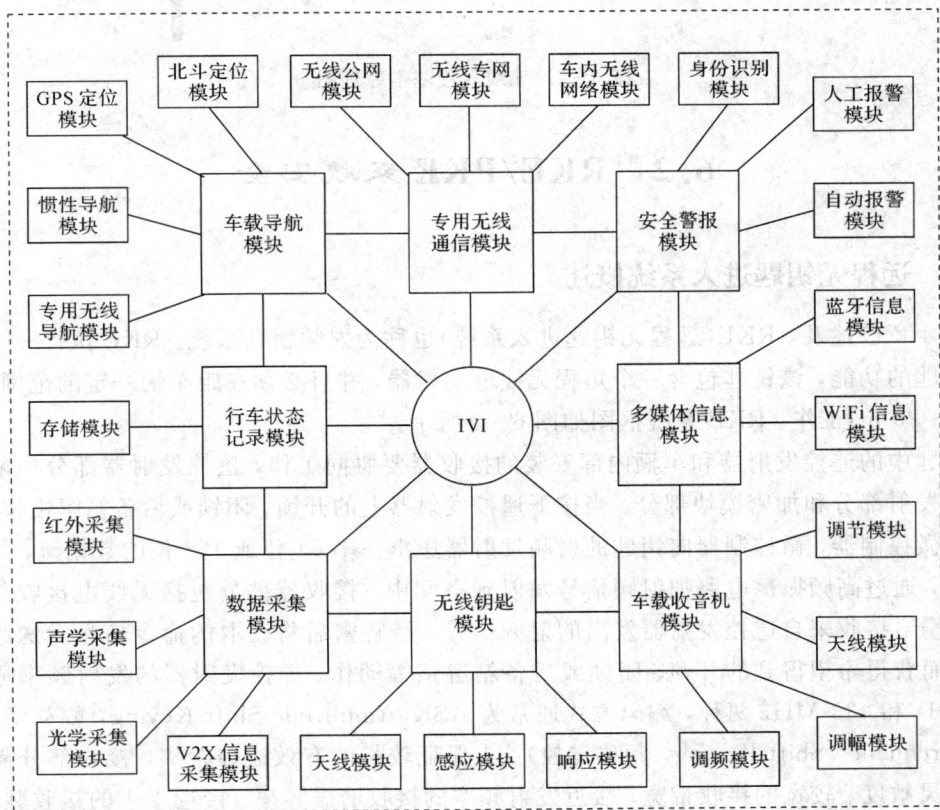

图 6-1 车载无线通信技术的模块示意图

目前，汽车内往往装配有多种具备无线通信能力的设备或模块，它们有的支持短距离无线通信，有的支持长距离无线通信。由于直接物理接触的局限性较大，所以攻击者一般采用更具可行性和隐蔽性的攻击方式。攻击者可利用某一设备或协议的漏洞成功入侵并控制车载无线设备，而无线通信设备往往与其他控制模块一样挂载于汽车的内部 CAN 总线或其他车内网络，这样攻击者就可以成功入侵汽车内部网络并达到控制整车的目的，原理如图 6-2 所示。

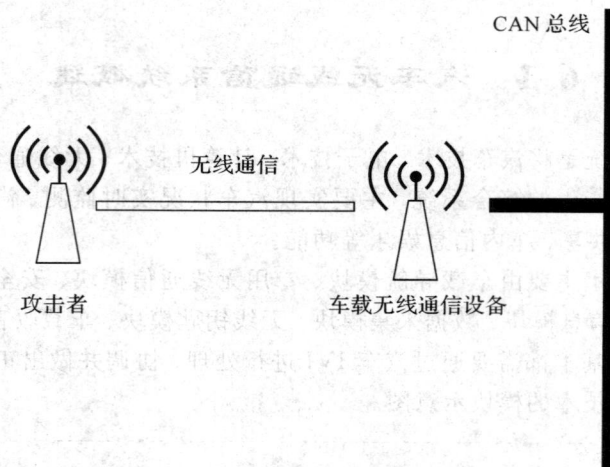

图 6-2　无线入侵基本原理图

6.2　RKE/PKE 系统安全

6.2.1　远程无钥匙进入系统概述

第 4 章已述及，RKE(远程无钥匙进入系统)也称为射频钥匙系统。RKE 执行一个标准汽车钥匙的功能，该钥匙包含一个短程无线电发射器，并且必须在距车辆一定的范围内(通常为 5～20 m)工作。RKE 系统框图如图 6-3 所示。

钥匙中的遥控发射器和车辆内部安装的接收器要协同工作，遥控发射器部分一般包括无线电发射部分和加密模块部分。当按下遥控发射器上的开锁、闭锁或后备箱解锁按键时，将唤醒微控制器，微控制器向钥匙的射频发射器送出一串 64 位或 128 位的数据流，经过载波调制，通过高频振荡电路把射频信号发射到空间中。接收器部分包括无线电接收部分和解码部分，接收来自遥控发射器发出的射频信号，经解密后将获取的命令信息发送给执行器，进而获得希望得到的开锁、闭锁或后备箱解锁等动作。遥控发射器的发射频率通常为 315 MHz 和 433 MHz 两种，编码方式通常为 ASK(Amplitude Shift Keying，幅移键控)和 FSK(Frequency Shift Keying，频移键控)。为保证较长的有效遥控距离，接收部分需要有较高的灵敏度、较宽的接收带宽、接近发射频率的接收谐振频率、接近于 1 的接收驻波比、与接收 LC 网络配合良好的天线等。为保证射频通信方式的安全，所有经由遥控发射器发送的信息均被以某种加密方式进行加密，这就需要对接收到的射频信号进行软件解密。

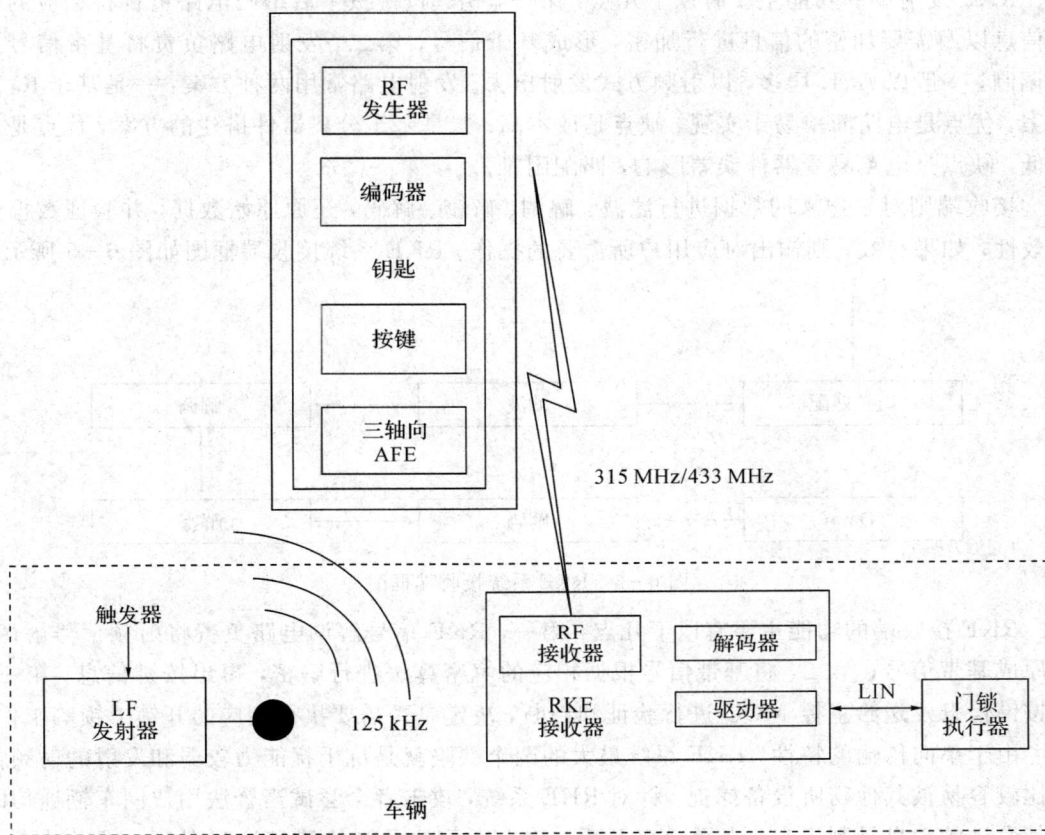

图 6 - 3　RKE 系统框图

RKE 系统钥匙内装有芯片，每个芯片都有固定的 ID，只有钥匙芯片的 ID 与发动机的 ID 相匹配时，汽车才可以启动。以启动引擎为例，当车主转动钥匙发动车辆时，车内基站发射低频信号开始认证。钥匙端应答器工作能量由车内基站低频信号提供，在认证过程中，置于钥匙中的应答器首先发送自身的 ID 号，通过基站芯片的验证，基站会发出一串随机数和 MAC 地址，同时应答器做出回应。钥匙会发送一串数据流，开始进行发送器和接收器的会话，该数据流包括前引导码、命令码和一串加密滚动码。滚动码码型变换丰富，每次发送的编码至少有 50% 的位数发生变化，且同一操作的两次编码毫无规律可循。RKE 系统发射端功能框图如图 6 - 4 所示。

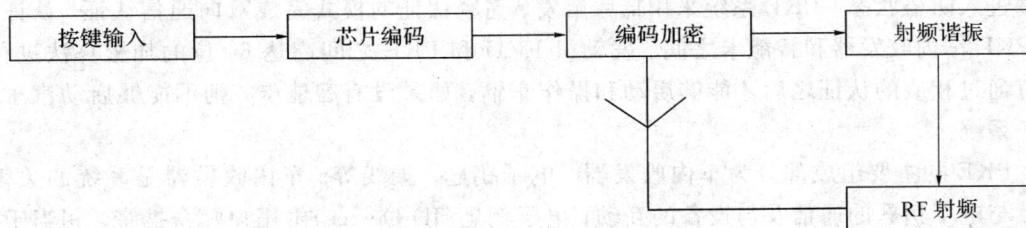

图 6 - 4　RKE 系统发射端功能框图

RKE 发射端的功能主要有以下几点：第一，钥匙按键按下后编码电路负责将相应的按键信息以及需要加密的信息进行加密，形成基带信号；第二，发射电路负责将基带信号进行调制，一般以 ASK 居多，以射频方式发射出去。发射电路常用两种方案：一是基于 IC 的方案，优点是电路简单易于实现，缺点是成本高；二是基于分离器件搭建的方案，优点是成本低，缺点是电路易受器件误差影响，匹配困难。

接收端则对发送来的数据进行滤波、解调、解密、解码，还原原始数据，并验证数据的有效性，如果有效，则输出对应用户所需要的操作。RKE 系统接收端框图如图 6 - 5 所示。

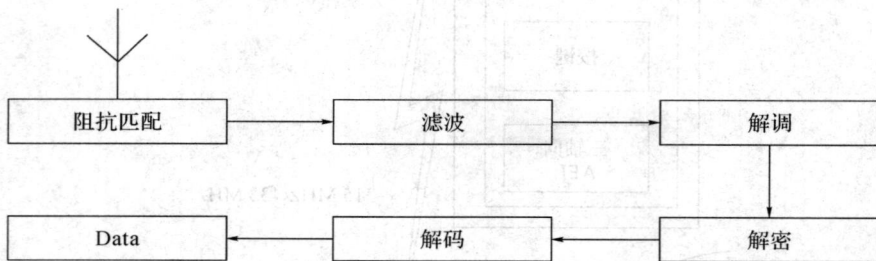

图 6 - 5　RKE 系统接收端框图

RKE 接收端的功能主要有以下几点：第一，RKE 信号解调电路负责将射频信号解调，还原成基带信号；第二，将基带信号根据相应的解密算法进行解密，得出按键信息；第三，将按键信息发送给主控 MCU 进行验证和判断，决定是否需要执行相应的开锁上锁等工作。

由于单向传输的特性，RKE 系统最大的两个缺陷就是抗干扰能力较弱和发射的射频信号比较容易被其他窃听设备捕捉。针对 RKE 系统，攻击者会尝试当合法用户同车辆通信时将其发送的消息录制下来。当用户离开后，攻击者重放录制的消息访问车辆，或者结合窃听和干扰的方式，当用户使用 RKE 系统锁车时，监听 RKE 信号并发送同频干扰信号。此时，RKE 接收器可能无法收到用户发送的有效信号，车辆依旧处于解锁状态。

6.2.2　被动无钥匙进入系统概述

PKE（被动无钥匙进入系统）设计的初衷是使用户只需随身携带一个电子钥匙，不需按键（遥控开锁）就可以进入车辆。该系统采用无线射频识别技术，通过车主随身携带的电子钥匙（智能卡）里的芯片感应自动开关门锁，当用户尝试用手去拉车门上的门把手时，车辆会向"钥匙"发出询问信息，如果授权的"钥匙"在车辆可操作范围内，并且回答了有效的验证码，则车辆可以进行对应的解锁或者启动的操作，当驾驶者离开车辆时，门锁会自动锁上并进入防盗状态。PKE 系统采用低频触发、高频认证的模式完成双向通信认证。认证通过 PKE 车内收发器和智能卡之间、发动机 ECU 和 PKE 之间高达 64 位的加密算法进行，只有通过相应的认证之后才能够启动和操作车辆，如果没有智能卡，则不能够启动汽车的电子系统。

PKE 的主要组成部分为车内收发器、电子钥匙、天线等。车内收发器是系统的关键，负责与电子钥匙的通信及与设备的互动；电子钥匙（ID Device）由用户随身携带，相当于用户的身份证，用来验证用户的身份，类似于 RKE 的遥控器；LF 天线为接收器与电子钥匙的通信媒介，用于接收和发送射频信号。

PKE 技术其实是从 RKE 演变而来的，也有人称 PKE 是 RKE 的第二代技术。简单地说，从 RKE 到 PKE 其实就是从"需按键"发展到"免按键"，从"安全"到"更安全"的过程。图 6-6 所示为 PKE 系统的原理图。

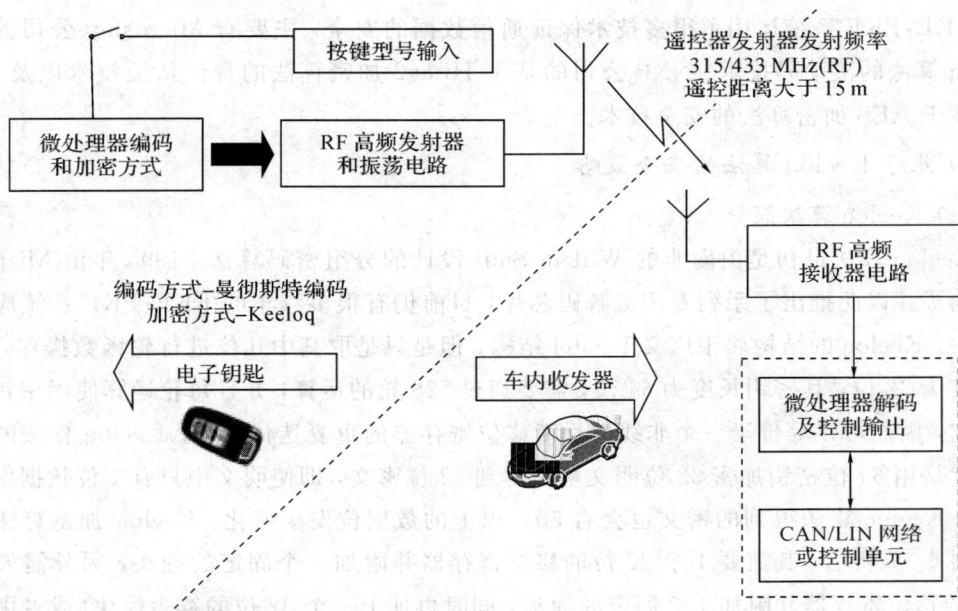

图 6-6　PKE 系统原理图

PKE 系统的工作过程可以分为唤醒和验证两个过程。

（1）唤醒。当用户携带电子钥匙出现接收器的检测范围时并拉动门把手时，电子钥匙会收到一个来自车内收发器的低频信号，如果这个信号与钥匙内存储的数据相匹配，钥匙就会被唤醒。"唤醒"模式的设计可以保证其他无关信号不会干扰车内收发器的工作，并可以延长电池的使用时间。另外，PKE 所使用的三维天线可以确保钥匙收到"唤醒"信号，不用担心障碍物的阻碍。

（2）验证。钥匙被唤醒后，它会分析从车内收发器发送过来的"口令"，计算出对应的数据并加密发送回车内收发器，主机分析从钥匙收到的数据，并与自己所计算出的数据进行比较，如果二者匹配成功，就会开启门锁。

整个过程，从唤醒到开启门锁，只需几毫秒的时间，因此从接触门把手到开门，用户感觉不到任何延时。

相比于 RKE，PKE 存在以下优势：从功能实现方式和用户体验方面来看，PKE 比 RKE 拥有绝对的优势，使用 RKE 的用户每次开锁和上锁前都需要按一下遥控器，而 PKE 则完全不需任何操作；从工作原理来看，在安全性方面，PKE 的双向通信认证方式显然更安全，这种方式大大降低了被截码、破解的可能性，特别是在抗干扰方面，RKE 很容易因为受到同频干扰而无法正常工作，而 PKE 在受到同频干扰时，车门会一直处于上锁状态。当然，PKE 也存在着不足之处，如 PKE 系统的制造成本相对于 RKE 要高一些；由于 PKE 是被动式的工作原理，系统的功耗相对较大；电子钥匙的电池寿命比 RKE 要短。

6.2.3　RKE/PKE 攻击技术分析

1. RKE/PKE 系统安全技术

RKE/PKE 系统运用了很多技术保证通信数据的安全，主要有 Microship 公司的基于 Keeloq 算法的滚动码技术、NXP 公司的基于 Hitag2 加密算法的身份认证技术以及 TI 公司的基于 AES 加密算法的安全技术。

1）基于 Keeloq 算法的安全策略

（1）Keeloq 算法简介。

Keeloq 算法最初是由南非的 Willem Smit 设计的分组密码算法，1995 年由 Microchip 公司购买并以此推出了系列专用编解码芯片，目前仍有很多汽车的 RKE/PKE 系统应用了该算法。Keeloq 的结构属于广义 Feistel 结构，但是只是取其中几位进行轮函数操作，其分组长度为 32 位，其密钥长度为 64 位，需要通过 528 轮的运算，并且每轮运算使用密钥的其中 1 位，因而可以等价于一个非线性反馈移位寄存器的重复迭代操作。Keeloq 算法的核心思想就是用 64 位密钥加密 32 位明文从而得到 32 位密文，即使明文中只有 1 位数据发生变化，用 Keeloq 算法得到的密文也会有 50% 以上的数据位发生变化。Keeloq 加密算法示意图如图 6-7 所示，其需要 1 个 32 位的移位寄存器并附加 5 个固定的抽头，另外需要 1 个 64 位的移位寄存器并附加 1 个固定的抽头，同时再加上一个 32 位的查表模块（或者由逻辑运算 NLF 的代数关系式代替）。

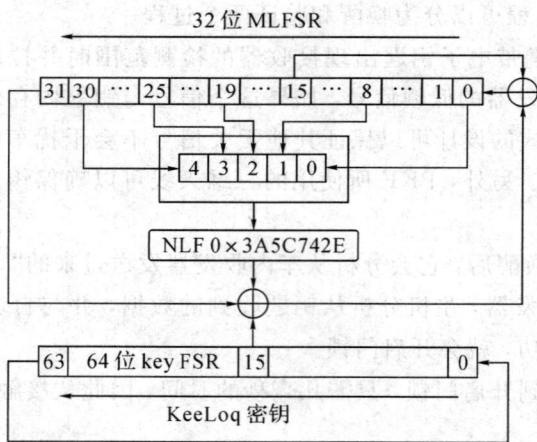

图 6-7　Keeloq 加密算法示意图

（2）RKE 系统的 Keeloq 跳码结构。

RKE 系统大多使用 Keeloq 跳码（滚码或者滚动码）作为 Keeloq 加密的输入变量，发射端和接收端分别集成了编码器和解码器，并且共用一个密钥以及一组固定的标识码（序列号）10~12 位，用以区别不同的 RKE 系统；同时有一组 32 位的同步码（计数器或者滚码），其在每次成功发送信号后（用户每次按键触发后）加一位，用以区别每次发送的信息；最后是 4 位的功能按键信息。编码器通过输入的同步码 32 位的信号与事先存储好的 64 位密钥信息来进行 Keeloq 加密运算，最后得到跳码信息。图 6-8 所示为 Keeloq 加密 RKE 信息的示意图。

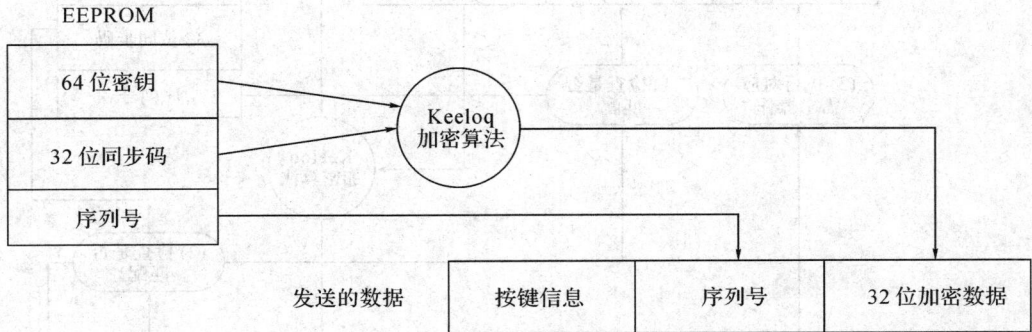

图 6-8　Keeloq 加密 RKE 信息示意图

跳码基带信号经过 ASK 调制转化成射频信号发出，接收端通过同样事先存储好的共用密钥进行解密以获取同步码。接着判断其标识码是否同其事先存储好的标识码一致，如果一致，再判断同步码的范围是否在规定的范围内（一般认定发射的同步码必须大于接收端存储的同步码）。图 6-9 所示为基于 Keeloq 的 RKE 系统滑动窗口结构。

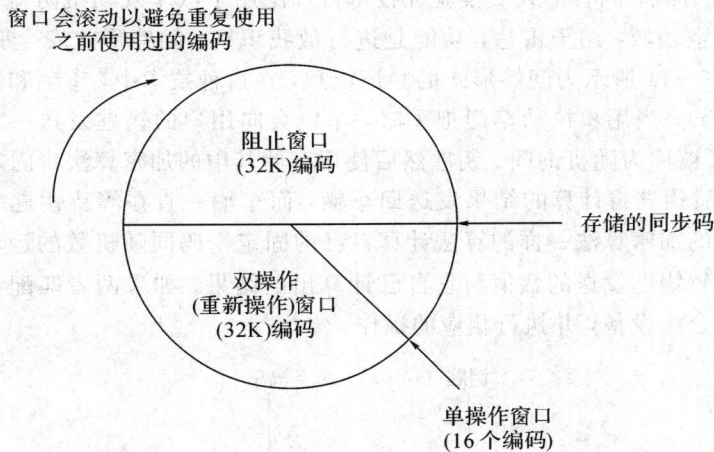

图 6-9 基于 Keeloq 的 RKE 系统滑动窗口结构

这里会用到三个"同步"窗口来进行判断。一是有效同步窗口，如果收到的同步码落在规定范围内（假设在＋16 个编码内），则功能信息所对应的需要执行的操作会被立即执行。二是重新同步窗口，如果收到的信号超出了规定的同步窗口，但是落在重同步窗口以内，则接收端会先预存下发射端的同步码，等待判断下次发射端发送的同步码是否落在同步窗口，如果是，则执行操作，如果不是，则再预存发射端的同步码，等待再下一次的判断。也就是说用户至少需要按两次才能成功得到对应的响应操作。三是非法同步窗口，任何接收到同步码如果落在此窗口则所有的操作都会被忽略，以防止窃听者利用重复播放先前的信号进行任何攻击。图 6-10 所示为 Keeloq 解密 RKE 信息的示意图。

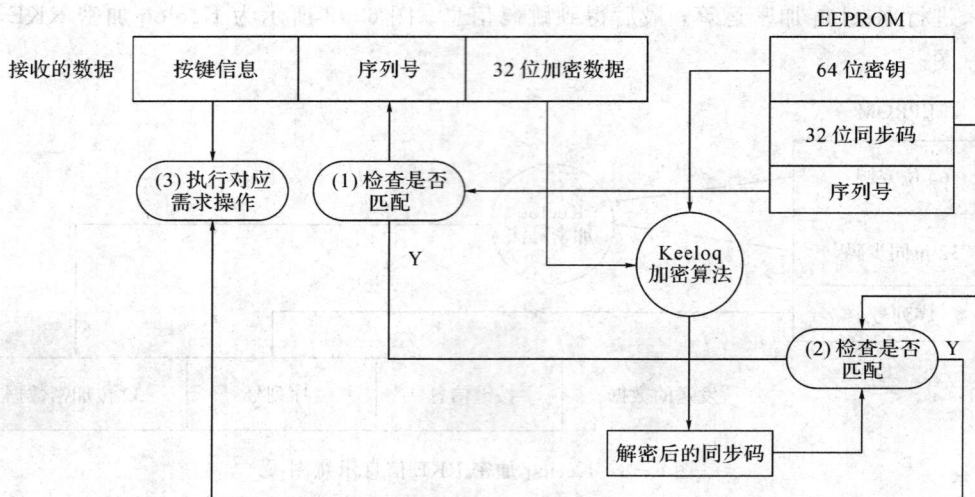

图 6 - 10　Keeloq 解密 RKE 信息示意图

（3）PKE 系统使用问答形式的 Keeloq IFF 双向验证。

由于 PKE 系统采用的是双向通信方式，因而其对应的加密算法大多会采用 Challenge-Response 的验证方式。问答形式安全验证技术被广泛用于汽车发动机防盗装置系统，其最早出现于军事航空领域，用于雷达，功能是进行敌我识别。问答形式安全验证技术使用双向通信链路。图 6 - 11 所示为问答形式的验证流程，在这种技术中，车辆和钥匙共享一个加密密钥（固定密码）。当用户拉动车门把手时，车辆会向用户的钥匙发送一个随机数（随机密码），此方式又被称为随机询问。钥匙然后使用存储其中的加密算法将固定密码和随机密码进行计算，之后钥匙将计算的结果发送回车辆，而车辆一直在等待钥匙的响应，同时自己也使用和钥匙的加密算法一样的算法计算自己的固定密码同随机数的运算结果。车辆在接到回应后会比较钥匙发送的数值与它自己计算出的结果。如果两者匹配，则车辆识别钥匙为一个有效的合法设备，并执行相应的操作。

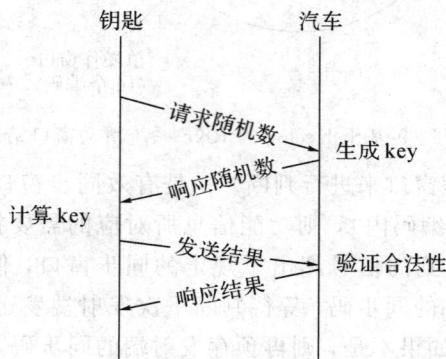

图 6 - 11　问答形式的验证流程

对于 PKE 系统的问答验证方式的应用，一般采用两种通信频段进行通信：LF 频段（315 kHz）用于短距离（1～2 m）的通信，主要用来检测钥匙是在车内还是在车外；UHF 频段（315 MHz/433 MHz）用于远距离通信（10～100 m），主要用来发送验证消息。而其工作

108

模式则可以分为正常工作模式和备份工作模式。在正常工作模式下，PKE 系统的供电可以由电池提供；在备份工作模式下，则不需要电池支持(考虑电池耗尽情况)。

（4）Keeloq 算法的弊端。

① Keeloq 算法的密钥长度为 64 位，分组长度为 32 位，在当今的密码系统中属于比较短的密钥。通过多台高性能的计算机并行计算，可以快速地计算出对应的密钥。

② Keeloq 算法的安全性全部依赖于出厂密钥的设置。以 HCS300 芯片为例，加密密钥由三个因素：出厂密钥、序列号和种子码决定。一般序列号和种子码在发送数据的过程中是不会加密的，因而存在被窃听和截获的可能性，所以一旦外泄，后果就极其严重。

③ 扩展功能比较弱、升级不方便。Keeloq 算法一般由硬件芯片实现，而其芯片所能实现的功能一般是由按键决定的，考虑到按键通常有 4 个，因而最多也只有 16 种组合，因而对于发送方而言，无法附加汽车的其他信息，功能扩展几乎不可能。

④ 无按键功能码的检错和纠错功能。在环境噪声较高，存在干扰的情况下，无线传输中出现的误码概率比较大，功能码所要实现的功能，如开锁、解锁、报警等如果错了 1 位或者几位，会有很大的概率造成其功能上的错误判断，比如发送的数据 0010 对应闭锁车门，而 0001 对应的是解锁车门，那么在同时错了 2 位后，其功能出错的后果是非常严重的。

⑤ 信息传输效率较低。在发送的数据中，其有用的信息(如序列号、按键功能码)全部在固定码中且位数较少，而加密码作为一种加密用的附加数据，占用的位数较多。

2）基于 Hitag2 算法的安全技术

Hitag2 算法是由 Crypto1 算法发展而来的，是应用在 PKE 系统中的一种保证汽车安全的主流算法。2003 年，NXP 公司推出的无钥匙进入系统中首次使用了 Hitag2 加密技术，但由于技术的保密性使得在实际应用中只能依靠 NXP 提供的带有硬件加密的芯片和软件加密库实现，限制了该技术的应用。Hitag2 算法相比于 Keeloq 算法有了很多改进，密钥不再全部直接进入线性反馈移位寄存器，而是分开处理。现在装有 Hitag2 加密算法的 Hitag2 卡以及其他的一些 RFID 芯片已广泛应用于汽车防盗系统等系统的安全解决方案中。

Hitag2 加密算法的示意图如图 6-12 所示。Hitag2 加密单元主要由一个 48 位的线性反馈移位寄存器(LSPR)和一个非线性滤波函数组成。在每个时钟周期下，线性反馈移位寄存器(LFSR)的 20 位输出通过非线性滤波函数的计算，生成一位密码，然后 LFSR 中的数据左移一位，同时 LFSR 的第 48 位由上一步生成的密码、设备 ID 和密钥经过计算得到。

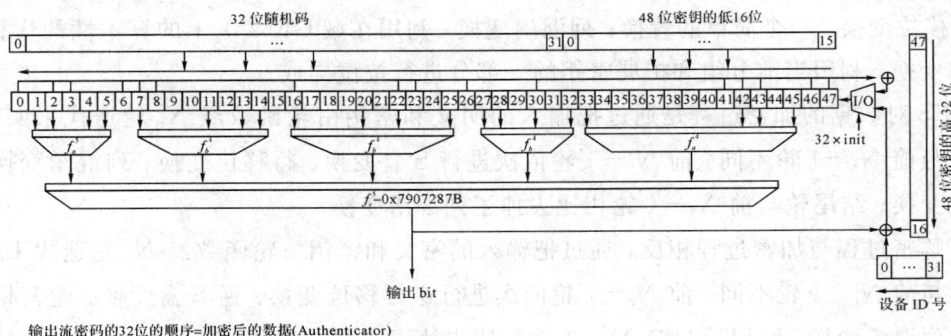

图 6-12　Hitag2 加密算法示意图

LFSR 给定前一状态的输出，将该输出的线性函数再用做输入，是比较常用的序列生成器，其结构简单，生成的序列具有非常好的编码和密码性质，而且在软件和硬件上都很容易实现。Hitag2 的安全性自 2007 年开始成为研究的主题，目前已经发布了许多针对该算法弱点的攻击。这些攻击依赖于以下几个条件：Hitag2 算法的 48 位密钥长度；滤波函数的弱点（输入的小变化导致输出的小变化）；在前 48 个周期给定发射机应答器的每个会话时其内部状态总保持不变。

3）基于 AES 的密码通信安全技术

AES 是一个迭代的、对称密钥分组的密码，它可以使用 128、192 和 256 位长度的密钥，并且用 128 位分组长度加密和解密数据。该算法输入分组、输出分组、状态长度均为 128 比特。

对于 AES 算法的运算是在一个称为状态的二维字节数组上进行的。一个状态由四行组成，每一行包括 N_b 个字节（N_b 等于分组长度除以 32）。AES 分组长度为 128 位，因此，$N_b=4$，该值反映了状态中 32 位字的个数（列数）。密钥长度 128、192 和 256 位可分别表示为 $N_k=4$、6 或 8，反映了密钥中 32 位字的个数（列数）。而 AES 算法的轮数 N_r 仅依赖于密钥长度 N_k。轮数和密钥长度的关系可以表示为：$N_r=6+N_k$。密钥长度-分组长度-轮数的关系如表 6-1 所示。

表 6-1 密钥长度-分组长度-轮数的关系

密钥长度（N_k/字）	分组长度（N_b/字）	轮数（N_r）
4	4	10
6	4	12
8	4	14

对于加密和解密变换，AES 算法使用的轮函数由 4 个不同的以字节为基本单位的变换复合而成，该过程由四个不同的阶段组成：S 盒变换，用一个 S 盒完成分组中的按字节代替；行移位变换，一个简单的置换；列混淆变换，利用在域 $GF(2^8)$ 上的算术性的代替；轮密钥加变换，利用当前分组和扩展密钥的一部分进行按位异或。

AES 对数据的加密过程是通过把输入的明文和密钥由轮函数经 N_r 轮迭代来实现的，结尾轮与前 N_r-1 轮不同。前 N_r-1 轮依次进行 S 盒变换、行移位变换、列混淆变换和轮密钥加变换；结尾轮与前 N_r-1 轮相比去掉了列混淆变换。

而解密过程与加密过程相反，通过把输入的密文和密钥由轮函数经 N_r 轮迭代来实现，结尾轮与前 N_r-1 轮不同。前 N_r-1 轮依次进行逆行移位变换、逆 S 盒变换、轮密钥加变换和逆列混淆变换；结尾轮与前 N_r-1 轮相比去掉了逆列混淆变换。

AES 算法的加密解密过程如图 6-13 所示。

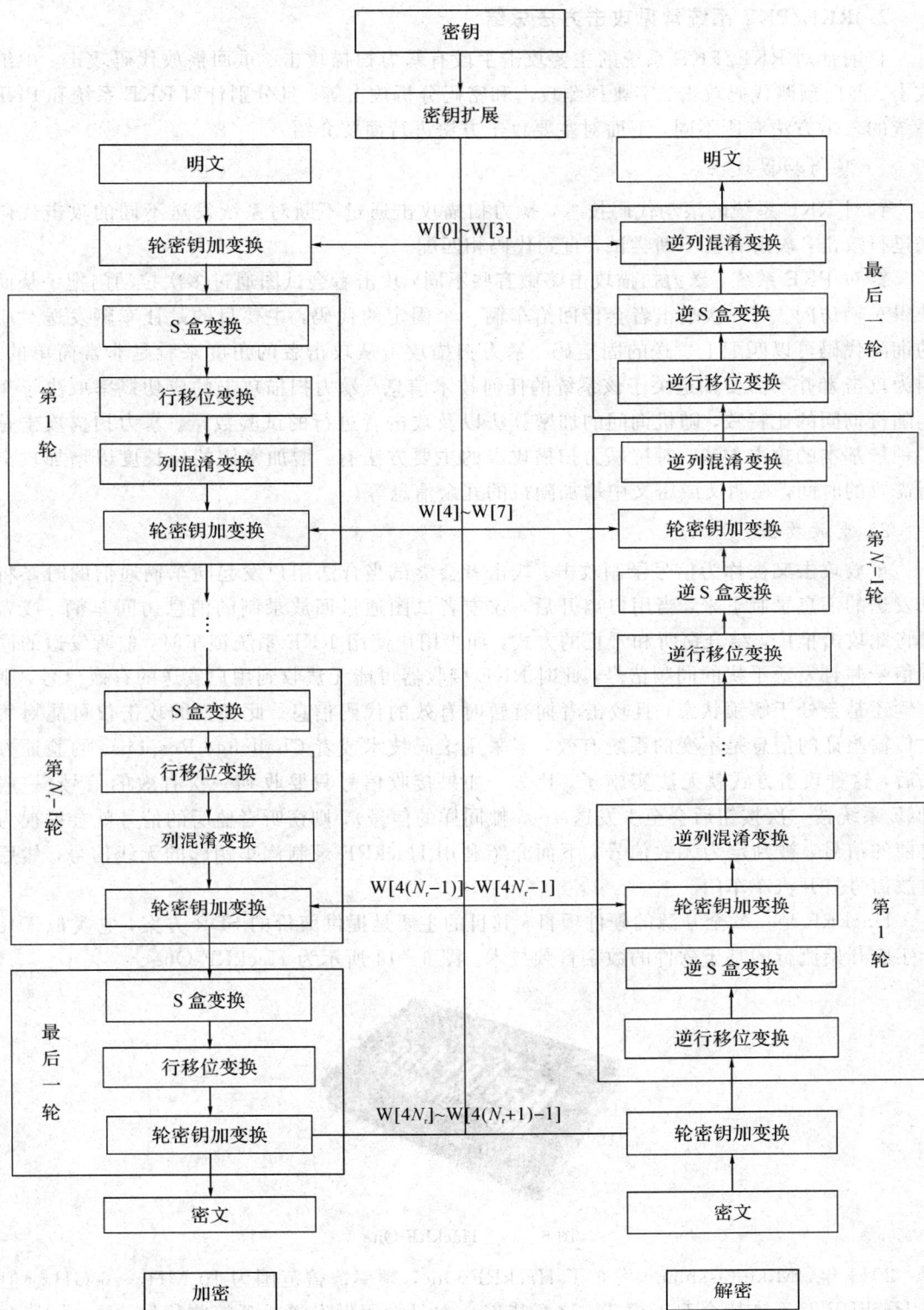

图 6-13　AES 加密解密流程

2. RKE/PKE 系统常见攻击方法总结

目前针对 RKE/PKE 系统的主要攻击手段有暴力扫描攻击、重回播放代码攻击、中继攻击、前向预测代码攻击、字典预测攻击和密码分析攻击等，且分别针对 RKE 系统和 PKE 系统的攻击方法有所不同，下面对主要攻击方法进行简要介绍。

1) 暴力扫描攻击

针对 RKE 系统的滚动代码技术，暴力扫描攻击通过不断对系统发送不同的攻击代码来进行攻击，攻击者会不断尝试，直到代码相匹配。

针对 PKE 系统，暴力扫描攻击略微有些不同，攻击者会试图通过多次拉动门把手从而获得车辆访问。每一次攻击者会传回给车辆一个固定的代码，主要目的是让车辆发送对应的询问代码可以匹配上发送的固定码。暴力扫描攻击从攻击者的角度来看是非常简单的，因为攻击者并不需要知道关于该系统的任何技术信息。暴力扫描攻击的成功概率取决于车辆随机询问的比特数，随机询问的加密算法以及攻击者进行的试验数量。暴力扫描攻击是一种最基本的攻击方法，对抗暴力扫描攻击的主要方法有：增加密钥的位长度以增加攻击所需要的时间，在明文或密文中增加随机的冗余信息等。

2) 重放攻击

重放攻击又被称为信号录制攻击。攻击者会尝试当合法用户发起同车辆通信的时候将其发送的消息录制下来，当用户离开后，攻击者试图通过回放录制的消息访问车辆。或者再将此攻击推广，结合窃听和干扰的方式，如当用户使用 RKE 系统锁车时，监听发送的同频信号并且发送干扰的同频信号，此时 RKE 接收器可能无法收到用户发送的有效信号，则车辆还是会处于解锁状态，且攻击者拥有暂时有效的代码信息。此类型的攻击仅可能对每次传输验证的信息是不变的系统有效，当采用滚码技术或者 Challenge-Response 的验证方法后，这种攻击方式就无法实施了。比如，如果接收信号只要收到一次有效的信号（一般 RKE 系统按一次按钮后会至少发送 4～5 帧同样的信号），则窃听者监听的信号就会被视为之前的信号，被判定为无效信号。下面介绍利用 HackRF 录制汽车钥匙的无线信号，然后重放信号打开汽车车门。

HackRF 是一款全开源的硬件项目，其目的主要是提供廉价的 SDR 方案，它类似于几十年前开始流行的基于软件的数字音频技术。图 6-14 所示为 HackRF One。

图 6-14　HackRF One

2014 年，Mike Ossmann 发布了 HackRF One，频率覆盖范围为 10 MHz～6 GHz。但是 HackRF 并不支持全双工模式，这意味着一次只能用做发送或者接收信号。HackRF 在电商平台的售价大概在 1600～2500 元人民币之间，虽然价格较便宜，但它拥有很多比较优越的特性，如它的采样率能够达到 20 MS/s。总的来说，这是一款覆盖频率较宽，而且价格低廉的 SDR 工具。它几乎所有的信息都是开源的，甚至包括 KiCad 文件。缺点是它没有 FPGA，使用低速的 USB 2.0 接口，ADC/DAC 的精度比较低。

GQRX 是 MACO 上的开源 SDR 软件，其下载地址为 http：//gqrx.dk/download。下载并启动程序 GQRX，第一次使用会弹出设备选择对话框，这时只要从列表选中相应的 SDR 设备，设置相应波特率即可使用，如图 6-15 所示。

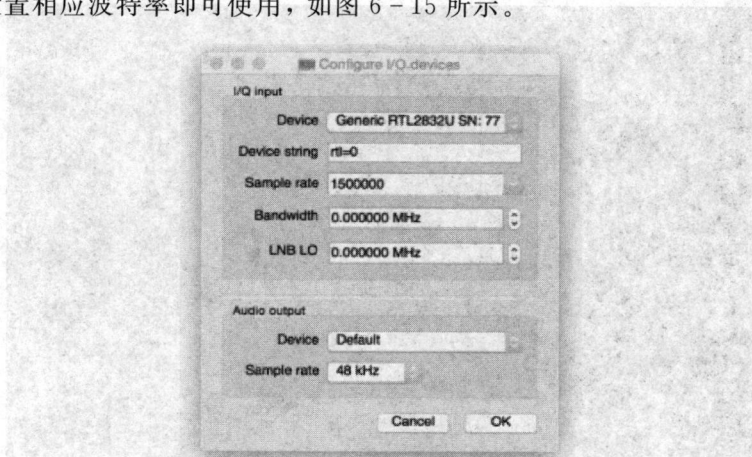

图 6-15　设置波特率界面

利用 Kali Linux 可以安装和使用 HackRF 和 GQRX 及相关软件，执行以下命令：
sudo portinstall gnuradio
sudo portinstall hackrf
sudo portinstall rtl-sdr
sudo portinstall gr-osmosdr
sudo portinstall hackrf
sudo port install gqrx
安装完成以后，插入 HackRF，执行命令：hackrf_info。

通过终端启动 GQRX，按下汽车钥匙遥，可以观察到汽车钥匙信号的中心频率在 315.000 000 MHz左右，如图 6-16 所示。

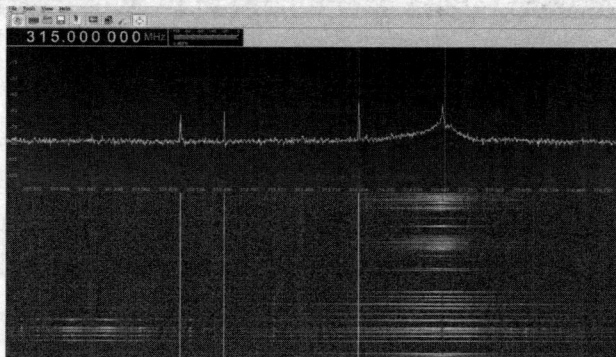

图 6-16　汽车钥匙信号的中心频率

关掉 GQRX，启动 HackRF，执行如下命令：

```
hackrf_transfer -r /dev/stdout -f 315000000 -a 1 -g 16 -l 32 -s 8000000
```

经过对比发现，没有按下汽车钥匙时和按下汽车钥匙时，终端输出虽然都是乱码（由于 hackrf_transfer 后面没带解码参数，所以会观察到一堆乱码数据，图 6 - 17 所示是没按钥匙之前，图 6 - 18 所示是按下钥匙之后），但二者是不同的。

图 6 - 17 没按钥匙前

图 6 - 18 按下钥匙后

执行命令录制汽车钥匙信号，并保存到一个文件 door. raw 中。

```
hackrf_transfer -r door. raw -f 315000000 -g 16 -l 32 -a 1 -s 8000000 -b 4000000
```

在终端输入以下命令，使用 hackrf_transfer 重放信号：

```
hackrf_transfer -t door. raw -f 315000000 -x 47 -a 1 -s 8000000 -b 4000000
```

此时，虽然没有按下汽车钥匙，但是车门已经打开，这就是汽车钥匙信号重放攻击的过程。

3）中继攻击

中继攻击需要两个攻击者相互配合，并利用合适的电子设备建立车辆和车辆钥匙之间的中继，第一个攻击者站在车辆旁边，第二个攻击者站在车主附近。步骤如下：第一个攻击者在车旁拉门接收由车辆发送的信号，然后将之放大发送给第二个攻击者，第二攻击者接收到信号后将其发送到车主的钥匙，之后钥匙会做出回应，第二攻击者接收到该钥匙的响应，同样将其发送回给第一攻击者，最后第一攻击者将此钥匙发送的信号发送给车辆。只要攻击者有正确合适的电子设备，就可以利用这种类型的攻击打开车门。

2011 年，来自苏黎世联邦理工学院的 Aur'elien Francillon、Boris Danev、Srdjan Capkun 等人发表了一篇论文：*Relay Attacks on Passive Keyless Entry and Start Systems in Modern Cars*，该文详细阐述了如何利用设备对汽车 PKE 系统进行中继攻击。

（1）有线中继攻击。

为了执行基于物理连接的有线中继攻击，研究人员使用了一个由两个环形低频天线组成的中继装置（如图 6-19 所示），它们通过一根电缆将两个天线之间的低频信号中继，一个可选的放大器可以放在中间以提高信号功率。当环形天线靠近门把手时，将捕获汽车的射频信号，通过感应在天线的输出端产生交变信号，然后这个电信号通过同轴电缆传输，并通过可选的放大器到达第二个天线。

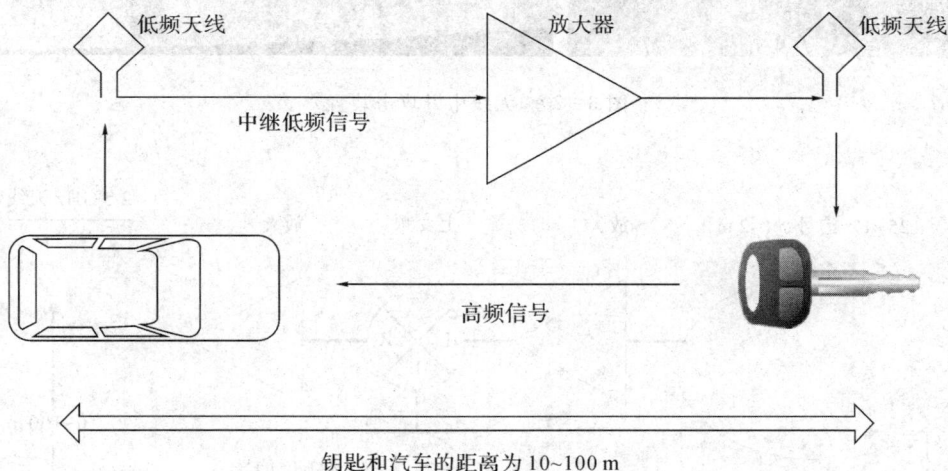

图 6-19　有线中继攻击

由于低频信号的有效通信距离较短，需要使用带有两个环形天线的线缆来中继低频信号，线缆上可以加一个放大器来增强该信号。当环形天线靠近门把手的时候，触摸其触目传感器就会接收到汽车发送的低频激励信号。该信号会沿着同轴电缆传输，经过放大器放大后到达第二个环形天线。是否需要该放大器取决于以下几个参数：环形天线的质量、线缆的长度、原始信号的强度以及第一个环形天线距离汽车车门天线的远近。当中继信号到达第二个环形天线时，会在天线周围产生一个磁场，这个电磁场会激活钥匙的天线，这样钥匙就会解调该信号并恢复，从而得到汽车发送的信息。然后车钥匙就会发送开门锁的高频信号，因为高频信号传输范围足够远，一般不需要中继。

（2）无线中继攻击。

通过电缆进行物理连接式的中继攻击可能不方便或引起怀疑，如当有墙、门或其他障碍物存在的时候，线缆可能会被阻挡，因此，研究人员设计并实现了无线中继攻击，实验装置如图 6-20 所示。攻击通过专用低频链路将车内的低频信号以最小的时间延迟传递出去。传输链路由发射器和接收器两部分组成,发射器捕获低频信号并将其上变频至 2.5 GHz,所获得的 2.5 GHz 信号被放大并在空中传输。链路的接收器部分接收该信号并将其向下变频以获得原始低频信号,然后该低频信号再次被放大,并被发送到环路低频天线,该天线再现汽车完整发射的信号。打开车门和启动汽车发动机的程序与有线中继攻击的相同。使用模拟向上和向下转换信号频率的概念允许攻击者达到更大的发送/接收中继距离,同时它保持攻击的有效性。图 6-21 所示为通过上变频和下变频在空中传播低频信号(130 kHz)的攻击简化视图。

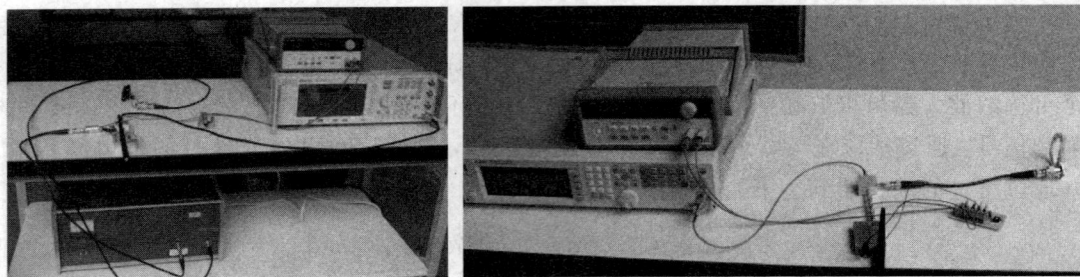

图 6-20 无线中继攻击装置

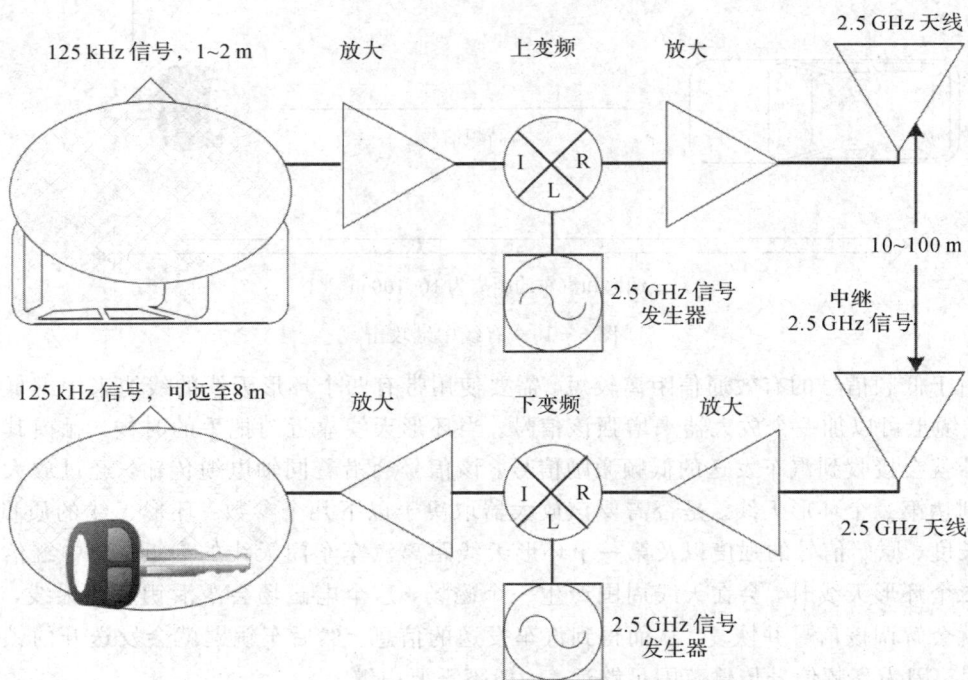

图 6-21 无线中继攻击简化视图

116

图 6 - 22 所示为研究人员正在进行中继攻击实验。

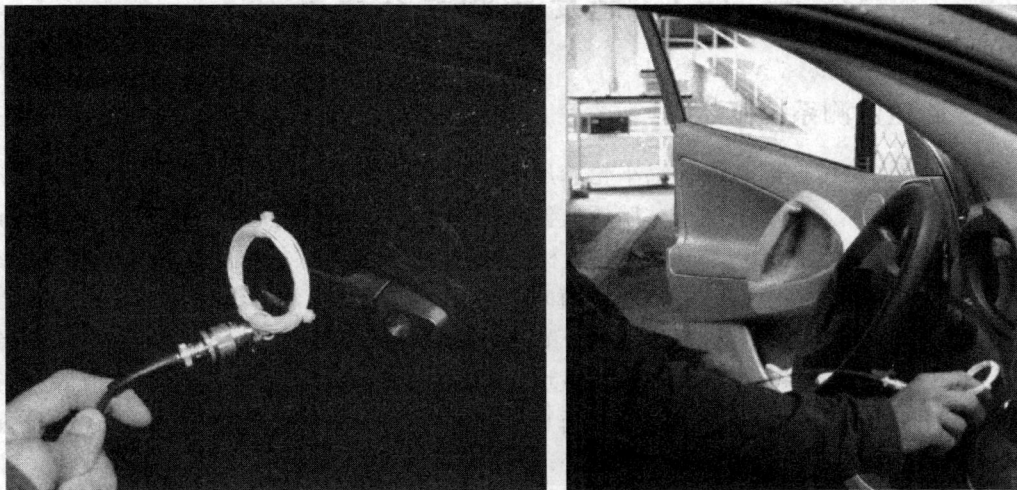

图 6 - 22 中继攻击实验

4）前向预测代码攻击

针对 PKE 系统，通过简单地拉几次门把手后，攻击者可以多次获得随机询问的代码。如果攻击者可以通过适当的方法预测到下一次的随机询问代码，那么就可以去车主钥匙附近，生成一个预测的随机访问代码，然后记录相应的钥匙响应。之后，攻击者返回到车辆旁并拉门把手以触发系统，将从钥匙中记录的消息重新播放给车辆即可完成车辆解锁解防。因此，只要攻击者可以成功预测车辆的随机询问代码，攻击实验就能成功。

5）字典预测攻击

针对 PKE 系统，攻击者记录车辆的询问回答对，并以此建立一个字典，字典中的每个条目都包含有一个有效的（问题－回答）对。攻击者可以通过简单地在车主钥匙附近发送入侵者预先编辑好的随机代码，之后捕获每条随机代码所对应的钥匙响应，并将随机代码和钥匙相应存储在"字典"中。一旦攻击者成功建立了字典，就可以通过不断拉车门把手触发系统，如果车辆正好产生了一个其字典中对应的随机代码，则可以通过字典查询到对应的钥匙响应并播放，之后车辆就可以成功解锁解防。

6）拥塞攻击

针对智能车钥匙系统的另一个攻击方式是利用简单的无线电干扰设备进行信号拥塞攻击。当用户离开汽车的时候，会按下钥匙上的按键关闭汽车门锁，如果这个信号被阻塞了，汽车就不会收到锁门信号，车门就会处于打开状态。当然这种攻击方式只适用于完全手动控制门锁的方案，如果门锁可以自动关闭，阻塞攻击就无效了。

7）其他有效攻击方式

其他有效的攻击方式包括：利用社会工程学的方式，通过从整车厂、钥匙方案提供商、汽车修理厂、零部件供应商等获取内部消息或关键信息，进而复制钥匙或破解钥匙等。

6.3　胎压监测系统安全

6.3.1　胎压监测系统概述

前已述及，胎压监测系统即汽车轮胎压力监测系统。胎压监测系统主要由控制器、传感器以及仪表显示三个部分组成。胎压监测传感器集成了压力传感器、温度传感器、加速度传感器以及电池电压传感器，可以实时检测轮胎气压、温度、加速度等信息。当加速度传感器采集到的旋转加速度值超过某一阈值时，将采集到的信息经过编码通过无线射频方式发送给胎压监测控制器，控制器对之进行解码，得出当前轮胎的压力、温度状态。当轮胎出现压力低于/高于预定阈值、轮胎温度超过预定阈值或者漏气速度大于预定阈值等异常状态时，胎压监测系统会发出相应的报警信息，报警信息通过 CAN 总线网络传送给仪表盘进行显示。图 6-23 所示为胎压监测系统。

图 6-23　胎压监测系统

胎压监测系统目前主要分为三类：直接式胎压监测系统、间接式胎压监测系统和混合式胎压监测系统。

1）直接式胎压监测系统

直接式胎压监测系统在每个轮胎里都安装有压力传感器，用以直接测量轮胎的气压，通过无线发射器将压力信息传送到中央接收器，再通过车载显示屏显示气压数据，当轮胎漏气或者气压低时系统就会自动报警。因为每个轮胎都安装有传感器，因此当某个轮胎的胎压低于范围值时，驾驶员就会得到警示。若有车胎漏气，驾驶员亦可以通过行车电脑显示屏知道。直接式胎压监测系统的缺点是在享受高精度的同时也得承担其高昂的成本。直接式胎压监测系统按其供电方式可分为被动式和主动式两种。

被动式胎压监测系统也称为无电池式胎压监测系统，它用一个收发器替代一般的接收器。安装在汽车轮胎中的转发器接收收发器发出的信号，同时借用这个信号的能量来发射一个反馈信号到收发器。这就使安装在轮胎内部的压力、温度传感器不需要电池即可完成数据发送，从而解决了电池使用寿命有限所带来的问题。虽然被动式胎压监测系统不需要电池，但它需要将转发器集成到轮胎模块中，这一点还未形成统一的标准，因此被动式胎压监测系统还不是主流。

主动式胎压监测系统利用安装在每一个轮胎里的需要电源供电的压力、温度传感器来直接测量轮胎的气压和温度，并通过射频发射器将测得数据发送到主机模块的接收器，主机模块完成数据的分析、处理和显示。主动式胎压监测系统目前已经是一个比较成熟的技术，开发出的模块可以适用于各轮胎厂商生产的轮胎，但电池有限的使用寿命是制约其发展与应用的一大难题。

2）间接式胎压监测系统

间接式胎压监测系统并不直接测量汽车轮胎压力，而是利用对比轮胎转速的方法来监测车胎压力的。相对于直接式胎压监测系统，间接式胎压监测系统结构简单、成本低、耐用。间接式胎压监测系统的工作原理是：先利用非压力传感器测得相关数据，再利用轮胎的力学模型间接计算出轮胎气压，或者通过轮胎之间的气压差别来达到监测胎压的目的。目前主要有三种间接式胎压监测方法，分别是转速监测法、频率监测法和磁敏监测法。

转速监测法是通过汽车 ABS 系统的轮速传感器来比较轮胎之间的转速差别，达到监测胎压的目的。转速监测法的工作原理是：当某轮胎的气压降低时，该轮胎的滚动半径变小，导致该轮的转速比其他车轮快，通过比较轮胎之间的转速差别，就能达到监测胎压的目的。

频率监测法的工作原理是：在汽车行驶过程中，轮胎的弹簧指数常随轮胎气压的变化而发生变化，利用四个车轮上安装的 ABS 车轮传感器产生的波形，并经过处理，求出轮胎的共振频率，由此可得轮胎的弹簧常数，再根据轮胎和弹簧常数成正比关系，最后可求出轮胎胎压。

磁敏监测法的轮胎气压传感器安装在车轮轮辋上，而霍尔装置安装在与悬架支柱固接的托架或车轮制动底板上。当汽车行驶时，轮胎气压变化引起压力传感器中磁性元件磁场方向变化，从而间接使得霍尔装置磁敏元件的磁感应强度变化，霍尔装置的输出信号也随着变化，由此实现充气压力信号由轮胎至车体的非接触式传递。电子控制单元由单片机和外围接口组成，单片机对经过调理的霍尔装置的输出信号进行采样，并将数据送入存储器，经运算分析和比较判断，得到轮胎气压值及其状态，通过接口芯片和驱动器，驱动显示报警装置在面板显示轮胎气压，或在压力异常时进行声光报警。

3）混合式胎压监测系统

混合式胎压监测系统兼顾胎压监测成本和监测精度，在方向相对的两个轮上安装胎压传感器和一个射频收发器，以增加测量精度。市场上的胎压监测报警器品牌众多，目前的胎压监测报警器有导航/DVD 升级式、点烟器式、便携式、独立式、吸顶式、外接式等。

6.3.2　胎压监测系统攻击技术分析

2010 年，来自南卡莱罗纳大学的 Ishtiaq Rouf、Rob Miller 和罗格斯大学新伯朗士威分校的 Hossen Mustafa 等人发表了一篇论文：*Security and Privacy Vulnerabilities of In-Car Wireless Networks：A Tire Pressure Monitoring System Case Study*，该文讨论了胎压监测系统的安全性。下面将分析他们的研究成果，介绍如何利用漏洞攻击汽车的胎压监测系统。

1. 研究目标

如图 6-24 所示，研究人员的胎压监测系统包含：安装在每个轮胎阀杆后部的 TPMS 传感器、TPMS 电气控制单元（ECU）、接收单元（与 ECU 集成或独立）、仪表板 TPMS 警示灯以及连接到接收器的一个或四个天线单元。TPMS 传感器周期性地将压力和温度测量结果与标识符一起广播。TPMS ECU/接收器接收数据包并在将消息发送到 TPMS 警示灯之前执行以下操作：首先，由于它可以接收相邻车辆传感器的数据包，因此会过滤掉这些数据包；其次，它执行温度补偿机制，将压力读数归一化并评估轮胎压力变化。系统的确切设计因供应商而异，特别是在天线配置和通信协议方面。四天线配置通常用于高端车型，即天线安装在车轮拱壳后面的每个车轮外壳中，并通过高频天线电缆连接到接收单元。

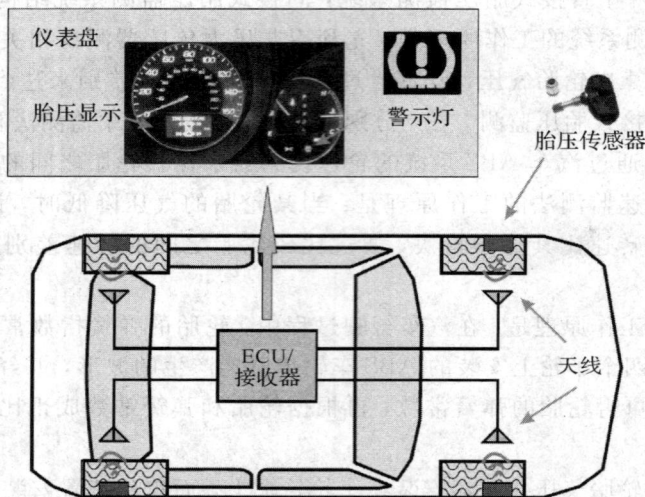

图 6-24　典型的四天线 TPMS 系统

胎压传感器和 TPMS ECU 之间使用的通信协议是专有的。通过查询供应商提供的资料，研究人员了解到 TPMS 数据传输通常使用 315 MHz 或 433 MHz 频带（UHF）的 ASK 或 FSK 调制，每个轮胎压力传感器都带有标识符（ID），在 TPMS ECU 接收轮胎压力传感器报告的数据之前，传感器的 ID 和它所安装的车轮位置必须手动输入到 TPMS ECU 中（在大多数汽车中），之后，传感器的 ID 将成为帮助 ECU 确定数据包来源，并过滤掉其他车辆发送的数据包的关键信息。

为了延长电池寿命，轮胎压力传感器设计为大部分时间睡眠，只在两种情况下被唤醒：当汽车开始高速行驶（例如超过 40 km/h），传感器需要监测轮胎压力时；在诊断和初始传感器 ID 绑定阶段期间，传感器需要传送其 ID 或其他信息时。

RF 激活信号在低频无线电频带中以 125 kHz 的频率运行，并且由于在该频率下 RF 天线的功能特性较差，所以只能在短距离内唤醒传感器。根据不同轮胎传感器制造商的手册，激活信号可以是调幅信号，也可以是调制信号。无论哪种情况，轮胎传感器上的低频接收器都会过滤输入的启动信号，并仅在识别出匹配信号时唤醒传感器，激活信号主要由汽车经销商用于安装和诊断轮胎传感器时使用，并且是制造商特定的。

2. 逆向 TPMS 通信协议

除了正确解码或欺骗传感器之外，还需要了解调制方案、编码方案和消息格式，除了内部人员或给出的实际规格外，这些信息还需要攻击者进行逆向工程。

研究人员选择了两种采用不同调制方案的典型胎压传感器，这两款传感器都用于美国市场份额较高的汽车。为了防止被黑客利用，研究人员将这些传感器简称为轮胎压力传感器 A(TPS-A)和轮胎压力传感器 B(TPS-B)。为了帮助研究，研究人员还购买了一些价格为几百美元的 TPMS 触发器工具，这些工具是手持设备，通常由汽车技术人员和机械师用于故障排除，可以解码来自各种轮胎传感器的信息，实验中研究人员使用了 ATEQ(ATEQ VT55)的 TPMS 触发器工具。

逆向 TPMS 协议需要捕获和分析原始信号数据，研究人员将 GNU Radio 与通用软件定义无线电设备 USRP 结合使用。GNU Radio 是一个开源的免费软件工具包，提供在主机处理平台上运行的信号处理模块库。使用 GNU Radio 实现的算法可以直接从 USRP 接收数据，USRP 是通过各种子板提供射频访问的硬件，包括能够接收在 50~870 MHz 范围内的 RF 的 TVRX 子板和能够从 DC 到 30 MHz 接收的 LFRX 子板。为了方便起见，研究人员最初使用了 Agilent 89600 矢量信号分析仪(VSA)进行数据采集。压力传感器模块、触发器工具和软件定义无线电设备如图 6 - 25 所示。

图 6 - 25　压力传感器模块、触发器工具和软件定义无线电设备

3. 逆向工程详述

研究人员利用每个 TPMS 传感器收集一些传输信号，利用 VSA 测试完全捕获传输所需的频谱带宽。当使用 ATEQ VT55 触发传感器时，传感器靠近 VSA 接收天线放置。尽管使用 VSA 完成了最初的数据收集，但研究团队转而使用 USRP 来说明研究结果(以及随后的攻击)可以通过低成本硬件来实现。使用 USRP 进行数据收集的另一个优点是，它能够为 LF 和 HF 频段提供同步收集功能，提取激活信号和传感器响应之间的重要定时信息。为了收集这些有价值的数据，TVRX 和 LFRX 子板用于提供适当的无线电频率，一旦收集到传感器脉冲串，就利用 MATLAB 进行信号分析，以了解调制和编码方案。最后一步是绘制出消息格式。

1）确定物理层特征

表征传感器物理层特征的第一阶段涉及测量带宽和其他物理量属性。在最初的分析过程中，研究人员注意到每个传感器响应其各自的激活信号，并发射多个脉冲串，TPS-A 使用 4 次连发，而 TPS-B 使用 5 次连发。

2）确定调制方案

通过基带波形分析，研究人员确立了两种不同的调制方案。TPS-A 采用幅移键控的调制方式，而 TPS-B 采用混合调制方案，即同时使用幅移键控和频移键控的调制方式。研究人员推测使用混合方案有两个原因：通过 TPMS 阅读器最大限度地提高可操作性；减轻正常操作期间不利通道的影响。

3）确定编码方案

尽管调制方案不同，但两个传感器都使用了曼彻斯特编码。波特率可以在曼彻斯特编码下被直接观察到，大约为 5kBd。研究人员利用每条消息中已知的比特序列信息，来确定曼彻斯特编码信号的位映射。研究人员能够确定传感器 ID，因为它被印刷在每个传感器上，并假定该位序列必须包含在要传递的消息中。

4）重构消息格式

虽然两款传感器都使用差分曼彻斯特编码，但它们的数据包格式差别很大，因此还要确定每个传感器剩余位的消息映射。为了理解每个字段的具体含义，研究人员通过改变单个参数（如使用焊枪和冰箱调整温度），或调整压力来操纵传感器传输，并观察消息中哪些比特位被改变。通过同时使用 ATEQ VT55，研究人员还能够观察实际传输的值，并将它们与解码比特相关联，利用这种方法，研究人员确定了 TPS-A 和 TPS-B 的大部分消息字段及其含义，包括温度、压力和传感器 ID，如图 6-26 所示。研究人员还确定了数据包使用的 CRC 校验和并通过暴力破解确定了 CRC 多项式。

数据包头	传感器	压力值	温度值	标志位	校验和

图 6-26 数据包格式的说明

4. 窃听 TPMS 信号

虽然轮胎气压数据不需要很强的保密性，但 TPMS 协议包含可用于追踪设备位置的标识符。实际上，传输的效率不仅取决于通信范围，还取决于观测车辆的消息的传送频率和速度，这些因素影响传输是否发生在通信范围内。

压力传感器的传输功率相对较小，以延长传感器电池寿命并减少交叉干扰。此外，NHTSA（美国高速公路安全管理局）规定轮胎压力传感器每 60～90 s 只传输一次数据。汽车的低发射功率、低数据报告率和高行驶速度影响着窃听的可行性。在本节中，研究人员通过实验评估 TPMS 通信的范围并进一步评估窃听信号的可行性，该范围研究将使用 TPS-A 传感器，因为 TPMS 采用四天线结构并以较低的发射功率运行，更不容易被窃听。

在逆向工程步骤中，研究人员开发了两个 Matlab 解码器：一个 ASK 解码器调制 TPS-A，另一个 FSK 解码器调制 TPS-B。为使用 GNU Radio 和 USRP 记录有用的数据，研究人员创建了一个实时窃听系统，使用 GNU Radio 的标准 Python 脚本 usrp rx cfile. py 以

250 kHz的速率对采样通道进行采样,然后将记录的数据传送到分组检测器。一旦分组检测器识别出信道中的高能量信号,就提取完整的数据包并将相应的数据传递给解码器以提取压力值、温度值和传感器 ID。如果解码成功,传感器 ID 将被输出到屏幕,原始数据包信号和时间戳将被存储以备后续分析。为了能够从多个不同的 TPMS 系统捕获数据,窃听系统还需要一个调制分类器来识别调制方案,并选择相应的解码器。窃听系统如图 6 - 27 所示。

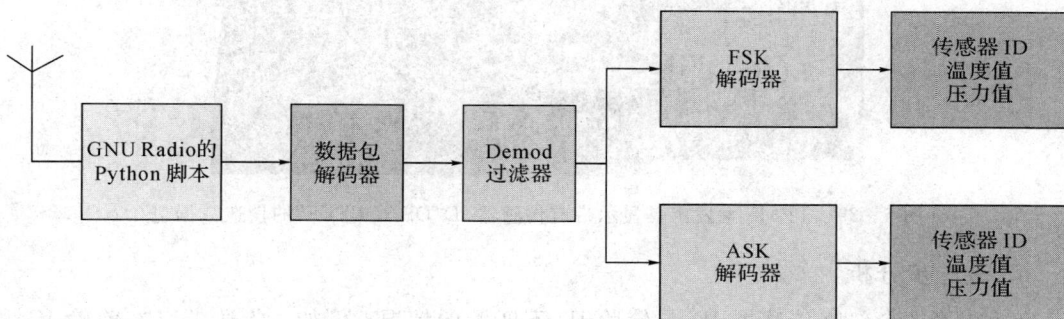

图 6 - 27 窃听系统框图

5. 欺骗攻击

远程窃听 TPMS 通信数据包让研究人员能够进一步探索将伪造数据发送到与安全相关的车载系统中的可行性。与窃听信号相比,发送伪造数据包这种威胁会带来更大的风险。研究人员进行了伪造数据包和欺骗攻击的实验,以验证车内接收机是否足够抵抗来自车外的干扰和欺骗;系统是否使用认证、输入验证或过滤机制来拒绝伪造的数据包。

窃听者可以实时监测 TPMS 传输并解码 ASK 调制的 TPS-A 消息和 FSK 调制的 TPS-B 消息。研究人员的数据包扫描系统建立在窃听之上,如图 6 - 28 所示。数据包发生器获取两组参数:传感器类型和传感器 ID,温度、压力和用户的状态标志,进而生成一个正确公式的消息,然后在插入适当的前导码的同时,在基带调制消息,最后利用定制的 GNU Radio Python 脚本,以期望的频率(315 MHz /433 MHz)对恶意传感器数据包进行变频和传输(连续或仅传输一次)。研究人员注意到,一旦捕获了传感器 ID 和传感器类型,就可以在预先定义的时间段内创建并重复传输伪造的消息。

图 6 - 28 伪造数据包

进行实验时,由于没有可用的 USRP 子板能够以 315 MHz /433 MHz 的频率传输数据,研究人员采用了一个频率混合方法:利用两个 XCVR2450 子板和一个混频器(微型电路 ZLW11H),随后发送一个音频信号,通过 XCVR2450 进入混音器的 L_0 端口。研究人员能够将来自其他 XCVR2450 的欺骗数据包混合到适当的频率——315 MHz,并且利用 5.0 GHz 和 5.315 GHz 的信号伪造数据包。为了验证系统的合理性,使用 TPMS 触发工具对伪造的数据包进行解码。图 6 - 29 所示显示了 ATEQ VT55 收到伪造数据包后的屏幕截图，数据包的传感器 ID 为 DEADBEEF，轮胎压力为 0 PSI。

图 6-29　TPMS 触发工具显示带有传感器 ID"DEADBEEF"的伪造数据包

6. 进一步分析

车辆 ECU 会忽略传感器 ID 与轮胎 ID 不匹配的情况。例如，传送带有左前轮 ID 和 0 PSI 压力的伪造包，会发现 0 PSI 立即反映在仪表板胎压显示屏上。通过发送带有警报位设置的信息，研究人员能够立即点亮低压警示灯，如图 6-30 所示。

（a）　　　　　　　　　　　　　　　　　　（b）

图 6-30　仪表板截图

图 6-30(a)中左前轮胎的轮胎压力显示为 0 PSI，低压轮胎压力警示灯在发送具有 0 PSI 的伪造数据包后立即点亮；图 6-30(b)在保持发送伪造数据包约 2 s 后打开警示灯。

研究人员以每秒 40 包的速度发送伪造的数据包，这种异常发包速度或者真实轮胎压力传感器的异常，都不会引起 ECU 的任何怀疑或任何错误的告警，仪表板只是显示了伪造的轮胎压力数值。研究人员接下来以每秒 40 包的速率交替传输两个压力值差别很大的包，仪表板的显示会随机在这些值之间切换。类似地，当交替发送具有和不具有警报标志的包时，研究人员观察到警示灯以非确定的时间间隔闪烁，偶尔，显示器会固定在一个值上。这些结果表明，TPMS ECU 采用功能微弱的过滤机制，这些机制很容易被伪造包欺骗。低压警示灯的照明仅取决于警报位，即使消息的其余部分报告正常轮胎压力为 32 PSI。这进一步说明了 ECU 几乎没有使用任何输入验证。

研究人员首先分析了车辆静止时欺骗攻击的有效性，测量了攻击系统侧对车头时的攻击范围，有效攻击范围达到了 38 m。研究人员在实验中只使用了低成本天线和软件定义无线电设备，如果使用放大器、高增益天线或天线阵列，可以进一步扩展欺骗攻击的范围。

6.4 蓝牙通信系统安全

6.4.1 车载蓝牙系统概述

作为一种窄带宽传输技术，蓝牙技术有以下几个主要的特点：一是开放性，蓝牙无线通信技术的规范完全是公开和共享的，因此不同行业有使用这一技术需求的厂家可以便捷地了解并应用这一技术；二是兼容性，不同公司的蓝牙产品之间可以实现互操作和数据共享，为蓝牙技术的应用奠定了基础；三是可移植性，该技术可应用于多种场合。图 6-31 所示为车载蓝牙。

图 6-31 车载蓝牙

如今蓝牙通信在汽车上的应用主要有汽车蓝牙钥匙、蓝牙免提通信、蓝牙后视镜、车载蓝牙娱乐系统、车载蓝牙自诊断技术、汽车蓝牙防盗系统、汽车驾驶盘控制系统等几个方面。

1）汽车蓝牙钥匙

蓝牙钥匙的核心是钥匙控制软件，车主们通过蓝牙钥匙 App 手机客户端即可一键智能控制汽车蓝牙终端，实现汽车上锁、解锁、开启后备箱等功能。

2）蓝牙免提通信

蓝牙车载电话利用的是蓝牙的无线通信技术，车载电话通过蓝牙访问用户的手机 SIM 卡，识别其中的信息，包括手机号码、服务商、用户 ID、联系人等，并且能够自动登录电话运营商的网络，实现用户手机与车载电话的无线连接。

3）蓝牙后视镜

汽车蓝牙后视镜即后视镜通过蓝牙与手机连接，变成一个新型的车载电话，后视镜能够在镜面中显示来电电话号码，并且集成免提通话功能。

4）车载蓝牙娱乐系统

现在市面上流行的车载蓝牙娱乐系统是导航一体机，在车载 GPS 导航的基础上增加了蓝牙车载电话功能，不但可以接听和拨打电话，还可以实现与智能手机的存储器通信，实现图片、音频、视频文件在导航一体机中的播放和显示。

5）车载蓝牙自诊断技术

通过车载蓝牙自诊断技术，能将汽车自诊断功能通过蓝牙传输技术发送给带蓝牙功能的智能设备，而通过智能设备，驾驶人员能够快速地收到汽车中的故障代码及故障代码所对应的含义，能够对车辆的性能及状态进行评估，确保车辆使用的安全性。

6）汽车蓝牙防盗系统

现有的汽车车门蓝牙防盗系统的工作原理是通过手机蓝牙与车载蓝牙进行匹配，然后通过手机 App 应用软件来实现车门锁止和车门解锁；发动机防盗的工作原理是通过蓝牙来控制发动机的启动电路的通断，进而实现发动机防盗。蓝牙防盗系统的控制原理是当车载蓝牙能够找到合法的手机蓝牙信号时，发动机可正常启动，而无法找到手机蓝牙信号或者手机蓝牙信号不合法时，无法启动发动机。有些蓝牙防盗系统还可以实现车辆的遥控启动以及空调的遥控启动。

7）汽车驾驶盘控制系统

汽车驾驶盘控制系统是一种简单的汽车智能化方案，利用蓝牙传输技术实现汽车方向盘面板开关电子化优化设计，克服传统驾驶过程中需要低头找开关的弊端，使得大部分操作在方向盘上实现。

6.4.2 蓝牙通信攻击技术分析

1. 蓝牙关键技术介绍

蓝牙技术的核心是实现无线连接。相较于传统的有线连接，通过蓝牙技术，可以更好地用无线接口实现设备互通互联，移植性非常强。从客观上来讲，蓝牙技术并不是一味地追求技术的先进性，它的目标是价格低廉、方便实用、全球互通、结构精简和能耗低，并不强调技术的高精尖性。

1）选择频段、地址码、速率

蓝牙频段是全球通用的 2.4 GHz ISM 频段，这个频段无需申请许可即可以使用，蓝牙技术"国界"的障碍就这样被该频段消除了。

根据 IEEE 802 标准，任何一个蓝牙设备都可得到一个公开的地址码，这是一个唯一的 48 比特的蓝牙地址码（BD - ADDR）。有两种方式对这个地址码进行检查：一种是人工方式；一种是自动方式。在蓝牙地址码的基础上，为了获得一些安全可靠的保密方式或者安全密码，必须要采用功能强大，性能上具有保障的算法，只有这样才能够确认获得的设备识别码是独一无二的。蓝牙的数据速率为 1 Mb/s，以时分方式进行全双工通信，其基带协议是电路交换和分组交换的组合。

2）跳频扩频与纠错的方案

因为 ISM 频段是一种对外界完全开放的频段，所以在 ISM 频段里运行的各种各样的移动设备，相互间都会造成巨大的干扰，这些干扰是难以预测的，如 IPAD、个人移动笔记本电脑、蓝牙音箱、蓝牙耳机、汽车蓝牙钥匙等。这些设备的工作频段都有可能处在 ISM 频段，因此蓝牙系统的传送错误率很高，比一般的应用水平高出很多。

蓝牙技术目前为止比较明确的纠错方案分为三种，分别是 1/3 比例前向纠错编码（FEC）、2/3 比例前向纠错编码和自动重发请求（ARQ）。在蓝牙系统中，为了保障通信的快速有效，数据重发的次数是一定要被减少的，而减少数据重发的次数的有效方法，就是采用前向纠错。但如果发送过程中没有错误代码，则采用前向纠错会产生无用校验位，这个无用校验位又会占用大量的数据带宽，所以会导致数据的吞吐量降低，系统的效率就会大幅度下降。因此，有时要做出选择，究竟要不要使用前向纠错。当信息中含有重要连接，并且还具有纠错功能信息的分组报头时，必须使用前向纠错，具体来说，就是要采用 1/3 前项纠错方式进行保护性传输，确保信息传输的完整性和可靠性。其他条件下，可以不选择前向纠错，但是在自动重发的时候，即使没有编号检验位，如果在一个时隙发送了数据，则在下一个时隙，必须得到一个收到确认，如果没有确认，就会进行自动重发请求 ARQ。

3）链路类型

在蓝牙系统中，主要存在两种不同的物理链路，一种叫做异步无连接链路 ACL（Asynchronous Connectionless），还有一种叫做同步面向连接链路 SCO（Synchronous Connection Oriented）。当对时间要求不那么紧迫，不是那么敏感的时候，比如在传输一些文件数据或者控制代码时，需要确保的是数据的完整性和可靠性，而不是要求速度快，一般使用异步无连接链路 ACL，用以传输一些同步或异步数据；当传输的数据对时间要求非常高时，比如使用蓝牙音箱、蓝牙耳机时，由于要传输语音信号，这时设备对时间的要求就非常高，否则会造成卡顿，就必须采用同步面向连接链路 SCO，主要传输一些点对点的、对称的同步数据。这两条链路的特点、性能与收发规律都各不相同。

4）安全机制

任何一种通信技术，安全技术都是最关键、最核心的技术，蓝牙系统也是如此。只有安全性得到了可靠的保障，蓝牙技术才能大范围地推广应用，如果安全性有问题，蓝牙技术就会面临巨大的风险挑战。蓝牙协议主要有如下三种安全模式：

（1）安全模式 1（非安全）。当蓝牙设备处于安全模式 1 时，将不能发起任何安全程序，即不能发送 LMP-AuRand、LMP-In-Rand 或 LMP-Encription-Mode-Req。

（2）安全模式 2（业务层实施的安全性）。处于安全模式 2 的蓝牙设备在没有收到信道建立请求 L2CAP_ConnectReq）或发送信道建立程序之前不发起任何安全程序，是否发送安全程序依赖于请求建立的信道或业务的安全性要求。处于安全模式 2 的蓝牙设备应采用至少以下属性分类其业务的安全性要求：认证要求、鉴权要求、加密要求。

（3）安全模式 3（链路层实施的安全性）。处于安全模式 3 的蓝牙设备必须在发送 LMP-Link-Setup-Complete 之前启动安全程序。处于安全模式 3 的蓝牙设备可根据主机设置拒绝其他主机的连接请求。

蓝牙协议还把设备进行了分类，分别是可信设备和不可信设备。可信设备是连接过并已在设备数据库中定义为可信的设备；不可信设备就是不认识的设备或者是连接过，但在数据库中没有被标志为可信的设备。可信设备在业务级别上没有限制，不可信设备有限制。

在蓝牙系统中，对信息进行加密，主要是使用流密码的方式。流密码的特性是对硬件的兼容性比较好，可以基于硬件实现，且处于协议高层的软件可以很好地对密钥进行管理。两个设备之间的鉴权和认证，是蓝牙系统非常重要的一部分，而因为蓝牙设备都要进行连接，因此"询问-应答"机制是蓝牙设备认证的最基本的机制。

2. 蓝牙安全机制现状

部分安全机制在蓝牙技术标准中一开始就制定出来了，它们的制定主要是为了保证信息的保密性、完整性、可接入性和可用性。在蓝牙系统中，蓝牙安全机制提供了很多应用服务，如设备的认证、加密和鉴权等服务。设备之间共享的链路密钥决定了设备的认证过程。通过匹配过程，可以进行链路密钥的建立，就是把一模一样的 PIN 码作为初始的共享密钥，然后将其加载到蓝牙设备中去。蓝牙的加密过程十分简单，主要是要保护链路的机密性，而采用流处理的方法是目前常用的保护方式。另外，两个设备或者多个设备之间是否能互相连接和传输，这个功能是蓝牙设备认证的一项重要的功能。事实上，从一开始，很多缺陷就出现在蓝牙安全性机制的设计模块中，因此需要进一步改进和完善其安全性机制，以满足对于安全性要求较高的应用。

在蓝牙的安全机制中，在链路层有四种不同的实体用于维护安全性。一个 48 位的公共蓝牙地址 BD_ADDR，该地址对于每一个设备来说是唯一的；两个用户私钥，128 位用于认证，8 位用于加密；一个 128 位的随机数，用于区别每一次新的处理。认证密钥用于产生加密密钥，通常出现在加密被激活或请求产生一个加密密钥的情况下。为了强调认证密钥的重要性，认证密钥又称为链路密钥，链路密钥是半永久性的或临时的。半永久性密钥存储在非易失性存储器中，在当前会话结束之后仍能使用，临时密钥只是在当前的会话期间才能够获得，在当前会话终止之后就不能再使用了。

蓝牙安全性方面的另一个重要的问题就是 PIN 码问题。PIN 码可以是一个固定的数字或一个用户选择的数字。PIN 码的长度介于 1～16 字节之间，在匹配过程中，PIN 码必须同时输入到两个设备中。

蓝牙的设备认证采用质询响应的方案。蓝牙规范描述了采用流密码的链路加密算法，其中采用了线性反馈移位寄存器。有效密钥的长度可以在 8～128 位之间选择，以适应不同国家对安全性的规定。

蓝牙系统面临的安全威胁很多，攻击蓝牙的方法也有很多，表 6-2 列举了各版本蓝牙面临的威胁或存在的漏洞。

表 6-2　各版本蓝牙面临的威胁或存在的漏洞

分　　类		安全威胁或漏洞	备　　注
蓝牙 V1.2 之前版本	1	基于单元密钥的连接密钥都是静态的，且在每个配对中被重复使用	使用单元密钥的设备会为每个与之配对的设备使用同样的连接密钥，这是一个严重的加密密钥管理漏洞
	2	基于单元密钥的连接密钥的使用可导致窃听和电子欺骗	一旦设备的单元密钥被泄露（即当第一次配对的时候），任何其他拥有该密钥的设备就能够欺骗该设备或任何其他已经与该设备配对的设备

分　类		安全威胁或漏洞	备　注
蓝牙 V1.2 版本 至 蓝牙 V2.1 之前 版本	3	安全模式 1 的设备从不会启动安全机制	使用安全模式 1 的设备本身都是不安全的。对于 V2.0 及更早版本的设备，强烈推荐使用安全模式 3
	4	PIN 码太短	弱的 PIN 码（其用于在配对期间保护连接密钥的生成）会很容易被猜到，而人们总是倾向于选择短的 PIN 码
	5	缺乏 PIN 码的管理	在一个有很多设备的系统中设置足够的 PIN 码是困难的，最好的方法是使用设备的随机数发生器为一个正在配对的设备生成 PIN 码
	6	在使用了 23.3 小时后，加密密钥流会发生重复	加密密钥流依赖于链路密钥、EN_RAND、主设备 BD_ADDR 和时钟，在一个特定加密的连接中，只有主设备时钟会发生改变。如果连接持续时间超过 23.3 小时，时钟值将开始重复，产生一个与之前连接中相同的密钥流，这将能让攻击者确定原始明文
蓝牙 V2.1 版本 和 V3.0 版本	7	立即工作关联模型不提供配对期间的中间人保护机制	设备应该要求在 SSP 期间有中间人保护和拒绝接收用立即工作配对产生的未认证连接密钥的机制
	8	SSP ECDH 密钥对可以是静态的	弱 ECDH 密钥对降低了 SSP 的窃听保护性能，这会让攻击者确定连接密钥；设备应该拥有定期改变 ECDH 密钥对
	9	静态 SSP 密钥便于中间人攻击	配对期间，密钥可被中间人截获
	10	安全模式 4（即 V2.1 或更高版本）的设备与不支持安全模式 4（即 V2.0 及更早版本）的设备连接时，其被允许回退到任何其他安全模式	最坏的场景是设备被回退到安全模式 1，该模式不提供安全性
蓝牙 V3.0 版本 至 蓝牙 V4.0 之前 版本	11	进行身份认证的尝试是可重复的	蓝牙设备需要包含一种机制来阻止无限次的认证请求
	12	用于广播加密的主设备密钥是在所有的微微网设备间共享的	在超过两方之间共享密钥会方便发起伪装攻击
	13	蓝牙 BR/EDR 加密所用的 E0 流密码算法的安全性相对较弱	通过在蓝牙 BR/EDR 加密之上叠加应用层的 FIPS 认证加密来实现 FIPS 认证加密
	14	如果蓝牙设备地址（BD_ADDR）被捕获，并与特定用户关联，隐私可能会受到损害	一旦 BD_ADDR 与特定用户相关联，该用户的活动和位置就可能被跟踪
	15	设备认证是简单的共享密钥的质询/响应过程	单向质询/响应认证会受到中间人攻击

分类		安全威胁或漏洞	备注
蓝牙 V4.0 版本	16	LE 配对没有提供窃听保护	如果成功的话，窃听者可以捕获在配对期间分配的密钥（即 LTTL、CSRK、IRK）
	17	LE 安全模式 1 的等级 1 不要求任何安全机制（即没有认证或加密）	与 BR/EDR 安全模式 1 类似，这本质上是不安全的
所有版本	18	连接密钥可能被不当存储	如果没有通过访问控制来安全地存储和保护，连接密钥可能被攻击者读取或修改
	19	伪随机数生成器的强度是未知的	伪随机数生成器可能会生成静态的或周期性的数字，这会降低安全机制的有效性
	20	加密密钥长度是可协商的	NIST 强烈建议在 BR/EDR（E0）和 LE（AES－CCM）中使用完整的 128 位密钥强度
	21	没有用户认证	规范只提供了设备认证
	22	没有执行端到端的安全机制	只有单独的连接进行了加密和认证

3. 蓝牙嗅探技术概述

1）蓝牙嗅探的难点

蓝牙嗅探的第一个障碍就是截获蓝牙跳频序列。想要获得完整的蓝牙数据传输，需要监听所有的 79 个蓝牙信道，必须进行拦截和过滤以获得完整的数据包，这就要求必须知道正确的蓝牙跳频序列。获得蓝牙跳频序列的方法有两个：一是依靠功能强大的软硬件设备；另一是需要等待设备重新建立连接，并从建立连接的数据包中获得跳频序列。

另一个问题是常见蓝牙硬件基于数据包的访问码自动进行过滤。由于过滤行为发生在硬件层面，无法通过上层软件的设计来解决，因此必须依靠相应的硬件设备才能解决该问题。

1）蓝牙抓包

Wireshark 作为一款常用的抓包工具被广泛使用。而 V1.12 及以上版本的 Wireshark 中增添了蓝牙协议标准，意味着可以通过 Wireshark 对捕获的蓝牙数据包进行分析，为嗅探工作提供了很大的便利。同时，Wireshark 也提供了监听本机蓝牙接口的功能，能够监听与本机相连的蓝牙设备。图 6－32 所示为用 Wireshark 抓取的蓝牙数据包信息。

No. ▲	Time	Source	Destination	Protoco	Lengtl	Info
27	47.330311000	host	controller	HCI_CMD	9	Sent Inquiry
28	47.332367000	controller	host	HCI_EVT	7	Rcvd Command Stat
29	49.367086000	controller	host	HCI_EVT	18	Rcvd Inquiry Result
30	49.946048000	controller	host	HCI_EVT	18	Rcvd Inquiry Result
31	50.792305000	controller	host	HCI_EVT	18	Rcvd Inquiry Result

图 6－32　用 Wireshark 抓取的蓝牙数据包信息

智能网联汽车安全

图 6-32 中展示的是计算机与蓝牙设备建立连接过程中的部分数据包。编号 27 为计算机作为主设备广播发射的一个数据包,查询附近的蓝牙设备。编号 28 至编号 31 都是蓝牙设备对计算机的查询响应,除编号 28 外的三个数据包中都含有蓝牙设备的 BD_ADDR。

2) Ubertooth one

蓝牙无线开发平台 Ubertooth One 是由 Ubertooth 项目组设计提供的一款用于蓝牙安全研究的硬件。Ubertooth 是一个开放源代码的 2.4 GHz 无线开发平台,适用于蓝牙嗅探。Ubertooth One 同样通过 USB 接口与计算机相连。图 6-33 所示为 Ubertooth one。

图 6-33 Ubertooth One

Ubertooth 配合 Specan UI 软件能够直观地观测到实时的蓝牙频谱信息,如图 6-34 所示。

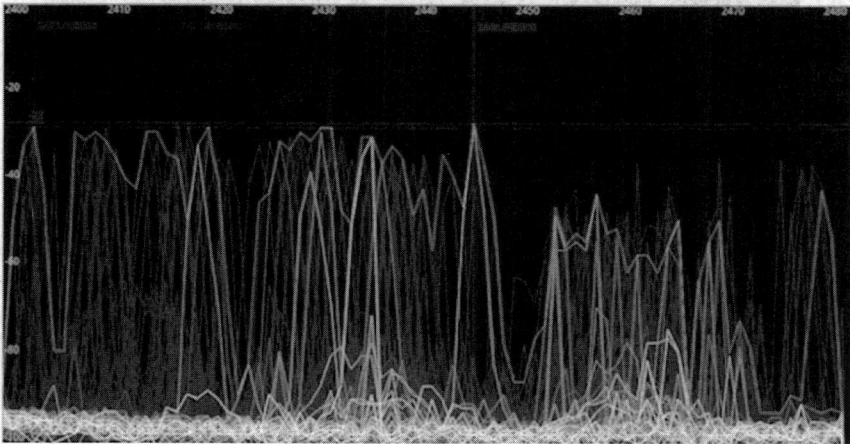

图 6-34 蓝牙频谱分析

Ubertooth One 支持选择要监听的信道,或是捕获蓝牙数据包等功能。捕获的蓝牙数据包可以通过 Wireshark 等软件进行分析。通过 Ubertooth One 发送蓝牙数据包目前为止还是不可能的，这意味着不能使用 Ubertooth One 实现蓝牙数据包的注入操作[①]。

6.5 车载收音机系统安全

6.5.1 车载收音机系统概述

车载收音机是一种小型的无线电接收机，主要用于接收无线电广播节目。由于广播事业的蓬勃发展，空中有很多不同频率的无线电波，如果把这些电波全都接收下来，音频信号就会像处于闹市之中一样，许多声音混杂在一起，结果什么也听不清。为了选择所需要的节目，在接收天线后，设置有一个选择性电路，作用是把所需的信号（电台）挑选出来，并把噪声信号"滤掉"，以免产生干扰，这就是收听广播时所使用的"选台"按钮的功能。选择性电路的输出是选出某个电台的高频调幅信号，利用它直接推动耳机（电声器）是不行的，还必须把它恢复成原来的音频信号。这种还原电路称为解调，把解调的音频信号送到耳机，就可以收到广播信号。图 6-35 所示为车载收音机系统。

图 6-35 车载收音机系统

收音机一般分为两类：调幅（AM）收音机和调频（FM）收音机。调幅收音机由输入回路、本振回路、混频电路、检波电路、电路增益控制电路及音频功率放大电路等组成。本振信号经内部混频器，与输入信号相混合。混频信号经中放和 455 kHz 陶瓷滤波器构成的中频选择回路后变为中频信号。至此，电台的信号转化成了以中频 465 kHz 为载波的调幅波。图 6-36 所示为调幅收音机工作原理图。

---

① 具体如何使用 Ubertooth One 扫描嗅探低功耗蓝牙，请参考 http：//www. freebuf. com/articles/wireless/106298. html。

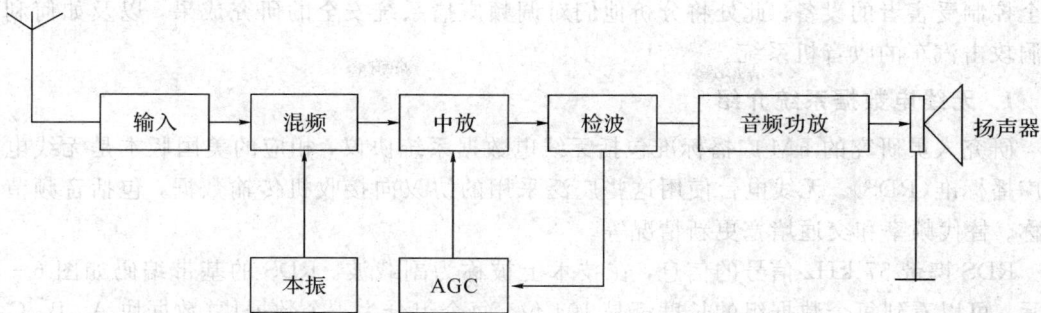

图 6 - 36　调幅收音机工作原理图

　　输入电路自空中许多广播电台的信号中选择一个,送给混频电路。混频电路把输入信号送来的高频调幅信号变为中频调幅信号,而它们携带的信息是不变的,即把频率由高频变为中频,并不改变振幅。不管输入的高频信号是什么频率,混频后频率是固定的,我国规定是 465 kHz。中频放大器将中频信号放大到检波器所要求的大小,由检波器把其中的音频信号检出,输送给音频功放。音频功放中的前置低放对音频信号进行电压放大,再由功放把音频信号放大到能推动扬声器的水平,由扬声器把电信号转化为声音信号。

　　调频收音机由输入回路、高放回路、本振回路、混频回路、中放回路、鉴频回路和音频功率放大器组成。信号与本地振荡器产生的本振信号进行 FM 混频,之后输出。FM 混频信号由 FM 中频回路进行选择,提取以中频 10.7 MHz 为载波的中频波。该中频选择回路由 10.7 MHz 滤波器构成。中频调制波经中放回路进行中频放大,然后进行鉴频得到音频信号,经功率放大输出,耦合到扬声器,还原为声音,流程与调幅收音机相似,如图 6 - 37 所示。

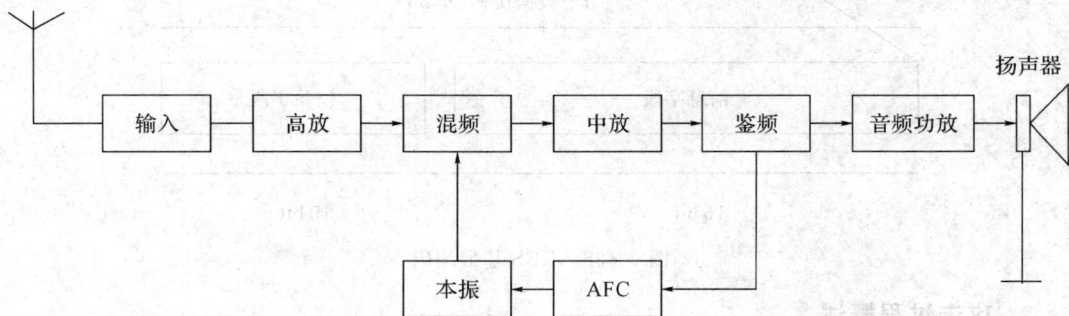

图 6 - 37　调频收音机工作原理图

6.5.2　FM 收音机系统攻击技术分析

　　2013 年,Earlence Fernandes、Bruno Crispo 等人发表了一篇论文:*FM 99.9, Radio Virus: Exploiting FM Radio Broadcasts for Malware Deployment*,该文指出很多现代智能手机和车载收音机都装有嵌入式调频收音机接收芯片,虽然嵌入这些芯片的主要目的是收听传统 FM 广播电台,但风险是数据信道可被攻击者利用。与便携式设备中其他现有的基于 IP 的数据信道不同,这些收音机的数据是开放的、广播性的,至今仍被安全提供商忽略。该文首次阐述了如何利用 FM 无线电数据系统协议作为攻击媒介来部署恶意软件,并完全控制受害者的设备。此处将分析他们对调频广播系统安全的研究成果，以及如何利用漏洞攻击汽车的收音机系统。

1. 无线电数据系统介绍

研究人员研究的 FM 广播标准包括无线电数据系统协议，相应的美国版本是无线电数据广播标准（RDS）。无线电台使用这些广泛采用的协议向接收机传输数据，包括音频节目名称、替代频率和交通堵塞更新情况等。

RDS 携带 57 kHz 信号的信息，在技术上被称为副载波。RDS 的基带编码如图 6-38 所示，可以看到每个数据组的长度都是 104 位，每个组分为 4 个数据块（数据块 A、B、C 和 D）。根据组中位的不同，可以分为几种不同类型，其中组 2A/2B 类型被称为 RadioText（RT），并携带任意的 ASCII 文本；0A/0B 类型被称为项目服务（PS）类型，PS 名称是指当前电台的名称。所有组别都将包含一个计划识别值（PI），用于识别传输发生的国家，RDS 的数据速率是 1187.5 b/s，传送一个组大约需要 87.6 ms。RDS 有一个内置的纠错机制可以检测块中的单位和双位错误。

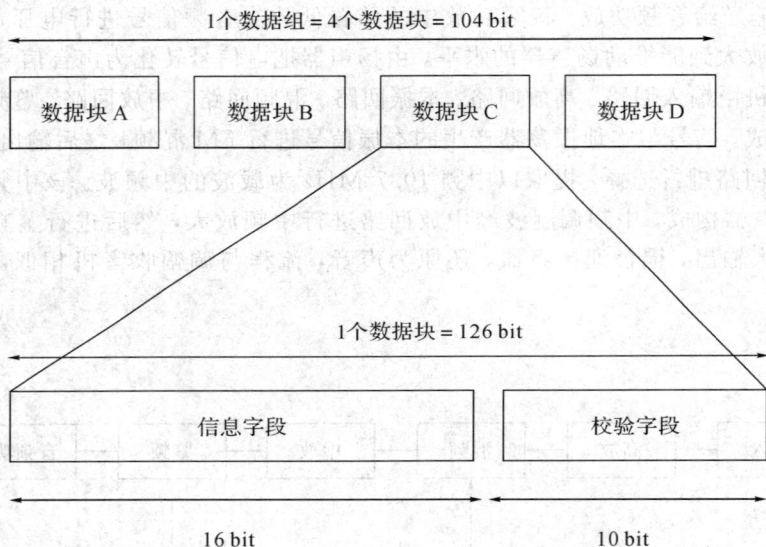

图 6-38　RDS 基带编码

2. 攻击过程概述

研究人员利用 RadioText 字段传输漏洞利用代码或攻击脚本，RadioText 可携带任意的文本数据，研究人员能够通过提权获得对目标的控制权。攻击过程分三个阶段进行。

阶段一，如图 6-39 所示，攻击者有两个主要任务，对应两条攻击链。第一个任务是创建一个恶意应用程序（1a）并将其上传到应用市场。第二个任务是获得目标设备的利用权限（1b）。由于 RDS 协议的带宽非常低，研究人员需要对漏洞利用代码进行打包和压缩，并附加序列号（1c）。这个分组化步骤基本上将一个数千字节的二进制有效载荷分解为几个较小的 Base64 编码分组，数据包被调制为 FM，并通过 FM 发射器广播（1d）。是否传输音频无关紧要，因为接收器可以在不需要播放音频的情况下接收 RadioText。如果用户正在听广播，研究人员可以轻松传送信息，与真实 FM 频道上播放的音频相同。

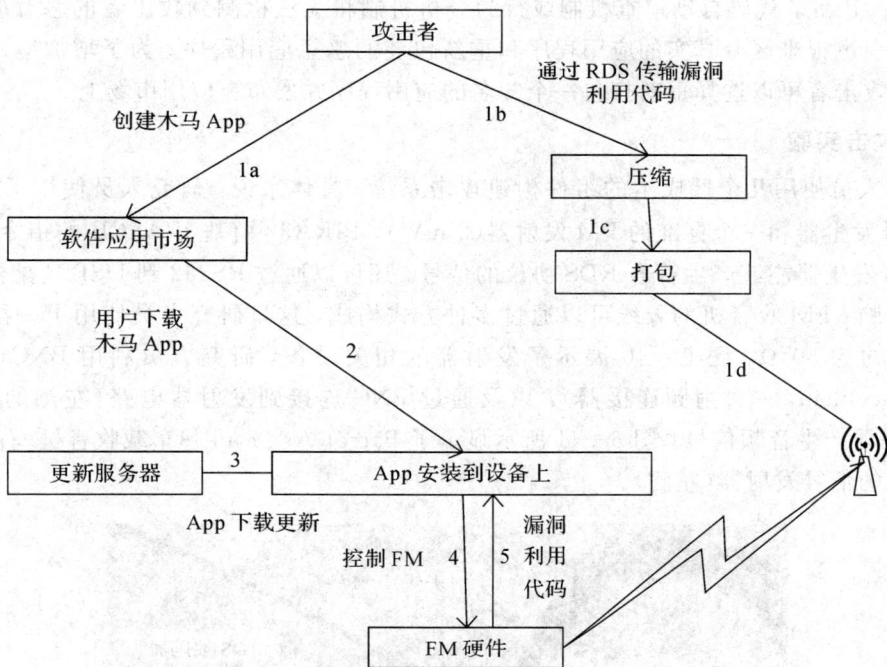

图 6 - 39　攻击流程

　　确定传输频率最有效的方法是扫描一个未被使用频率的频谱。另一种方法是劫持现有频道的不同频率。频率的选择依赖于 FM 捕获效应,较强或较接近相同频率的信号将被解调。第三种方法是选择广播信道入侵。这是劫持会话的常用方法,即将大功率信号发射机放置在目标设备附近,但这个大功率的信号发射机位于原始发射机之后。这样做的效果基本上是干扰原始信号,并发送一组全新的信号。

　　阶段二,用户下载并安装木马应用程序,使设备成为攻击的目标,然后,该应用程序通过更新服务器更新设备(这里我们讨论的是车载收音机)的功能。对于 FM 播放器,基本功能只能播放音频,而更新可以增加其他功能,但是攻击者可以利用它将 FM 硬件控制代码推送到应用程序中,随后代码在收音机设备上被解码并组装有效载荷。攻击者可以通过添加的 API 类 DexClassLoader 实现数据载荷的装填,此 API 类允许在运行时将代码插入到之前安装的 Android 应用程序中,且具有绕过任何静态检查的优点。

　　阶段三,组装有效攻击载荷,由木马程序执行用来提权进而控制车载收音机或其他车载系统。假定攻击者拥有能够广播自定义 RDS 数据的设备,为了将定制数据发送到接收机,需要准备一个 FM 信号发射机,它可以在授权的频率上发射信号,攻击者不需要利用基于 IP 的通信通道与设备通信,并且被攻击的设备也不需要启用网络。研究人员以几百美元的价格购买了一款便携式信号发射器,该设备由 11 V 电池供电,信号覆盖半径可达 3.5 英里,该区域足够大,以攻击大量收音机设备,攻击者可以攻击来自广播电台的合法广播,并将自定义的 RDS 数据广播到收听该广播电台的所有设备。另一个假设是,攻击者在 Android 应用市场上发布应用程序(或其他适合所需目标的合适软件分发点)。此应用程序除执行其正常功能外,还将执行研究人员通过 RDS 传输的漏洞程序的功能,应用程序执行漏洞利用代码所使用的 API 通常被许多其他合法应用程序用于在安装后运行时下载更新包和扩展包。因此，代码自动审查机制或行为分析机制将无法检测到攻击者的恶意应用程序标记，用户也很难区分真实的应用程序和重新包装的恶意应用程序。为了增加应用程序的下载量，攻击者可以选择重新打包一个知名的应用程序并发布在应用市场上。

3. 攻击实验

研究人员使用几个低成本的组件构建攻击系统。具体来说，研究人员使用了 PIRA32 RDS 信号发生器和一个标准的 FM 发射器(2 mW)。PIRA32 由基于 ASCII 的指令集控制，RDS 信号发生器能够产生符合 RDS 协议的信号，还可以通过 RS232 到 USB 适配器连接到笔记本电脑。FM 收音机的天线可以通过多种方式构成，这里研究人员使用了一段同轴电缆，阻抗约为 50 Ω。图 6-40 展示了发射器的相关设备，研究人员利用 BNC(Bayonet Neill-Concelman，一种射频连接器)，以及通过 BNC 连接到发射器电路(左侧的电路)的 RDS 编码器产生音频信号。图 6-41 所示显示了 Parrot Asteroid 牌车载收音机(右侧)以及用来攻击的信号发射器(左侧)。

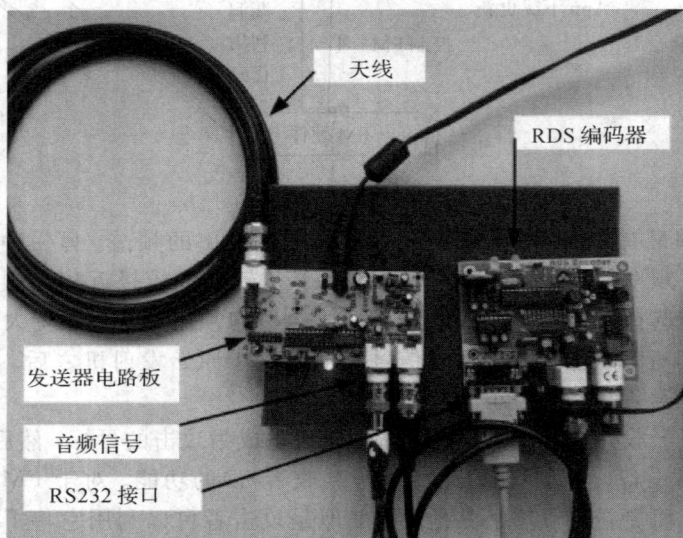

图 6-40 发射器的相关设备

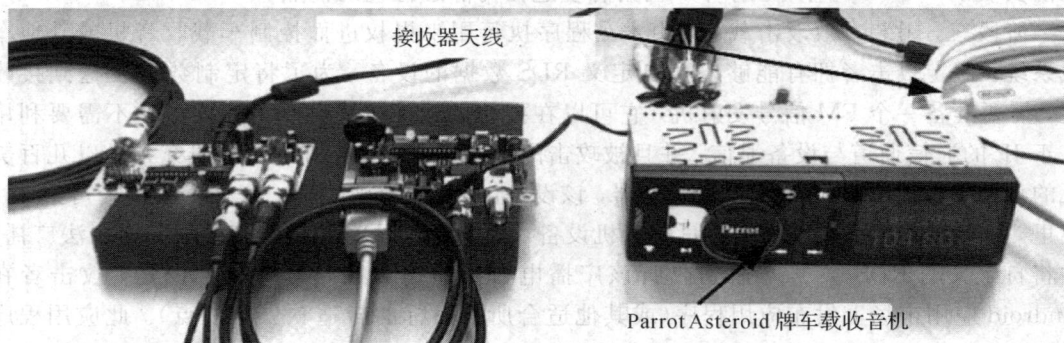

图 6-41 攻击实验相关设置

4. 攻击车载收音机

研究人员选择了配备恩智浦 TEF6624 FM 接收器芯片的 Parrot Asteroid 品牌的车载收音机系统进行攻击实验。该收音机运行 Cupcake 版本的 Andriod 操作系统，必须对内部 FM API 进行逆向工程才能得到该款收音机的关键信息，如当前位置信息、传输频率、组件功能原理等。对于漏洞利用代码的处理，研究人员修改了 KillingInTheNameOf 漏洞并添加了一些自己开发的代码来获取本地最高访问权限，新的漏洞利用代码——KillingCarRadio 的长度为 5328 字节，收音机可以在 19.6 分钟内通过 RDS 传输信道收到它。

Android 调试桥（Android Debug Bridge，ADB）是 Android 设备的调试守护进程，它由两部分组成，一部分是在设备上运行的守护进程，另一部分是在调试器或主机系统上运行的组件。借助 ADB 工具，可以管理设备或模拟器的状态，还可以进行很多调试操作，如安装软件、系统升级、运行 shell 命令等。简而言之，ADB 就是连接 Android 设备与 PC 端的桥梁，可以让用户在电脑上对安卓设备进行全面的操作，包括快速更新设备或模拟器中的代码，如应用或 Android 系统升级；在设备上运行 shell 命令；管理设备或模拟器上的预定端口；在设备或模拟器上复制或粘贴文件。当开发人员希望调试设备时，通常通过 USB 电缆或网络将连接建立到设备内运行的守护进程，利用 ADB shell 命令在主机上打开一个交互式 shell。ADB 作为比普通 Android 应用程序拥有更多权限的 shell 运行，通常会等待 USB 连接来处理调试请求，但也可以通过 TCP 处理请求。

在 Parrot Asteroid 牌车载收音机上，ADB 默认通过 TCP 处理请求。研究人员利用 ADB 文件 tcpdump 和 tcpick 计算出 ADB 主机和 ADB 守护进程之间的交互顺序，然后用 C 语言编写一个套接字程序，从设备内与 ADB 进行通信。这个程序将从 ADB shell 启动 KillingCarRadio，当最终被终止（这是因为 KillingCarRadio 需要重新启动 ADB）时，研究人员再次建立到 ADB 的套接字连接，这时，研究人员得到了该收音机的 root 权限，因为 ADB 是以 root 身份运行的。KillingCarRadio 是对 Parrot Asteroid 的自定义特权升级漏洞，它利用了 ashmem（Android 共享内存）实现中的错误，其中系统属性空间可以被任何进程映射为读/写（整个过程是自动的，当二进制文件被执行时会自动运行）。

最终，研究人员获得了 Parrot Asteroid 牌车载收音机的 root 权限，控制了 Parrot Asteroid 收音机系统。然而当时，研究者发现 Parrot Asteroid 有一个 4 线 UART（通用异步收发器）端口，并不能直接连接汽车的其他 ECU。研究人员指出，如果 Parrot Asteroid 收音机系统支持 SWC 接口，就会向攻击者暴露 CAN 总线，也即可以直接远程控制汽车的 ECU，执行开闭车门、升降车窗、打开空调等一系列危险操作。

6.6 WiFi 通信系统安全

6.6.1 车载 WiFi 系统概述

车载 WiFi 是面向公交、客车、私家车等公共交通工具推出的无线上网服务。WiFi 终端通过无线接入互联网获取信息、娱乐或移动办公的业务模式。车载 WiFi 设备是指装载在车辆上的通过 3G/4G/5G、无线射频等技术，提供 WiFi 热点的无线设备。图 6-42 为车载 WiFi。

图 6-42　车载 WiFi

　　IVI 通过配置 WiFi 芯片，可以搭载 WiFi 功能模块，WiFi 模块可以连接到手机或者 WiFi AP 基站的无线热点，从而实现部分的车联网，完善车内的影音娱乐系统，增加用户的上网功能，但这也成了黑客们攻击汽车的一条路径。图 6-43 所示为 WiFi 攻击路径图。

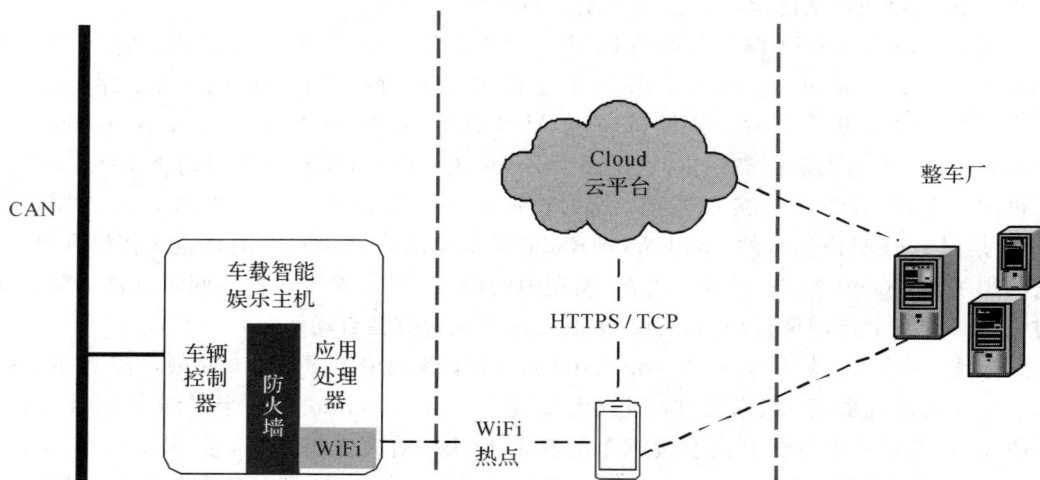

图 6-43　WiFi 攻击路径图

　　WiFi 的传输距离越来越远，而且基站越来越多，且无缝切换变得越来越容易，所以也有可能将来成为车联网通信主体，被攻击的概率也非常大。一般说来，攻击者通过破解 WiFi 的认证加密模式便可以实现对车内信息娱乐系统的控制，一旦控制了操作系统，便可以控制车内娱乐设备，如更换收音机波段、启动关闭导航系统、调节音量大小等。更进一步，攻击者有可能攻破 CAN 总线，实现对其他 ECU 模块的控制，导致严重后果。

6.6.2　WiFi 通信攻击技术分析

　　由于 WiFi 在移动设备和传输媒介方面的特殊性，使得一些攻击很容易实施，由于早期有很多接入点(AP)，不能确定用户在访问网络时是否得到安全认证，这时候无线局域网的安全问题就出现了。面对这种情况，IEEE 和其他（如 WiFi 联盟）的组织制定了很多的安全标准，以应对不同的安全漏洞。此处将介绍几个主要的无线局域网安全协议：WEP、WPA、WPA2，并简要介绍针对这几种主要协议的攻击方法，最后结合三菱欧蓝德汽车的攻击案例进行分析。

1. WEP 协议攻击方法分析

1) WEP 协议简介

WEP 是无线局域网最早的安全协议，是基于链路层保护的安全协议，设计的目标是为了能让无线局域网拥有像传统有线网络一样的安全性能。WEP 采用了 RC4 加密算法保护数据的保密性，AP 端和终端采用相同密钥的方式来认证，同时，采用 CRC 循环冗余校验值来保证数据的完整性。但这个协议出来没多久，就被发现存在漏洞。

WEP 协议的加密过程如下：运用 CRC-32 算法计算出完整性检验值 ICV，并将该值附加在明文的尾部；用 24 位的初始化向量 IV 和 40 位密钥 K 混合成密钥流种子，再用伪随机序列产生器 PRNG 生成密钥流；将明文和密钥流异或相加生成密文。WEP 加密过程如图 6-44 所示。

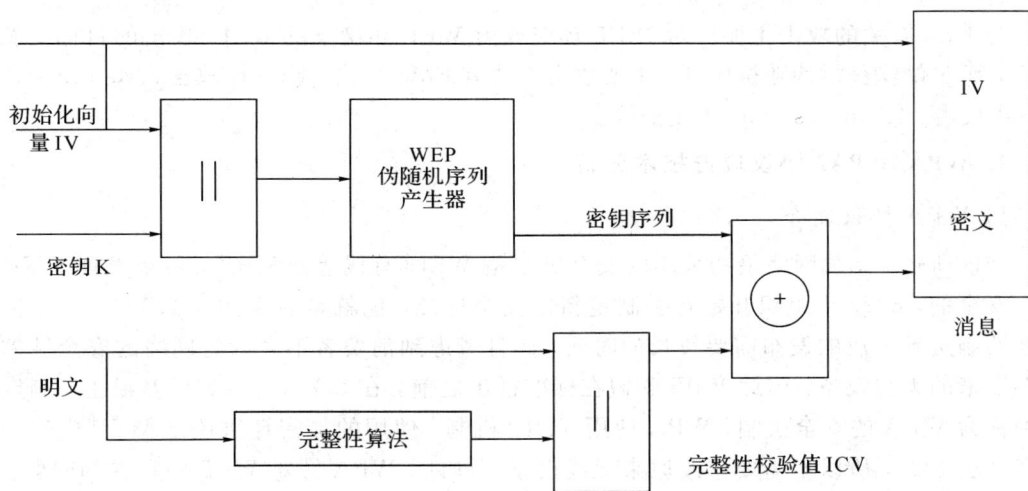

图 6-44　WEP 加密过程

2) WEP 协议面临的主要安全威胁

WEP 协议面临的安全威胁主要分为两大类。其一是与 RC4 算法有关的威胁。在 WEP 加密过程中，共享密钥和 IV 构成最初的种子密钥，种子密钥通过 RC4 生成加密密钥，最后通过加密密钥和明文异或得到密文。因此，可以在截获两段密文，而已知一段明文的情况下推断出另一密文。其二是与 RC4 算法无关的威胁。一方面，WEP 通过 CRC 循环冗余校验值来验证数据传输的完整性，但是由于 CRC 校验无法提供完整的安全校验码，而是通过加密数据包后面的 ICV 值来判断传输数据是否被篡改的，因此，攻击者完全可以通过构建一个具有相同 ICV 值的数据包来欺骗，从而造成数据接收者无法验证数据的完整性。另一方面，WEP 协议没有完整的密钥管理体系，只是通过一个简单的共享密钥来完成整个网络的认证，这将导致一旦密钥泄露，这个网络用户的数据都将被泄露。此外，WEP 采用的认证过程是单向认证过程，容易造成中间人攻击。

3）针对 WEP 协议的攻击方法

针对 WEP 协议的攻击方法也分为与 RC4 算法无关的攻击和与 RC4 算法有关的攻击两大类，大多数攻击方法已经被 Aircrack-ng 等工具实现。与 RC4 无关的攻击主要有以下四类：

（1）数据包注入攻击。攻击者捕获 WEP 网络的数据包，一段时间后重放。注入攻击又分为普通注入和 ARP 注入。

（2）认证攻击。攻击者捕获移动工作站（STA）和控制接入点（AP）之间交换的认证数据包，构造新的合法认证。

（3）chopchop 攻击。该攻击利用 WEP 对用 CRC - 32 进行校验过程中的弱点进行攻击。攻击者获得长度为 L 的密文，可以破解该密文的最后 m 长的明文和加密用伪随机序列，平均需要 $128\ m$ 次基本攻击操作。该攻击方法的反向版本为 Arbaugh 攻击。

（4）分段攻击。该攻击利用了 802.11 标准允许对数据分段中的弱点进行攻击。攻击者获得 m 长加密用伪随机序列，通过数据分段，可以发送长为 $16(m-4)$ 的数据载荷，进而获得长为 $16\ m-60$ 的加密用伪随机序列。

与 RC4 有关的攻击主要针对 WEP 环境或类 WEP 环境下的 RC4，攻击的目标是获得密钥，而非仅仅获得伪随机序列。主要攻击方式有 FMS 攻击、KoreK 攻击、Mantin second round 攻击、Klein first round 攻击等。

2. WPA/WPA2 协议攻击技术分析

1）WPA 协议简介

如前所述，无线网络最初采用的安全机制是 WEP（有线等效私密），后来发现 WEP 是很不安全的，802.11 组织开始着手制定新的安全标准，也就是后来的 802.11i 协议。但是标准的制定到最后的发布需要较长的时间，而且考虑到消费者不会因为网络的安全性差而放弃原来的无线设备，因此 WiFi 联盟在标准推出之前，在 802.11i 草案的基础上，制定了一种称为 WPA 的安全机制。WPA 使用 TKIP 机制，使用的加密算法还是 WEP 中使用的加密算法 RC4，所以不需要修改原来无线设备的硬件。WPA 针对 WEP 中存在的问题：密钥管理过于简单、对消息完整性没有有效的保护，通过软件升级的方法提高网络的安全性。

WPA 采用 RADIUS 和预共享密钥（PSK）两种认证方式。WPA 包括完整性检查，以确信密钥尚未受到攻击，同时加强了由 WEP 提供的形同虚设的用户认证功能，并包含对 802.1x 和可扩展认证协议（EAP）的支持，这样 WPA 既可以通过外部远程验证拨入用户服务 RADIUS 对无线用户进行认证，也可以使用 RADIUS 协议自动更改和分配密钥。

WPA 使用动态密钥加密，其密钥是不断变化的，这样使得入侵无线网络比 WEP 更加困难。在小型无线局域网和家庭网路中，采用的是 PSK 方式，仅要求在每个 WLAN 节点预先输入一个密钥即可实现。只要密钥吻合，客户就可以获得 WLAN 的访问权。预共享密钥密码越长越复杂，黑客破解的难度也就越大，破解时间就越长，无线网络的安全性就越高。其中，对于加密，WPA 使用 TKIP 来建立动态密钥加密和相互验证的机制。TKIP 的安全功能弥补了 WEP 的不足，为小型无线局域网和家庭用户提供了较高的安全级别。在商业及企业级别的无线局域网中，使用的是 RADIUS 服务器认证的方式，可扩展认证协议用于验证过程中的消息交换，其承载的是用户提供认证所需的凭证，如用户名密码，它通过 RADIUS 服务器利用 802.1x 来验证用户的身份，为无线局域网网络提供企业级的安全性认证。

2）WPA2 协议简介

顾名思义，WPA2 是 WPA 的第二代，它与 WPA 的主要区别在于需要高级加密标准 AES 来加密数据。WPA2 是 IEEE 802.11i 标准的认证形式，实现了 802.11i 的强制性元素，特别是 Michael 算法被 CCMP 所取代，而 RC4 加密算法也被 AES 所取代。构建 WPA2 的初衷其实是为了向后兼容支持 WPA 的产品。早期的 WPA 使用的是 TKIP，在以后的产品中，无论是 WPA 还是 WPA2 都已经支持了 AES。表 6-3 列出了 WPA 和 WPA2 的异同。

表 6-3 WPA 和 WPA2 的比较

分类	WPA	WPA2
个人模式	验证：PSK 加密：TKIP/MIC	验证：PSK 加密：AES-CCMP
企业模式	验证：IEEE 802.1x/EAP 加密：TKIP/MIC	验证：IEEE 802.1x/IP 加密：AES-CCMP

WPA 协议的整个加密过程如图 6-45 所示。

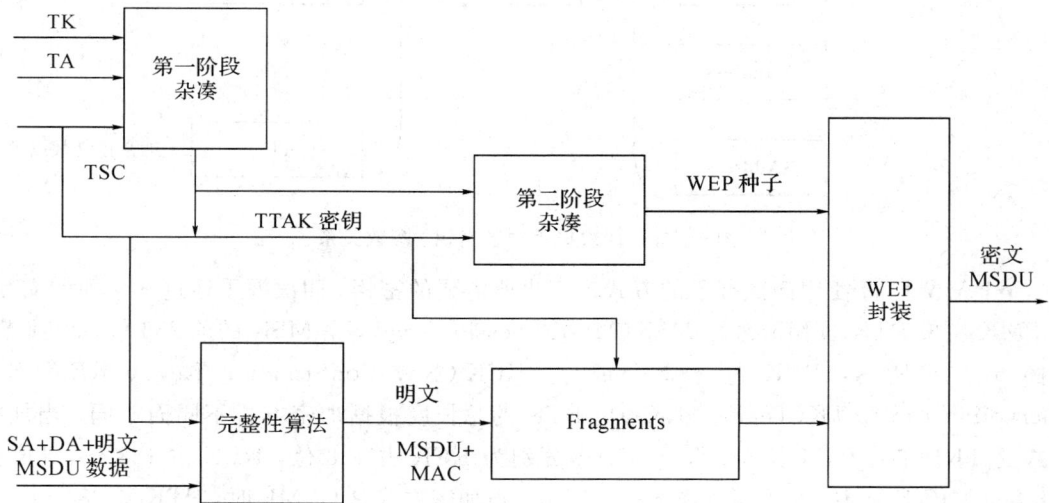

图 6-45 WPA/WPA2 加密过程

（1）生成 MSDU。WPA 协议在计算消息的完整性校验码时，使用了 MSDU 明文数据、源地址、目标地址和临时密钥等多种信息，并用该校验码取代了在 WEP 协议中使用的 ICV，同时 WPA 将计算得到的 MIC 值附加到 MSDU，生成传输的信息。在 MSDU 较长时，协议可以将 MSDU 分为若干个子段。

（2）生成 WEP 种子。在上一阶段中，由临时密钥（TK）、发送方地址（TA）和 TKIP 序列号（TSC）生成了临时混合密钥（TTAK）。本阶段中，再由 TTAK、TSC 和 TK 杂凑为 WEP 种子密钥。

（3）封装 WEP。在本阶段中，协议将上阶段生成的 WEP 种子密钥分成 WEP IV 和 RC4 算法密钥两部分。其中，使用 RC4 算法密钥生成密钥流，然后将生成的结果与 MSDU 相异或生成密文 MSDU，并将 IV 附加尾部形成 MPDU。

3）WPA/WPA2 四次握手

由于 WPA 和 WPA2 均基于 802.11i，因此在技术层面上几乎是相同的，主要区别在于 WPA2 要求支持更安全的 CCMP，WPA 和 WPA2 均使用 802.11i 中定义的四次握手。PTK 通过成对主密钥（Pairwise Master Key，PMK）、AP 随机数 ANonce、STA 随机数 SNonce 和双方 MAC 地址等计算生成。其中，PMK 由登录密码等双方均已知的信息计算生成。后续正常数据加密所使用的临时密钥（Temporal Key，TK）派生自 PTK。各密钥、参数的关系如图 6-46 所示。

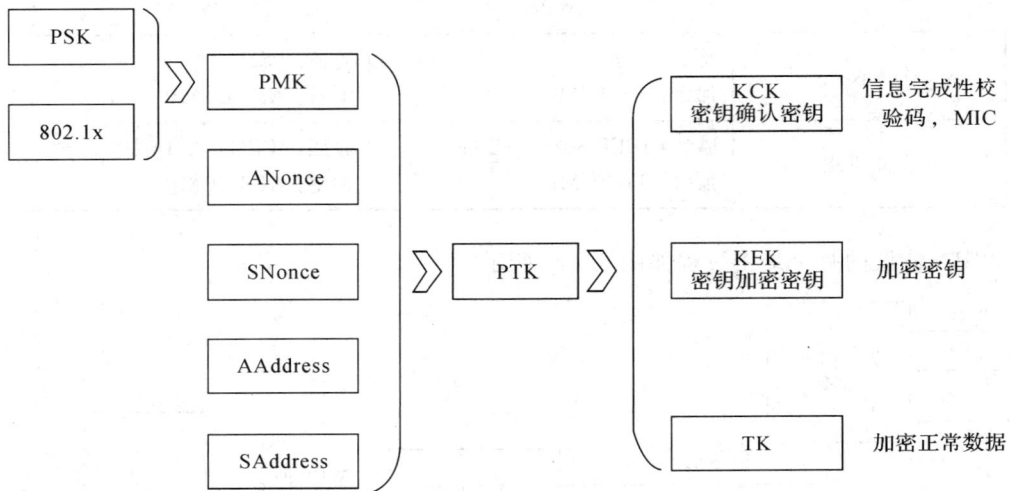

图 6-46　四次握手中各密钥、参数关系

WPA/WPA2 使用四次握手的方式来产生所需要的密钥。四次握手通过一系列的交互，从 PMK 生成 PTK。PMK 来自 MSK（Master Session Key），是 MSK 的前 256 位，32 字节。如图 6-46 所示，PTK 包含 3 个部分，KCK（Key Confirmation Key）、KEK（Key Encryption Key）、TK（Temporal Key）。PTK 的总长度根据加密方式不同而不同。当加密方式是 TKIP 时，PTK 长 512 位，按顺序分别为 KCK 占 128 位，KEK 占 128 位，TK 占 128 位，MIC Key 占 128 位，如图 6-47 所示。当加密方式是 CCMP 时，PTK 长 384 位，按顺序分别为 KCK 占 128 位，KEK 占 128 位，TK 占 128 位。

四次握手的过程可概括如下：

（1）AP 把 ANonce 发送给终端。终端收到这条消息报文后，就有了生成 PTK 的全部元素，因为该报文里同时也包含了 AP 的 MAC 地址。

（2）终端计算出 PTK，把 SNonce 和自己的 MAC 地址送给 AP。同时，通过 PTK 中的 KCK 计算出 MIC 一并发给 AP。

（3）AP 收到消息 2，可以计算出 PTK，再计算 MIC 与消息 2 中的 MIC 对比，如果相同，则发送一个认证通过的消息，该消息同时也包含了 MIC。

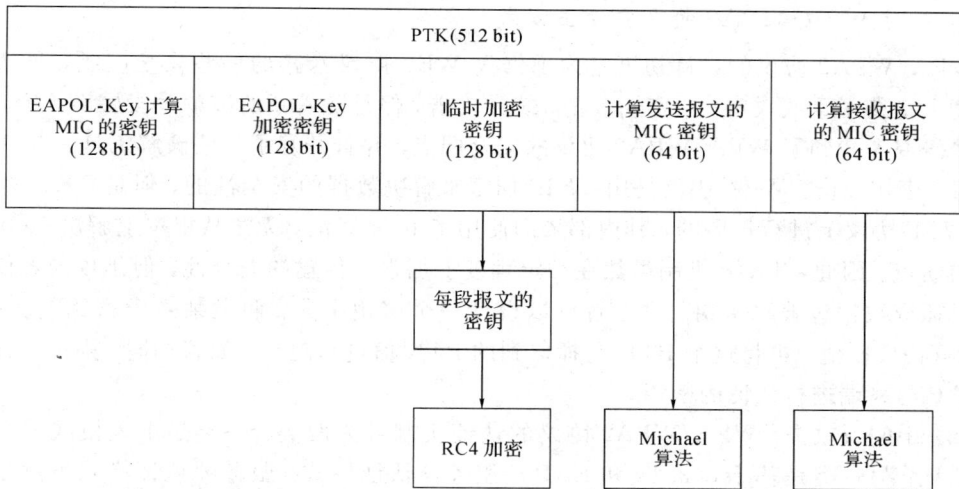

图 6-47 PTK 结构

（4）终端收到消息 3 后，计算 MIC 是否与消息 3 中的 MIC 相同，如果相同，说明 PTK 已经装好，后面的数据可以加密了。

图 6-48 所示为四次握手流程。

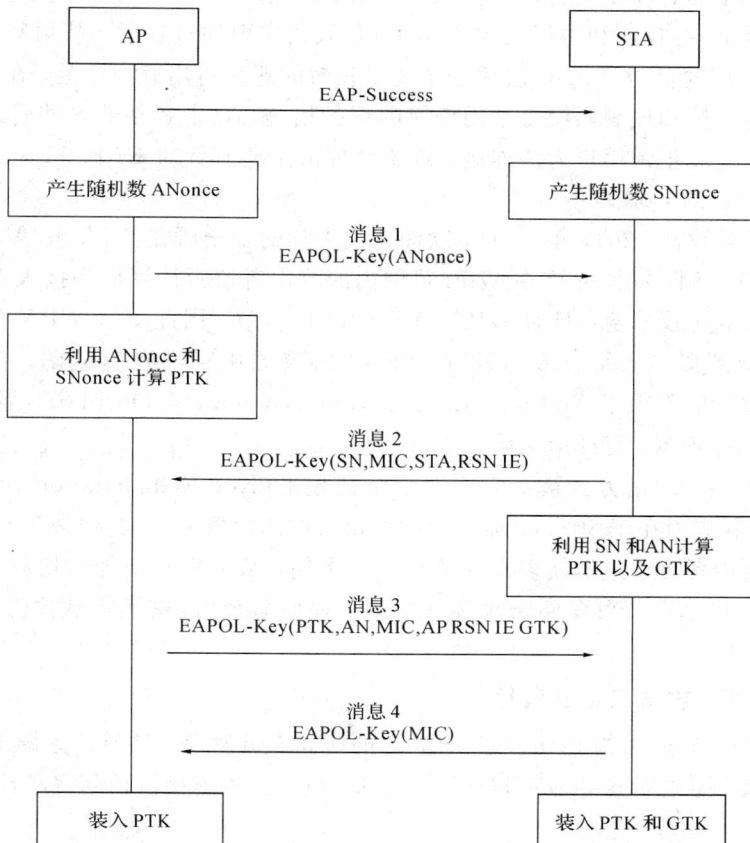

图 6-48 四次握手流程

4）针对 WPA/WPA2 的主要攻击方式

WPA/WPA2 协议的设计初衷是为了修复 WEP 协议暴露的一些安全问题，虽然在很大程度上抵御了重放攻击、弱密钥攻击、统计攻击，但是随着新的破解手段层出不穷，已经有一些研究者找到了 WPA/WPA2 协议的安全弱点，并且开发了一些破解工具。

（1）密钥攻击。WPA 协议是用 TKIP 加密来解决数据的安全性的，但是 TKIP 本质上是在 WEP 协议上进行扩展的，其内部依旧使用了 RC4 算法，无法从根本上解决 RC4 算法本身的弱点。因此，TKIP 机制虽然在一定程度上加强了传输的安全性，但是攻击者依旧可以通过抓取数据包破解密钥。攻击者可以设计一个密钥字典，假设某一个密钥是正确的，计算得到 PTK 值，再将这个 PTK 与抓取到的 PTK 值进行对比，如若相同，则证明该密钥就是 AP 与终端进行认证的密钥。

（2）中间人攻击。WPA/WPA2 协议的认证机制分为两类：一类是个人模式的预共享密钥认证；另一类是基于 802.1x 和 EAP 的服务器认证模式。服务器认证模式虽然是双向认证模式，但不是终端和接入点的双向认证，而是接入点与认证服务器的双向认证。因此，这两种模式都存在被攻击者截取报文，然后伪造可以得到接收方认可的报文，从而造成中间人攻击的威胁。

（3）拒绝服务攻击。这种攻击方式会让目标机器停止提供网络服务，这在有线网络和无线网络上都是非常严重的恶意攻击方式。在无线局域网中，拒绝服务攻击主要分为三种：物理层攻击、MAC 层攻击和协议层攻击。物理层攻击主要通过发射干扰射频信号来破坏正常的信道达到破坏的目的；MAC 层攻击主要是长时间恶意占用通信信道，在四次握手协商过程中，由于管理帧和控制帧没有采用任何的保护措施，攻击者伪造这些管理帧和控制帧发动认证过程，造成正常用户无法连接；协议层攻击主要有针对 EAP. TLS 认证的 DoS 攻击和四次握手协议的 DoS 攻击。

（4）密钥重载攻击。2017 年 10 月，欧洲鲁汶大学的安全研究员 Mathy Vanhoef 披露了 WPA2 存在高危漏洞，漏洞允许在 WiFi 范围内的攻击者监听计算机和接入点之间的 WiFi 流量。该漏洞影响协议本身，且对 WPA 和 WPA2 均有效，因此支持 WPA/WPA2 协议的软件或硬件均受到影响。研究人员发现 WPA2 协议层中存在逻辑缺陷，几乎所有支持 WiFi 的设备（包括但不限于 Android、Linux、Apple、Windows、OpenBSD）都面临威胁，其传输的数据存在被嗅探、篡改的风险。

研究人员采用的攻击方式被命名为密钥重载攻击（Key Reinstallation Attacks），如图 6－49 所示。漏洞成因在于 802.11 标准中没有定义在四次握手（和其他握手）中何时应该安装协商密钥，攻击者可通过诱使多次安装相同的密钥，从而重置由加密协议使用的随机数和重放计数器。技术细节可参阅奇虎 360 CERT 团队翻译的《密钥重载攻击：强制 WPA2 重用 Nonce》一文①。

3. 案例分析：攻击三菱欧蓝德

2016 年 6 月，研究机构 Pentest Partners 的研究人员发现，三菱欧蓝德 PHEV 的一些应用程序存在漏洞。通常这些应用程序通过 GSM 或云技术连接以访问汽车控制系统，驾驶

---

① 详见 https：//cert. 360. cn/static/files/。

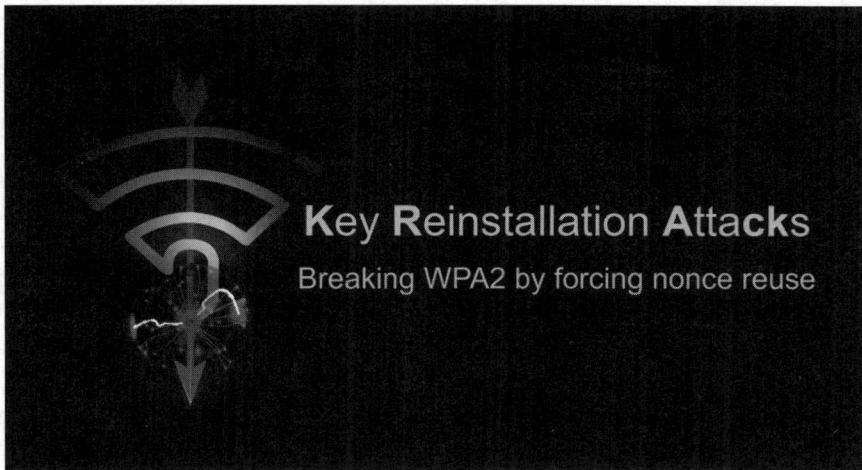

图 6 - 49　密钥重载攻击

者通过车内的 WiFi 接入点连接以使用或升级这些应用程序。尽管无法通过这些应用程序及控制装置解锁或启动车辆，但是通过此 WiFi 接入点可以访问多个车辆控制系统，包括报警系统、充电系统、灯光控制系统、温度控制系统等。图 6 - 50 所示为研究人员的三菱欧蓝德。

图 6 - 50　三菱欧蓝德

这款车型的 WiFi 系统存在多个安全隐患。首先，WiFi 接入点密码在用户手册中以明文的形式存储。其次，WiFi 接入点的所有 SSID 都符合"REMOTE NAAA"的格式，其中"n"是任意数字，"a"是任意小写字母。最后，密码相对短而简单，容易被暴力破解。

攻击者可以在 www.wigle.net 上使用 Wireless Geographic Logging Engine(wigle.net 对 WiFi 接入点进行分类并通过 GPS 坐标索引)确定目标车辆的位置。在 www.wigle.net 上搜索时，搜索字符串"REMOTE_____"，其中 6 个下划线代表通配符，用于 2 个数字和 4 个字母字符，如图 6 - 51 所示。

研究人员发现了很多符合这种模式的 WiFi 接入点，这些车辆大部分在西欧。攻击者可以通过在 www.wigle.net 中添加 GPS 坐标来查找所在地区的本地车辆。研究人员还发现有些车辆在街道或露天停车场停放，因此可以轻松找到感兴趣的目标车辆。图 6 - 52 所示为定位目标车辆。

图 6-51　搜索字符串"REMOTE_____"

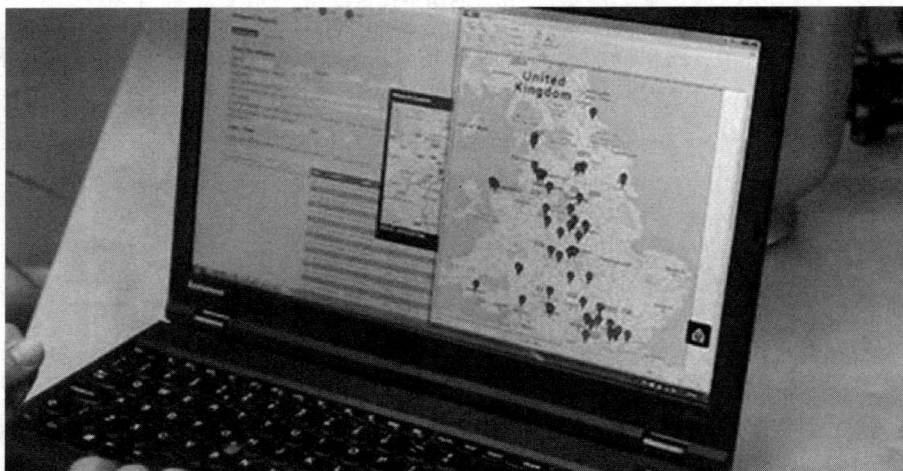

图 6-52　定位目标车辆

　　锁定目标三菱欧蓝德之后，先连接到 WiFi，然后在 WPA 的四次握手中获得密钥哈希值，展开暴力破解。

　　攻击实验需要使用 Kali Linux 1.0 与工具 Aircrack-ng，还使用了一个旧的 Alfa AWUS036H USB 无线适配器，攻击者也可以使用任何可以进行数据包注入的无线适配器。

　　首先，通过输入命令检查无线连接。图 6-53 所示为输入命令 iwconfig.

图 6-53　输入命令 iwconfig

Aircrack-ng 是一款基于破解无线 802.11 协议的 WEP 及 WPA-PSK 加密的工具，该工具主要用了两种攻击方式。一种是 FMS 攻击，该攻击方式以发现该 WEP 漏洞的研究人员名字（Scott Fluhrer、Itsik Mantin 及 Adi Shamir）命名；另一种是 Korek 攻击，该攻击方式是通过数理统计进行的，效率要远高于 FMS 攻击。此处将介绍使用 Aircrack-ng 攻击无线网络的方法。

注意，这里研究人员的无线适配器是 wlan0，需要将无线适配器置于监视模式。图 6-54 所示为启动 wlan0。

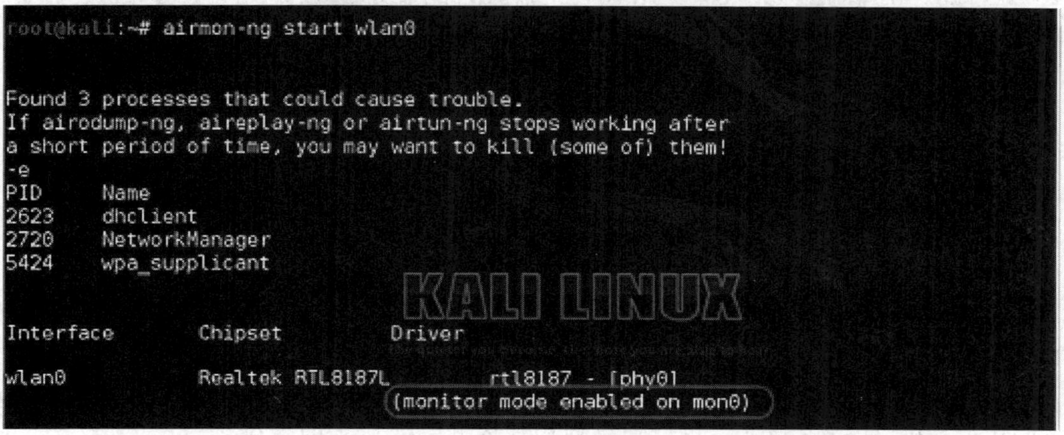

图 6-54　启动 wlan0

此过程将无线适配器的名称更改为 mon0。

接下来，开始捕捉周围的无线流量包。图 6-55 所示为捕获流量包。

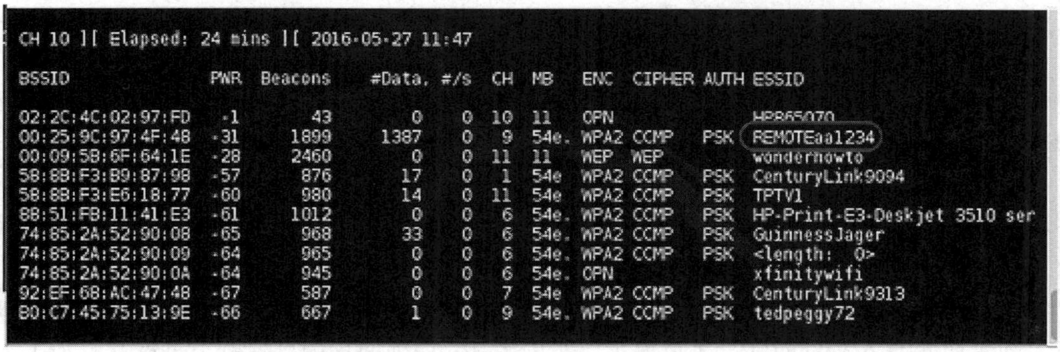

图 6-55　捕获流量包

从图 6-55 中可以看到，名为 REMOTEaa1234 的三菱欧蓝德的 WiFi 接入点，正是研究人员要找的接入点。需要关注该通道上的 WiFi 接入点，并将捕获的 PSK 写入一个名为 carhack 的文件。图 6-56 所示为写入 PSK，命令为

    kali> airodump-ng-bssid<AP APSSID>-c<AP channel>-write carhack mon0

图 6-56　写入 PSK

这里，研究人员用了 REMOTEaa1234 AP 的通道 9(-c 9)上工作的 bssid 的命令，并把数据写到一个名为 carhack(-write carhack)的文件上。

当车辆的车主连接到车辆上的 WiFi 接入点时，抓取四次握手包捕获密钥散列值，如图 6-57 所示。

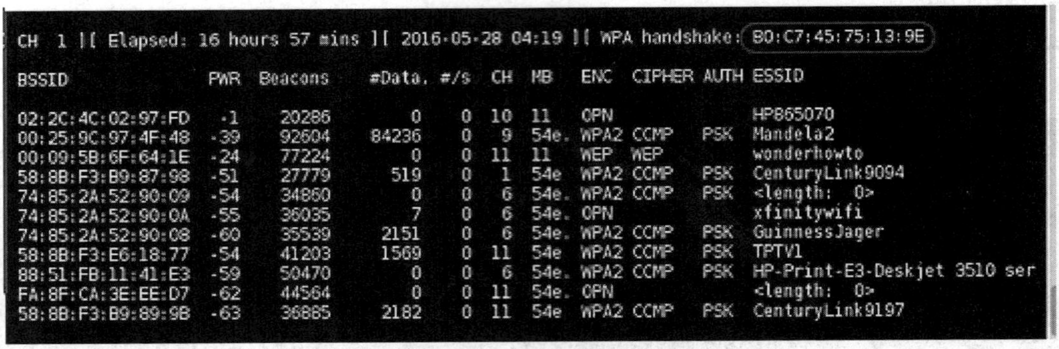

图 6-57　捕获密钥散列值

如果已经连接，可以使用 deauth 函数和 aireplay-ng 关闭它们，当重新连接时，再捕获哈希值。

捕获哈希值后要解密哈希值。Aircrack-ng 对 WPA-PSK 的散列破解并不擅长，但 hashcat 工具可以解密哈希值。可以通过使用如图 6-58 所示的命令将 cap 文件 carhack.cap 转换为可以与 hashcat(.hccap)一起使用的格式。

```
root@kali:~# aircrack-ng carhack.cap -J carhack.hccap
```

图 6-58　转换 cap 文件格式

注意，命令中的-J 是大写字母。

最后，可以在 hashcat 中使用 carhack.hccap 文件，并使用多个 CPU 在几小时内破解 PSK。

Pentest Partners 的研究人员用一台普通的单 CPU 笔记本电脑花了四天时间破解了 PSK，如果利用多 CPU、一个 GPU 集群或基于云的破解平台，则可以在极短的时间内破解它。

一旦连接到三菱欧蓝德的 WiFi 接入点并破解 PSK，攻击者就可以进一步攻击车辆。这里为了防止有人对该品牌汽车造成进一步的破坏，详细的攻击过程就不再展开叙述了。

6.7　汽车 GPS 系统安全

6.7.1　车载 GPS 导航系统概述

车载 GPS 导航系统是利用 GPS 导航卫星信号进行汽车导航、定位的系统。图 6-59 所示为车载 GPS 导航系统。

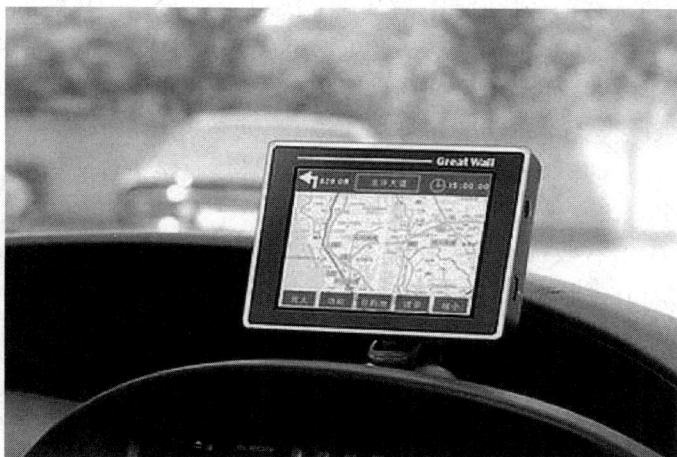

图 6-59　车载 GPS 导航系统

GPS 系统包括三大部分：空间部分——GPS 卫星星座；地面控制部分——地面监控系统；用户设备部分——GPS 信号接收机。

1. GPS 卫星星座

由 21 颗工作卫星和 3 颗在轨备用卫星组成的 GPS 卫星星座，记作 $(21+3)$ GPS 星座。24 颗卫星均匀分布在 6 个轨道平面内，轨道倾角为 $55°$，各个轨道平面之间相距 $60°$，即轨道的升交点赤经各相差 $60°$。每个轨道平面内各颗卫星之间的升交角距相差 $90°$，轨道平面上的卫星比西边相邻轨道平面上的相应卫星超前 $30°$。在两万公里高空的 GPS 卫星，当地球对恒星来说自转一周时，它们绕地球运行两周，即绕地球一周的时间为 12 恒星时。这样，对于地面观测者来说，每天将提前 4 分钟见到同一颗 GPS 卫星。位于地平线以上的卫星颗数随着时间和地点的不同而不同，最少可见到 4 颗，最多可见到 11 颗。在用 GPS 信号导航定位时，为了结算测站的三维坐标，必须观测 4 颗 GPS 卫星，称为定位星座。这 4 颗卫星在观测过程中的几何位置分布对定位精度有一定的影响。对于某地某时，甚至不能测得精确的点位坐标，这种时间段叫做"间隙段"，但这种时间间隙段是很短暂的，并不影响全球绝大多数地方的全天候、高精度、连续实时的导航定位测量。

2. 地面监控系统

对于导航定位来说，GPS 卫星是动态已知点。卫星的位置是依据卫星发射的星历——描述卫星运动及其轨道的参数确定的，每颗 GPS 卫星所播发的星历信息，是由地面监控系统提供的。卫星上的各种设备是否正常工作，卫星是否一直沿着预定轨道运行，都要由地面设备进行监测和控制。地面监控系统的另一重要作用是保持各颗卫星处于同一时间标准——GPS 时间系统。这就需要地面站监测各颗卫星的时间，求出钟差，然后由地面注入站发给卫星，再由卫星以导航电文的形式发给用户设备。GPS 工作卫星的地面监控系统至少包括一个主控站、三个注入站和五个监测站。

3. GPS 信号接收机

GPS 信号接收机的任务是：捕获到按一定卫星高度截止角所选择的待测卫星的信号，并跟踪这些卫星的运行，对所接收到的 GPS 信号进行变换、放大和处理，以便测量出 GPS

信号从卫星到接收机天线的传播时间，解译出 GPS 卫星所发送的导航电文，实时地计算出测站的三维位置、三维速度和时间。GPS 卫星发送的导航定位信号是一种可供无数用户共享的信息资源。对于陆地、海洋和空间的广大用户，只要用户拥有能够接收、跟踪、变换和测量 GPS 信号的接收设备，即 GPS 信号接收机，就可以在任何时候用 GPS 信号进行导航定位测量。根据使用目的不同，用户要求的 GPS 信号接收机也各有差异。目前世界上已有几十家工厂生产 GPS 接收机，产品也有几百种。

静态定位中，GPS 接收机在捕获和跟踪 GPS 卫星的过程中固定不变，接收机高精度地测量 GPS 信号的传播时间，利用 GPS 卫星在轨的已知位置，解算出接收机天线所在位置的三维坐标。而动态定位则是用 GPS 接收机测定一个运动物体的运行轨迹。GPS 信号接收机所位于的运动物体叫做载体（如航行中的船舰、空中飞行的飞机、行走的车辆等）。载体上的 GPS 接收机天线在跟踪 GPS 卫星的过程中相对地球而运动，接收机用 GPS 信号实时地测得运动载体的状态参数（瞬间三维位置和三维速度）。

接收机硬件和机内软件以及 GPS 数据的后处理软件包，构成完整的 GPS 用户设备。GPS 接收机的结构分为天线单元和接收单元两大部分。对于测地型接收机来说，两个单元一般分成两个独立的部件，观测时将天线单元安置在测站上，接收单元置于测站附近的适当地方，用电缆线将两者连接成一个整机。也有的将天线单元和接收单元制作成一个整体，观测时将其安置在测站点上。

6.7.2　GPS 系统攻击技术分析

早在 2008 年，德克萨斯州立大学奥斯汀分校的 Humphreys 教授已经研发出了业内公认的 GPS 欺骗攻击系统（GPS Spoofer），该系统针对导航系统发送虚假信号，几乎可以以假乱真。另外，康奈尔大学的 Psiaki 教授也在 GPS 信号探测和欺骗领域进行着深入研究。

2012 年，来自卡内基·梅隆大学的 Tyler Nighswander 和 Coherent Navigation 公司的 Brent Ledvina 等人发表了一篇论文：*GPS Software Attacks*，指出了 GPS 容易受到干扰欺骗，还为 GPS 攻击开发了一个新的硬件平台，并研究出新的针对 GPS 的攻击手段。

2014 年，来自罗格斯大学的 Tyler Nighswander 和南卡莱罗纳大学的 Wenyuan Xu 等人发表了一篇论文：*Detection of On-Road Vehicles Emanating GPS Interference*，指出全球定位系统（GPS）广泛用于关键基础设施，但易受射频信号干扰。研究人员设计了一个实用的自动化系统来识别干扰车辆，结合道路沿线关键位置路边监测点的信息以及移动探测器（如智能手机和其他移动 GPS 系统），实现了可靠的干扰检测。

2015 年，来自阿里巴巴的安全团队在黑客会议 BlackHat 上发表议题：*Time and Position Spoofing with Open Source Projects*，利用软件定义无线电工具和开源软件实现了对 GPS 定位坐标的欺骗。同年，来自奇虎 360 的 UnicornTeam 团队在信息安全会议 DEFCON 上发表了名为 *GPS Spoofing* 的议题，也利用软件定义无线电工具实现了对 GPS 的坐标欺骗，并在汽车上完成了相关实验。

下面简要介绍一下 GPS 的定位原理。6-60 所示是 GPS 定位原理图。

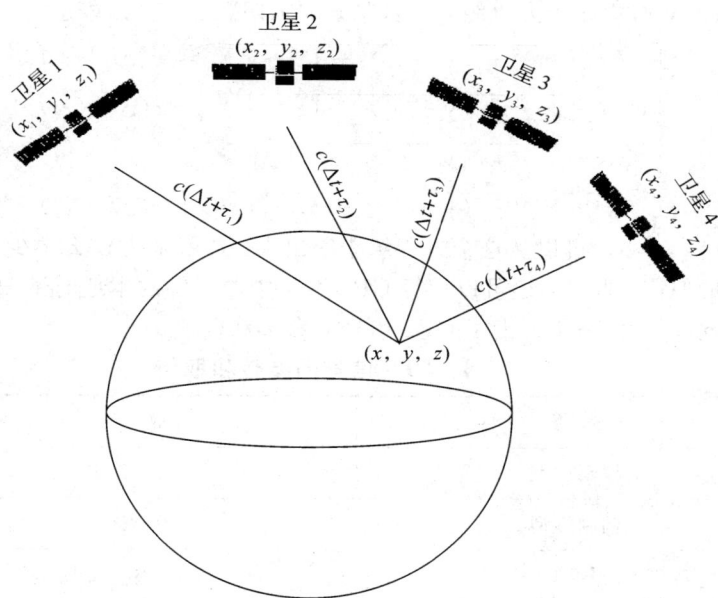

图 6-60　GPS 定位原理图

GPS 的基本定位原理是：以高速运动的卫星瞬间位置作为已知的起算数据，卫星不间断地发送自身的星历参数和时间信息，用户接收到这些信息后，采用空间距离后方交会的方法，通过计算求出接收机的三维位置、三维方向以及运动速度和时间信息。首先得到一个方程组如下：

$$\begin{cases} \sqrt{(x-x_1)^2+(y-y_1)^2+(z-z_1)^2} = c\tau_1 \\ \sqrt{(x-x_2)^2+(y-y_2)^2+(z-z_3)^2} = c\tau_2 \\ \sqrt{(x-x_3)^2+(y-y_3)^2+(z-z_3)^2} = c\tau_3 \end{cases}$$

其中，(x, y, z) 是接收天线的坐标；(x_i, y_i, z_i) 是第 i 颗 GPS 卫星的坐标；c 是光速；$c(\Delta t + \tau_i)$ 是从接收机天线到卫星天线的距离，包括接收机和卫星时钟偏移（以及其他偏差，如大气延迟），也就是伪距（PR）；τ_i 是信号传播持续时间。

为了测量发送和到达的电磁波之间的持续时间 τ_1，需要一个时间戳 t_1 来写入这个电磁波信号，就像它从卫星发送的时间一样，并且时间参考是时钟携带的。当信号到达目标位置时，从信号中提取时间戳 t_1，然后计算 t_1 与本地时间 t_2 之间的时间偏移以获得持续时间 τ_1。但本地时钟和卫星时钟不同步，它们之间存在时间偏差 Δt_1。时钟不同步带来的这种偏差应该被考虑在内，修改后的方程如下：

$$\sqrt{(x-x_i)^2+(y-y_i)^2+(z-z_i)^2} = c(\Delta t_i + \tau_i) \qquad i \in \{1, 2, 3\}$$

由于还有三个未知数：Δt_1、Δt_2 和 Δt_3，这个方程组仍不能解。每颗 GPS 卫星携带的时钟都是高精度原子钟，处于严格同步状态，所以有以下等式：

$$\Delta t_1 = \Delta t_2 = \Delta t_3 = \Delta t$$

然后方程变成：

$$\sqrt{(x-x_i)^2+(y-y_i)^2+(z-z_i)^2} = c(\Delta t + \tau_i) \qquad i \in \{1, 2, 3\}$$

尽管如此，仍然无法解出这个方程组，所以要添加第四颗卫星，方程组为

$$\begin{cases} \sqrt{(x-x_1)^2+(y-y_1)^2+(z-z_1)^2} = c(\Delta t+\tau_1) \\ \sqrt{(x-x_2)^2+(y-y_2)^2+(z-z_3)^2} = c(\Delta t+\tau_2) \\ \sqrt{(x-x_3)^2+(y-y_3)^2+(z-z_3)^2} = c(\Delta t+\tau_3) \\ \sqrt{(x-x_4)^2+(y-y_4)^2+(z-z_4)^2} = c(\Delta t+\tau_4) \end{cases}$$

现在，位置(x, y, z)可以从这个方程组中解出来，这就是为什么至少需要 4 颗卫星来完成 GPS 定位的原因。此外，还可以计算 GPS 卫星中原子钟的本地时钟偏移量，这一过程称为 GPS 时间同步。表 6-4 列出了 GPS 信号的参数和取值。

表 6-4 GPS 信号的参数和取值

参　数	取　值
编码类型	C/A 编码
调制类型	BPSK
信号频率	1575.42 MHz
编码频率	1.023 MHz

此外，BRDC(广播星历数据)文件包含独特的 GPS 卫星星历信息。星历表数据提供每颗卫星的精确位置数据$(x_i(t)$，$y_i(t)$，$z_i(t))$，以便接收机可以获得先验信息以计算位置，可以从 ftp://cddis.gsfc.nasa.gov/gnss/data/daily/下载 RINEX(Receiver Independent Exchange Format)格式的 BRDC 存档文件，解压之后可以看到星历数据是 RINEX 的 2.0 格式。

GPS-SDR-SIM 通过星历数据生成采样数据，-t 选项可以指定时间。选择高德地图上钓鱼岛的坐标，四舍五入到小数点后 6 位，随便加上一个海拔，放在 location 参数名后面。执行以下命令：

```
./gps-sdr-sim -e brdc2060.17n -l 25.771450,123.528900,100 -b 8 -d 200
```

结果如图 6-61 所示。

图 6-61 执行命令获取星历信息

持续时间和文件大小有关，默认为 300 s，把它改成 200 s，占 1 GB 空间。HackRF 的数据位宽是 8 位，所以 iq_位 s 设成 8。下面是 hackrf_transfer 的详细说明。

```
specify one of: -t, -c, -r, -w
```

Usage：

```
-h ＃ this help
```

[-d serial_number] # Serial number of desired HackRF.

-r <filename> # Receive data into file (use '-' for stdout).

-t <filename> # Transmit data from file (use '-' for stdin).

-w # Receive data into file with WAV header and automatic name.

This is for SDR# compatibility and may not work with other software.

[-f freq_hz] # Frequency in Hz [0MHz to 7250MHz].

[-i if_freq_hz] # Intermediate Frequency (IF) in Hz [2150MHz to 2750MHz].

[-o lo_freq_hz] # Front-end Local Oscillator (LO) frequency in Hz [84MHz to 5400MHz].

[-m image_reject] # Image rejection filter selection, 0=bypass, 1=low pass, 2=high pass.

[-a amp_enable] # RX/TX RF amplifier 1=Enable, 0=Disable.

[-p antenna_enable] # Antenna port power, 1=Enable, 0=Disable.

[-l gain_db] # RX LNA (IF) gain, 0-40dB, 8dB steps

[-g gain_db] # RX VGA (baseband) gain, 0-62dB, 2dB steps

[-x gain_db] # TX VGA (IF) gain, 0-47dB, 1dB steps

[-s sample_rate_hz] # Sample rate in Hz (4/8/10/12.5/16/20MHz, default 10MHz).

[-n num_samples] # Number of samples to transfer (default is unlimited).

[-S buf_size] # Enable receive streaming with buffer size buf_size.

[-c amplitude] # CW signal source mode, amplitude 0-127 (DC value to DAC).

[-R] # Repeat TX mode (default is off)

[-b baseband_filter_bw_hz] # Set baseband filter bandwidth in Hz.

Possible values: 1.75/2.5/3.5/5/5.5/6/7/8/9/10/12/14/15/20/24/28MHz, default <= 0.75 * sample_rate_hz.

[-C ppm] # Set Internal crystal clock error in ppm.

[-H hw_sync_enable] # Synchronise USB transfer using GPIO pins.

生成的 gpssim.bin 的采样频率为 2.6 MHz,使用 hackrf_transfer 设定的采样频率也要与之对应。-x 代表 TX VGA 增益,先设为 0 dB,如果搜不到再加,最大 47 dB。下面是民用的频段(这里使用 L1 的频段):

· L1 1575.42 MHz

· L2 1227.60 MHz

· L3 1381.05 MHz

· L4 1841.40 MHz

· L5 1176.45 MHz

使用 hackrf_transfer 发射无线电信号,开启增益并设成最大,循环发射。执行以下命令:

hackrf_transfer -t gpssim.bin -f 1575420000 -s 2600000 -a 1 -x 47 -R

结果如图 6-62 所示。

图 6-62　发射无线电信号

使用 USB 的 GPS 接收器（如图 6-63 所示）也能收到伪造的符合 NMEA（National Marine Electronics Association）规范的数据。

图 6-63　基于 USB 的 GPS 信号接收器

执行指令 sudo microcom - s 4800 - p /dev/ttyUSB0 后，结果如图 6-64 所示。

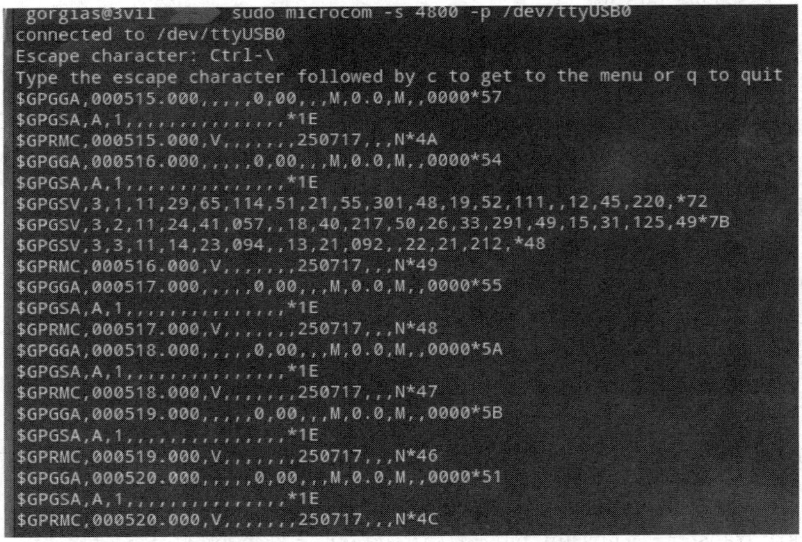

图 6-64　执行命令，接收信号

此处使用的是美国生产的 HackRF One，用时不到一分钟，就将目标设备的坐标定位欺骗到了海岛，如图 6-65 所示。

图 6-65　坐标定位被欺骗

参 考 文 献

[1]　abc7news. Key fob car thefts，2013. Web：http：//abc7news. com/archive/9079852.

[2]　https：//github. com/osqzss/gps-sdr-sim.

[3]　https：//en. wikipedia. org/wiki/Global Positioning System.

[4]　https：//en. wikipedia. org/wiki/GPS signals.

[5]　Bloessl B gr-key fob. Github repository，2015. Web：https：//github. com/bastibl/gr-key fob.

[6]　Plötz H，Nohl K. Breaking Hitag2. HAR2009，2009，2011.

[7]　arstechnica. After burglaries，mystery carunlocking device has police stumped，2013. Web：http：// arstechnica. com/security/2013/06/afterburglaries-mystery-car-unlocking-device-haspolice-stumped.

[8]　ATMEL M44C890 Low-Current Microcontrollerfor Wireless Communication，2001. Web：http：//pdf1. alldatasheet. com/datasheet-pdf/view/118247/ATMEL/M44C890. html.

[9]　Bono S C，Green M，Stubblefield A，et al. Security analysis of a cryptographicallyenabledRFID device. 14th USENIX Security Symposium，2005，1-16.

[10]　Checkoway S，McCoy D，Kantor B，et. al. Comprehensive experimentalanalyses of automotive attack surfaces. 20th USENIX Security Symposium，2011，77-92.

[11]　Eisenbarth T，Kasper T，Moradi A，et al. On the power of power analysisin the real world：a complete break of the keeLoq code hopping scheme. Advancesin Cryptology-CRYPTO'08，2008，5157：203-220.

[12]　Alincourt E，Ray C，Ricordel P M，et al. Méthodologie d'extraction de signatures issues des signaux ais. SSTIC，2016.

[13]　Francillon A，Danev B，Capkun S. Relay attacks on passive keyless entry and start systems in modern cars. Cryptology ePrint Archive，Report 2010/332，2010. Web：http：//eprint. iacr . org/

2010/332.

[14] Garcia F D, Oswald D, Kasper T, et al. Lock it and still lose it-on the (in)security of automotive remote keyless entry systems. USENIX Security, 2016.

[15] Immler V, Breaking hitag 2 revisited. Security, Privacy and Applied Cryptography Engineering, 2012, 126 – 143.

[16] Kamkar S. Drive it like you hacked it. Defcon 23, 2015. Web: https://samy. pl/defcon2015/2015-defcon. pdf.

[17] Kasper T. Security analysis of pervasive wireless devices-physical and protocol attacks in practice. PhD thesis, 2011. Web: https://wiki. crypto. rub. de/Counter/get. php, 2011.

[18] Smith C, The car hacker's handbook, 2014. Web: http://opengarages. org/handbook/2014_car_hackers_handbook_compressed. pdf.

[19] Štembera P, Novotny M. Breaking hitag2 with reconfigurable hardware. Digital System Design (DSD), 2011, 558 – 563.

[20] Verdult R, Garcia F D, Balasch J, Gone in 360 seconds: Hijacking with hitag2. USENIX Security, 2012, 237 – 252.

[21] Verdult R, Garcia F D, Ege B. Dismantling megamos crypto: Wirelessly lockpicking a vehicle immobilizer. USENIX Security, 2015, 703 – 718.

[22] Wickert M A, Lovejoy M R . Hands-on software defined radio experiments with the low-cost rtl-sdr dongle. Signal Processing and Signal Processing Education Workshop (SP/SPE), 2015, 65 – 70.

智能网联汽车安全

7.1 车联网系统概述

所谓车联网，是指利用先进传感技术、网络技术、计算技术、控制技术、智能技术，对车辆和交通进行全面感知，实现多个系统间大范围、大容量数据的交互，对每一辆汽车进行交通全程控制，对每一条道路进行交通全时空控制，以提供交通效率和交通安全为主的网络与应用。

车联网作为"互联网＋"战略的重要领域，对推动交通、汽车、能源、信息通信等产业的转型升级具有重要意义。我国的车联网发展还处于初级阶段，车联网业务形态以"云""管""端"为主，因此本章针对车联网的安全分析也主要围绕"云""管""端"的场景展开。图7－1所示为车联网的体系结构。

图 7－1 车联网体系结构

1．云系统

车联网的云系统主要用于终端的接入、车辆的运行状态管理、车辆收费管理、交通信息管理、应用程序的发布以及数据存储、大数据分析与处理等，为驾驶者提供导航、路况信息、停车管理、远程升级等云服务。

2．管系统

管系统即网络通信，指能实现融合通信及接入互联网的能力或技术。管道主要用于解决车与车、车与路、车与云、车与行人等之间的互联互通，实现车辆自组织网络、移动通信网、无线局域网及多种异构网络之间的通信。管道是车联网的保障，是公共网络与专有网络的统一体。

3．端系统

端系统在车联网中指的是泛在的通信终端，包括具备车内通信、车间通信、车路通信、车网通信能力的车载终端以及具备车路通信、车网通信能力的道路基础设施，其功能是采集和获取车辆的信息，感知行车状态与环境，同时让汽车具备寻址和网络标志等能力。

7.2 车联网系统威胁分析

7.2.1 车联网云平台威胁分析

1．车联网云平台框架

车联网云平台的主要组成部分包括：云平台基础设施，是指实现云平台的基础；云平台数据，是指存储在云平台中的数据；云平台应用，是指实现外部应用的云平台服务。

1）云平台基础设施

车联网云平台的基础设施划分为三类：服务器、存储和网络连接。服务提供商可能会提供虚拟服务器实例，在这些实例上，用户可以安装和运行一个自定义的映像。持久性的存储是一种单独的服务，客户可以单独购买。最后，还会有一些用于扩展网络连接的产品。基础架构服务可全面虚拟化服务器、存储设备和网络资源，聚合这些资源，并基于业务优先级将资源准确地按需分配给应用程序。

服务器实际上代表了随着计算资源一起分配的最小存储空间和输入/输出信道的资源集合。存储通常提供与位置无关的虚拟化数据存储，这促进了对通过弹性机制制造无限容量存储的期望，而且高度的自动化水平使得用户能非常容易地使用。大多数基础设施层的组件最终是通过虚拟化技术供应商的设施进行管理的，而虚拟化实现后，对安全的考虑发生了质的变化，完全打破了传统安全防护的概念。

2）云平台数据

云平台数据是基于云计算商业模式应用的数据集成、数据分析、数据整合、数据分配、数据预警的技术与平台的总称。数据安全意指通过一些技术或者非技术的方式来保证数据的访问是受到合理控制的，并保证数据不被人为地或者意外地损坏而泄露或更改。从技术角度，可以通过防火墙、入侵检测、安全配置、数据加密、访问认证、权限控制、数据备份等手段来保证数据的安全性。

3）云平台应用

云平台应用使用很普遍，如车辆远程控制系统、车辆应急响应系统等，而这些服务往往都使用 B/S 的方式进行公布。在 Web 安全中，由于网站是开放给所有用户的，它在开放业务给用户的时候，也把自己暴露给了黑客，入侵网站相比入侵其他的安全领域就容易得多。那么在防御体系终究会被打破的预估下，如何快速、精确地发现安全隐患将成为所有整车厂商面临的安全问题。

2. 车联网云平台面临的威胁

从以上的分析看，云平台下需要进行安全考虑的部分主要是：虚拟化、云中数据和云平台应用三个部分。

1）车联网云平台虚拟化威胁

（1）服务器虚拟化造成网络架构改变。

服务器虚拟化过程中变动最大的一环就是网络架构的改变，网络架构发生变化相应地会产生特殊的安全问题。如在采用虚拟化技术之前，用户可以在防火墙设备上建立多个隔离区，对不同的服务器采取不同的规则进行管理，即使有服务器遭到攻击，危害也仅局限在一个隔离区内，影响范围不会太大。而采用虚拟化技术后，所有虚拟机会集中连接到同一台虚拟交换机与外部网络通信，使得原来可以通过防火墙采取的防护措施失效，如果有一台虚拟机发生问题，安全问题就会通过网络扩散到其他的虚拟机。

（2）服务器虚拟化导致负载过重或系统服务器崩溃。

服务器虚拟化后，每一台服务器都将支持若干个重要的资源密集型应用程序，这些应用程序将会争夺同一硬件服务器的带宽、内存、处理器和存储等资源。在此过程中，这些关键应用程序可能会遇到网络瓶颈和性能问题，并且可能会引起服务器负载过重。服务器虚拟化后的物理服务器崩溃是更严重的一种安全问题。一旦因硬件出现断电、机器过热升温、硬盘等故障问题而导致服务器崩溃，所有的应用就都会中断，比常规环境中一台服务器崩溃引起一个应用中断带来的问题更严重。

（3）虚拟机溢出将导致失去安全系统的保护。

管理程序设计过程中的安全隐患会传染同台物理主机上的虚拟机，这种现象被称作"虚拟机溢出"。当虚拟机从所在管理程序的独立环境中脱离出来时，黑客就可能进入虚拟机管理程序，从而成功避开虚拟机安全保护系统，对虚拟机产生危害。

（4）虚拟机迁移将增加服务器遭受渗透攻击的机会。

同一台物理服务器上的多个虚拟机可以相互通信，在通信过程中会产生安全隐患，因为外部的网络安全工具从防火墙到入侵检测和防护系统，再到异常行为监测器，都无法监测到物理服务器内部的流量。如果攻击者攻克了一台虚拟机，就可以用它来入侵同一台服务器上的其他虚拟机。

（5）虚拟机补丁将引起新的安全问题。

由虚拟机补丁引起的安全问题有两种。一是安装补丁的进度跟不上虚拟机用户使用的实际需要。虚拟化技术引入后，每台物理服务器上可以放置多个虚拟机，而这些虚拟服务器中的每一个虚拟机仍是一个单独的服务器，每一个虚拟机必须像单独的物理服务器那样使用补丁，以便及时修补潜在的安全漏洞。这样一来，需要管理的对象也相应地增多了。二是许多用户会保持少量的重要镜像，从这些镜像推出新虚拟机，或者将虚拟机拍一个快照写入硬盘，需要时利用离线库中存储的许多虚拟机中的一个虚拟机进行灾难恢复，但是，用于灾难恢复的虚拟机可能并没有更新杀毒软件病毒库和系统补丁文件，那么虚拟机在运行时就可能引发安全问题。

2）车联网云平台数据存储威胁

（1）数据的加密存储问题。

在传统的信息系统中，一般采用加密方式来确保存储数据的安全性和隐私性。在云平台中，似乎也可以这样做，但实现起来却很困难。在基础设施即服务云模式中，由于授权给用户使用的虚拟资源可以被用户完全控制，数据加密容易做到（无论是在公有云或者私有云中）。但在平台即服务云模式或者软件即服务云模式中，如果数据被加密，操作就变得困难。在云平台中，对于任何需要被云应用或程序处理的数据，大都是不能被加密的，因为对于加密数据，很多操作像检索、运算等都难以（甚至无法）进行。数据的云存储面临安全悖论：加密，数据无法处理；不加密，数据的安全性和隐私性得不到保证。

（2）数据隔离问题。

尽管云服务提供商会使用一些数据隔离技术（如数据标签和访问控制相结合）来防止对混合存储数据的非授权访问，但非授权访问通过程序漏洞仍然是可以实现的，比如GoogleDocs 在 2009 年 3 月就发生过不同用户之间文档的非授权交互访问。一些云服务提供商通过邀请第三方或使用第三方安全工具软件来对应用程序进行审核验证，但由于平台上的数据不仅仅针对一个单独的组织，这使得审核标准无法统一。

（3）数据迁移问题。

当云中的服务器"宕机"时，为了确保正在进行的服务能继续进行，需要将正在工作的进程迁移到其他服务器上。进程迁移，实质上就是将与该进程相关的数据进行迁移，迁移的数据不仅包括内存和寄存器中的动态数据，还包括磁盘上的静态数据。为了让用户几乎无法感觉到"宕机"的发生，迁移必须高速进行；为了让进程能在新的机器上恢复运行，必须确保数据的完整性；另外，如果进程正在处理的是机密数据，还必须确保这些数据在迁移过程中不会泄露。

（4）数据残留问题。

数据残留是指数据删除后的残留形式（逻辑上已被删除，物理上依然存在）。数据残留可能无意中透露敏感信息，所以即便是删除了数据的存储介质也不应该被释放到不受控制的环境，如扔到垃圾箱或者交给其他第三方。如果未授权数据泄露发生，用户可以要求第三方或者使用第三方安全工具软件来对云服务提供商的平台和应用程序进行验证。迄今为止，没有哪个云服务提供商真正解决了数据残留问题。

3）车联网云平台应用威胁

车联网硬件设备的后端云服务本质上是一种 Web 应用，整车厂商或服务厂商通过Web 平台对设备进行统一管理和数据分析，通过各类消息服务或 API 实现设备数据采集和系统集成。Web 应用所面临的安全风险同样出现在车联网云平台中。近几年，随着 Web2.0技术的兴起，B/S 架构的 Web 应用程序由于其分布性强、维护方便、可移植性高等优点渐渐取代了传统的 C/S 架构的应用程序。

随着主机操作系统安全机制和信息系统安全架构的不断完善,大多数信息系统在网络边界都部署了防火墙、IPS 等安全设备,使得针对主机漏洞的攻击越来越难。而许多 Web 应用由于要对外提供服务,不得不暴露在外部网络中,使其更容易受到外部攻击,这也使得越来越多的黑客都将注意力转向了对 Web 应用程序漏洞的攻击。黑客通过攻击外部 Web 应用,取得相应权限后,还能进一步渗透进入企业内网,从而威胁到内部网络的安全。

7.2.2 车联网网络传输威胁分析

车联网的传输网络是一个多网络叠加的开放性网络,传输途径会经过多重不同的网络,因而会面临比传统网络更严重的威胁。车联网的网络传输面临的主要威胁体现在以下方面。

1)网络协议漏洞

网络传输层功能本身的实现中需要的技术和协议存在安全缺陷,特别是在异构网络信息交换方面,容易被逆向破解,且易受到异步攻击、合谋攻击等。

2)恶意代码威胁

随着车联网业务终端的日益智能化,车联网应用更加丰富,同时也增加了终端感染病毒、木马或恶意代码入侵的渠道,这些病毒可以直接进入车联网的传输网络,增加网络传输的安全风险。

3)异构网络融合威胁

随着网络融合的加速以及网络结构的日益复杂,网络传输层中的通信协议不断增多,当数据从一个网络传递到另一个网络时会涉及身份认证、密钥协商、数据机密性和完整性保护等诸多问题,因而面临的安全威胁将更加突出。

4)恶意节点威胁

在未来车联网应用场景中,直连模式的车与车通信将成为路况信息传递、路障报警的重要途径,而现有的车联网通信方式基本不能有效实施对车辆节点的安全接入控制,对不可信或失控节点的隔离与惩罚机制还未建立完善。一旦存在恶意节点入侵,就可通过阻断、伪造、篡改车与车通信信息或者通过重放攻击影响车与车通信信息的真实性,破坏车与车通信消息的真实性,影响路况信息的传递。

5)拒绝服务攻击威胁

IP 化的移动通信网络和互联网及下一代互联网将成为车联网网络传输层的主要载体。一个 IP 化的开放性网络将面临假冒攻击、泛洪攻击等网络安全威胁,且车联网中的业务节点数量将不断增多,在大量数据传输时将使承载网络拥堵,产生拒绝服务攻击。

6)数据传输威胁

车联网大量使用无线通信技术,数据传输面临更大威胁。攻击者可以窃取、篡改或删除通信链路上的数据,并伪装成网络实体截取业务数据及网络流量进行主动和被动分析。数据传输威胁主要包括如下几种:

(1)窃听攻击。攻击者通过窃听无线通信链路上的数据,获取智能设备终端的隐私数据和敏感数据。例如，通过窃听可以获取 OBD 盒子、T - BOX、IVI 等硬件设备的数据，从而获得用户的隐私数据。

（2）篡改攻击。攻击者可以篡改终端向车联网云平台提交的业务数据，向车联网提供错误的数据信息。

（3）伪造攻击。在车联网终端的控制指令传输过程中，攻击者可以伪造一些携带控制指令的报文发给智能终端，达到未授权操作的效果。

（4）重放攻击。从目前的分析来看，重放攻击主要分为两个方面：一种是针对未加密的通信协议重放控制指令攻击设备；另一种是通过会话令牌的重复使用而发起的攻击行为。

7.2.3 车联网终端威胁分析

本书主要从五个方面来分析车联网终端设备面临的威胁，分别是车载操作系统安全威胁、数据存储安全威胁、应用安全威胁、接入安全威胁和通信安全威胁。

1）车载操作系统安全威胁

任何操作系统都存在漏洞，车载操作系统也不例外，攻击者可利用车载操作系统漏洞入侵汽车。

（1）操作系统移植中存在的安全威胁。目前，车载操作系统也多移植于智能移动终端的操作系统，主要有 iOS 操作系统和 Android 操作系统。由于 iOS 是一个系统级服务有限的相对封闭的操作系统，漏洞较少。而 Android 是一个相对开放的半开源操作系统，虽然操作系统的核心代码是开源的，底层服务也是开放的，但第三方基于开源系统和开放平台开发的应用一般是不开源的，导致软件漏洞和后门大量存在，威胁较大。

（2）软件"越狱"带来的安全风险威胁。软件"越狱"是指绕过厂商对其操作系统施加的很多限制和安全策略，获得设备 root 权限访问底层服务的技术手段。设备"越狱"后，用户可从官方以外的应用商店下载非官方的应用程序，而这些非官方的应用程序可能被攻击者利用。

（3）操作系统"刷机"带来的安全风险威胁。"刷机"即对设备更换固件（即 ROM），"刷机"后有可能带来设备运行不稳定、死机、功能失效等后果，存在很大的安全风险。

2）终端数据存储安全威胁

汽车数据除了供车辆上的显示设备使用外，还被通过蜂窝网、WiFi 或蓝牙的方式发送给手机客户端或者传送到车辆云平台供进一步分析使用。隐私泄露产生的原因包括数据在无线传输过程中被窃取、手机和云平台数据存储和管理不安全、攻击者利用恶意车联网应用非法获得数据等。

3）终端应用安全威胁

应用软件安全威胁包括：恶意软件中包含病毒；合法软件的程序流程被篡改或植入恶意代码；攻击者通过将代码反编译分析原程序功能，进而找出 API 和用户交互的接口，然后利用该接口漏洞对用户信息或系统发起进一步攻击。上述威胁可能会导致车辆系统被感染、用户隐私泄露，甚至车辆被非法控制。

4）终端接入安全威胁

智能车辆上的无线接入方式有蓝牙、WiFi、4G 等，有线接入方式有 USB、OBD 接口等。由于缺少防攻击手段，这些接口或无线接入可能会把潜在威胁带入到智能车辆内。

5）终端通信安全威胁

车辆终端利用了很多无线通信技术。例如，利用无线信号进行车辆解锁，利用蓝牙在车辆和手机之间传输信息等。通信数据未加密、加密密钥丢失、加密强度低、通信协议无保护、协议保护方法太简单等，都会带来通信数据泄漏或通信过程被窃听等威胁。

7.3 车联网系统安全技术分析

车联网系统面临的安全威胁归根到底是由构成车联网系统的软硬件存在的安全漏洞引起的，如何挖掘、利用、修复这些安全漏洞，如何突破新的车联网安全攻防技术，就成了车联网安全研究者们关注的核心问题。本节主要介绍硬件安全测试技术以及构成车联网系统的主要组成部分（T-BOX、IVI、App、TSP 平台）的安全测试技术，并结合相关攻击案例进行详细分析。

7.3.1 硬件安全测试技术分析

硬件是计算和通信的根本，它使全部软件、算法和通信协议发挥作用，车联网系统的相关硬件也不例外。如今，硬件已经成为了安全系统的执法者，因为它将用来确保只有经过验证的用户和软件可以访问处理器。然而，当前的硬件设计流程没有将安全性作为关键的设计目标，因此硬件成为了安全系统中的最薄弱的一环。本节介绍一些实用的 PCB 级硬件逆向的基础技术，重点介绍硬件中固件的获取与调试。

1. 硬件设备攻击面分析

硬件设备是物理世界的接口体现，也是虚拟数字世界的通信媒介，相关的数据转换会首先经过硬件设备。硬件设备存在的攻击面可能有：存储介质、硬件通信接口、网络通信接口等。

1）存储介质

（1）RAM（随机存取存储器）。RAM 是与 CPU 直接交换数据的内部存储器，可以随时读写且速度很快。RAM 一般作为操作系统或其他正在运行的程序的临时数据存储媒介。RAM 有易失性、随机存取、访问速度快、对静电敏感、再生的特点。根据存储单元的工作原理不同，RAM 分为静态随机存储器和动态随机存储器。

静态随机存储器：静态存储单元是在静态触发器的基础上附加门控管构成的，因此，它是靠触发器的自保功能存储数据的。

动态随机存储器：动态 RAM 的存储矩阵由动态 MOS 存储单元组成。动态 MOS 存储单元利用 MOS 管的栅极电容来存储信息，但由于栅极电容的容量很小，而漏电流又不可能绝对等于 0，所以电荷保存的时间有限。为了避免存储信息的丢失，必须定时地给电容补充漏掉的电荷。通常把这种操作称为"刷新"或"再生"，因此 DRAM 内部要有刷新控制电路，其操作也比静态 RAM 复杂。尽管如此，由于 DRAM 存储单元的结构能做得非常简单，所用元件少、功耗低，已成为大容量 RAM 的主流产品。

（2）ROM（只读存储器）。ROM 是一种只能读出事先所存数据的固态半导体存储器，其特性是一旦储存资料就无法再将之改变或删除，通常用在不需要经常变更资料的电子或终端系统中，并且资料不会因为电源关闭而消失。

2）硬件通信接口

电路板上的不同硬件之间以及电路板与外部世界之间都需要进行相互通信，这些通信都基于定义好的标准硬件通信协议和接口。从攻击者角度来看，可以通过嗅探或恶意数据注入等方式来刺探通信过程，可以从以下描述的通用接口中具体分析一些安全隐患。

（1）UART（通用异步收发传输器）：UART 是一种硬件外设之间的异步通信收发器，它可用于同一电路板上不同器件间的通信（如单片机与电机或 LED 屏幕通信）或两个不同设备（如单片机与 PC 通信）之间的通信。这是一个危险的攻击面，在许多设备中，电路板上的 UART 端口是开放的，攻击者可以利用该端口入侵设备，以获得某种类型的 shell 控制权、自定义命令行控制端、日志输出等。图 7-2 所示为一个标准的四引脚输出 UART 端口。

图 7-2　四引脚输出 UART 端口

（2）单片机调试端口：单片机在运行时都能利用特定的引脚进行调试，这些引脚（端口）是为开发者和设计者预留的，利用它们可以进行设备调试、固件内存读写、后期引脚控制测试等。然而对于攻击者来说，这类调试端口可能会成为最致命的攻击面。

（3）JTAG 接口：随着电路板的设计越来越小，成型产品的后期测试变得非常困难，为了对电路板执行高效的后期测试，多家主要电子制造商联合成立了一个组织，并确定了一系列电路板后期测试方法标准，后称为 IEEE 1149.1，也称为 JTAG 测试协议。该协议具体定义了单片机调试的标准接口和命令。标准的 JTAG 接口包括 4 个引脚接口和 1 个额外可选的 TRST 引脚接口：

· TMS——测试模式选择；
· TCK——测试时钟；
· TDI——测试数据输入；
· TDO——测试数据输出；
· TRST——测试复位（可选）。

除了芯片调试之外，调试器还能利用这些引脚与单片机上的测试访问端口（TAP）进行通信。从安全角度来看，识别 JTAG 端口并与之连接，攻击者可以实施固件提取、逻辑逆向、恶意固件植入等非法目的。

（4）cJTAG（紧凑型 JTAG）：这是一种新的 JTAG 测试协议，它不是对 JTAG 的替代，而是在其基础上的一个向后兼容扩展测试协议，它定义了 TCK 和 TMS 两个引脚接口和

TAP 的一些实现特性。

(5) SWD（串行线调试）：这是单片机调试的另一种方法，它定义了 SWDIO（双向）和 SWCLK（时钟）引脚接口，它是基于 ARM 技术的 ARM CPU 双向线标准调试协议，来源于 V5 版本的 ARM 调试接口定义，其中说明了 SWD 是一种比 JTAG 更高效的调试方法。

(6) I²C（内置集成电路）：I²C 是飞利浦公司发明的，用于同块电路板上芯片之间进行短距离通信的协议。它具备主从架构和以下两种总线：SDA（串行数据信号线）和 SCL（串行时钟信号线）。I²C 的典型应用就是在 EEPROM 芯片上连接 I²C 引脚并进行数据和代码存储。对这种协议的攻击包括数据嗅探、敏感信息提取、数据破坏等，可以对 EEPROM 芯片进行静态数据分析，也可对 I²C 通信进行动态嗅探来分析其行为和安全问题。

(7) SPI（串行外设接口）：SPI 也是芯片间的一种短距离通信协议，由摩托罗拉公司发明。它具备全双工和主从架构特点，比 I²C 吞吐量更高，并使用了以下四种串口总线：SCLK（串行时钟信号线 SCL）、MOSI（串行数据输出信号线）、MISO（串行数据输入信号线）和 SS（从选择信号线）。SPI 应用于多种外设间的通信。闪存和 EEPROM 同样使用 SPI，其测试分析方法类似 I²C，只是总线接口不同。

(8) USB：USB 接口一般用于充电和数据通信，后期出于方便也用于问题调试，可进行动态数据嗅探和静态数据模糊测试，以分析其中的安全问题。

(9) HMI（交互接口）：与传感器接口类似，HMI 不局限于工控系统应用，它也被定义为 IoT 以及车联网架构中用户与设备之间的通信接口，用户可以通过它来直接对设备进行操控，如触屏、按下按钮、触摸板等。HMI 也会存在一些绕过机制的问题和安全设置的问题。

(10) 其他硬件通信接口：还存在其他与硬件设备的通信方式，作为渗透测试人员，要积极分析并擅于发现接口的一些安全绕过和设置错误问题。其他硬件通信接口包括（但不限于以下几类：D-Subminiature（显示器 VGA 类）接口、Ecommended Standards（RS232，RS485 等推荐性标准）接口及 OBD 接口等。

3）网络通信接口

网络通信接口允许设备与包括传感器网络、云端和移动设备的其他数字设备进行网络通信，而负责网络通信的硬件接口可能包含自主独立的单片机/固件等，所以，这种情况的攻击面可能为底层通信实现的固件或驱动程序代码。

(1) 无线网络通信接口：无线网络通信接口存在一些已知的安全问题，从攻击者角度看，可对无线芯片进行诸如物理破坏、拒绝服务、安全验证绕过或代码执行等攻击。

(2) 以太网接口：以太网设备接口都存在一些底层 TCP/IP 通信漏洞、硬件实现漏洞和其他攻击向量。

(3) 无线电通信接口：由于很多车联网产品都集成或转向无线电通信方式，无线电通信接口将会是一个关键的攻击面，在很多情况下，无线通信要比有线通信更加高效。之所以把无线通信单独列出，就是为了把它和需要网关设备的无线网络通信和有线通信区分开来，无线电通信与它们完全不同。

2. 固件安全分析

固件是一般存储于设备中的电可擦除只读存储器 EEPROM 或 FLASH 芯片中，可由用户通过特定的刷新程序进行升级的程序。一般来说，担任着一个电子产品最基础、最底层工作的软件才可以称之为固件，比如计算机主板上的基本输入/输出系统 BIOS。

通常这些硬件内所保存的程序是无法被用户直接读出或修改的。在以前，一般情况下是没有必要对固件进行升级操作的，即使在固件内发现了严重的漏洞，也必须由专业人员带着写好程序的芯片把原来机器上的芯片更换下来。早期固件芯片一般采用了 ROM 设计，它的固件代码是在生产过程中固化的，用任何手段都无法修改。随着技术的不断发展，修改固件以适应不断更新的硬件环境成了用户们的迫切要求，所以，可重复写入的可编程可擦除只读存储器 EPROM、EEPROM 和 Flash 芯片出现了，这些芯片是可以重复刷写的，让固件得以修改和升级。

设备固件的安全是构建设备安全的基础环节，它的安全问题将影响到整个系统。在真实的攻击场景中，常常需要提取固件，将其解压缩，以便对操作系统和应用程序进行逆向和安全审计。下面将着重介绍如何提取固件和分析固件。

1）识别元器件

在介绍哪些元器件可用于存储固件之前，首先来讨论一下，如何识别 PCB 上的元器件。电路识别在对电路进行分析之前，需要对 PCB 电路图和电子元器件知识有简单的了解。PCB，中文名称为印制电路板，又称印刷线路板，是电子元器件的支撑体，是电子元器件电气连接的载体。最明显的信息是芯片上的标签，标签中可能包含了制造商名称、型号和芯片描述。图 7-3 所示为电路板上的电子元器件。

图 7-3 电路板上的电子元器件

电子元器件有着不同的封装类型，不同类的元件可能外形一样，但内部结构及用途是大不一样的，比如 TO220 封装的元件可能是三极管、可控硅、场效应管或双二极管，TO-3 封装的元件有三极管、集成电路等。二极管也有几种封装，如玻璃封装、塑料封装及螺栓封装。二极管品种有稳压二极管、整流二极管、隧道二极管、快恢复二极管、微波二极管、肖特基二极管等，这些二极管都用一种或几种封装。贴片元件由于元件微小，有的干脆不印字，常用尺寸大多也就几种，所以没有经验的人很难区分，但贴片二极管及有极性贴片电容与其他贴片则很容易区分，有极性贴片元件有一个共同的特点，就是极性标志。识别元件时，可以看印字型号来区别，对于元件上没有字符的器件则可分析电路原理或用万用表测量元件参数进行判断。

2）固件的存储位置

一块 PCB 上可能有很多地方可以用于存储固件。事实上，在某些终端设备中，固件确实被存储在多个位置。假如有能力找出并识别电路板上的存储芯片，那么下一步就需要了解这些存储芯片可以被分为哪些不同类型，以及它们各自常见的用途。

在大部分硬件产品中多采用 Flash 芯片作为存储器，提取固件主要也是通过读取 Flash 芯片进行的。下面介绍几种常见的 Flash 芯片。

(1) I²C EEPROM。I²C EEPROM 采用的是 IIC 通信协议。I²C 通信协议具有的特点：简单的两条总线线路，一条串行数据线(SDA)，一条串行时钟线(SCL)；串行半双工通信模式的 8 位双向数据传输，位速率标准模式下可达 100 Kb/s；一种电可擦除可编程只读存储器，掉电后数据不丢失，由于芯片能够支持单字节擦写，且支持擦的次数非常之多，一个地址位可重复擦写的理论值为 100 万次。图 7-4 所示是一款 I²C EEPROM 芯片。

(2) SPI NorFlash。SPI NorFlash 采用的是 SPI 通信协议。有 4 线或者 3 线通信接口，由于它有两个数据线能实现全双工通信，因此比 I²C 通信协议的 I²C EEPROM 的读写在速度上要快很多。SPI NorFlash 具有 NOR 技术 Flash Memory 的特点，即程序和数据可存放在同一芯片上，拥有独立的数据总线和地址总线，能快速随机读取，允许系统直接从 Flash 中读取代码执行；可以单字节或单字编程，但不能单字节擦除，必须以 Sector 为单位或对整片执行擦除操作，在对存储器进行重新编程之前需要对 Sector 或整片进行预编程和擦除操作。图 7-5 所示为一款 SPI NorFlash 芯片。

图 7-4　一款 I²C EEPROM 芯片　　　　图 7-5　一款 SPI NorFlash 芯片

(3) Parallel NorFalsh。ParallelNorFalsh 也叫做并行 NorFlash，采用 Parallel 接口通信协议，拥有独立的数据线和地址总线。它同样继承了 NOR 技术 Flash Memory 的所有特点。由于采用了 Parallel 接口，Parallel NorFalsh 相对于 SPI NorFlash 来讲，支持的容量更大，读写的速度更快，但是由于占用的地址线和数据线太多，在电路电子设计上会占用很多资源。Parallel NorFalsh 读写时序类似于 SRAM，只是写的次数较少，速度也慢，由于其读时序类似于 SRAM，读地址也是线性结构，所以多用于不需要经常更改程序代码的数据存储。图 7-6 所示为一款 Parallel NorFlash 芯片。

(4) Parallel NandFlash。ParallelNandFlash 同样采用了 Parallel 接口通信协议。NandFlash 在工艺制程方面分有三种类型：SLC、MLC 和 TLC。NandFlash 技术 Flash Memory 具有以下特点：以页为单位进行读和编程操作，以块为单位进行擦除操作；具有快编程和快擦除的功能，其块擦除时间是 2 ms，而 NOR 技术的块擦除时间达到几百 ms；芯片尺寸小、引脚少，是位成本最低的固态存储器；芯片包含有坏块，其数目取决于存储器密度，坏块不会影响有效块的性能，但设计者需要有一套的坏块管理策略。图 7-7 所示为一款 Parallel NandFlash 芯片。

图 7-6 一款 Parallel NorFlash 芯片 · · · · · · 图 7-7 一款 Parallel NandFlash 芯片

（5）SPI NandFlash。SPI NandFlash 采用了与 SPI NorFlash 一样的 SPI 通信协议，在读写的速度上没什么区别，但在存储结构上却采用了与 Parallel NandFlash 相同的结构，所以 SPI NandFlash 相对于 SPI NorFlash 具有擦写的次数多，擦写速度快的优势，但是在使用过程中会与 Parallel NandFlash 一样出现坏块，因此，也需要做特殊坏块处理才能使用。图 7-8 所示是一款 SPI NandFlash 芯片。

（6）eMMC Flash。eMMC 采用统一的 MMC 标准接口，自身集成 MMC Controller，存储单元与 NandFlash 相同。针对 Flash 的特性，eMMC 产品内部已经包含了 Flash 管理技术，包括错误探测和纠正、Flash 平均擦写、坏块管理、掉电保护等技术。MMC 接口速度高达每秒 52 MB。eMMC 具有快速、可升级的性能，同时其接口电压可以是 1.8 V 或者 3.3 V。图 7-9 所示为一款 eMMC Flash 芯片。

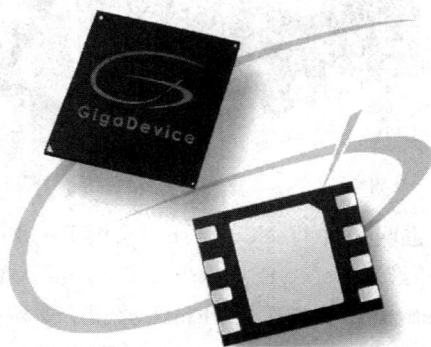

图 7-8 一款 SPI NandFlash 芯片 · · · · · · 图 7-9 一款 eMMC Flash 芯片

（7）UFS2.0。UFS 闪存规格采用了新的标准 2.0 接口，它使用的是串行界面，很像 PATA、SATA 的转换，并且它支持全双工运行，可同时读写操作，还支持指令队列。相比之下，eMMC 是半双工，读写必须分开执行，指令也是打包，在速度上就已经是略逊一筹了，而且 UFS 芯片不仅传输速度快，功耗也要比 eMMC5.0 低一半，可以说是日后旗舰手机闪存的理想搭配。目前仅有少数的半导体厂商提供封装成品，如三星、东芝电子等。图7-10所示为一款 UFS2.0 芯片。

图 7-10 一款 UFS2.0 芯片

3) 常见固件获取方式

常见的固件获取方式主要有四种：官网提供固件下载、抓包分析固件更新 URL、调试串口获取、暴力读取固件存储芯片数据。官方提供固件下载的获取方式多用于手机、路由器、相机等设备（车载终端设备也存在，但比较少）的固件获取。但大多数终端设备的官网没有直接提供下载连接。通常，可以通过分析 App 端是否有固件更新功能或者直接抓取终端设备的网络数据包，提取固件更新 URL，然后下载固件。当然，还有很多厂商的硬件设备不提供固件更新，或者网络数据强加密使我们不能获取有效固件 URL 数据。在这种情况下，可以通过拆卸终端设备，观察硬件布局和硬件型号推测固件存储设备，采用暴力读取固件存储芯片数据的方式获取固件。本书重点介绍如何从存储芯片中读取固件。

（1）工具和设备简介。从存储芯片中读取固件一般需要使用到的工具和设备有：夹式放大镜、镊子、热风枪吹焊机、焊接台、编程器及其相关软件，如图 7-11 所示。

图 7-11　读取固件的常用工具及设备

（2）编程器介绍。编程器是为可编程的集成电路写入数据的工具，主要用于单片机（含嵌入式）/存储器之类芯片的编程。编程器主要修改只读存储器中的程序。编程器通常与计算机连接，配合编程软件使用。

编程器通过数据线与计算机并口连接，有独立的外接电源，操作方便，编程稳定；采用 Windows 下的图形界面，使用鼠标进行操作，支持 Windows XP/Windows 7 及以上版本的操作系统；具有编程提示功能，控制程序工作界面友好，对芯片的各种操作十分简单。

读取 Flash 芯片，需要借助编程器，编程器又称烧录器、写入器、写码器，是专门用来对 IC 芯片进行读写、编程/烧录的仪器。

编程器种类多样，价格从几十元到上万元不等。编程器在功能上可分为通用型编程器和专用型编程器。通用型编程器一般涵盖几乎所有当前需要编程的芯片，适合需要对很多种芯片进行编程的情况。通用型编程器设计复杂，成本较高，售价较高。专用型编程器价格最低，适用芯片种类较少，仅用于专用芯片编程的需要。

并口多功能 BIOS 编程器可以对 EPROM（27 系列芯片）、EEPROM（28 系列芯片）、

Flash ROM（29、39、49 系列芯片）及单片机、串行芯片等进行读写、编程，是一种性价比较高的编程器。

4）从 Flash 芯片中获取固件的基本流程

基本流程：先辨别 Flash 芯片，再使用吹焊机拆解芯片，最后使用编程器获取二进制数据。

（1）辨别 Flash 芯片。通常，使用目测法就能很快辨别出 Flash 芯片，亦可通过放大镜，观看芯片表面型号、电路板标志以及针脚辨别 Flash 芯片。

（2）使用吹焊机拆解芯片。在确认 Flash 芯片后，使用吹焊机（如图 7-12 所示）和镊子拆卸芯片。吹焊机一般调节在 400 摄氏度左右，吹的时候应尽量对准焊接处，避免损坏电路板，读取完固件以后应还能把 Flash 芯片焊接回电路板，正常使用硬件。

图 7-12　吹焊机

（3）使用编程器获取二进制数据。把 Flash 芯片放入编程器中，再把编程器的 USB 口插入电脑，用 CH341A 编程器软件读取。使用编程器软件之前，应先安装驱动程序。一切就绪以后，编程器软件右下角显示"设备连接状态：已连接"，如图 7-13 所示。

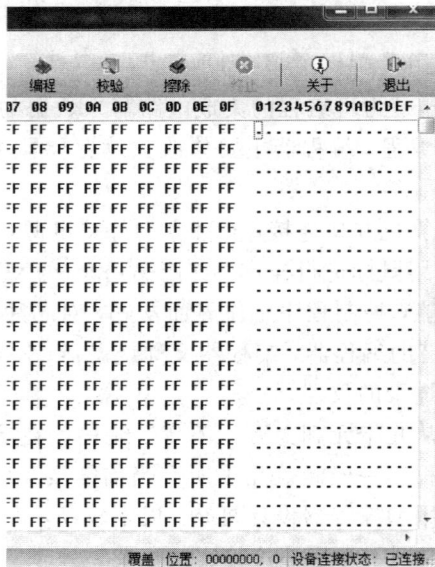

图 7-13　CH341A 编程器

单击编程器软件界面中的"检测"按钮，识别固件型号，如图 7 - 14 所示。

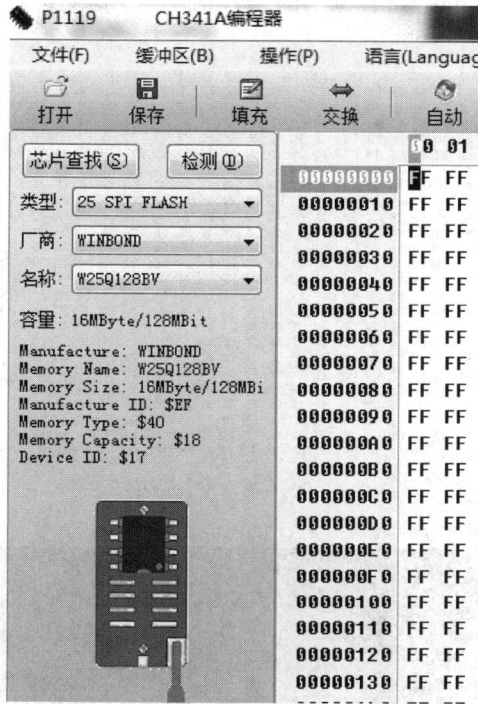

图 7 - 14　识别固件型号

单击界面中的"读取"按钮，读取固件，然后单击"保存"按钮，保存固件。

5）调试固件

（1）用 Binwalk 等进行初步信息收集。

下面以施耐德 PLC 以太网固件为例介绍 IDA 静态分析二进制固件文件的思路，用到的分析工具有 Binwalk、IDA 以及 WinHex 等。分析固件文件首先需要了解文件结构、编程语言指令集、运行系统、文件压缩格式等信息。

首先，使用 Binwalk 初步扫描分析固件的结构，可以看出从 0x385 位置后为 zlib 压缩格式，如图 7 - 15 所示。也可以使用 WinHex 直接查看二进制文件，如图 7 - 16 中 Pattern 字节为 789C 的是 zlib 算法压缩格式。一般，1F8B 为 gzip 算法、5D000080 为 LZMA 算法，Binwalk 就是根据这种方式来判断文件格式的。

图 7 - 15　分析固件结构

图 7 - 16　用 WinHex 查看二进制文件

接下来，可以直接使用 WinHex 删除 789C 前面的内容，再用 Python 调用 Zlib 解压库解压代码，并保存为 NOE_DE.bin，如图 7-17 所示。

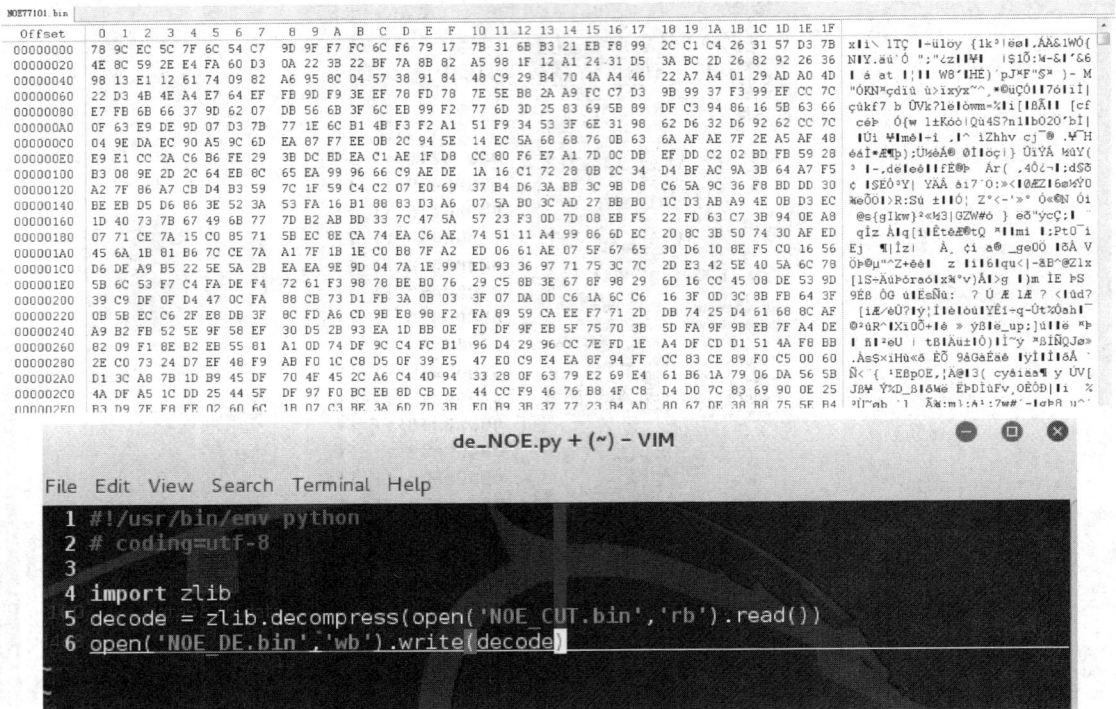

图 7-17　解压 zlib 数据

再接下来，用 Binwalk 扫描分析固件结构，可以发现输出信息多了很多，包含 LZMA 压缩格式的数据、HTML 文件、XML 文件、系统内核固件以及重要的字符串信息等，如图 7-18 所示。

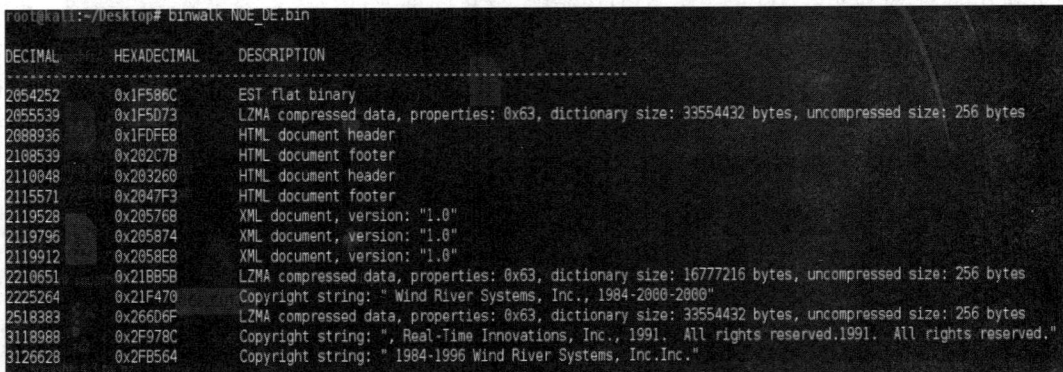

图 7-18　分析解压后文件

最后，使用前面提到的其他命令来获取更多固件信息，例如，用 binwalk -l 1000 -A NOE_DE.bin 命令获取固件构架，如图 7-19 所示；用 binwalk -S NOE_DE.bin 命令列举一些重要的信息，如图 7-20 所示。

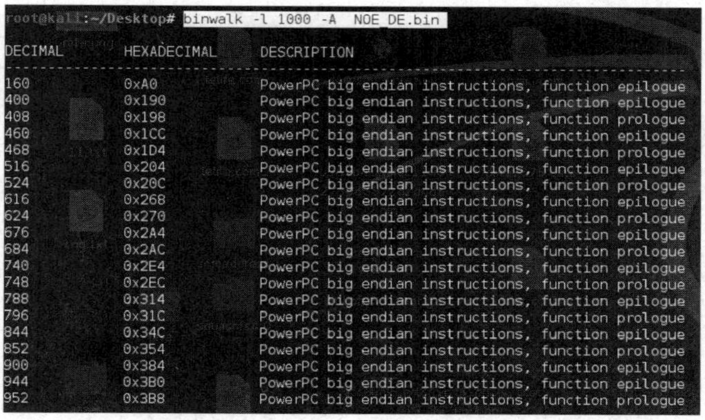

图 7 - 19　获取固件构架

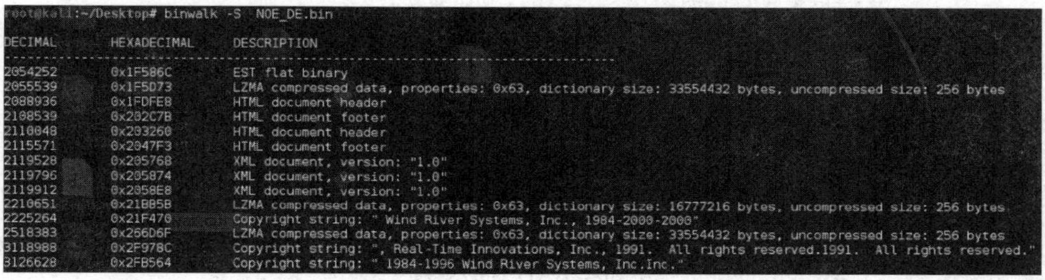

图 7 - 20　用 binwalk – S NOE_DE. bin 命令列举信息

（2）导入 IDA 分析。

在通过 Binwalk 探明了系统平台和固件指令架构的基础上，使用逆向利器 IDA 具体分析固件代码。一个全新的二进制固件相比常见的 x86 构架的可执行程序是有很多不同的。虽然 IDA 对常见的处理器架构做了识别，但还是有很多嵌入式设备处理器架构识别代码，这就需要自己阅读处理器芯片指令集并编写解析代码。固件导入 IDA 一般有以下几个步骤：识别处理器类型，结合指令集编写解析模块插件；结合处理器修复代码中的函数位置；确定固件代码段基址；重构符号表。这里，测试的固件为 PowerPC big-endian 处理器，IDA 可以识别，因此可以跳过第一个步骤直接开始修复代码函数位置的工作。

① 修复代码函数位置。通过 Binwalk 收集的信息可以知道固件使用的是 PowerPC big-endian处理器类型。导入固件后会发现 IDA 找不到代码，通过在代码中找到 PowerPC 压栈指令"9421FF?"的方式对函数位置进行修复，编写 IDA 插件（如果你使用的是 IDA6.8，则不需要编写函数位置修复插件）。代码示例如下：

```
/ * Ruben Santamart awww. reversemode. com * /
/ * Fix functions – Schneider NOE 110 firmware * /
# include <idc. idc>
static main()
{
    autoea;
    autoeaFunc;
    autominea;
    autoprolog;
```

```
autoeatemp;
autoi;
autogProArray;
minea = MinEA();
SetStatus( IDA_STATUS_WORK );
Message( "Fixing firmware...\n" );
gProArray = CreateArray( "ProGos" );
SetArrayString( gProArray, 0, "9421FF?" );
for ( i = 0; i < 1; i++ )
{
    ea= minea;
    prolog= GetArrayElement( AR_STR, gProArray, i );
    Message( "Opcodes：[%s]...\n", prolog );
    while ( 1 )
    {
        eaFunc = FindBinary( ea, SEARCH_DOWN, prolog );
        if ( eaFunc == BADADDR )
            break;
        MakeCode( eaFunc );
        MakeFunction( eaFunc, BADADDR );
        ea = eaFunc + 4;
    }
    Message( "OK\n" );
}
Message( "Done\n" );
SetStatus( IDA_STATUS_READY );
}
```

修复后，IDA 已经成功地进行了反编译并且识别出了代码块，如图 7-21 所示。

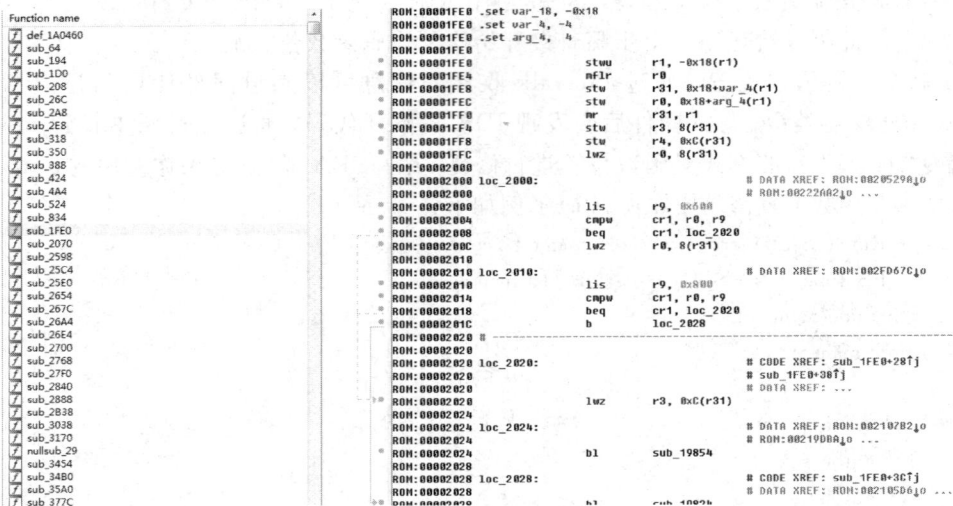

图 7-21　使用 IDA 反编译

② 确定固件代码段基址。结合 PowerPC 汇编的特性，找到一条相对寻址方式的 lis 指令，观察地址后面的@ha 确定基址为 0x10000。修改 IDA 基址（如图 7-22 所示），使 IDA 能够正确且完整地识别代码段（如图 7-23 所示）。

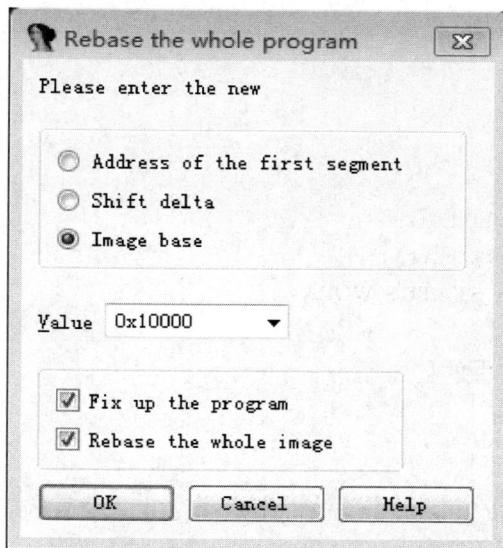

图 7-22　修改基址

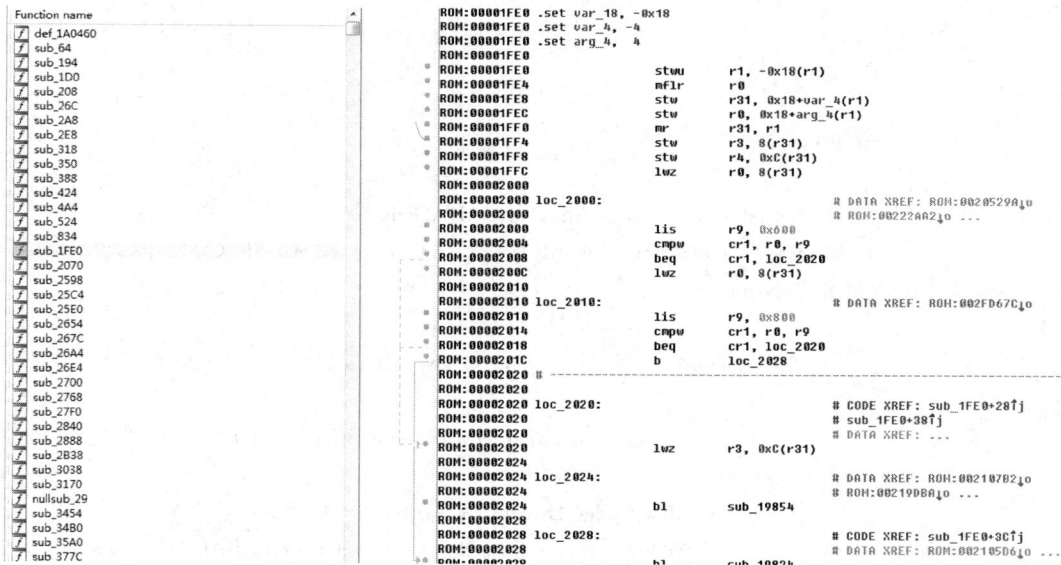

图 7-23　识别代码段

③ 重构符号表。确认二进制固件中是否有符号表。很多固件为了降低空间占用，在编译生产的时候删除了符号表。本书分析的固件中是带有符号表的，在代码末尾寻找有明显分界的起始和结束位置，由此判断符号表的起始位置为 0x311E64、结束位置为 0x3393A4。代码示例如下：

```
/* RubenSantamartawww. reversemode.com */
```

```
/ * Rebuildsomesymbols-SchneiderNOE * firmware * /
# include <idc. idc>
static main( )
{
    autoea;
    autooffset;
    autosName;
    autoeaStart;
    autoeaEnd;
    eaStart = 0x00311E64;
    eaEnd   = 0x003393A4;
    SetStatus( IDA_STATUS_WORK );
    ea = eaStart;
    while ( ea < eaEnd )
    {
        MakeDword( ea );
        offset = 0;
        if ( Dword( ea ) == 0x900 || Dword( ea ) == 0x500 )
        {
            offset = 8;
        }else if ( Dword( ea ) == 0x90000 || Dword( ea ) == 0x50000 )
        {
            offset = 0xc;
        }
        if ( offset )
        {
            MakeStr( Dword( ea - offset ), BADADDR );
            sName = GetString( Dword( ea - offset ), -1, ASCSTR_C );
            if ( sName )
            {
                if ( Dword( ea ) == 0x500 || Dword( ea ) == 0x50000 )
                {
                    if ( GetFunctionName( Dword( ea - offset + 4 ) ) == "" )
                    {
                        MakeCode( Dword( ea - offset + 4 ) );
                        MakeFunction( Dword( ea - offset + 4 ), BADADDR );
                    }
                }
                MakeName( Dword( ea - offset + 4 ), sName );
            }
        }
        ea = ea + 4;
    }
```

```
        SetStatus( IDA_STATUS_READY );

}
```

修复后可看到函数已被命名，如图 7 - 24 所示。

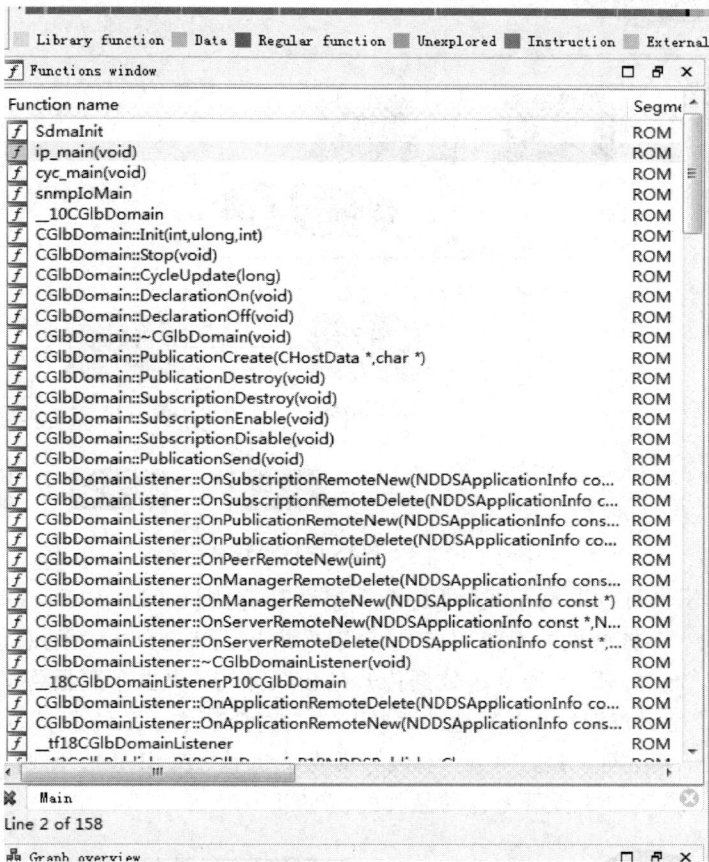

图 7 - 24　重构符号表

获取固件和对固件进行逆向工程要结合具体情况，采用合适的工具和方法，这里就不再赘述了。

7.3.2　T - BOX 安全测试技术分析

1. T - BOX 简介

前已述及，T - BOX 是车联网系统的重要组成部分，有的 T - BOX 作为独立终端模块安装在车上，有的 T - BOX 集成在车载网关上，有的 T - BOX 集成在 IVI 上（因此有的 IVI 兼有 T - BOX 的功能，这一点在后面介绍 IVI 时不再说明）。图 7 - 25 为 T - BOX 通信拓扑结构。

当用户通过手机端 App 发送控制命令后，TSP 后台会发出监控请求指令到车载 T - BOX，车辆在获取到控制命令后，通过 CAN 总线发送控制报文并实现对车辆的控制，最后反馈操作结果到用户的手机端 App 上。这个功能可以帮助用户远程启动车辆、打开空调、调整座椅至合适位置等。

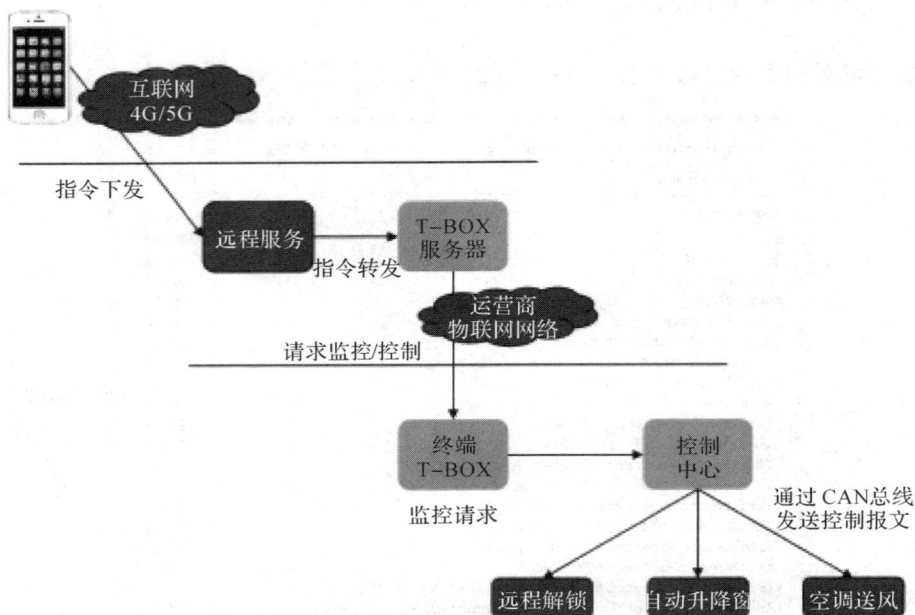

图 7 - 25　T - BOX 通信拓扑结构

　　车载 T - BOX 也可读取汽车 CAN 总线数据和私有协议。T - BOX 终端一般具有双核处理的 OBD 模块、双核处理的 CPU 构架，分别采集与汽车总线相关的总线数据和私有协议反向控制信息，通过 GPRS 网络将数据传输到云服务器，提供车况报告、行车报告、油耗统计、故障提醒、违章查询、位置轨迹、驾驶行为、安全防盗、预约服务、远程找车、利用手机控制汽车(门、窗、灯、锁、喇叭、双闪、反光镜折叠、天窗等)、监听中控警告和安全气囊状态等功能。图 7 - 26 所示为各种品牌的汽车 T - BOX。

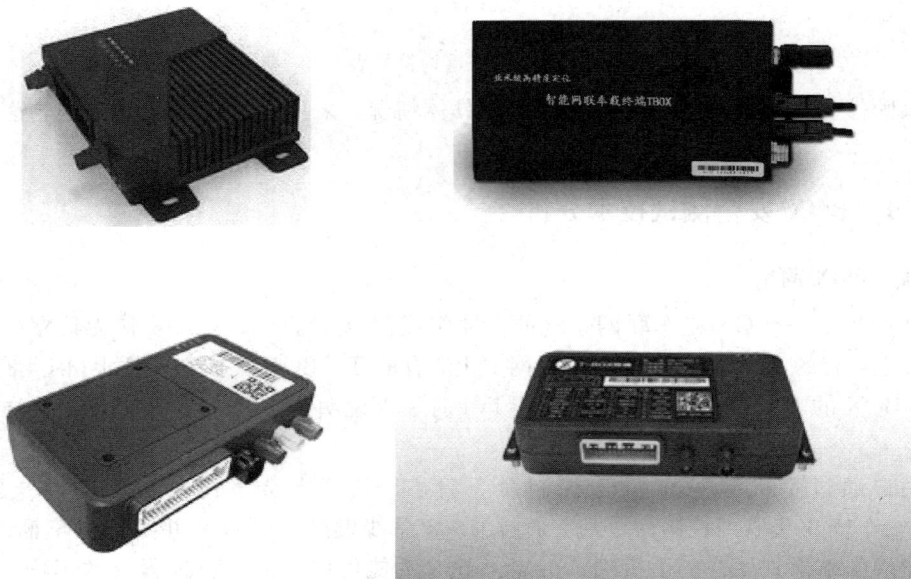

图 7 - 26　各种品牌的汽车 T - BOX

2. T-BOX 硬件架构

T-BOX 的一般硬件体系架构如图 7-27 所示。T-BOX 的核心为主 MCU，集成了 GSM 内置天线和 GPS 外置天线，提供通信功能；UART 等串口提供给开发者 DEBUG 功能；高速 CAN、低速 CAN 模块提供车辆电子控制功能；Flash Memory、SRAM Memory 等存储芯片提供数据存储功能；电池监控提供电池管理和唤醒功能；此外还有蓝牙模块、WiFi 模块、蜂窝网模块等，其功能不再一一介绍。

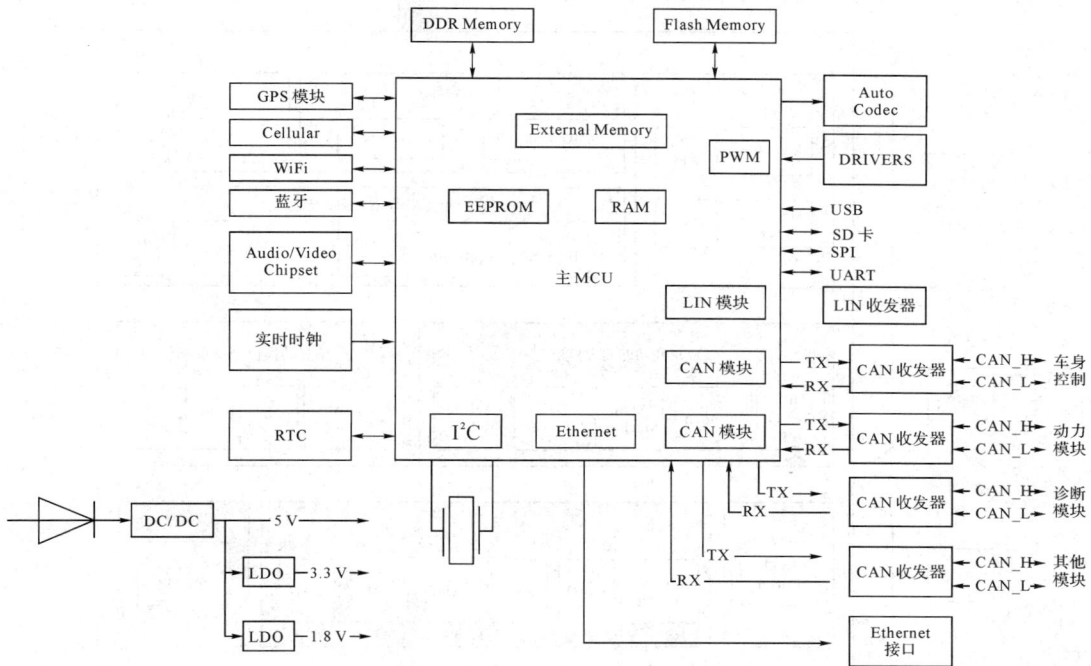

图 7-27 T-BOX 的一般硬件体系架构

3. T-BOX 软件架构

针对远程基本服务进行需求分析，对 T-BOX 系统进行横向的功能性的模块划分与设计，系统应具备以下几个模块：车辆配置、车辆诊断、车辆定位/导航、车辆报警、车辆远程控制等。

同时从 T-BOX 的 RTOS 系统特性以及远程服务的核心内容出发，T-BOX 需要实现：实时数据的传输和通信；基于实时数据的数据处理与数据反馈。对于 T-BOX 系统架构设计而言，实时数据的处理部分由各个模块进行功能性的实现，但对于实时数据的传输与通信则需要解决三个问题：车辆的外部通信问题，也即车辆接入网络作为客户端与网络服务器端的通信问题；系统内部数据通信问题，也即车载 T-BOX 系统中各个模块之间的通信问题；整车网络通信与控制的问题，也即 T-BOX 系统与车辆其他 ECU 之间的通信问题。

针对以上三个问题，T-BOX 系统从数据通信角度，需要以下三个主要模块：与服务供应商通信的通信模块；操作系统所支持的模块间消息通信模块；整车网络通信模块。

从 T-BOX 系统基本通信模块可知，系统要通信，必然需要硬件支持，T-BOX 系统由于经由无线网络接入互联网，必然通过 GPRS 或是 WCDMA 等网络通信协议进行通信，因此带有 SIM 卡的 Modem 不可或缺，Modem 模块是 T－BOX 系统与外界通信的基础；其次，整车网络中 ECU 间的通信需要通过 CAN 总线以及其他诸如 I²C 等总线将数据传输至控制单元，因此底层 BSP 应封装 CAN 总线、SPI 总线、I²C 总线等驱动，为 T－BOX 与其他 ECU 通信打下基础；最后，操作系统层提供 IPC，使上层应用各个模块间可以正常通信。由此，概括、精炼出一般的 T－BOX 系统的软件体系架构图（并非所有的 T－BOX 都采用该结构，各个厂商有所不同），如图 7－28 所示。

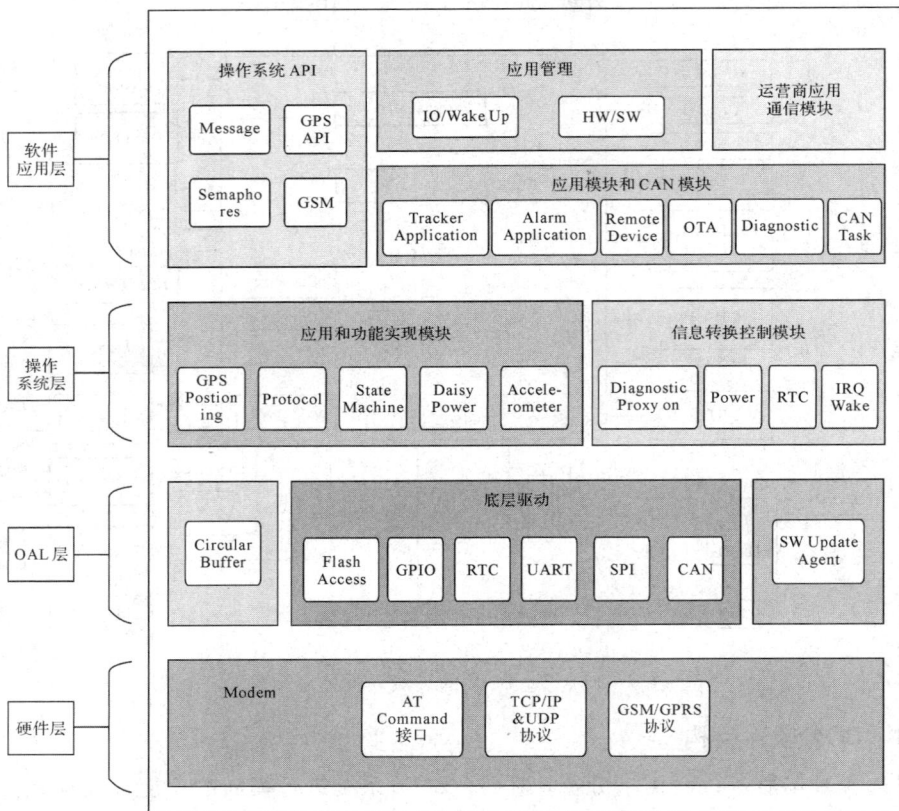

图 7－28 T－BOX 系统软件基础架构

由图 7－28 可知，T－BOX 系统大体可以分为：硬件层、OAL 层（OEM Adaptation Layer）、操作系统层、软件应用层。无线数据的传输是由底层 Modem 模块进行通信支持的。Modem 模块包括：AT Command 接口、TCP/IP 协议、GSM/GPRS 协议等，用于传输网络以及车辆实时数据。OAL 层属于 BSP 的一部分，用于引导系统核心映像和初始化、管理硬件，在图中对应各类底层驱动以及软件升级模块。操作系统层为应用层各个模块提供 IPC 通信机制、信号互斥等操作系统 API，同时对系统模块进行管理。应用层包含软件模块的各类应用，即针对远程基本服务的模块划分。从系统角度，应用层又分为上层应用以及为上层应用提供接口支持的服务模块。

4. T－BOX 安全测试技术分析

T－BOX 作为汽车内部与外部通信的枢纽，其面临的安全威胁不容小觑。与以往的软件漏洞、网站漏洞、无线攻击等传统的互联网安全研究问题不同，近几年，研究人员通过更加全面的技术对 T-BOX 进行了安全分析并成功破解，实现了对车辆的本地控制及远程控制。为破解 T-BOX，研究人员分析了 T-BOX 的硬件结构、调试引脚、通信模块、固件代码、总线数据、指纹特征等，成功劫持了 ARM 和 MCU 之间的串口协议数据，篡改了协议传输数据，修改了用户的指令，并发送伪造命令到 CAN 控制器中。图 7-29 是某 T-BOX 的控制器 MCU。

图 7-29　某 T-BOX 的控制器 MCU

　　2015 年 2 月，通过对 ConnectedDrive 模块安全漏洞事件的持续跟踪，德国研究机构 ADAC 的研究人员公布了宝马汽车的 ConnectedDrive 系统存在安全漏洞。研究人员拆解了 ConnectedDrive 系统的控制单元——ComBOX，也即 T-BOX，发现了六个主要漏洞：

- 宝马在所有的车型中使用了相同的对称密钥。
- 有些服务没有对车辆及宝马后端服务器中传输的信息进行加密。
- ConnectedDrive 配置数据没有验证发送源的身份信息。
- ComBOX 发送的 NGTP 信息披露了 VIN。
- 通过会话消息发送的 NGTP 信息通过不安全的 DES 方法进行加密。
- ComBOX 没有针对重放攻击实行防护。

下面简要分析一下 ADAC 研究人员对 ComBOX 的研究步骤。

1）定位目标

　　ComBOX（如图 7-30 所示）将宝马的 ConnectedDrive 服务与远程服务器连接在一起，可从电路板右上方看到它的 SIM 卡模块。ComBOX 的 CPU 是 SH-4A，这是一款 Renesas 生产的 32 位 RISC 处理器；调制解调器使用了 Cinterion（先前的西门子）生产的 GSM/GPRS/EDGE 模块；这款设备同时还使用了 Renesas 制造的 V850ES 微控制器。

　　为了研究 ComBOX 和 ConnectedDrive 服务器之间传输的会话消息指令，研究人员使用 OpenBSC 项目模拟了一个基站网络，记录了 ComBOX 的移动网络流量，图 7-31 所示为模拟的蜂窝基站。

图 7-30 ComBOX

图 7-31 模拟的蜂窝基站

研究人员通过分析之后发现消息指令是在 ComBOX 内部生成的，并且使用了 ComBOX 中的蜂窝网络调制解调器的扩展模块进行加密。由于是在传输层面加密的，所以无法得到消息会话的内容。攻击的方法就是通过分析固件代码，找到加密方法和密钥，最终获取消息会话的内容，所以需要对 ComBOX 进行进一步拆解。

2）拆解分析

ComBOX 的主板没有包含不标准的测试接口，只能通过拆下闪存模块主板，通过适配器来读取固件信息。图 7-32 所示为拆解后的闪存模块主板。

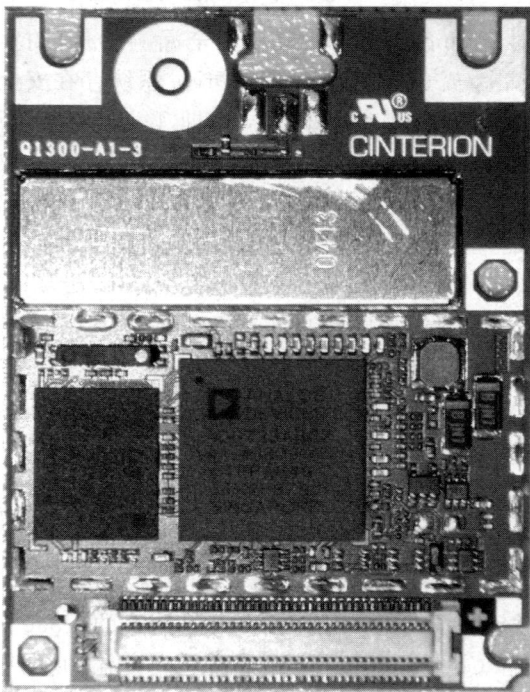

图 7-32 拆解后的闪存模块主板

为了分析固件，需要将ComBOX的闪存芯片用吹焊机"吹"下来。研究人员利用该芯片的接口特性和电压特性，将其连接至一个STM32适配板上，写几行C代码就将闪存芯片中的内容移植到了计算机上。为了分析固件代码，研究人员使用的工具是Hex-Rays的IDA Pro，该工具可用来检查汇编代码，并且支持调制解调器的ARM CPU。利用IDA Pro很快识别出了固件中的加密算法及哈希算法。图7-33所示为ComBOX的闪存被拆焊并被连接至适配器板。

图7-33 ComBOX的闪存被连接至适配器板

3）寻找密钥

研究人员起初认为每辆车的ComBOX都会生成一个独特的密钥，且存储在V850ES微型控制器中，但从固件分析出的某些字符串很快得出结论：密钥与NGTP协议有着密切的联系。NGTP协议包含更新密钥的函数，这让研究人员再次认为密钥被存储在某个地方，经过长时间的探索，研究人员分析了固件中非常随机的数据块，并尝试利用其中的某些数据当做解密紧急文本信息的密钥，经过一些匹配分析之后，最终确认所有车辆用的都是相同密钥。

研究人员确认ComBOX使用了DES（带有56位密钥）或者AES128（带有128位密钥）加密方式，此外，还使用了三种散列算法：DES CBC-MAC、HMAC-SHA1以及HMAC-SHA256。宝马为什么还在使用DES加密的原因不得而知，因为这个算法早就被爆出存在高危漏洞。

4）协议分析

研究人员分析了远程解锁功能。现实生活中，车主为了使用这个功能，第一步必须在宝马的官方网站上创建一个账户并且启用远程服务，随后才可利用App发送命令打开车门。为了弄清楚工作原理，研究人员记录了控制车辆的上行和下行数据流量，由于前面已经分析了加密算法及密钥表，可以轻易地解析这些数据流量。

车辆接收到一条文本信息之后，会用约一分钟的时间将主处理器连接到系统并启动。随后，ComBOX 通过基站网络启动与宝马后端服务器的数据连接，并尝试访问数据，此时由于 ComBOX 并没有收到任何数据，随后连接被终止并且什么也没发生。这意味着只有命令消息并不足以打开车门，而且系统要求从后端获得更多的数据。但令人惊讶的是，车辆及宝马服务器之间的蜂窝连接数据可以在研究人员的模拟网络中被记录，而没有任何告警信息。研究人员对这辆车发送了一个简单的 HTTP 请求，且传输中并不存在 SSL 或 TLS 加密。

为了弄清楚车辆想从宝马后端获取什么数据，不得不在开启车门的命令消息的重放攻击之前，从 App 触发解锁序列，这样服务器便会记录并存储控制车辆所需的信息。

5）突破障碍

通过分析整个解锁功能的协议，研究人员伪造了允许打开车门的数据。需要的设备是：无线基站、伪造的 ConnectedDrive 后端服务器、笔记本电脑。但如果 ConnectedDrive 车辆的远程服务被禁用，就无法实施远程打开车门的攻击了。远程服务器发送至车辆的信息与具体的车辆会进行验证操作，这一验证操作通过信息中的 VIN（车辆识别号码）实现。如果 VIN 没有匹配上当前车辆，便不会执行命令信息，命令信息通过一个简单的 HTTP GET 请求进行加载，且被格式化成加密的 XML。这对于攻击者而言根本不是问题，因为 ComBOX 在这一点上帮了大忙：如果没有收到一个合法的 VIN，会返回一个包含 VIN 的错误提示信息，以此来识别信息的发送者。

在研究的较新款的宝马车型中，一些车型的 ComBOX 已被其他控制模块取代。图 7-34 所示为不同宝马车型中替代 ComBOX 的控制模块——TCB。

图 7-34 替代 ComBOX 的控制模块——TCB

6）攻击实验

攻击实验所需的设备要能装入背包内，模拟基站覆盖范围为 100 m 左右。IMSI 捕捉器在这个区域中会提供比实际移动网络更强的信号，导致手机（安装有远程解锁功能的 App）会选择接入虚假网络。一旦接入网络，会分配移动设备使用的 TMSI（临时移动用户识别码），如果目标车辆使用了 TCB 模块，攻击者将屏蔽该区域现有的 UMTS 信号来强制控制单元退回到 GSM 模式。

由于不仅只有 ConnectedDrive 车辆可能会加入虚假网络，所以要通过查看 IMEI 码（分配给所有的移动设备和蜂窝调制解调器的唯一序列号）来过滤联网设备。这个号码的前 8 个字符对设备（型号分配码 TAC）进行识别，这使得攻击者可以区别 ComBOX 和 TCB。

知道某辆车装载有 ComBOX 之后，攻击者可以识别出所描述的 VIN，开始激活远程服务并打开车门。如果一辆车包含 TCB，那么 VIN 必须通过另外的方式获得，按照车辆销售的地区，VIN 可在挡风玻璃或者车门框的饰板上找到。最后，攻击者远程打开车门且不会留下任何痕迹，即使在熙熙攘攘的街道上也不会引起注意。

7.3.3　IVI 安全测试技术分析

1. IVI 系统简介

前已述及每个车企都会给旗下汽车配备专有的 IVI 系统，命名也都不一样，导致市面上 IVI 产品种类繁多，但是功能大同小异。IVI 主要都是围绕导航定位、车辆信息、安全防护、智能操作、影音娱乐及商旅资讯等功能进行设计的，只是功能的广度和深度不一样而已。图 7 - 35 所示为安装在车内的 IVI 系统。

图 7 - 35　安装在车内的 IVI 系统

2. IVI 系统功能

随着汽车电子技术的快速发展，以及汽车零部件供应商和汽车制造商的不断创新，越来越多的科技被运用到 IVI 系统中，集成化、智能化、网联化及全图形化成为 IVI 系统的标签和代名词。如今，IVI 系统凭借其多样化的功能已发展成为智能网联汽车中不可或缺的重要元素。图 7 - 36 简单示意了现在的 IVI 系统的主要功能。

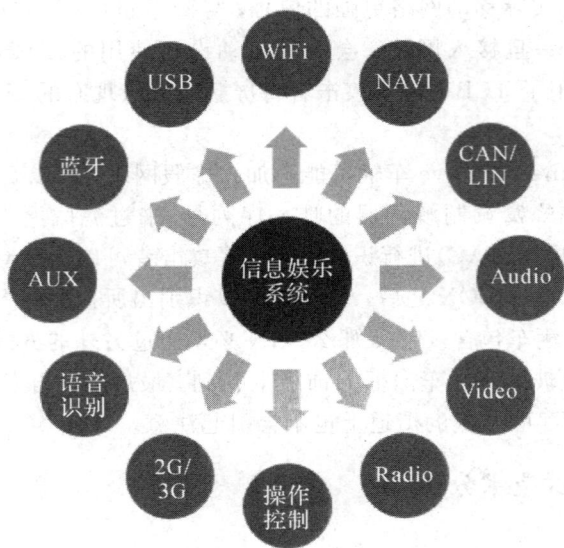

图 7-36 IVI 系统的主要功能

概括来讲，IVI 系统的功能主要包括以下 7 个方面。

1) 仪表显示

在传统仪表盘显示的基础上增加了对来自传感器和 CAN 总线的信号显示，以高清液晶屏作为 IVI 系统的显示终端，需要的信息能够以图形化方式准确、灵活地显示在信息娱乐大屏上，使得驾驶员能够对车况数据有直观了解，其中高亮度显示、高实时性响应是车载大屏系统对于仪表显示的基本要求。

2) 导航与定位

通过 GPS、北斗或其他导航系统，无论用户身处何处，都能实现连续导航和即时定位。此外有些 IVI 还包含自主导航、最佳行车路线规划、信息查询、轨迹记录和回放、交通堵塞预测及实时更新等功能。

3) 无线上网

通过内嵌的通信模块，借助运营商覆盖全国的 3G/4G 等信号，可实现无线上网功能，如浏览网页、在线音乐、移动办公等。

4) 远程故障诊断及车辆监控

通过对车辆的各种性能和状况进行智能监控，将收集的车辆数据借助 IVI 系统内置的无线通信模块传送到后台云服务中心进行存储、分析与诊断，可及时给予用户提示和有效改善措施，实现远程故障诊断的目的。借助车辆搭载的 GPS 或其他导航定位模块，可对车辆进行实时监控及有效跟踪。

5) 辅助安全驾驶

借助雷达、摄像头等传感器感知周围环境，运用人工智能、模式识别等技术进行智能决策，可自动调整车辆运行状态或向用户告警，从而辅助驾驶员安全行驶，如自适应巡航、碰撞预警等。

6）车载娱乐

车载娱乐系统已经由以前的收音机或 CD 机进化成拥有多种娱乐和信息的系统。IVI 一般支持以 USB、蓝牙等方式播放其他设备上的音/视频，支持多种格式的音/视频文件，且可利用 WiFi 连接互联网在线播放音/视频文件，也支持本地下载，显示屏和车载音响可为驾乘者提供视听享受。

7）车载电话

市场上主要有两种车载电话产品：车载蓝牙免提电话与车载电话。前者主要利用蓝牙技术将手机与 IVI 配对成功后，实现免提式通话，目前已在大部分车型上得到应用；后者则需要借助 SIM 卡，目前尚未完全普及。

3. IVI 硬件结构

IVI 系统多元化的功能离不开功能硬件模块的配合，图 7-37 所示展示了 IVI 系统的一般硬件结构，主要包括：主 MCU、系统 MCU、存储器、音/视频处理模块、调试接口、液晶触摸屏、蜂窝网模块、GPS 模块、蓝牙模块等等。

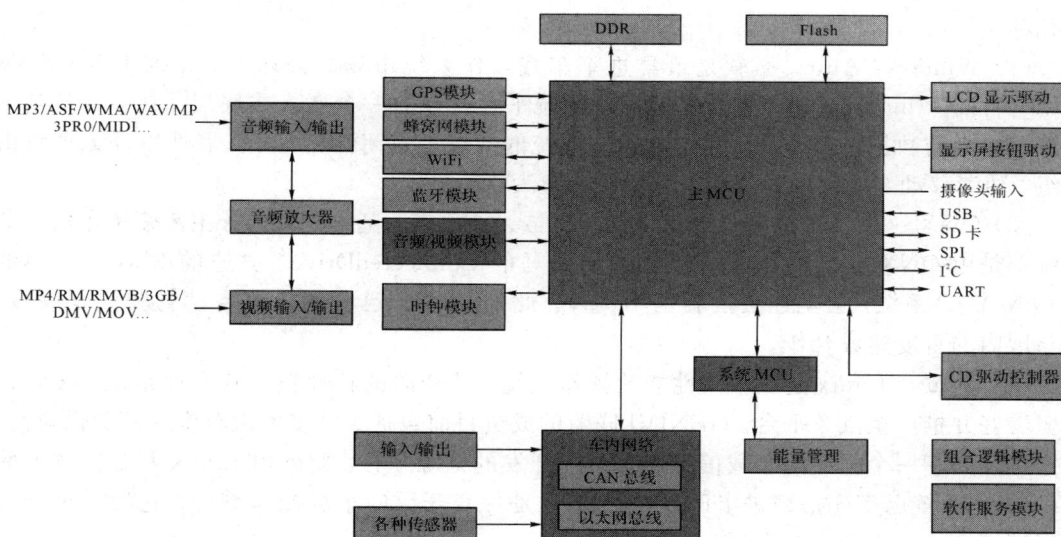

图 7-37　IVI 系统的一般硬件结构

（1）处理器：处理器是一块超大规模的集成电路，是运算核心和控制核心，它的功能主要是解释指令并进行数据运算。目前应用于 IVI 系统的常见处理器类型有 ARM Cortex A8/A9 双核等。

（2）MCU：即微控制器，其主要功能为电源控制、Radio 控制、按键检测、常见信号检查（如倒车、车灯、刹车）、与 CAN 总线模块通信、进出碟控制、翻转马达系统、屏幕驱动等。

（3）存储器：有 RAM 和 ROM 两种，用于存储数据，如 DDR、闪存等。

（4）音/视频模块：主要用于接收并处理不同格式的音/视频数据。

音频模块处理的数据格式一般为：MP3/ASF/WMA/WAV/MP3PRO/MIDI 等。

视频模块处理的数据格式一般为：MP4/RM/RMVB/3GB/DMV/MOV 等。

（5）调试接口：通常在进行系统测试时可以用引线的方式借助调试接口测试系统性能，

也可以利用该接口进行固件提取、程序定位等关键工作。IVI 上常用的调试接口有 SPI、UART 及 I²C 等。

（6）通信模块：现代智能网联汽车与外部网络的通信方式主要有：蜂窝网通信，内置有 SIM 卡的 IVI 系统可以通过 2G/3G/4G 的方式与远程服务提供商直接通信；WiFi，通过连接 WiFi 热点，IVI 系统能够以无线的方式接入互联网；GPS，通过全球卫星定位系统，实时定位车辆位置以及行驶轨迹；蓝牙，通过蓝牙连接，可实现近距离文件传输；射频通信，用于收听无线广播。

（7）外接接口：IVI 系统提供了多种外接接口，如 USB 接口、SD 卡接口等，为驾驶员提供多种随时读写外部媒介资源的功能。

4. IVI 软件架构

1）操作系统类型

车载信息娱乐系统是智能网联汽车的核心模块，近年来受到用户和厂商越来越多的关注。基于某一种嵌入式底层，厂商经过二次开发和独立包装，能够设计出各种各样针对具体车型的车载操作系统。目前市场上专门为 IVI 系统设计的嵌入式底层操作系统主要有以下几种：

（1）Windows Auto。微软是最早进军车载操作系统市场的公司，率先推出 Windows Auto 项目。Windows Auto 是专门为 IVI 系统平台设计的一个嵌入式底层系统，具备基本的计算能力与数据端口。Windows 嵌入式系统的缺点是封闭性、不可扩展性以及无法自由升级，随着移动互联网的发展，逐渐呈现被淘汰的趋势。

（2）QNX。QNX 是黑莓公司旗下的一款嵌入式系统。基本上大部分主流豪华车的车载系统都是由 QNX 提供的嵌入式底层，如宝马的 ConnectedDrive、奥迪的 MMI、奔驰的 COMMAND 系统，甚至连法拉利也不例外。此外，QNX 已开始进军自动驾驶汽车领域，并与国内的百度达成合作。

（3）Linux。Linux 是一个高性能的操作系统，其开源的特性被非营利性组织 GENIVI 联盟看好并推广至汽车平台。GENIVI 联盟的成员目前包括 170 多家汽车生产商和供应商，其宗旨是共享一个标准的车载信息娱乐系统开发的开源平台。此外由 Linux 基金会赞助的 AGL 操作系统已率先搭载进丰田汽车。AGL 是一套开源的车载操作系统，它的出现极大地促进了 Linux 系统在汽车平台的普及。

（4）Android。除以上三大阵营外，Android 系统在 IVI 系统领域也占据一定比例，特别是国内一些厂商开发的 Android IVI。但是这些 Android IVI 采用的都是与 Android 手机相似的软件架构，因此其安全性、稳定性方面还存在很多问题。

以上所述均为前装市场，而在后装市场情况则不大一样。在国内，目前盛行的是后装 IVI，其预装操作系统主要有 Android 与 WinCE 两种。前者的价格较高，而后者大多都在千元以内。WinCE 是最早盛行的 IVI 操作系统，方案成熟，稳定可靠，成本也很低，应用程序基本满足用户需求，且安全性较高。而 Android IVI 则是随着 Android 智能手机的普及而发展起来的，其随意安装第三方应用软件的特性使得它大受追捧，相当于 Android 平板横着放。

2）软件架构

Android 操作系统尽管最初是针对智能手机设计的，但是由于其自身的移动互联网属性，强大的扩展性、兼容性、开放性，吸引了众多 IVI 厂商选择并对其进行二次开发后作为操作系统。此外，谷歌正在积极进行汽车版 Android 操作系统的研发，大力推进 Android IVI 的发展。基于 Android 操作系统的 IVI 软件架构如图 7 - 38 所示。

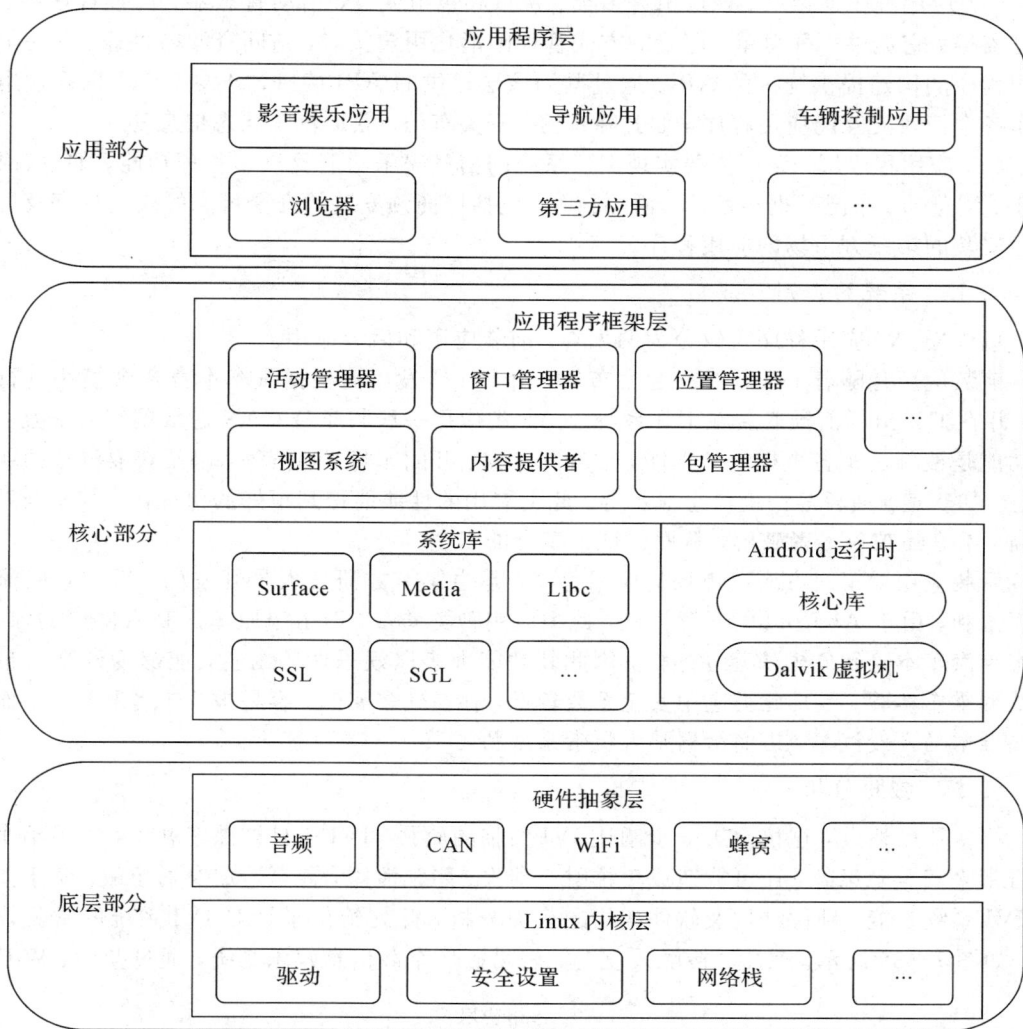

图 7 - 38　基于 Android 的 IVI 系统软件架构

基于 Android 操作系统的 IVI 软件架构自下而上主要分为如下几部分：

（1）Linux 内核层。Android 操作系统是基于 Linux 内核的，而 Linux 是完全开源的项目，Google 对 Linux 二次开发之后形成自己的开源系统。该层主要为 IVI 设备的各种硬件提供底层驱动，如音频、蓝牙等。

（2）硬件抽象层。该层主要是对 Linux 内核层的驱动程序进行封装，向上层提供统一的接口。与手机版 Android 软件架构相比，该层多了一些与汽车局域网交互的接口，如 CAN 接口、以太网接口等。其中的 WiFi 模块和蜂窝模块满足 IVI 本身联网需求。

（3）系统运行库层。该层包含系统库和 Android 运行时。其中系统库部分包含很多由

C/C++实现的成熟算法库，它们是应用程序框架的支撑，如 Media 为系统多媒体库，支持音视频文件的录放，SSL 库为各种应用协议提供通信支持。Android 运行时又包括核心库和 Dalvik 虚拟机，允许开发人员基于 Java 语言进行应用软件开发。

（4）应用程序框架层。该层由许多类、接口和包组成，如活动管理器、位置管理器、包管理器等。它提供一种简单、连续的方式管理图形化用户接口，访问资源内存等，并为上层应用程序的构建提供统一的 API。通过调用该层提供的 API 接口，开发人员可以开发出与汽车各个模块交互的应用程序，如升降车窗、开关车门、获取汽车状态信息等。

（5）应用程序层。该层主要实现 IVI 系统的信息娱乐功能及汽车管理功能，如收音机、音乐、浏览器、车况数据显示、车辆控制等，包括厂商预安装的安全可靠的应用程序及用户自己安装的第三方市场的应用程序。

3）IVI 系统的应用程序

可以把 IVI 应用程序大致分为两大类：前装应用和后装应用。

前装应用是随着 IVI 系统一起发布的，由 IVI 研发厂商根据汽车本身各个模块进行研发，并在 IVI 出厂前预安装在 IVI 系统上。此类应用一般与车身 CAN 总线网络有交互，主要功能是控制汽车各个模块的功能，如升降车窗、开闭车灯、鸣笛等，以及获取汽车的状态信息，如车速、油耗等关键信息显示等。此类应用的性能能得到很好的保证，且其安全系数较高，不容易被攻击者破解，从而保证了车身的安全。

后装应用即第三方应用市场的应用程序，是由第三方研发人员开发的，旨在吸引流量从而盈利。由于 Android 的开源特性，此类应用种类繁多，但由于原车厂私有协议的保护，很难与汽车本身硬件模块建立通信，因此其功能大多以娱乐休闲为主，能够为驾乘者带来舒适的乘车体验。但是此类应用安全系数较低，存在较多漏洞，容易被攻击者利用，从而安装病毒木马入侵汽车，进而给驾乘人员带来威胁。

5. IVI 威胁分析

第 4 章已述及，这里会进一步阐述 IVI 面临的威胁。IVI 一旦被黑客利用，除了给车辆本身带来安全隐患外，还可能造成车主财产损失、隐私泄露，甚至造成交通事故。基于前面对 IVI 系统功能、硬件结构及软件架构的全面分析，此处给出了针对 IVI 系统的常见攻击面，如图 7-39 所示。其中，接触式攻击能轻易破坏车载信息娱乐系统，通过蓝牙、WiFi、

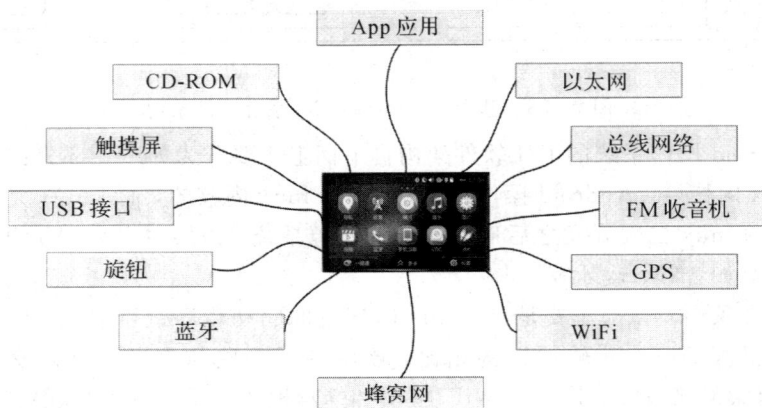

图 7-39 IVI 系统攻击面

蜂窝网等非接触方式进行近场攻击，而移动 App 等第三方应用软件的普及加速了 IVI 系统的破解。

1）IVI 硬件威胁分析

分析 IVI 系统硬件首先要将硬件从目标车辆上拆解下来，然后对系统内部的电路板进行分析。电路板由多个功能单元连接而成，首先拆分各独立单元，然后分析每个独立单元的电路、芯片和接口。虽然电路板上印刷的文字难以理解，但还是能够发现很多引脚都有标注，便于读懂每个引脚的功能。通常还会在电路板上发现某些未连接的或者在生产过程中使用过的遗留连接器，它们就是攻击者入侵 IVI 单元的入口。

综上，硬件攻击的思路或过程为：寻找电路板上未消除的调试接口，飞线接入电脑并借助专门的软件进行静态/动态测试，进而挖掘出隐藏的漏洞。还可以寻找主控芯片，然后通过烧录程序触点，利用专门的工具导出固件信息，经过 IDA Pro 反编译获取源码，分析固件中的字符段、通信协议及关键函数的功能，进一步确定攻击方案。

2）IVI 软件威胁分析

对 IVI 系统软件的攻击分为两种：即系统级代码漏洞挖掘和对 App 的漏洞利用。

（1）系统级代码漏洞挖掘。经过深度定制开发的 Android 完美满足了车载电子的特性需求，但其内核、系统及框架方面的漏洞依然存在。利用系统的漏洞提升权限，如通过 adb 可将 IVI 系统底层（native 层）的共享库导出到本地，再使用 IDA Pro 等工具对此共享库进行逆向分析，能够获取 IVI 系统与车身的一些控制接口。利用这些接口可实现物理接触式控制汽车，危害极大。另外还可通过 adb 将 IVI 系统中的 Framework 文件导出到本地，利用 JEB 反编译器等工具对该核心框架进行深入分析，挖掘敏感信息，进而开发脚本，利用该敏感信息控制汽车。

（2）对 App 的漏洞利用。市面上的 App 大多不具备基础的软件防护和安全保障功能，不加甄别地下载可能会把攻击者的恶意应用程序安装到 IVI 系统，给攻击者提供入侵 IVI 系统的入口，从而带来安全隐患。图 7-40 描述了第三方 App 存在的漏洞或面临的威胁。

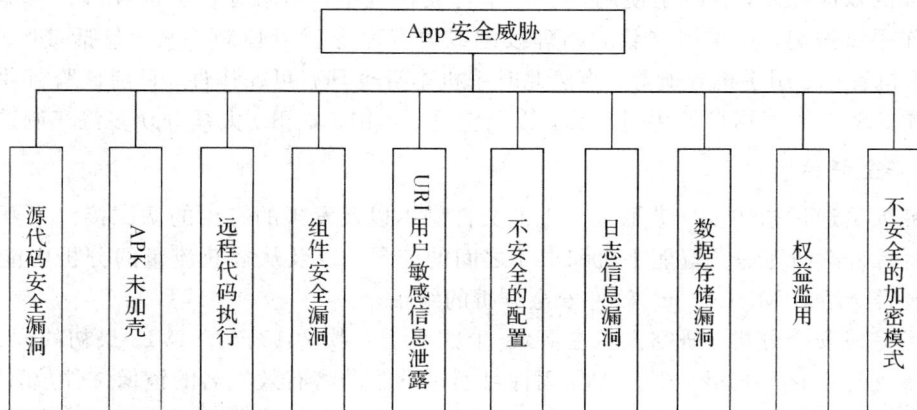

图 7-40　第三方 App 安全威胁

攻击者可通过诱导用户下载并安装恶意程序，获取 IVI 系统 root 权限，从而获取车主隐私并控制汽车，给驾乘者带来威胁，也可以通过恶意软件进行覆盖攻击，在用户启动

App 时伪造登录界面，从而窃取用户个人信息。此外市场上有很多 App 没有进行混淆和加壳，这样的应用程序就可通过 APK 逆向获取其源代码。有的虽然进行了混淆，但是壳的安全强度还不够。还有一些是做了加壳，但是没有做混淆，只要能够脱壳就能够看到 APK 的全部内容，本书会在后面的章节中介绍。没有签名验证机制的 App 使得攻击者能够任意修改源代码，并嵌入自己的攻击代码，重新打包后放置于第三方应用商城。用户下载并安装了重新打包过的第三方应用软件，可能会给 IVI 系统引入病毒、后门等严重威胁。

6. 案例分析：IVI 系统的安全性研究

2016 年，来自乔治梅森大学的 Sahar Mazloom 等人发表了一篇论文：*A Security Analysis of an In Vehicle Infotainment and App Platform*，该文讨论了 IVI 系统和 App 平台的安全性，以及如何利用漏洞攻击智能网联汽车。此处将分析他们对 IVI 系统安全和 App 安全的研究成果。

1）研究概述

研究人员在评估 IVI 的安全性时，假设攻击者没有权限直接物理访问目标 IVI，但可以利用运行相同固件的硬件访问 IVI，还假设攻击者可以使用逆向工程、相关工具和方法（JTAG 调试器、芯片读取器和网络嗅探设备）来挖掘能够远程破坏目标 IVI 的漏洞。研究人员假设攻击者还可以将恶意应用程序安装到将连接目标 IVI 的特定 MirrorLink 智能手机上，这样的安装可以通过恶意应用程序或社会工程学方法来完成，该手机要么需要越狱，要么需要特权升级才能获得 root 权限。另一个针对性较弱的攻击媒介是攻击者将其恶意应用程序安装在大量智能手机上，其中一些可能会连接到启用了 MirrorLink 的 IVI，并匹配易受攻击者的 IVI 攻击的硬件和固件。最后，由于连接到汽车的内部 CAN 总线，并且漏洞可以触发 IVI 发送恶意 CAN 消息，因而可以覆盖驾驶者对关键 ECU 的输入。

研究人员实验用的 IVI 系统采用了 MirrorLink 协议。MirrorLink 是由一些国际性知名手机厂商和汽车制造商联合发起建立的一种"车联网"协议标准，旨在规范智能手机和车载系统的有效连接。采用此标准进行手机与 IVI 系统互联时，可以实现对特定应用软件的手机和 IVI 的双向控制，目标是使用户在汽车行驶过程中，不用看着手机屏幕、触摸手机屏幕或操作手机按键，只需用车载的物理按键或语音命令就可控制手机，包括接听/拨打电话、听手机音乐、用手机导航等，当然此时手机本身也具有可操作性。目前该跨行业联盟已经有三星、SONY、HTC 等手机厂商，以及宝马、丰田、本田、大众等众多汽车制造商。

2）安全评估

研究人员通过描述如何获取固件上的文件副本以及发现的有用的调试接口来开始安全分析；然后讨论如何捕获智能手机和 IVI 之间的流量，以及从捕获流量的分析中能够得到什么；最后介绍对 MirrorLink 软件安全分析的结果。

为了完成安全分析，研究人员在 eBay 上购买了一款 2015 年的 IVI。最初的调查显示，此 IVI 不支持 MirrorLink，但是 IVI 固件可通过下载并将有效签名的镜像文件放置到 USB 驱动器上进行更新。研究人员发现这个 IVI 固件被汽车制造商加了签名，其中包括最初禁用的 MirrorLink 功能。随后，研究人员按照在线提供的说明来更改启用 MirrorLink 的一个配置值，假设这是官方固件更新，其中包括一些驱动程序可能启用的残留 MirrorLink 功能，这样通过更新固件，此 IVI 就支持 MirrorLink 了。

3）实验步骤

（1）数据提取。

研究人员确定了此 IVI 使用的 NOR Flash 芯片，首先构建了一个 Flash 读取器来读取 NOR Flash 芯片的有效信息，如图 7 - 41 所示。

图 7 - 41　借助 MSP430（左边白色设备）控制器构建的 Flash 读取器

NOR Flash 芯片包含一个引导加载程序和两个根证书。这两个根证书一个来自 MirrorLink 联盟，另一个来自汽车制造商（两个根证书见图 7 - 42）。为了安装非官方的固件，需要将两个证书替换为用于签名固件的证书。由此可见，远程攻击者试图欺骗驱动程序安装潜在的恶意固件是不可行的，除非获得了汽车制造商的签名密钥并生成有效签名。

```
Certificate:
    Data:
        Version: 3 (0x2)
        Serial Number: 1 (0x1)
    Signature Algorithm: sha256WithRSAEncryption
        Issuer: O=                              Code Signature CA
        Validity
            Not Before:
            Not After :
        Subject: O=                             Code Signature CA
        Subject Public Key Info:
            Public Key Algorithm: rsaEncryption
                Public-Key: (2048 bit)
                Modulus:

                    <omitted>

Certificate:
    Data:
        Version: 3 (0x2)
        Serial Number: 123742198167&2257553 (0xabba0f5ca7e7dd91)
    Signature Algorithm: sha512WithRSAEncryption
        Issuer: CN=CTS Root CA, O=Car Connectivity Consortium
        Validity
            Not Before: Oct  5 12:10:59 2012 GMT
            Not After : Oct  5 12:10:59 2032 GMT
        Subject: CN=CTS Root CA, O=Car Connectivity Consortium
        Subject Public Key Info:
            Public Key Algorithm: rsaEncryption
                Public-Key: (4096 bit)
                Modulus:

                    <omitted>
```

图 7 - 42　MirrorLink 联盟和汽车制造商提供的根证书

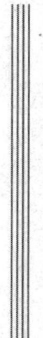

然后，解压更新的镜像文件，得到 NK.BIN 文件、用户应用程序可执行文件、内核可执行文件、配置文件以及 NOR 闪存的完整镜像文件。

对这些可执行文件进行逆向工程的过程中，研究人员在可执行文件 AppMain.exe 中发现了一个启用开发模式(DevMode)的子进程。研究人员发现密码在可执行文件中以明文格式存储，随后对启用 DevMode 模式所需的密码进行了静态分析，在 IVI 上输入此密码后，显示开发模式已启用，并且有几个配置选项可帮助开发人员调试 IVI，如提供对 Windows CE GUI(资源管理器模式)的访问。在这种模式下，研究人员启用了 ActiveSync 协议，这是一种 CoreCon 调试连接协议，用于通过在系统上运行一个可执行文件来启用调试，之后在开发工作站和 IVI 上的 CE 设备之间建立连接，如图 7-43 所示。

```
[AppLink] MgrTsk_ChangeDebugLevel: 2
wince_usbware_exit: USER MODE
USBware::UWD_Close: Started pContext 0xD0B6EB88
OEMInterruptDisable:: DDMA:maskc, inten:ff
[DRVMGR] Set ActiveSync Mode (1)
[DRVMGR] Open Success!!!!!
[DRVMGR] enable USB Host & OTG phy(NEW TYPE)
```

图 7-43 显示 ActiveSync 已启用的调试信息

(2) 调试接口。

研究人员还发现了两个用于调试的硬件接口：JTAG 接口和 UART 接口。

在对硬件分析过程中，研究人员通过使用 JTAGulator 进行主动探测来检测 JTAG 接口。目标 SoC(AU1340)不支持 JTAG 审查/保护，研究人员使用 JTAG 调试器来测试 IVI 的芯片，这个 JTAG 接口让研究人员能够有足够权限访问系统的所有可寻址存储器以及 CPU 寄存器。Lauterbach JTAG 调试器支持 WinCE 和 GDB，研究人员可以将它连接到 IDA Pro 反汇编器。反过来，这种配置也允许研究人员通过在附加 IVI 上的进程中设置断点、读取数据以及检查 IVI 的其他性能来执行动态调试分析。

研究人员通过主动探测发现了 UART 接口，在 SoC 数据手册的帮助下，研究人员还追踪了暴露的测试引脚(RX，TX)以驱动 CPU 引脚。这样做是为了确保没有保险丝或电阻来阻断 RX 或 TX。但经过多次测试，发现 RX 已禁用。UART 调试的直接结果是发现启动序列消息，研究人员在开发恶意 App 时利用了这些调试信息。

4) 流量分析

前面简要介绍了 MirrorLink 协议规范，这里需要对 IVI 上特定的 MirrorLink 协议进行深入分析。为了分析协议，研究人员首先监控和捕获了智能手机和 IVI 之间的 USB 流量，之后对捕获的流量进行了解析，他们使用了运行 Jelly Bean 4.1.1 版的三星 Galaxy SIII 智能手机(图 7-44 中的 E)，在智能手机上安装了 DriveLink 应用程序的 1.1.0274 版本，最后利用了一款 2015 年的 IVI 系统(图 7-44 中的 D)，该汽车 IVI 系统在更新固件并启用后支持 1.0.1 版本的 MirrorLink。为了捕获 USB 流量，研究人员使用 BeagleBoard-xM5 和由 Google Summer of Code 项目生成的开源 USB 数据包捕获模块的变体构建了 USB 嗅探器(图 7-44 中的 B)。

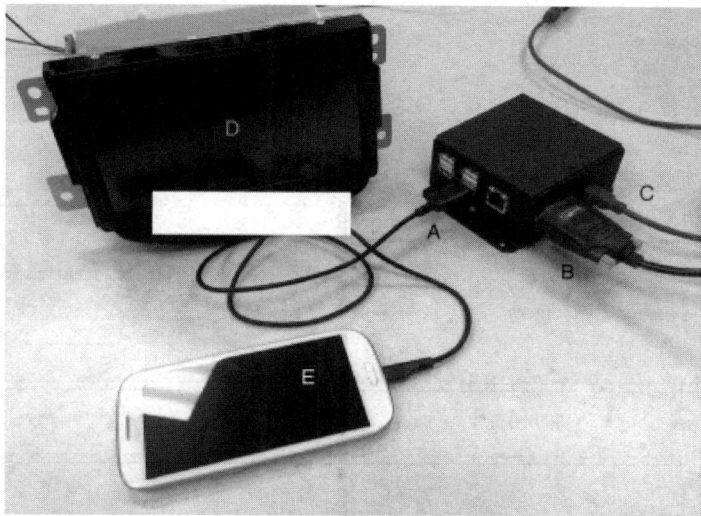

图 7-44　实验设置

　　根据对捕获的 USB 流量的分析，协议的初始阶段是 USB 类协商和接受的连接层配置，智能手机和 IVI 的 USB 接口被正确配置，接下来智能手机充当 DHCP（Dynamic Host Configuration Protocol，动态主机设置协议）服务器并向客户端（IVI）提供 IP（Internet Protocol，互联网协议）地址（192.168.42.242）。在此之后，发送如图 7-45 所示的 XML 配置文件的 UPnP（Universal Plug and Play，通用即插即用协议）通告和协商信息，UPnP 会话由智能手机启动，广播其服务信息并指向一个 URL，IVI 可以从该 URL 下载 escription . xml，该 XML 文件包含 tmclient. xml、tmapplicationserver. xml 和其他文件，随后由 IVI 加载。另一方面，IVI 利用 SOAP（Simple Object Access Protocol，简单对象访问协议）over HTTP（HyperText Transfer Protocol，超文本传输协议）与智能手机来回传达服务控制信息，这些服务信息是：IVI 向智能手机发送并确认其硬件和软件配置；IVI 检索的可用应用程序列表（如 RTP、蓝牙等）；IVI 需要安装的应用程序；智能手机与 IVI 交流应用程序的状态。

　　通过分析捕获的数据包，没有发现 XML 文件中的密钥交换、加密信息或认证信息，但研究人员发现这些 XML 文件都没有签名，因此，如果主要依赖链路层安全性的 MirrorLink 协议安全模型对控制访问本地链路层网段的设备的攻击者无效，则攻击者可以控制 IVI 系统的输入，如果 IVI 系统容易受到恶意移动设备的远程攻击，则 IVI 会被用做攻击汽车内部 CAN 总线网络的桥梁。

　　IVI 没有使用 DAP 协议来限制仅与一组受信任的智能手机建立连接，这意味着任何类型的联网移动设备都可以连接到 IVI 并发起攻击。在 MirrorLink 应用程序启动后，请求可以被发送到智能手机，IVI 充当连接到 VNC（Virtual Network Console，虚拟网络控制台）服务器（智能手机）的 VNC 客户端。服务器发送它可以支持的安全类型列表（安全类型值只能是 0［失败］、1［无］、2［VNC 验证］、16［紧密安全类型］或 19［VeNCrypt］）。客户端选择类型 1［无］，如果攻击者可以访问智能手机，就能够劫持 VNC 会话。在捕获的流量中，并没有找到代表请求或响应信息的有效内容。

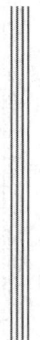

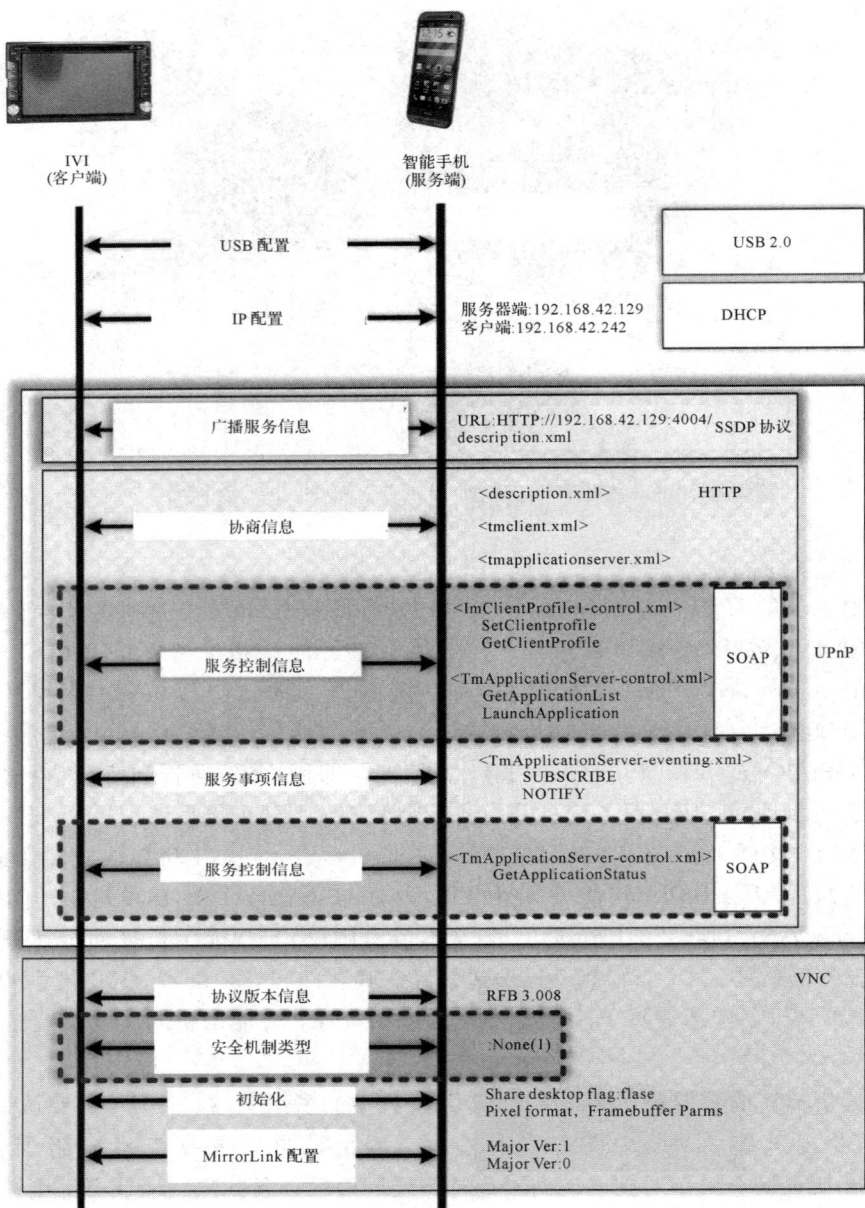

图 7-45　基于 MirrorLink 协议的通信流程

5）软件安全分析

正如前面提到的，研究人员设法利用 IVI 上的 USB 接口更新 IVI 的镜像文件或 NOR Flash 芯片的存储文件。对于所选的与 MirrorLink 和 CAN 控制器相关的二进制文件，为了检查标准安全保护策略（例如堆栈和堆保护）的存在，并找出潜在的可利用漏洞，研究人员进行了静态分析和动态分析。

（1）静态分析。

表 7-1 是用于编译 MirrorLink 的二进制文件的内存保护机制情况（ASLR 是一种针

对缓冲区溢出的安全保护技术，Stack Cookies 是栈 cookie 保护技术）。

表 7-1　用于编译选定二进制文件的内存保护机制

二进制文件	是否有 ALSR 技术	是否有 Stack Cookies 技术
AppLink. exe	是	是
AppMain. exe	是	是
ML CERTIFICATION. dll	是	是
CmnDll. dll	是	是
MgrMcm. exe	是	是
MgrSys. exe	是	是
MgrVid. exe	否	是
AppTM. exe	是	是
TMScontrolPoint. dll	否	是

所有二进制文件都不包含 SafeSEH 和 DEP 保护机制，因为使用的编译器不支持目标体系结构的 SafeSEH，并且目标 SoC 也不支持 DEP。经过分析，研究人员确定函数 Send2Micom <redacted> Msg(union <redacted> tx_msg_data_type const *，unsigned char，int)和 SendMsg(union <redacted> tx_msg_data_type const *，unsigned char，int)可以接收 CAN 消息的数据字节，并通过 IVI 的 Micom CAN 控制器在 CAN 总线上发送控制消息。

IVI 中的 Micom CAN 控制器是瑞萨 V850ES/SG3，这与 Miller 和 Valasek 发现的 Jeep Cherokee Uconnect 漏洞的被重新编程的 CAN 控制器是一样的。这款控制器包括一个 CAN ID 列表，限制 IVI 与使用 CAN 总线的其他设备进行通信，然而，Miller 和 Valasek 采用的是一种通过更新 Micom 固件的一部分来修改 CAN ID 列表的方法。

经过对二进制文件进行静态分析，研究人员发现 Micom CAN 控制器固件可以使用两种不同的方法之一进行更新。首先是执行 MgrUpg. exe 二进制文件，该文件随后调用 MgrUpg2. exe 中的函数，该函数执行 Micom CAN 控制器固件的实际更新。Micom 固件也可以直接更新，通过 DevMode 界面启动，并将解压缩的 Micom 更新文件复制到目录名为 nMicomeUpdate 的 USB 驱动器中，这种方法可以绕过由主 IVI 固件更新过程执行的固件验证。

研究人员使用第二种方法来更新 Micom CAN 控制器的固件，但使用原始固件的修改版本，目的是了解是否有任何验证机制可以防止更新 Micom 固件。尽管在 MgrUpg2. exe 的一个子程序中找到了一条调试消息"start verify certification Wait reading"以及 UART 调试信息，且研究人员发现，这些版本都没有进行有效的固件更新验证，但是在尝试调试时，IVI 被锁定并在屏幕上显示消息"NO VIN"。这可能是由于通过重置 IVI 中的值引发的防护机制以及 IVI 未连接到广播其 VIN 的实际车辆的原因，这阻止了进一步的实验。但作为未来的工作，研究人员计划通过 CAN 总线发送正确的 VIN 码来解锁 IVI，并探讨是否可以通过更新 Micom CAN 控制器固件的一部分来修改 CAN ID 列表。

对 Micom 固件逆向工程的结果表明攻击者可以使用类似之前研究中使用的方法更新 Micom 固件。在此之后，攻击者可能会使用这些 CAN 数据包在 CAN 总线上发送任意消息（如果能够执行以下两项操作之一）：在 IVI 上获取进程的控制流并使用恶意输入调用函数；修改内容将参数输入到对这些 CAN 功能之一的现有调用中。

另外，在对整车厂开发的 MirrorLink 二进制文件和 DLL 文件的静态分析中，研究人员发现这些文件是用 C++编写的，还发现了多个危险的 libc 函数实例调用漏洞。例如，在 TMScontrolPoint.dll 的 XML 解析器函数（UPnPProcessAppList）中，存在多个无限制的 memcpy 调用，这些调用会允许从智能手机提供的 XML 文件中复制任意信息。

（2）动态分析结果。

根据之前的分析，研究人员知道 IVI 没有边界防护或其他保护机制。鉴于此，研究人员构建了一个恶意应用程序，并将其发送给 IVI，以验证是否会产生异常或错误。为了进行动态分析，研究人员逆向并解析了 MirrorLink 协议的 MirrorLink 应用服务器（智能手机）部分，还原了通过 USB 实现以太网的应用程序的一部分。有了这些工作，可以通过复制和发送正确的 UPnP 消息模仿 MirrorLink 协议的其余部分，随后通过更改元素的某些值（如用 AppName、AppID、BluetoothAddress 来替换 description.xml 和 tmapplicationserver.xml）来造成结构缓冲区溢出，这些内容在解析时将被复制到该缓冲区。

在对特定的 XML 文件分析过程中，研究人员验证了多个运行异常错误。图 7-46 显示了多个异常错误的 UART 调试消息：程序计数器（PC）、返回地址（RA）、堆栈指针（SP）、二进制名称和其他错误类型。研究人员发现了多个可能用于开发目的的堆存储损坏漏洞。为了验证这些漏洞，研究人员设计了多个实验，并监视了 UART 调试消息、堆栈内容以及 IDA Pro 中的进程，进一步验证了特定的 XML 文件是否存在缓冲区溢出，并导致堆存储损坏的情况以及堆内存损坏是否覆盖指向驻留在堆上的数据结构和函数指针的指针。

```
Exception 'Access Violation' (2): Thread-Id=061300a6(
pth=853039c8), Proc-Id=052e001e(pprc=87b8f540) 'AppTm.exe',
VM-active=052e001e(pprc=87b8f540) 'AppTm.exe'
PC=421d15dc(tmscontrolpoint.dll+0x000115dc) RA=421d168c(
tmscontrolpoint.dll+0x0001168c) SP=0020f620, BVA=4848484c
ShowErr is running (ExcpCode : c0000005 / ExcpAddr : 421d15dc)
[ShowErr] MgrTsk (0x70021b40)!!!!!
Exception 'Alignment Error' (4): Thread-Id=06ea0006(
pth=85294978), Proc-Id=05940026(pprc=87b59440) 'AppTm.exe',
VM-active=05940026(pprc=87b59440) 'AppTm.exe'
PC=421c41c8(tmscontrolpoint.dll+0x000041c8) RA=421c41d0(
tmscontrolpoint.dll+0x000041d0) SP=001ff5e0, BVA=00000000
ShowErr is running (ExcpCode : 80000002 / ExcpAddr : 421c41c8)
[ShowErr] MgrTsk (0x70021b40)!!!!!
OEMInterruptDisable:: DDMA:maskc, inten:ff
[DRVMGR] BT reset
OEMInterruptDisable:: DDMA:maskc, inten:ff
```

图 7-46　显示多个异常错误的 UART 调试消息

6）恶意应用程序演示

为了跟进发现的堆溢出的情况，并更好地验证它们是否可以用来获得 IVI 的执行控制权限，研究人员开发了恶意的智能手机应用程序。图 7-47 为研究人员的应用程序的 GUI 以及显示应用程序的 IVI，其中<AppName> XML 元素值的长度已经导致堆溢出。

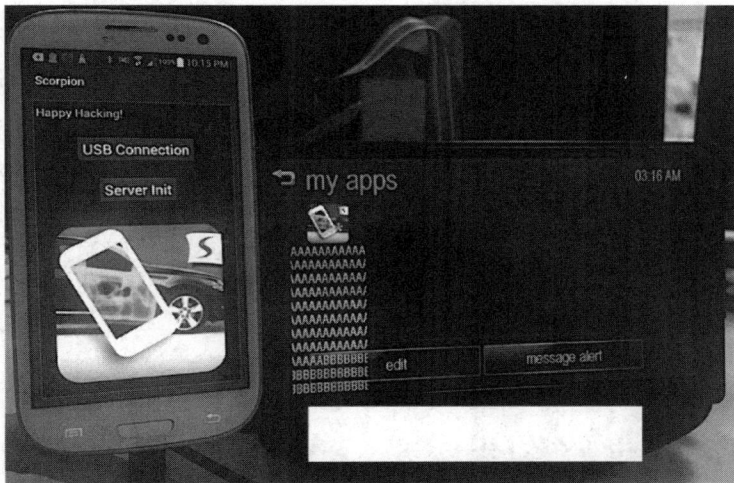

图 7 - 47　恶意智能手机应用程序：发送给 IVI 的 MirrorLink 图标和名称

　　此应用程序首先正确配置 USB 模式并与 IVI 建立网络连接，然后正确模拟 DHCP 协议以及智能手机和 IVI 之间的真实 DriveLink 应用程序的初始传输消息。一旦 IVI 获取description. xml 文件，研究人员的应用程序将返回精心制作的恶意版本，其中包含 XML文件元素中的几个极大值。这些极大值会导致 TMScontrolPoint. dll 中的一系列堆溢出，这些溢出会正确排列堆内存并覆盖堆上的函数指针。研究人员还创建并编写了一组利用代码到堆中，使得能够获得执行控制命令，并在堆上预留可用于注入恶意代码的空间。

　　由于 Windows Embedded CE 6 能够将堆元数据从实际堆中分离出来，因此必须仔细覆盖堆起始和目标函数指针之间的一些数据指针，如果这些数据指针没有被有效地址覆盖，则在调用堆上的覆盖函数指针之前，进程会崩溃。出于演示目的，研究人员的应用程序只是修改输出到 UART 的调试消息，但是攻击者极有可能会构建一组执行对其中一个CAN 发送功能的调用的小工具，以便将恶意信息发送到 CAN 总线上。研究人员的演示应用程序生成的 UART 输出如图 7 - 48 所示。

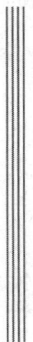

图 7 - 48　研究人员的演示恶意应用程序生成的 UART 输出

7.3.4 App 安全测试技术分析

手机 App 是车联网的控制端，同时也最容易被黑客攻击，因为拥有一辆车很难，但是拥有一个手机 App 很简单。在互联网上，很多整车厂商会把手机 App 放到应用商店里，供用户下载。App 的安全包括 App 客户端本身的安全和服务器的安全。App 本身的安全主要包括 App 的业务逻辑安全、程序代码安全以及数据安全。服务器端的安全主要考虑的是：与 App 客户端的数据交互采用 HTTP 协议，可能存在 Web 安全漏洞。图 7-49 所示为恶意 App 的攻击模型。

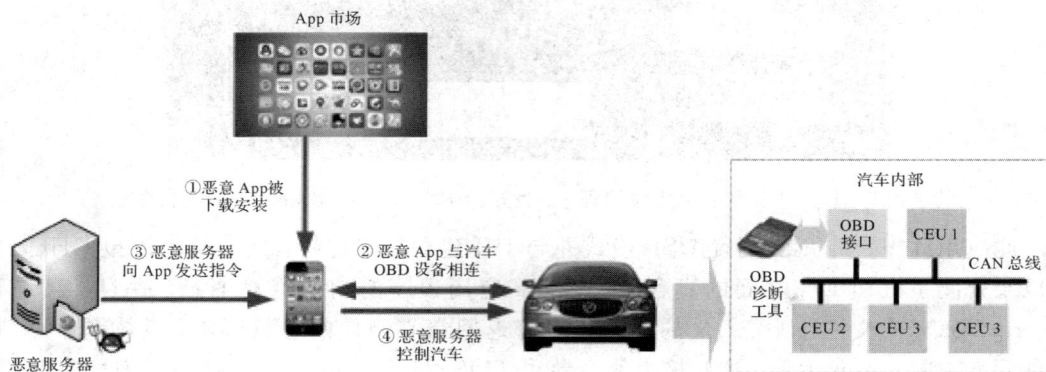

图 7-49 恶意 App 的攻击模型

1. App 常见安全漏洞梳理

本书将 App 常见安全漏洞分成四类：源码安全漏洞、组件安全漏洞、数据安全漏洞和业务逻辑漏洞。

这里要首先区分一下 App 和 APK。App 是指所有手机上安装的软件和客户端，APK 是 Android 系统安装软件的文件格式，把带 .apk 后缀的文件安装在 Android 手机里，安装成功后就成了 App。APK 的英文全称为 Application Package。换句话说，一个 Android 应用程序的代码想要在 Android 设备上运行，必须先进行编译，然后被打包成一个 Android 系统能识别的文件才可以被运行，而这种能被 Android 系统识别并运行的文件格式便是 APK。

一个 APK 文件内包含被编译的代码文件（.dex 文件）、资源文件（resources）、assets、证书（certificates）和清单文件（manifest file）。APK 文件基于 ZIP 文件格式，它与 JAR 文件的构造方式相似，并以 .apk 作为文件扩展名。它的互联网媒体类型是 application/vnd .android.package-archive。

1）源码安全漏洞

（1）代码混淆漏洞。当前很多 APK 文件的安全性是非常令人担忧的。APK 运行环境依赖的文件/文件夹 res、DEX、主配文件 Lib 只有简单的加密措施或者甚至没有任何加密措施。诸如 apktool 这类工具可轻易将其破解，再配合其他如 dex2jar、jd-gui 等工具基本可以做到：源码暴露、资源文件暴露、主配文件篡改、核心 so 库暴露、暴力破解恶意利用等。

（2）Dex 保护漏洞。Dex 是 Dalvik VM executes 的全称，即 Android Dalvik 执行程序，

相当于 Android 中的.exe 文件。Dex 为 Android 应用的核心，保护不当容易被反编译，暴露程序重要信息，面临被植入广告、恶意代码、病毒等风险。另外，当使用 DexClassLoader 加载外部的 apk、jar 或 dex 文件时，若外部文件的来源无法控制或是被篡改，则无法保证加载的文件是否安全，如加载恶意的 dex 文件将会导致任意命令的执行。

（3）so 保护漏洞。so 库一般是程序里面的核心代码块，一般通过 Android 提供的 NDK 技术将核心代码用安全性更高的 C/C++语言实现，并提供给 Java 层调用来保证程序核心代码的安全。高性能的代码一般都会采用 C/C++实现，通过 Android 的 NDK 技术让 Java 层直接调用，其安全性相对于 Java 会高很多，且相对于 Java 代码来说其反编译难度要大很多，但对于经验丰富的破解者来说，仍然很容易，可以通过暴力破解或高价工具来将其破解。应用的关键功能或算法，都会在 so 中实现，如果 so 被逆向，应用的关键代码和算法都将会暴露。

（4）调试设置漏洞。如果在 AndroidManifest.xml 配置文件中设置了 application 属性为 debuggable＝"true"，则应用可以被任意调试，这就为攻击者调试和破解程序提供了极大方便。如果开启，可被 Java 调试工具，如 jdb 进行调试，获取和篡改用户敏感信息，甚至分析并且修改代码实现的业务逻辑，如窃取用户密码、绕过验证码防护等。

2）组件安全漏洞

（1）组件导出漏洞。组成 APK 的四个组件 Activity、Service、Broadcast Receiver 和 Content Provider 如果设置了导出权限，则都可能被系统或者第三方的应用程序直接调出并使用。组件导出可能导致登录界面被绕过、信息泄露、数据库 SQL 注入、拒绝服务、恶意调用等风险。

（2）Activity 组件漏洞。Activity 是 Android 组件中最基本，也最为常用的几个组件之一，是负责与用户交互的组件。Activity 组件存在以下常见的漏洞：

其一，Activity 绑定 browserable 与自定义协议。Activity 设置 "android.intent.category.BROWSABLE"属性并同时设置了自定义的协议 android：scheme。这意味着可以通过浏览器使用自定义协议打开此 Activity，可以通过浏览器对 App 进行越权调用。

其二，ActivityManager 漏洞。ActivityManager 类中的 killBackgroundProcesses 函数用于杀死进程，属于风险 API。还有通过 ActivityManager 被动嗅探 Intent，Intent 嗅探脚本首先调用一个 Context.getSystemService()函数，并传给它一个 ACTIVITY_SERVICE 标志的标识符，该函数返回一个 ActivityManager 类的实例，它使得该脚本能够与 Activity Manager 进行交互，并通过这个对象调用 ActivityManager.getRecentTasks()方法。最后把与 Intent 相关的信息格式化成字符串返回出来。

（3）Service 组件漏洞。Service 具有和 Activity 一样的级别，只是没有界面，是运行于后台的服务。其他应用组件能够启动 Service，并且当用户切换到另外的应用场景，Service 将持续在后台运行。另外，一个组件能够绑定一个 Service 与之交互（IPC 机制）。例如，一个 Service 可能会处理网络操作，播放音乐，操作文件 I/O 或者与内容提供者（content provider）交互，所有这些活动都是在后台进行。从表面上看，Service 并不具备危害性，但实际上 Service 可以在后台执行一些敏感的操作。Service 存在的安全漏洞包括：权限提升、拒绝服务攻击。

（4）Broadcast Receiver 组件漏洞。Broadcast Receiver 是"广播接收者"的意思，用来接

收来自系统和应用中的广播。Broadcast Receiver 组件可能存在以下漏洞：

其一，权限管理不当。Broadcast Receiver 执行一些敏感操作时，会通过 Intent 来传递这些信息，这种传递数据的方式是容易被恶意攻击的。在挖掘 Broadcast Receiver 中的漏洞时，最大的难题是确定输入是否可信，以及破坏性有多强。

其二，Broadcast Receiver 导出漏洞。当应用广播接收器默认设置为 exported='true' 时，导致应用可能接收到第三方恶意应用伪造的广播。利用这一漏洞，攻击者可以在用户手机通知栏上推送任意消息，并通过配合其他漏洞盗取本地隐私文件和执行任意代码。

其三，动态注册广播组件暴露漏洞。Android 可以在配置文件中声明一个 Receiver 或者动态注册一个 Receiver 来接收广播信息，攻击者假冒 App 构造广播发送给被攻击的 Receiver，使被攻击的 App 执行某些敏感行为或者返回敏感信息等。当 Receiver 接收到有害的数据或者命令时，可能泄露数据或者做一些不当的操作，会造成用户的信息泄漏甚至是财产损失。

（5）Content Provider 组件漏洞。Content Provider 为存储和获取数据提供统一的接口，可以在不同的应用程序之间共享数据。Content Provider 组件可能存在以下漏洞：

其一，读写权限漏洞。Content Provider 中通常都含有大量有价值的信息，比如用电话号码或者社交账号作为登录口令。确认一个 Content Provider 是否有能被攻击的漏洞的最好办法，就是尝试攻击它。

其二，Content Provider 中的 SQL 注入漏洞。和 Web 漏洞类似，Android App 也要使用数据库，那就也有可能存在 SQL 注入漏洞。主要有两类漏洞：第一类是 SQL 语句中的查询条件子语句是可注入的；第二类是投影操作子句是可注入的。

（6）Intent 组件漏洞。Intent 组件主要解决 Android 应用的各项组件之间的通信。Intent 组件可能存在以下漏洞：

其一，隐式意图调用漏洞。封装 Intent 时采用隐式设置，只设定 action，未限定具体的接收对象，导致 Intent 可被其他应用获取并读取其中数据。Intent 隐式调用发送的意图可能被第三方劫持，导致内部隐私数据泄露。

其二，意图协议 URL 漏洞。意图协议 URL 可以通过解析特定格式的 URL 直接向系统发送意图，导致自身的未导出的组件可被调用，隐私信息被泄露。

3）数据安全漏洞

（1）数据存储漏洞。数据存储漏洞主要包含两种：

其一，SharedPreferences 漏洞。当使用 getSharedPreferences 打开文件，第二个参数设置为 MODE_WORLD_READABLE 或 MODE_WORLD_WRITEABLE 时，当前文件可以被其他应用读取或写入篡改，导致信息泄漏或更严重的问题。

其二，File 任意读写漏洞。如果开发者使用 openFileOutput(String name, int mode)方法创建内部文件时，使用 MODE_WORLD_READABLE 或 MODE_WORLD_WRITEABLE 模式，就会让这个文件变为全局可读或全局可写的。

（2）数据加密漏洞。数据加密漏洞主要包含以下几种：

其一，明文数字证书漏洞。APK 中使用的数字证书可被用来校验服务器的合法身份，以及在与服务器进行通信的过程中对传输数据进行加密、解密运算，保证传输数据的保密性、完整性。明文存储的数字证书如果被篡改，客户端可能连接到假冒的服务端上，导致用户名、密码等信息被窃取；如果明文证书被盗取，可能造成传输数据被截获解密，用户信息泄露，或者伪造客户端向服务器发送请求，篡改服务器中的用户数据或造成服务器响应异常。

其二，AES/DES 弱加密。在 AES 加密时，使用"AES/ECB/NoPadding"或"AES/ECB/PKCS5padding"的模式，会降低破解密码的难度。ECB 是将文件分块后对文件块做同一加密，破解加密只需要针对一个文件块进行解密即可，降低了破解难度和文件安全性。

其三，setSeed 伪随机数漏洞。本地加密时如果使用 SecureRandom 中的 setSeed 方法设置种子将会造成生成的随机数不随机，使加密数据容易被破解。在 SecureRandom 生成随机数时，如果不调用 setSeed 方法，SecureRandom 会从系统中找到一个默认随机源，每次生成随机数时都会从这个随机源中取 Seed。

（3）数据传输漏洞。数据传输漏洞主要包含以下几种：

其一，SSL 通信服务端检测信任任意证书。自定义 SSL x509 TrustManager，重写 checkServerTrusted 方法，方法内不做任何服务端的证书校验。黑客可以使用中间人攻击获取加密内容。

其二，未使用 HTTPS 协议的数据传输。无线传输的数据能被第三方轻易截获，由于客户端与服务器之间的传输数据遵循通信协议指定的格式和内容类型，如果未使用加密措施，传输数据可被还原成网络层的数据包并进行解包分析，直接暴露用户的各种关键数据，如用户名、密码等。加入了 SSL（Secure SocketLayer）子层实现的 HTTPS 协议可确保数据在网络上加密传输，即使传输的数据被截获，也无法解密和还原。

其三，HTTPS 未校验服务器证书。使用 HTTPS 协议时，客户端必须对服务器证书进行完整校验，以验证服务器是真实合法的目标服务器。如果没有校验，客户端可能与仿冒的服务器建立通信链接，即"中间人攻击"。仿冒的中间人可以冒充服务器与银行客户端进行交互，同时冒充银行客户端与银行服务器进行交互，在充当中间人转发信息的时候，窃取手机号、账号、密码等敏感信息。

（4）日志信息漏洞。调试日志函数可能输出重要的日志文件，其中包含的信息可能导致客户端用户信息泄露，暴露客户端代码逻辑等，为发起攻击提供便利。例如，Activity 的组件名是 Activity 劫持需要的信息；通信交互的日志会成为发动服务器攻击的依据；跟踪的变量值可能泄露一些敏感数据，如输入的账号、密码等。

4）业务逻辑漏洞

（1）权限漏洞。权限漏洞主要包含以下几种：

其一，全局文件可读写。App 在创建内部存储文件时，将文件设置了全局的可读权限。攻击者恶意读取文件内容，获取敏感信息，或恶意写文件，破坏完整性。

其二，敏感权限调用。在 Manifest 文件中调用一些敏感的用户权限，敏感行为包括发送、拦截短信，读取、修改通讯录、通话记录，拨打电话，发送地理位置，使用摄像头，访问浏览器历史记录等。函数调用这些敏感行为，可能导致用户隐私数据泄露，钓鱼扣费等风险。

其三，冗余权限。如果调用了非必需的权限，就会出现冗余权限，冗余权限可导致串谋攻击，串权限攻击的核心思想是程序 A 有某个特定的执行权限，程序 B 没有这个权限，但是 B 可以利用 A 的权限来执行需要 A 权限才能完成的功能。

（2）业务漏洞。业务漏洞需要依靠设备和人共同检测，需要根据应用功能作用的不同来进行判断。机器可以检测一些通用的业务漏洞，如广告、非授权下载、扣费短信等业务，而人工则判断应用在面向不同业务逻辑时产生的漏洞，如登录验证不完善、不可信的敏感数据交付等。

2. APK 安全测试分析

对于 APK 的安全测试，不同的参考书有不同的说法，本书依托测试实例，将 APK 安全测试步骤总结如下。

1）反编译

反编译 Dalvik 字节码文件，先将 APK 解压，再找到 classes. dex 文件。

（1）反编译为 smali 代码。使用 apktool. jar 反编译 APK 文件，命令格式为

java – jar apktool. jar d APK 文件 – o 输出目录

运行结果如图 7 - 50 所示。

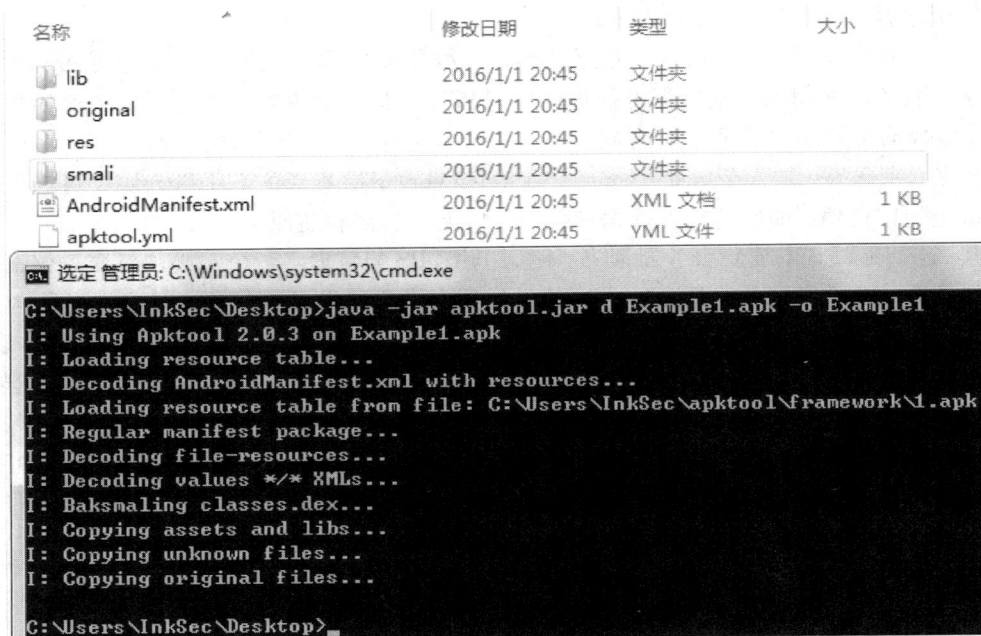

图 7 - 50　反编译 APK 文件

smali 目录中的文件即为反编译出的代码。

（2）反编译为 jar 包。使用 dex2jar 工具反编译 classes. dex 文件，如图 7 - 51 所示。

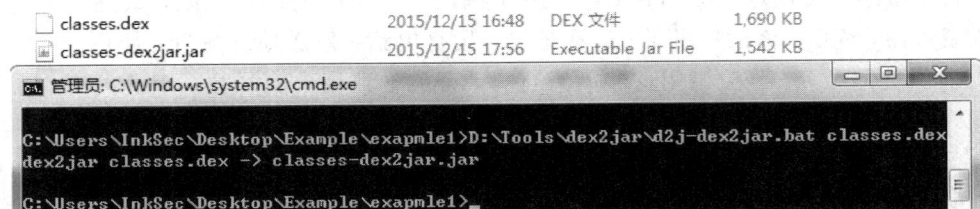

图 7 - 51　反编译 dex 文件

classes – dex2jar. jar 即为反编译出的 jar 文件，可用 JD – GUI 等工具打开查看。

2) 逻辑分析

Android 采用 Java 语言开发，但是 Android 系统有自己的虚拟机 Dalvik，代码编译最终不是采用 Java 的 class，而是使用 smali。我们反编译得到的 jar 包有可能很多地方无法正确地解释出来，但如果我们反编译的是 smali，则可以正确地理解程序的意思。因此，我们有必要熟悉 smali 的语法与规则。

（1）分析 smali 代码。smali 语法类似于汇编语言的语法，涉及寄存器的直接操作，可以直接阅读，但比较难懂，尤其是在代码混淆之后。图 7 - 52 所示是一段由 dex 文件反编译出的 smali 代码。

```
SmaliExample.smali

1    .class public Lorg/inksec/example1/SmaliExample;
2    .super Ljava/lang/Object;
3    .source "SmaliExample.java"
4
5
6    # direct methods
7    .method public constructor <init>()V
8        .registers 3
9
10       .prologue
11       .line 33
12       invoke-direct {p0}, Ljava/lang/Object;-><init>()V
13
14       .line 34
15       invoke-virtual {p0}, Lorg/inksec/example1/SmaliExample;->Func1()V
16
17       .line 35
18       invoke-virtual {p0}, Lorg/inksec/example1/SmaliExample;->Func2()Ljava/lang/String;
19
20       move-result-object v0
21
22       .line 36
23       .local v0, "str":Ljava/lang/String;
24       const-string v1, "Func2 = "
25
26       invoke-static {v1, v0}, Landroid/util/Log;->d(Ljava/lang/String;Ljava/lang/String;)I
27
28       .line 37
29       const/16 v1, 0x548
30
31       const/16 v2, 0x29a
32
33       invoke-virtual {p0, v1, v2}, Lorg/inksec/example1/SmaliExample;->Func3(II)Z
34
35       .line 38
36       const-string v1, "xiaomo"
37
38       const-string v2, "wabzsy"
39
40       invoke-virtual {p0, v1, v2}, Lorg/inksec/example1/SmaliExample;->Func4(Ljava/lang/String;Ljava/lang/String;)Z
41
42       .line 39
43       const/16 v1, 0x5b25
44
45       invoke-virtual {p0, v1}, Lorg/inksec/example1/SmaliExample;->Func5(I)Ljava/lang/String;
46
47       move-result-object v0
48
49       .line 40
50       const-string v1, "Func5 = "
51
52       invoke-static {v1, v0}, Landroid/util/Log;->d(Ljava/lang/String;Ljava/lang/String;)I
53
54       .line 41
55       return-void
56   .end method
```

图 7 - 52　由 dex 文件反编译出的 smali 代码

图中，第一行的 . class 后面跟的是包和类名；第二行的 . super 指出了这个类的父类是谁；第三行的 . source 指出了源文件的名字；第七行的 . method 定义了方法，constructor 说明这个方法是构造方法，（）代表当前方法无参数，后面的 V 代表当前方法无返回值；第八行的.registers指定了寄存器的数量。

smali 在调用方法时，常见的指令有 invoke-direct、invoke-virtual、invoke-static、invoke-super 及 invoke-interface 等几种，指令后的花括号中是方法的参数。

表 7 - 2 所示为 smali 的常见数据类型。

表 7 - 2　smali 的常见数据类型

类　型	说　明
V	Void(只能用于返回值类型)
Z	Boolean(布尔型)
B	Byte(字节型)
S	Short(短整型)
C	Char(字符型)
I	Integer(整型)
J	Long(长整型)
F	Float(浮点型)
D	Double(双精度浮点型)

从表 7 - 2 可以看出，除 Z(布尔型)和 J(长整型)以外，其他数据类型的字母都是 Java 基本数据类型首字母的大写。除了这些基本数据类型以外，最常见的就是对象，对象类型以 L 为开头表示，格式是 Lpackage/ClassName；，用分号表示对象结束，如 java.lang.String 在 smali 中表现为 Ljava/lang/String。

有了这些基础之后，再来看如图 7 - 53 所示的一段 smali 代码。

```
128     .method public Func3(II)Z
129        .locals 1
130        .param p1, "a"      # I
131        .param p2, "b"      # I
132
133        .prologue
134        .line 22
135        if-le p1, p2, :cond_0
136
137        const/4 v0, 0x1
138
139        :goto_0
140        return v0
141
142        :cond_0
143        const/4 v0, 0x0
144
145        goto :goto_0
146     .end method
```

图 7 - 53　样例代码

这段代码是一个判断两数大小的方法，有两个整型的参数，分别为 p1 和 p2。比较 p1 和 p2 的大小，如果 p1 小于 p2，则将 1 赋值给 v0，否则将 0 赋值给 v0，最后将 v0 作为 Z （布尔类型）返回。

以上就是基本的 smali 代码分析，更详细的 smali 教程可以在网上搜索到，此处不再详细介绍。

（2）分析 jar 包。在 APK 没有混淆/加固的情况下，只需要用 JD - GUI 或 JAD 等工具反编译出源码，然后直接通过 Java 代码分析程序逻辑即可，如图 7 - 54 所示。

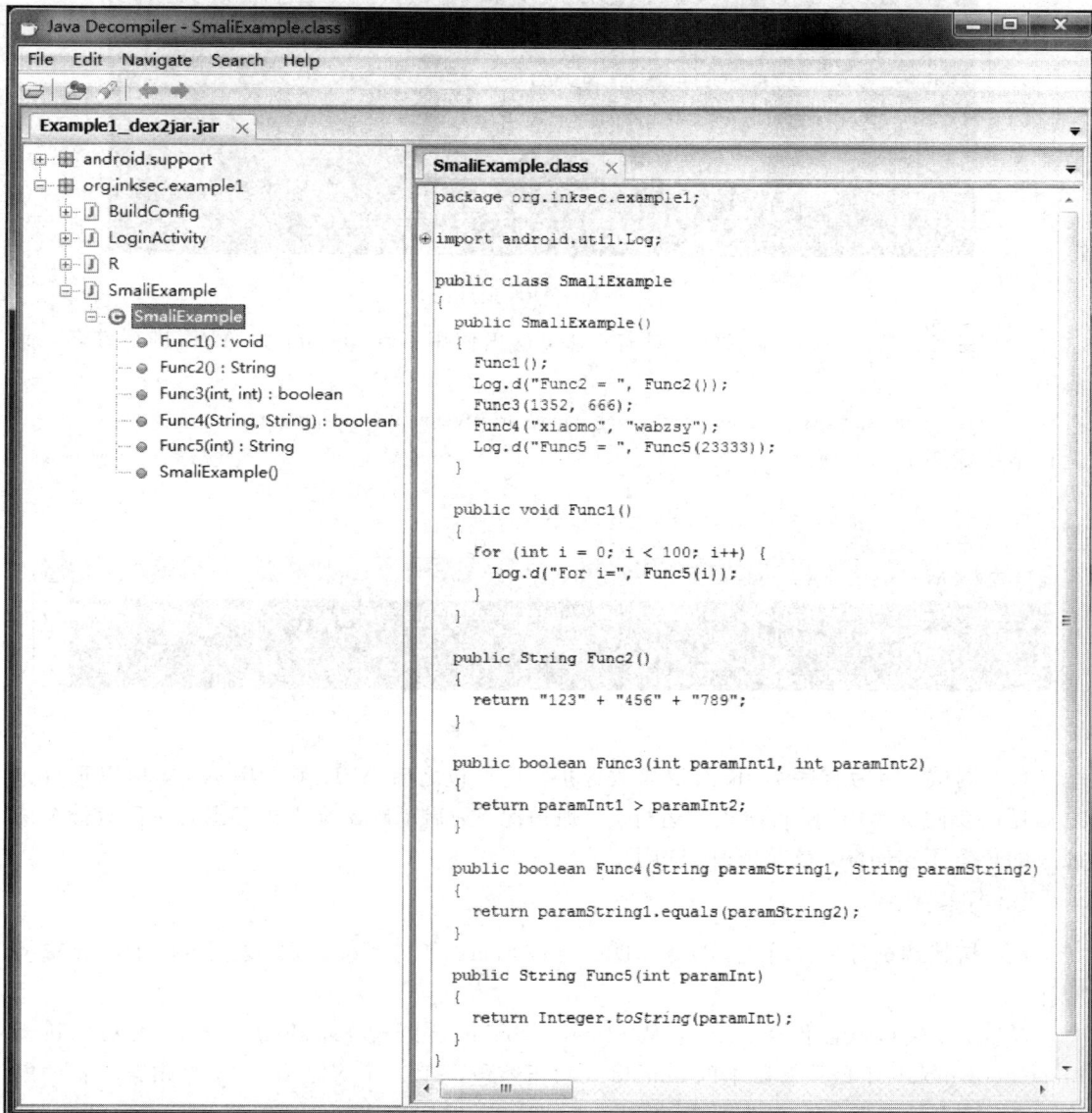

图 7 - 54　用 JD - GUI 分析 jar 包

由图 7 - 55 可以看出，类名、方法名、变量名都被原封不动地还原出来了。

3）重新打包

（1）打包。使用 apktool. jar 编译并重打包回 APK 文件，命令格式为

java - jar apktool. jar b 输出目录 APK 文件

运行结果如图 7 - 55 所示。

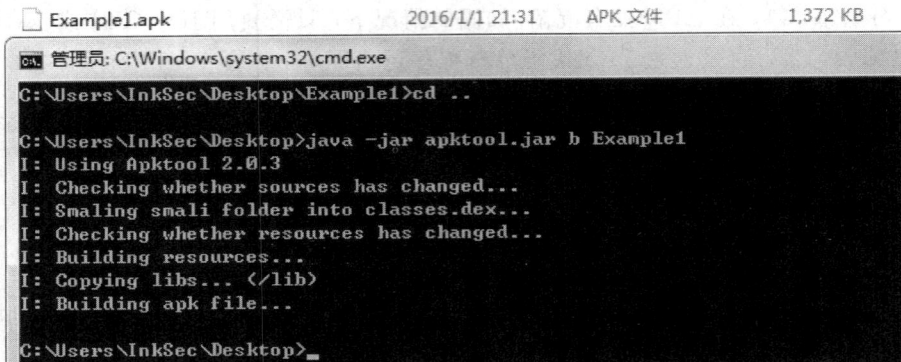

图 7 - 55   APK 重打包

（2）签名。能给 APK 签名的工具有很多，这里使用 signapk. jar 为 APK 进行签名，命令为

java - jar signapk. jar publickey. x509[. pem] privatekey. pk8 in. apk out. apk

运行结果如图 7 - 56 所示。

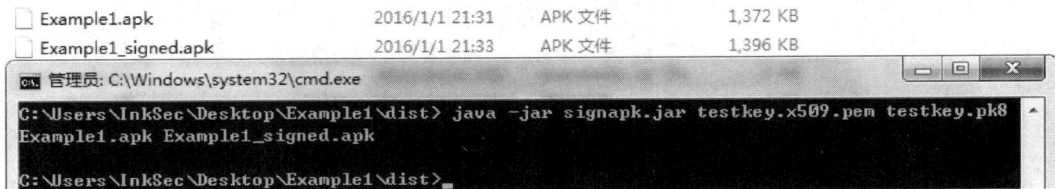

图 7 - 56   APK 签名

（3）测试。因为有些 APK 有反篡改保护，重打包之后 APK 就会用不了，所以重打包之后还需要测试 APK 是否能正常运行。一般情况下，启动时不会立刻闪退，并且运行至修改过的位置不会崩溃，就是修改成功了。

4）动态调试

（1）搭建调试环境。首先，安装 JDK。到 Oracle 官网下载 JDK 安装包，并运行安装程序。

其次，安装调试插件 smalidea。从 https：//bitbucket. org/JesusFreke/smali/downloads # branch-downloads 下载最新版本的 smalidea 的压缩包，打开 IntelliJ IDEA，单击菜单栏中的 File 选项，再单击 Settings 选项中的 Plugins 选项，然后单击"Install plugin from disk"按钮，选择要下载的 smalidea 的压缩包文件，最后单击"OK"按钮确认安装插件，如图 7 - 57 所示。安装好插件之后系统会提示重启，单击"Restart"按钮重启 IntelliJ IDEA，如图 7 - 58 所示。

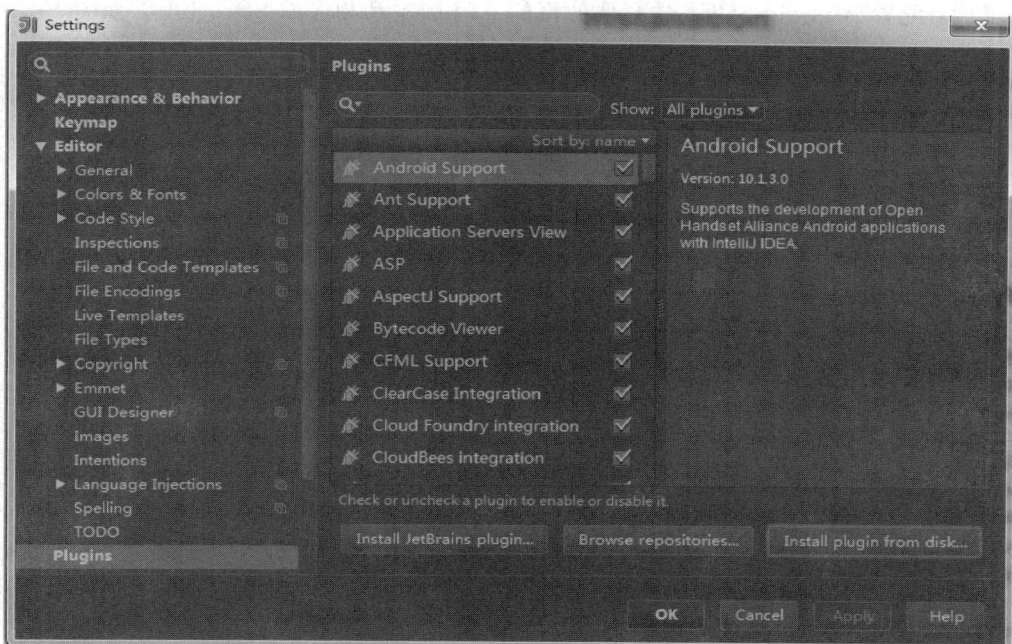

图 7 - 57　安装插件

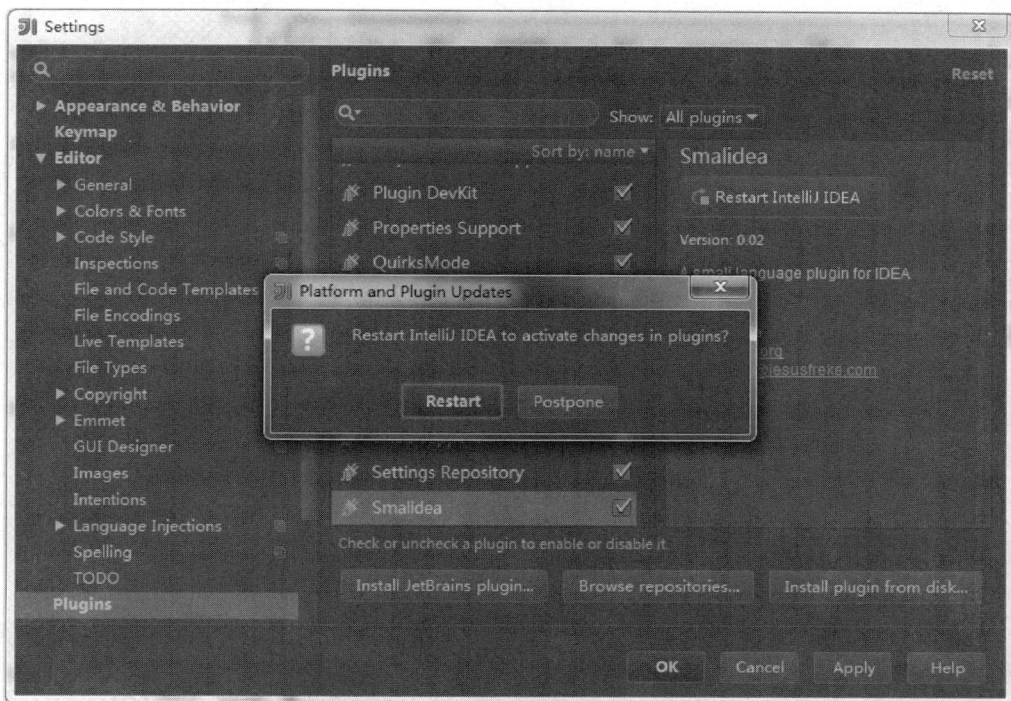

图 7 - 58　重启 IntelliJ IDEA

　　再次，安装 Android SDK。到 Android 官网下载 Android SDK 安装包，并运行安装程序。

最后,配置 Android SDK。选择要使用的 API 版本和相应的 SDK 工具,如图 7-59 所示。单击安装按钮,在弹出的新窗口中单击"Accept License"选项。然后单击"Install"按钮,并等待安装结束,如图 7-60 所示。

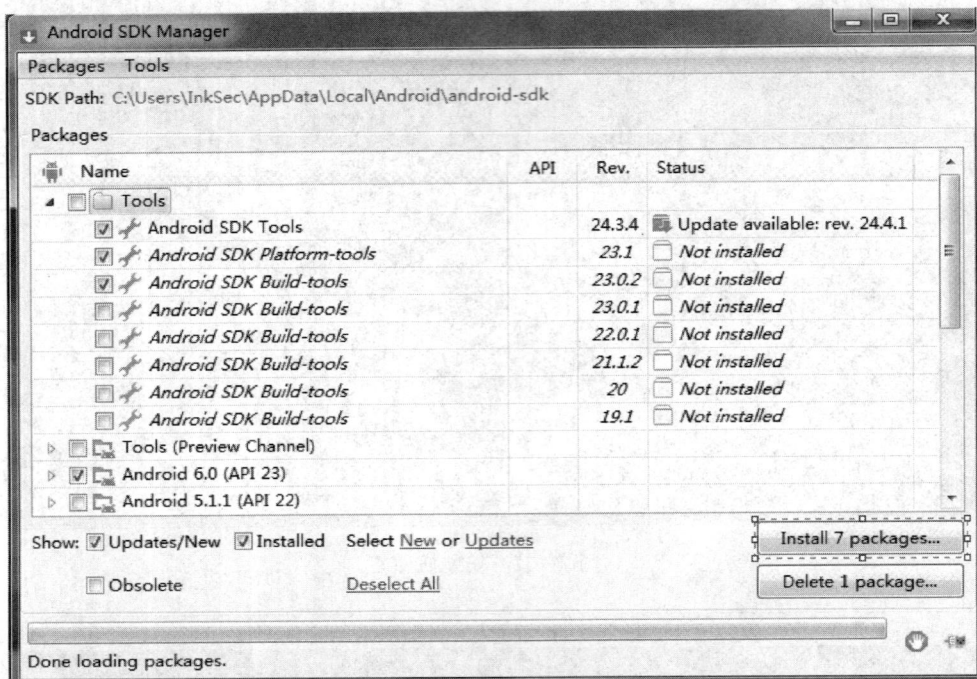

图 7-59 配置 Android SDK(一)

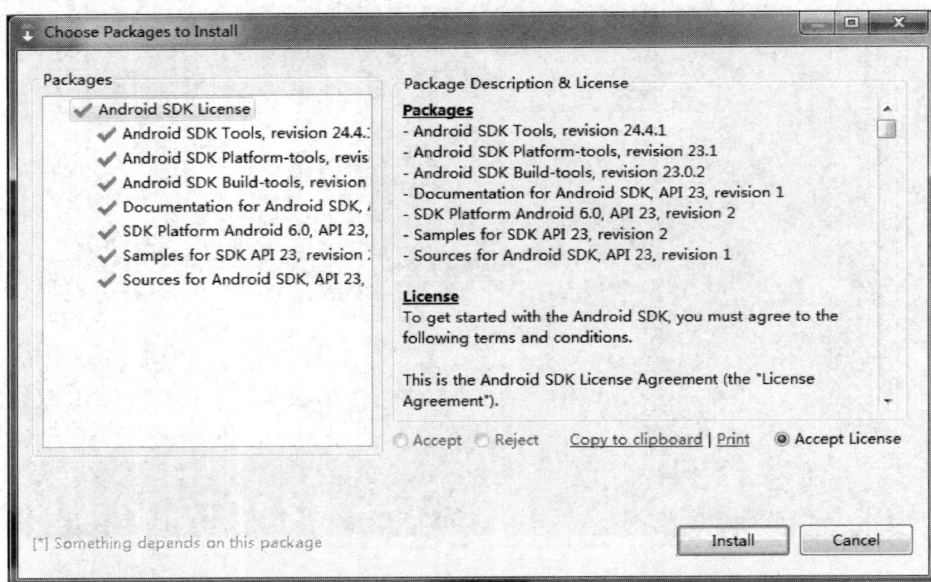

图 7-60 配置 Android SDK(二)

至此,已经搭建好了一个较为完整的 Android 开发/调试环境。

（2）进行动态调试。根据 Android 的官方文档，如果要调试一个 APK 里面的 dex 代码，必须满足以下两个条件中的任何一个：其一，APK 中的 AndroidManifest. xml 文件中的 Application 标签包含属性 android：debuggable＝"true"；其二，/default. prop 中 ro. debuggable的值为 1。如果目标 APK 在重打包后能正常运行，则第一种方式是比较方便的，所以本书用第一种方法进行测试。

首先，使用 apktool 反编译 APK 文件：

java-jar apktool. jar d xxx. apk-o out

用记事本打开上一步 out 目录中的 AndroidManifest. xml 文件，找到 application 标签，加入属性：

android：debuggable＝"true"

如：

＜application android：debuggable＝"true"

接下来，在 out/smali 目录中找到 smali 代码，并在目标函数或入口函数插入一段等待调试器的代码：

invoke-static ｛｝, Landroid/os/Debug；－＞waitForDebugger()V

插入到 LoginActivity 的 OnCreate 函数，如图 7－61 中的阴影部分。

```
# virtual methods
.method protected onCreate(Landroid/os/Bundle;)V
    .locals 5
    .param p1, "savedInstanceState"     # Landroid/os/Bundle;

    .prologue
    .line 73
    invoke-static {}, Landroid/os/Debug;->waitForDebugger()V

    .line 74
    invoke-super {p0, p1}, Landroid/support/v7/app/AppCompatActiv:

    .line 75
    const v1, 0x7f040019

    invoke-virtual {p0, v1}, Lorg/inksec/example1/LoginActivity;-:

    .line 77
    const v1, 0x7f0c006c

    invoke-virtual {p0, v1}, Lorg/inksec/example1/LoginActivity;-:

    move-result-object v1
```

图 7－61　插入等待调试的代码

再接下来，重打包 APK 文件：

java -jar apktool. jar b out -o debug. apk

将 APK 文件进行签名并安装 APK 到调试设备（方法参考前面章节），并运行 APK 程序。打开 Android Device Monitor 可以看到程序已经处于等待调试状态，记录端口号 8700（下一步要用到），如图 7－62 所示。

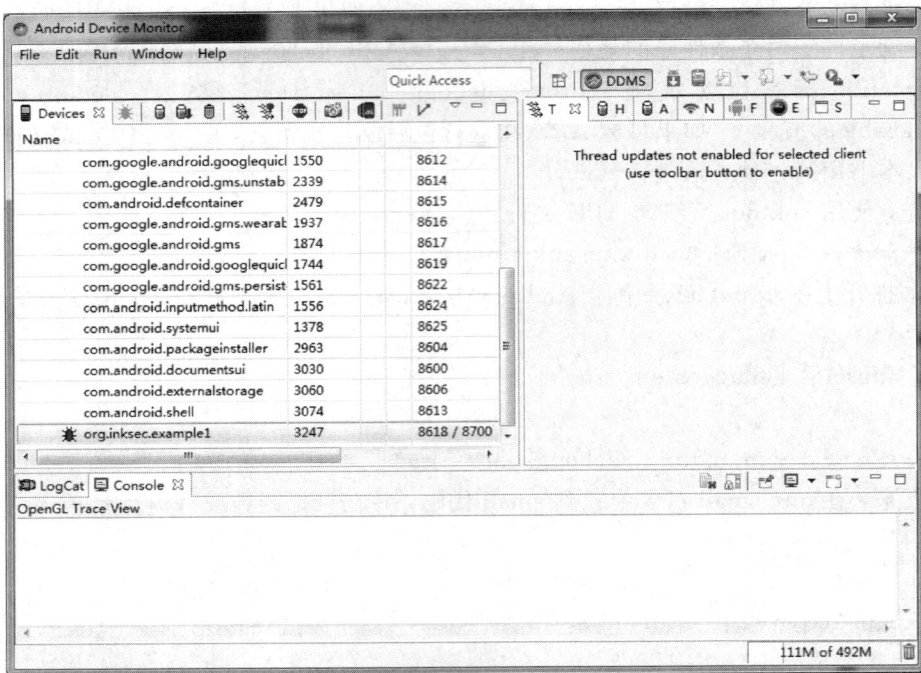

图 7 - 62　Android 设备监视器

　　然后，打开 idea，新建一个空的 java 项目，本例中项目名为"DebugDemo"。将 APK 反编译后的 smali 目录下的所有文件复制到刚才新建的 Java 项目的 src/目录下，刷新，如图 7 - 63 所示。

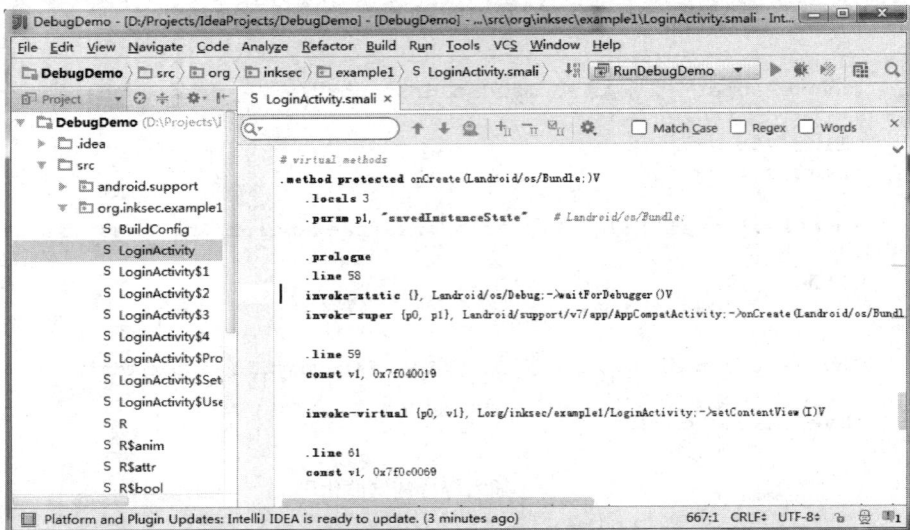

图 7 - 63　打开待调试工程

　　再然后，在菜单栏依次单击 Run 标签，并在下拉选项中选择 Edit Configuration 选项。在新打开的界面单击"＋"并选择"Remote"选项，然后选中上面新建的项目，填写刚才获得的端口号，如图 7 - 64 所示。单击"OK"按钮，确定并保存。

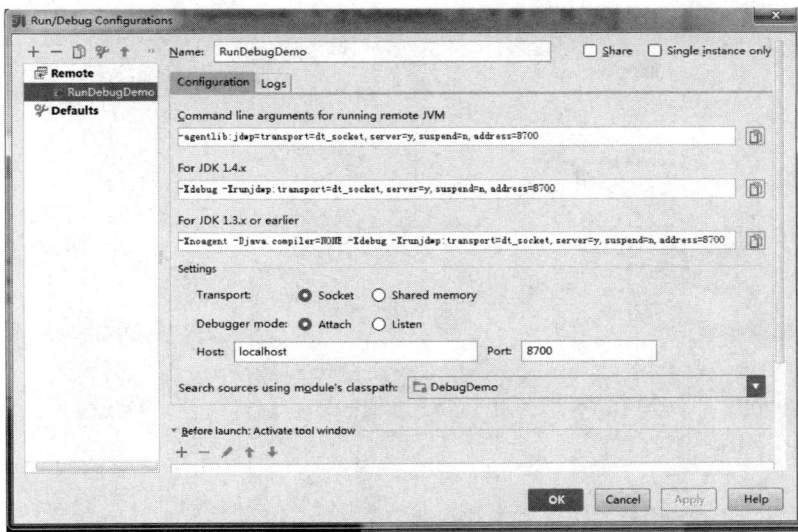

图 7 - 64　创建调试配置

最后，在之前插入代码位置的附近下几个断点，如图 7 - 65 所示。按 Shift＋F9 组合键或者单击调试按钮（右上方的绿色小虫）开始调试，会看到成功中断到断点的位置（橙色高亮），如图 7 - 66 所示。

图 7 - 65　在代码中下断点

图 7 - 65　单步执行

单步跟踪的时候，从下方的 Debugger 窗口可以清楚地看到每个变量实时的变化，如图 7 - 67 所示。

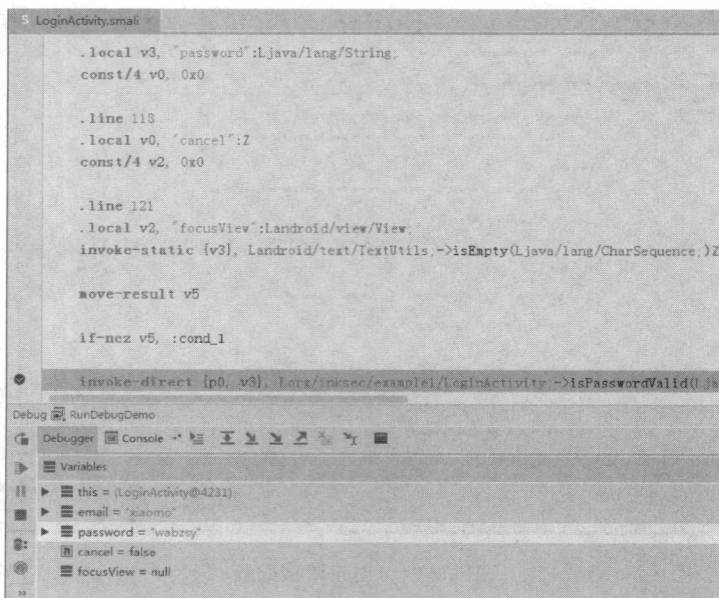

图 7 - 67　变量监控

3. 案例分析：多款汽车远控 App 存在漏洞

安全厂商卡巴斯基在 2017 年 2 月测试了多家汽车厂商的远程控制 App 的安全性[①]，测试结果显示，目前市面上大多数远程控制 App 居然连最基本的软件防护都不具备，这就意味着通过 root 用户的手机端或者诱导用户下载安装恶意程序，黑客可以很轻易地利用这些远程控制 App 窃取用户个人信息及车辆的控制权，从而控制车辆开锁落锁，甚至启动引擎。

随着车联网技术的不断成熟，汽车远控 App 亦流行起来，受欢迎的品牌发布的 App 的用户数量在几万到几百万人之间。图 7 - 68 列出了几个应用程序的用户量，这里隐去了不同汽车品牌汽车远控 App 的图标。

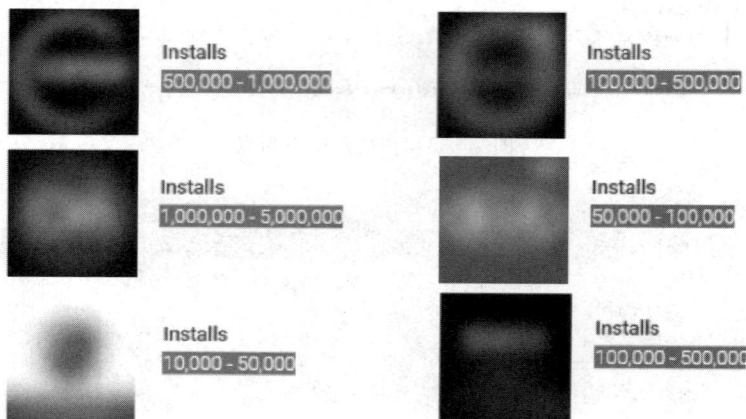

图 7 - 68　各汽车品牌的 App 及用户量

---

① 详情可参考 https：//securelist.com/mobile-apps-and-stealing-a-connected-car/77576/。

对于这项研究，研究人员选择了七款用户量相对较多的汽车远控 App，并测试 App 是否存在可供恶意访问汽车及基础设施的漏洞，测试结果显示在表 7 - 3 中。

表 7 - 3　七款 App 的测试结果

App	主要功能	代码是否混淆	用户名和密码是否加密	是否有加壳保护	是否检测root 权限	是否有完整性检查
App1	远程解锁汽车门窗	否	否	否	否	否
App2	远程解锁汽车门窗、后备箱	否	否	否	否	否
App3	远程解锁车门/启动引擎	否	否	否	否	否
App4	远程解锁车门	否	否	否	否	否
App5	远程解锁汽车门窗/启动引擎	否	否	否	否	否
App6	远程解锁汽车门窗/启动引擎	否	否	否	否	否
App7	远程解锁车门/启动引擎	否	否	否	否	否

1）App1

该 App 不会检查设备是否已经被 root，并将该服务的用户名以及汽车 VIN 码以明文形式存储在 accounts. xml 文件中。该 App 可以很容易地被反编译，并且可以被读取和解析。除此之外，该 App 没有任何抵消 GUI 重叠的机制，这意味着攻击者利用代码量不超过五十行的恶意脚本就能轻松获得用户名和密码，从而进行非法登录活动。

为了检测该 App 是否采用了完整性检查机制，研究人员修改了 loginWithCredentials 方法，如图 7 - 69 所示，事实证明，该款 App 没有任何的完整性校验防护措施。

```
private void loginWithCredentials() {
    String v0 = this.mUsernameView.getText().toString();
    String v1 = this.mPasswordView.getText().toString();
    Toast.makeText(this.getApplicationContext(), v0 + v1, 0).show();
    this.performLogin(v0, v1);
}
```

图 7 - 69　修改 loginWithCredentials 方法

在这种情况下，用户名和密码可以被简单地显示在智能手机上，没有任何措施可以防止将代码发送给恶意服务器。

2) App2

这款 App 和 App1 存在同样的问题：用户名和密码以明文本形式存储在 prefs.｛＊＊＊｝. xml 文件中(＊表示随机由应用程序生成的字符)，如图 7－70 所示。

```
<?xml version='1.0' encoding='utf-8' standalone='yes' ?>
<map>
    <string name="USERNAME">              </string>
    <boolean name="VERIFIED" value="true" />
    <boolean name="CRMExportDone" value="true" />
    <string name="HOME_COUNTRY_ISO_CODE">GB</string>
    <string name="LastName">Rojers</string>
    <string name="PASSWORD">         </string>
    <string name="TOKENID">ibrq/YyWexko9K4j/MqDgbCW8k0EDzrqBJEHZGHU
sG+vTPWDQ4lxCDf1McDHRQMZG6CiQ/4UcUUePHdse7+RSMkKsNEgy1f8Mtkdce5s0ZD
uilSh0=</string>
    <boolean name="PrivacyWarningShown" value="true" />
    <string name="PASSWORDHASH_">WwJheOfI0r5rIrEiFQEFpSglIUiTILjYT9
    <string name="MSGTOKENID">dS0cCR0eO3Ee2nTmA12EcO/ho7NjvRZij/Q8Y
    <string name="FirstName">Ben</string>
    <boolean name="PASSWORD_POLICY_CONFORM" value="true" />
    <long name="LAST_SYNC" value="1467120065944" />
    <string name="USERID">W242860260</string>
    <int name="currentDashboardPage" value="1" />
</map>
```

图 7－70　用户名和密码以明文形式存储

VIN 码以明文形式存储在另一个文件中，如图 7－71 所示。

```
<?xml version='1.0' encoding='utf-8' standalone='yes' ?>
<map>
    <boolean name="REINDEX_STRING_DB" value="false" />
    <string name="PairingStatus">              _pairing_info</string>
    <long name="              _pairing_info" value="1467123669757" />
</map>
```

图 7－71　VIN 码以明文形式存储

通过进一步分析，研究人员又得到了很多有价值的信息，他们发现这款 App 的开发人员没有对代码进行混淆，也没有做完整性校验，攻击者很容易就能修改 LoginActivity 代码，如图 7－72 所示。

```
label_49:
    AppTracking.trackActionStarted("login");
    String v2 = this.userName;
    String v3 = this.password;
    Toast.makeText(this.getApplicationContext(), v2 + v3, 0).show();
    this.runInBackground(new LoginTask(((BaseActivity)this), v2, v3, this.permanentState));
}
```

图 7－72　修改 LoginActivity 代码

3) App3

与此应用程序配对的车辆可选配一个控制模块，以启动发动机并解锁车门。经销商安装的每个模块都有一个带有登录密码的标签，该标签已交给车主，这就是为什么即使 VIN 已知，也无法将汽车连接到移动设备的原因。

不过，还有其他的攻击可能性：首先，该 App 很小，因为它的 APK 大小大约为 180 千字节；其次，整个 App 将其调试数据记录到一个保存在 SD 卡上的文件中。图 7－73 显示为登录信息保存在"SATRT"文件中；图 7－74 显示了存储日志文件的位置。

智能网联汽车安全

```
private void b() {
    __monitor_enter(this);
    try {
        d.a("START", this.getApplicationContext());
        if(this.o.getString(this.getString(2131165201), "0").equals("1")) {
            if(this.u.getText().length() != 0 && this.v.getText().length() != 0) {
                goto label_28;
```

图 7-73 登录信息保存在"START"中

```
BufferedWriter v0 = null;
try {
    File v1_2 = new File(String.valueOf(Environment.getExternalStorageDirectory().getPath()) + "/marcsApp/");
    if(!v1_2.exists()) {
        v1_2.mkdirs();
    }

    v3 = new Date();
    StringBuilder v6 = new StringBuilder(String.valueOf(Environment.getExternalStorageDirectory().getPath())).
    if(v3.getMonth() + 1 < v8) {
        v2 = "0" + (v3.getMonth() + 1);
    }
    else {
        v2_1 = Integer.valueOf(v3.getMonth() + 1);
    }

    v6 = v6.append(v2_1);
    if(v3.getDate() < v8) {
        v2 = "0" + v3.getDate();
    }
    else {
        v2_1 = Integer.valueOf(v3.getDate());
    }

    v1_3 = new BufferedWriter(new OutputStreamWriter(new FileOutputStream(v6.append(v2_1).append(".txt").toStr
```

图 7-74 存储日志文件的位置

研究人员发现，只有在应用程序中设置以下标志时 App 才会启动登录功能：android：debuggable="true"。研究人员没有在公开发行的 App 版本中找到明显原因，但发现没有任何防护措施阻止攻击者将标志信息插入到程序中。为此，研究人员使用 Apktool 工具，启动编辑后的应用程序并尝试登录后，设备的 SD 卡将创建一个带有 TXT 文件的 marcsApp 文件，而用户名和密码以明文的形式存在于该文件中，如图 7-75 所示。

图 7-75 找到用户名和密码

4）App4

该 App 允许绑定现有的 VIN 码到任何有效的证书上，但该 App 提供的服务肯定会向车内 IVI 发送请求，因此，不成熟的 VIN 码窃取活动不利于攻击者黑客入侵。但令人遗憾的是，该 App 以明文形式存储了用户信息和其他敏感数据，如汽车的品牌、VIN 码和汽车的编号，所有这些信息都存储在 MyCachingStrategy.xml 文件中。

5）App5

研究人员发现，为了将汽车连接到已经安装有该款 App 的智能手机上，必须要知道汽车内置 IVI 上显示的 PIN 码。也就是说，像 App4 一样，攻击者想要利用 App 远程攻击汽车，仅仅知道 VIN 码还不够，还要获取汽车内部的 PIN 码。

6) App6

研究人员发现这是一款由俄罗斯开发者开发的 App，与上面测试的 App 有所不同，车主的电话号码被用做认证和授权。这种方法会带来很大的安全风险，要想利用该款 App 发起攻击，攻击者只需调用一个程序内部的 Android API 即可获得用户的相关信息。

7) App7

对于 App7，用户名和密码以明文形式存储在 credentials.xml 文件中，如图 7 - 76 所示。

```xml
<?xml version='1.0' encoding='utf-8' standalone='yes' ?>
<map>
    <int name="pref.userstore.msgflag" value="0" />
    <int name="pref.userstore.group" value="7" />
    <string name="pref.userstore.pincode">703356</string>
    <string name="dcsauthkey">            </string>
    <string name="pref.userstore.measurement">Imperial</string>
    <string name="pwd">            </string>
    <int name="pref.userstore.usercode" value="845866" />
    <string name="user_first_name">Ben</string>
    <string name="dcssessid">2            </string>
    <string name="pref.userstore.language">English</string>
    <string name="pref.userstore.lastname">        </string>
    <string name="sessionid">            </string>
    <string name="pref.userstore.accountid">315324</string>
    <string name="username">        ru</string>
    <string name="pref.userstore.accountname">    @mail.ru</string>
    <string name="pref.userstore.email">    @mail.ru</string>
    <string name="user_last_name">      </string>
    <long name="pref.userstore.id" value="579509" />
    <string name="pref.userstore.username">        ru</string>
    <string name="pref.userstore.firstname">      string>
    <string name="pref.userstore.timezone">    </string>
    <string name="pref.userstore.phone"></string>
</map>
```

图 7 - 76　用户名和密码以明文形式存储

从理论上讲，获取认证信息后，攻击者将能够获得对汽车的控制权，但这并不意味着攻击者能够简单地驾驶它，事实上汽车需要钥匙才能启动引擎开始行驶。回顾一下，几乎所有描述的汽车远控 App 都允许解锁汽车门窗，因此攻击者可以进入车内，不仅限于盗走汽车或造成其他经济损失，攻击者还有可能利用工具故意篡改汽车的功能模块，让汽车成为"僵尸车辆"。

7.3.5　TSP 平台安全测试技术分析

1. TSP 平台安全概述

TSP 平台在车联网架构当中是汽车和手机之间通信的跳板，可为汽车和手机提供内容和流量服务，是汽车与服务商之间最重要的一环。图 7 - 77 中红框所示部分就是 TSP 平台所处的位置及其功能。

从目前的市场情况看，由技术服务商提供软硬件来搭建 TSP 平台作为主导的模式还是较为主流的一种方案，当然，整车厂以及移动运营商都想要在这一领域占据主导。针对目前众多整车厂的调研结果来看，目前大多数 TSP 放在云端服务器，使用公有云技术。那么 TSP 平台就有一部分面临云端的威胁，比如攻击者过虚拟机逃逸到宿主机，再从宿主机到达 TSP 平台的虚拟机中获取 TSP 的用户名、密钥、证书等关键信息，进而控制其他的汽车。所以部署在云端的 TSP 平台对于系统自身和依赖环境的安全至关重要。对于部署在整车厂自己的服务器中的 TSP 平台，则需要考虑抗拒绝服务能力、传统的 IT 防护等因素。此外，在 TSP 后台的应用领域，还要考虑如何应对 OTA 升级风险。

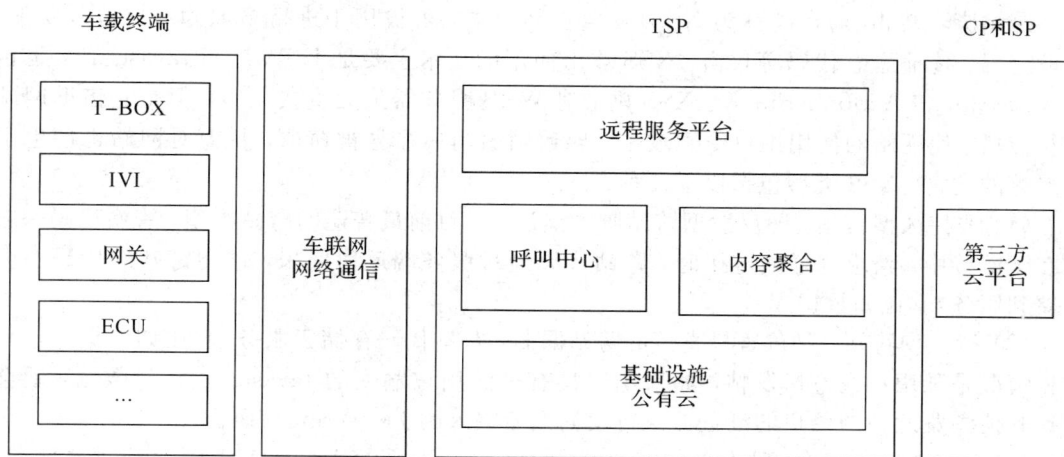

图 7-77　车联网 TSP 平台拓扑结构

就车联网 TSP 平台自身而言，漏洞可能来自软件系统设计时的缺陷或编码时产生的错误，也可能来自业务在交互处理过程中的设计缺陷或逻辑流程上的不合理之处。这些缺陷、错误或不合理之处可能被有意或无意地利用，从而对整个车联网的运行造成不利影响，如系统被攻击或控制、重要资料被窃取、用户数据被篡改，甚至冒充合法用户对车辆进行控制等。

除此之外，TSP 平台云服务本质上也是一种 Web 应用，厂商通过 Web 应用对设备进行统一管理和数据分析，通过各类消息服务或 API 实现设备数据采集和系统集成，传统 Web 应用所面临的安全风险同样出现在车联网 TSP 平台中。近年来，随着主机操作系统安全机制和信息系统安全架构的不断完善，大多数信息系统在网络边界都部署了防火墙、IPS 等安全设备，使得针对主机漏洞的攻击越来越难。而许多车联网云端 Web 应用由于要对外提供服务，使得其不得不暴露在外部网络中，使其更容易受到外部攻击，这也使得越来越多的黑客都将注意力转向了对 Web 应用程序漏洞的攻击。黑客通过攻击外部 Web 应用，取得相应权限后，还能进一步渗透进入车企或运营商内网，这些都使得 Web 应用的安全问题日趋严峻。下面列举一些常见的 Web 漏洞。

1）SQL 注入

SQL 注入被广泛用于非法获取网站控制权，是发生在应用程序的数据库层上的安全漏洞。在设计程序时，若忽略了对输入字符串中夹带的 SQL 指令的检查，就有可能被数据库误认为是正常的 SQL 指令而运行，从而使数据库受到攻击，可能导致数据被窃取、更改、删除，甚至进一步导致网站被嵌入恶意代码、被植入后门程序等危害。通常情况下，SQL 注入的位置包括：

（1）表单提交，主要是 POST 请求，也包括 GET 请求。

（2）URL 参数提交，主要为 GET 请求参数。

（3）Cookie 参数提交。

（4）HTTP 请求头部的一些可修改的值，比如 Referer、User_Agent 等。

（5）一些边缘的输入点，比如 .mp3 文件的一些文件信息等。

2）跨站脚本攻击

跨站脚本攻击（通常简称为 XSS）发生在客户端，可被用于进行窃取隐私、钓鱼欺骗、窃取密码、传播恶意代码等攻击。XSS 攻击使用的技术主要是 HTML 和 Javascript，也包括 VBScript 和 ActionScript 等。XSS 攻击对 WEB 服务器虽无直接危害，但是它借助网站进行传播，使网站的使用用户受到攻击，导致网站用户账号被窃取，从而对网站也产生了较严重的危害。XSS 类型包括以下几种：

（1）非持久型跨站：即反射型跨站脚本漏洞，是目前最普遍的跨站类型。跨站代码一般存在于链接中，请求这样的链接时，跨站代码经过服务端反射回来，这类跨站的代码不会存储到服务端（比如数据库）。

（2）持久型跨站：是危害最直接的跨站漏洞，跨站代码存储于服务端（比如数据库中）。常见情况是某用户在论坛发帖，如果论坛没有过滤用户输入的 Javascript 代码数据，就会导致其他浏览此帖的用户的浏览器执行发帖人所嵌入的 Javascript 代码。

（3）DOM 跨站：是一种发生在客户端 DOM（Document Object Model，文档对象模型）中的跨站漏洞，很大原因是因为客户端脚本处理逻辑导致的安全问题。

3）弱口令漏洞

弱口令没有严格和准确的定义，通常认为容易被别人（他们有可能对你很了解）猜测到或被破解工具破解的口令均为弱口令。

4）HTTP 报头追踪漏洞

HTTP/1.1（RFC2616）规范定义了 HTTP TRACE 方法，主要是用于客户端通过向 Web 服务器提交 TRACE 请求来进行测试或获得诊断信息。当 Web 服务器启用 TRACE 时，提交的请求头会在服务器响应的内容（Body）中完整地返回，其中 HTTP 头很可能包括 Session Token、Cookies 或其他认证信息，攻击者可以利用此漏洞来欺骗合法用户并得到他们的私人信息。

5）文件上传漏洞

文件上传漏洞通常是由于网页代码中的文件上传路径变量过滤不严造成的，如果文件上传功能实现代码没有严格限制用户上传的文件后缀以及文件类型，攻击者可通过 Web 访问的目录上传任意文件，包括网站后门文件，进而远程控制网站服务器。常见的攻击方式有以下几种：

（1）代码未做任何限制时，直接上传恶意文件。

（2）代码检查了文件的类型时，绕过文件类型限制。

（3）代码检查了文件的内容时，绕过内容检查。

（4）代码检查了文件的扩展名时，绕过文件扩展名。

6）CSRF 跨站请求伪造

跨站请求伪造是一种允许攻击者通过受害者发送任意 HTTP 请求的一类攻击方法。此处所指的受害者是一个不知情的同谋，所有的伪造请求都由他发起，而不是攻击者，这样，就很难确定哪些请求是属于跨站请求伪造攻击。

例如，请求 GET http：//bank.com/transfer.do？acct＝jim&amount＝10000 HTTP/1.1.可以被伪造成 http：//bank.com/transfer.do？acct＝mak&amount＝100000，通过诱使用户点击伪造的链接，来达到攻击的目的。

7）URL 跳转漏洞

URL 跳转漏洞是指远程攻击者通过网站漏洞，将用户的浏览器中正常的网址重定向到恶意的网址，攻击者多数利用此漏洞进行网络钓鱼攻击。

8）信息泄露

信息泄露是指因程序 BUG，或者由于攻击者对程序的参数等输入接口进行填充非法的数据，使程序崩溃，输出一些调试信息以及源代码等数据。当攻击者得到此数据后，可以了解到很多隐私的敏感数据，进而结合其他漏洞进行下一步的攻击。信息泄露分为多种泄露方式，一般常见的有以下几种：

（1）物理路径泄露。当攻击者通过接口输入非法的数据时，应用程序出现错误，并返回网站物理路径，攻击者利用此信息，可通过本地文件包含漏洞直接拿到 webshell。

（2）程序使用版本泄露。通过传送大量的数据时，应用程序报错，并返回应用程序版本，攻击者利用此信息，查找官方漏洞文档，并利用现有 expolit code 实施攻击。

（3）源代码泄露。利用程序扩展名解析缺陷，访问隐藏的文件，并获取源代码。或者通过程序 BUG，直接返回源代码，获取重要数据，进而实施下一步攻击。

（4）其他信息泄露。如返回所使用的第三方软件信息，比如程序使用了 zend framework、数据库使用的 mysql 等。

还有很多 TSP 平台的 Web 应用漏洞，这里就不再一一列举了。

2. TSP 平台渗透测试原理及基本流程

1）车联网 TSP 平台渗透测试概述

由于 TSP 平台云服务本质上是一种 Web 应用，所以本书讨论的渗透测试均针对 Web 应用及其相关系统组件，不针对特定的 TSP 平台。通常来讲，渗透测试就是利用黑客攻击中用到的攻击方法、技术从而模拟黑客行为来对目标软件系统进行安全性探测，并且利用发现的系统漏洞进一步测试从而发现更深层次、更严重的漏洞细节。与黑客攻击不同的是，渗透测试是在得到用户授权情况下由专业人员按照一定的规范和方案对目标系统进行无破坏测试，发现漏洞细节并且给出相应的解决方案，帮助用户识别系统面临的安全威胁、规避风险。

在利用渗透测试手法对 Web 应用程序进行安全测评过程中，渗透测试人员依据对被测试系统的掌握信息情况不同，可采用两种不同类型的测试方法，分别为白盒测试与黑盒测试。测试人员可依据实际测试环境确定采用黑盒测试或白盒测试，两种测试方法都各有利弊，有时可结合使用。

渗透测试过程中根据被测试的目标的不同又可分为：对操作系统（如 Windows、Linux、Sun Solaris、IBM AIX 等）本身进行渗透测试，对数据库系统（如 Oracle、Sybase、DB2、Access、MySQL 等）进行渗透测试，对应用系统（组成 Web 应用的各种应用程序，如 JSP、PHP、ASP、CGI 等）进行渗透测试及对防火墙、IDS 等网络设备进行渗透测试。图 7-78 为 Web 应用的访问流程。

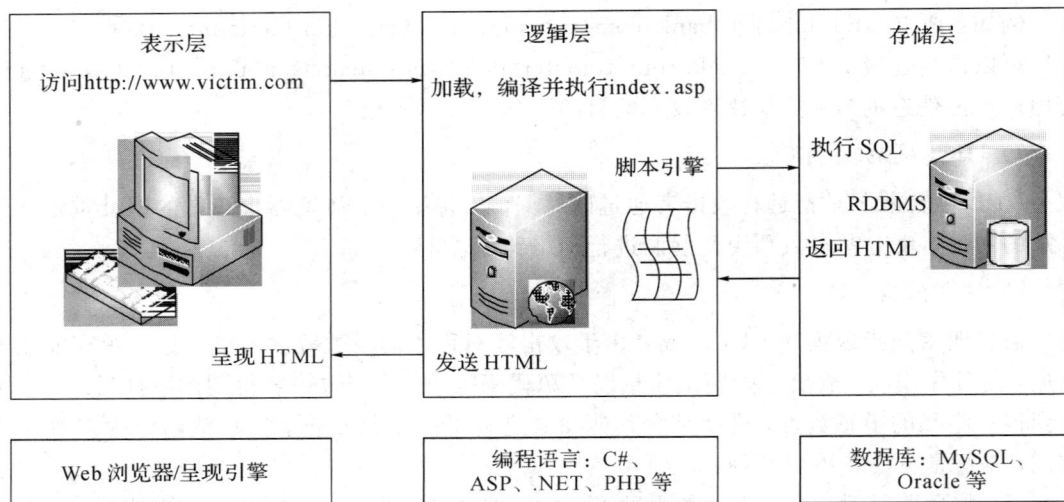

图 7-78　Web 应用的访问流程

当 Web 应用遭受攻击时，攻击来源既可能是内网，也可能是外网。因此，依据测试过程中测试人员所处被测试系统的网络位置不同，渗透测试又可被划分为外网测试和内网测试。所谓内网测试，是指测试者站在组织内部工作人员角度对内部网络进行的一系列的违规操作的测试行为。外网测试，顾名思义是指测试人员处于被测试系统网络外部，模拟恶意用户对被测试系统进行非法操作的测试行为。

Web 渗透测试主要是对 Web 系统进行渗透测试，如 Web 应用程序、服务器等，不涉及整个网络系统。在 Web 测试过程中，测试人员经常使用工具扫描和手动测试相结合，使渗透测试有更高的效率而且还能发现更深层次的漏洞细节，降低误报率。由于 Web 漏洞产生的原因在于用户和应用程序间的交互行为越来越多，用户可能在应用中提交不同形式的数据，如果服务器不经过检验可能导致信息泄露等问题，从而影响 Web 应用的正常使用，因而要采取渗透测试的流程对 Web 应用进行漏洞检测和评估。渗透测试的流程如图 7-79 所示。

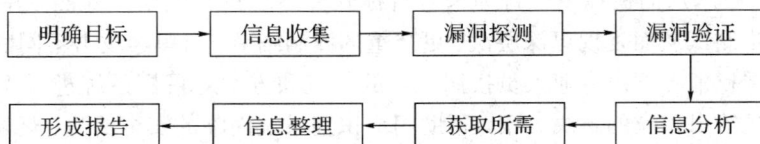

图 7-79　渗透测试的一般流程

2）车联网 TSP 平台渗透测试的主要内容

本书把车联网 TSP 平台渗透测试内容主要分成了五大类，当然，具体测试并不局限于

222

这五类，不同的 TSP 平台，渗透测试的内容也会有所差异，测试项条目多少也会有所区别。表 7 - 4 所示是身份认证测试项，表 7 - 5 所示是会话管理测试项，表 7 - 6 所示是访问授权测试项，表 7 - 7 所示是数据验证测试项，表 7 - 8 所示是配置管理测试项。

表 7 - 4　身份认证测试项

类　　别	测　试　项
密码安全	密码强度不足
	默认密码不安全
	密码存储不安全
暴力破解	无抵御暴力破解机制
	抵御机制可绕过
信息泄露	系统提示中泄露敏感信息
	客户端代码中泄露敏感信息
	系统日志中泄露敏感信息
	本地存储泄露敏感信息
传输安全	敏感信息未加密传输
	敏感信息加密方式不安全
密码修改	修改密码不需要认证
	修改密码不需要提供原始密码
	修改密码时可穷举原始密码
密码找回	找回密码问题简单
	找回密码问题的答案可被穷举
	依据找回密码的步骤限定逻辑
	找回的密码以非安全方式通知用户
登录漏洞	登录存在 SQL 注入

表 7 - 5　会话管理测试项

类　　别	测　试　项
令牌生成	令牌可被猜测
	会话令牌固定
令牌处理	令牌传输不安全
	会话终止不安全
	Cookie 范围限定不当

表 7 - 6　访问授权测试项

类　　别	测　试　项
越权	匿名用户可访问普通用户操作
	匿名用户可访问管理员用户操作
	普通用户可访问管理员用户操作
	普通用户之间可访问非授权操作

表 7 - 7　数据验证测试项

类　　别	测　试　项
SQL 注入	匿名用户触发的普通 SQL 注入
	匿名用户触发的盲目 SQL 注入
	授权用户触发的普通 SQL 注入
	授权用户触发的盲目 SQL 注入
命令注入	PERL 命令注入
	ASP 命令注入
脚本注入	PHP 脚本注入
	ASP 脚本注入
	文件包含漏洞
路径遍历	文件上传漏洞
	文件下载漏洞
	任意文件读写
XSS	反射型
	存储型
	DOM 型
其他	CSRF
	HTTP 消息头注入
	CRLF 注入

表 7 – 8　配置管理测试项

类　　别	测　试　项
HTTP 协议	启用非安全的 HTTP 方法
Web Service	Web Service 安全选项未打开
	网站目录遍历
	Web Service 历史漏洞未修补
FTP 服务器	服务器提供外网 FTP 服务
	外网 FTP 服务允许匿名登录
DB 服务器	数据库开放外网端口
	数据库允许匿名登录

参 考 文 献

[1]　蔺宏良，黄晓鹏. 车联网技术研究综述[J]. 机电工程，2014，31(9)：1235 – 1238.

[2]　Nan Y. 车联网安全威胁分析及防护思路[J]. 通信技术，2015，48(12)：1421 – 1426.

[3]　陈娜. 车联网安全防护体系的设计与分析[J]. 电脑开发与应用，2014，27(10)：32.

[4]　陈伟玲. 物联网通信服务平台保障系统的设计与实现[D]. 广州：华南理工大学，2014.

[5]　王良民，李婷婷，陈龙. 基于车辆身份的车联网结构与安全[J]. 网络与信息安全学报，2016，2(2)：41 – 54.

[6]　任开明，李纪舟，刘玲艳，等. 车联网通信技术发展现状及趋势研究[J]. 通信技术，2015，48(05)：507 – 513.

[7]　黄世伟. 车联网信息安全 SOC 设计与应用开发[D]. 厦门：厦门大学，2013.

[8]　冯涛. 车联网技术中的信息安全研究[J]. 信息安全与技术，2011(8)：28 – 30.

[9]　张文博，包振山，李健. 基于可信计算的车联网云安全模型[J]. 武汉大学学报：理学版，2013，59(5)：438 – 442.

[10]　张秋江. 云计算安全问题探讨[J]. 信息安全与通信保密，2011(05)：95 – 96.

[11]　梁玉红. 智能汽车研究与发展策略[J]. 电子技术，2010(06)：66 – 69.

[12]　Power debug interface usb 3.0. Web：http：//www. lauterbach. com/frames. html？ home. html.

[13]　Cadillac cue. Web：http：//www. cadillac. com/cadillac-cue. html，2010.

[14]　Ford sync. Web：http：//owner. ford. com/how-tos. html＃？ tabCategory＝sync，2010.

[15]　Bmw connected drive. Web：http：//www. bmw. com/com/en/insights/technology/connecteddrive/2013/，2011.

[16]　Toyota entune. Web：http：//www. toyota. com/entune/，2011.

[17]　Genivi. Web：http：//www. genivi. org/，2012.

[18]　Android auto. Web：https：//www. android. com/auto/，2014.

[19]　Apple carplay. Web：http：//www. apple. com/ios/carplay/，2014.

[20]　Consortium C C, et al. Mirror link. Web：http：//www. mirrorlink. com/，2013.

[21]　Bose R，Brakensiek J，Park K Y，Terminal mode：transforming mobile devices into automotive application

platforms. Proceedings of the 2nd International Conference on Automotive User Interfaces and Interactive Vehicular Applications，2010，148－155.

[22] Checkoway S，Mccoy D，Kantor B，et al. Comprehensive experimental analyses of automotive attack surfaces. USENIX Security Symposium，2011.

[23] Foster I，Prudhomme A，Koscher K，et al. Fast and vulnerable：a story of telematic failures. 9th USENIX Workshop on Offensive Technologies（WOOT 15），2015.

[24] Greenberg A. GM took 5 years to fix a full-takeover hack in millions of onStar cars. Web：https：// www. wired. com/2015/09/gm-took-5-years-fix-full-takeover-hack-millions-onstar-cars/，2015.

[25] Greenberg A. This gadget hacks GM cars to locate，unlock,and start them. Web：https：//www. wired. com/2015/07/gadget-hacks-gm-cars-locate-unlock-start/，2016.

[26] Hoppe T，Kiltz S，Dittmann J. Security threats toautomotive can networks - practical examples and selected shorttermcountermeasures. Reliability Engineering & System Safety96，2011,1：11 - 25.

[27] Ishtiaq Roufa R M，Mustafaa H，et al. Travis Tayloer，et al. Security and privacy vulnerabilities of in-car wirelessnetworks：A tire pressure monitoring system case study. 19th USENIX Security Symposium，Washington DC，2010，11 - 13.

[28] Koscher K，Czeskis A，Roesner F，et al. Experimental securityanalysis of a modern automobile. IEEE Symposium on Security and Privacy（SP），2010，447－462.

智能网联汽车安全

第8章 V2X 通信安全

8.1 V2X 概述

根据 3GPP 的定义，V2X(Vehicle to Everything，车用无线通信技术)是将车辆与其他事物相连接的新一代信息通信技术，其中 V 代表车辆，X 代表任何与车交互信息的对象，当前 X 主要包含车、人、交通路侧基础设施和网络等。

第 2 章已述及，V2X 主要包括以下应用场景：V2N(Vehicle to Network，车与互联网连接)、V2V(Vehicle to Vehicle，车车互联)、V2I(Vehicle to Infrastructure，车路互联)以及 V2P(Vehicle to Pedestrian，车人互联)等，即通过人、车、路、网络的有效协同实现智能交通的目的。图 8-1 为 V2X 的应用场景。

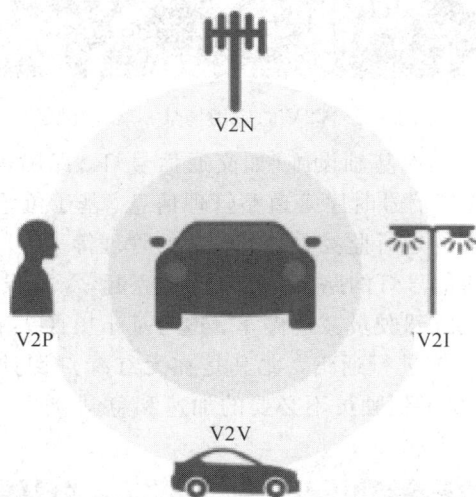

图 8-1 V2X 的应用场景

V2N 是目前应用最广泛的车联网场景，其主要功能是使车辆通过移动网络连接到云服务器，再利用云服务器提供导航、娱乐和防盗等功能。图 8-2 为 V2N 的一种应用场景。

V2N 主要是实现车辆与云端信息共享，车辆既可以将车辆、交通信息发送到云端指挥中心，云端也可以将广播信息，如交通拥堵、事故情况等发送给某一地区相关车辆。

V2V 用于车辆之间的双向数据传输。通过 V2V，车辆可实时采集周边车辆的速度、位置、方向以及告警等信息，此外，也可通过车辆间通信实现图片、短信、音视频等信息的实施交换功能。图 8-3 为 V2V 的一种应用场景。

图 8-2　V2N 的应用场景：车云互联

图 8-3　V2V 的应用场景：车车互联

　　V2I 是车辆与道路甚至其他基础设施（如交通信号灯、路障等）进行通信的应用。通过 V2I 系统，车辆可获取交通灯信号时序等道路管理信息、基于位置的车辆服务信息，主要应用于实时的信息服务、车辆的运行监控、电子收费的管理等。

　　例如，车辆接近有交通信号灯的路口，红灯即将亮起，V2I 设备判断车辆无法在绿灯时间内通过此路口时，及时提醒驾驶员减速停车。这与基于摄像头采集到红灯提醒功能类似，但是它的优点是能与交通设施进行通信，尤其是在无红绿灯倒计时显示屏的路口具有"预知"红绿灯时间的作用，减少了驾驶员不必要的加速和急刹。图 8-4 为 V2I 的一种应用场景：红灯预警。

图 8-4　V2I 应用场景：红灯预警

V2P 是指行人使用移动电子设备，如便携式电脑、智能手机或其他手持设备与车载电子设备之间进行通信，重要应用场景是车辆给道路上行人或非机动车发送安全警告。

行人穿越道路时，道路行驶车辆与人进行信号交互，当检测到具有碰撞隐患时，车辆会收到图片和声音提示驾驶员，同样行人收到电子设备屏幕图像或声音提示。这项技术非常实用，行人经过正在倒车出库的汽车时，由于驾驶员视觉盲区未能及时发现周边的人群（尤其是玩耍的儿童），很容易发生交通事故。这与借助全景影像进行泊车功能类似。图8-5 为 V2P 的一种应用场景：碰撞预警。

图 8-5　V2P 应用场景：碰撞预警

8.2　V2X 技术标准

V2X 技术标准目前主要包括 DSRC 和 LTE-V 两种。DSRC 主要基于 IEEE 802.11p 与 IEEE 1609 系列标准，是一种专门用于 V2V 和 V2I 的通信标准，主要由美国、日本主导；LTE-V 是基于 LTE 的智能网联汽车协议，由 3GPP 主导制定规范。表 8-1 给出了 DSRC 及 LTE-V 的技术指标对比。

表 8-1　DSRC 及 LTE-V 的技术指标对比

类　　别	DSRC 技术	LTE-V 技术
支持车速	200 km/h	500 km/h
通信带宽	10 MHz	可扩展至 100 MHz
传输速率	3～27 Mb/s，平均 12 Mb/s	峰值上行速率 500 Mb/s，下行 1 Gb/s
通信距离	数十米到几百米，易受 RSU 密度影响	约为 DSRC 的两倍
IP 接入方式	部署 RSU 作为网关	通过蜂窝基站接入，基站集中调度；业务连续性好，调度效率高
低时延安全业务（碰撞预警、变道盲区预警等）	采用 IEEE 802.11p 协议	LTE 直连技术解决
演进性	较弱	可演进至 5G

229

类　别	DSRC 技术	LTE-V 技术
信道编码	卷积码	Turbo 码
重传性	不考虑重传	通过 HARQ 机制进行多次重传
资源选择机制	CSMA/CA	感知＋SPS
信道估计	信道估计算法需改进以支持高速场景	4 列 DMRS 参考信号有效支持高速场景
接受分集	不是必须的	两个接收天线考虑接收分集处理
资源复用	TDM	采用 TDM 和 FDM，考虑了节点密度、业务量和低时延高可靠传输需求
资源感知	通过固定门限以及检测前导码来判断信道是否被占用	通过功率和能量测量感知资源占用情况
同步方式	非同步方式	同步方式
成熟度	已基本成熟	尚未成熟

8.2.1　DSRC 技术介绍

1. DSRC 定义

DSRC(Dedicated Short Range Communications，专用短程通信)技术是专门用于车辆通信的技术。DSRC 本质上是 IEEE 802.11 的扩充延伸，符合智能交通系统的相关应用，应用层包括高速车辆之间以及车辆与路边基础设施之间的数据交换。在物理层，DSRC 技术基于正交频分复用，为适应车辆高速运动场景，信号带宽定义为 10 MHz。一方面可以减少高速运动场景下的通信时延，提高数据交换能力，同时 802.11p 引入了 IEEE 802.11e 中的 EDCA 机制来解决接入优先级问题，高优先级的警车、救护车可以优先接入，其他普通车辆 IP 数据次优先级，保障了特种车辆的优先权。表 8-2 给出了 DSRC 技术和其他无线通信技术的比较。

表 8-2　DSRC 技术和其他无线通信技术的比较

类　型	DSRC	WiFi	Cellular	WiMax
延时	< 50 ms	s	s	—
移动性	> 60 m/h	< 5 m/h	> 60 m/h	> 60 m/h
通信距离	< 1000 m	< 100 m	< 10 km	< 15 km
数据传输率	3~27 Mb/s	6~54 Mb/s	< 2 Mb/s	1~32 Mb/s
通信带宽	10 MHz	20 MHz	< 3 MHz	< 10 MHz
通信频段	5.86~5.925 GHz	2.4~5.2 GHz	800 MHz~1.9 GHz	2.5 GHz
IEEE 标准	802.11p	802.11a	N/A	802.16e

智能网联汽车安全

由表 8-2 可以看出，DSRC 在性能上优于 WiFi 和蜂窝网络等无线通信技术；与 WiMax 技术相比，DSRC 在性能上不相上下，但是在实现的复杂度和成本上，远远比 WiMax 具有优势。

DSRC 的发展为车载环境下的无线通信提供了依据。ISO /TC 204 DSRC 为国际标准，其中包含了中长距离通信标准。欧洲 CEN/TC 278DSRC 标准的主要特点是：5.8 GHz 被动式微波通信，中等通信速率（500 Kb/s 上行，250 Kb/s 下行），调制方式为 ASK 和 BPSK。美国的 ASTM 和 IEEE 标准，频率均为 5.9 GHz。在 ASTM 标准的基础上，又发展了 IEEE 802.11p 协议组，包括 1609.1～1609.4 标准。IEEE 802.11p 标准在车载环境下达到 3～27Mb/s 的传输速率，大大改善了

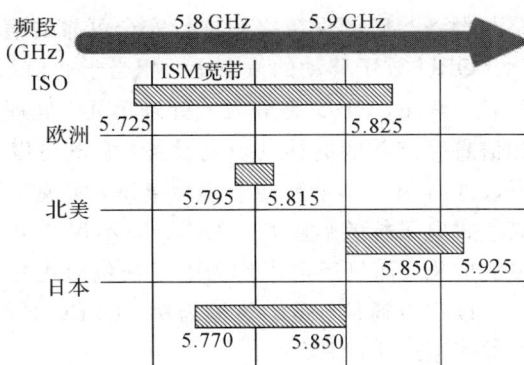

图 8-6　各国 DSRC 使用的频段

高速移动环境下的传输效果。目前使用较多的 ASTME 2213-03 协议是基于 802.11 的改进协议，作为向 802.11p 过渡的 DSRC 协议，其在 MAC 层和物理层上做出了一系列的规定和改进，使其更适用于车载环境以及 ITS 应用。各国 DSRC 使用的频段见图 8-6。

虽然各国 DSRC 标准对于 DSRC 应用列举了很多种类，但要真正实现这些应用，推广普及 DSRC 技术，形成国际统一的 DSRC 标准，还有很多问题有待解决：车载单元与其他车载设备接口问题、安全保密问题、路边单元的布置问题、组网问题等。

2. DSRC 通信机制

DSRC 系统主要由 RSU（Road Side Unit，路边单元）、OBU（On Board Unit，车载单元）、控制中心以及一些辅助设备组成，而 DSRC 通信协议是 RSU 与 OBU 实现无线短程通信、保证信息安全可靠传输的核心技术。路边设备包括射频部分（如天线、收发机等）、控制单元和显示设备等。车载单元包括射频部分和控制单元，视具体应用需求可配置车载装置和显示设备等。路边设备、控制中心和相关辅助设备形成路边网络，通过控制中心与其他网络相连，进行信息交换，从而实现自动收费、地理信息下载和信息发布等功能。DSRC 通信系统模型如图 8-7 所示。

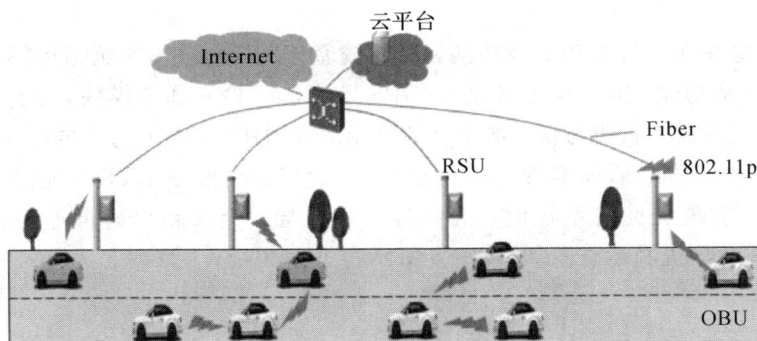

图 8-7　DSRC 通信系统模型

RSU 又称路旁单元、车道单元、车道设备，主要是指车道通信设备。RSU 参数主要有频率、发射功率、通信接口等。RSU 是 OBU 的读写控制器，由加密电路、编解码器电路和微波通信控制器等组成，以 DSRC 通信协议的数据交换方式和微波无线传递手段实现移动车载设备与路侧设备之间进行安全可靠的信息交换的目的。

OBU 放于移动的汽车上，相当于通信系统中的移动终端，不同点是通信方式和频率的差异。另外，OBU 是嵌入式处理单元，处理能力比较强。OBU 还是一种具有微波通信功能和信息存储功能的移动识别设备，它既可以作为独立的数据载体成为单片式电子标签，也可以通过附加一个智能卡读写接口，实现扩展的数据存储、处理、访问控制功能，从而成为双片式电子标签。智能卡的引入，不仅使电子标签的扩展存储空间大大增加，可以容纳更多的应用，而且还可以作为电子钱包形式的金融储值卡使用，大大降低了系统营运的风险。

以定点通信、被动传输为例，DSRC 系统通信过程大体可以分为建立连接、信息交换、释放连接三个阶段。

第一阶段：建立连接。RSU 利用下行链路向 OBU 循环广播发送帧控制信息，确定结构、同步信息和数据链路控制等信息，有效通信区域内的 OBU 立即被激活并发送请求连接信息。RSU 进行有效确认并发送相应信息给对应的 OBU，否则不响应。OBU 收到响应，立即确认并初始化连接 RSU。RSU 确认该 OBU 相关参数后即可连接成功。

第二阶段：信息交换。连接建立后，RSU 分析应用列表，调用可用服务的原语进行读/写操作，实现信息交换。在此阶段中，所有帧必须带有 OBU 的私有链路标识，并实施差错控制。可以设置定时器来传计数器，确定重传次数上限。

第三阶段：连接释放。RSU 与 OBU 完成所有应用后，删除链路标识，发出专用链路释放指令，由连接释放计时器根据应用服务释放本次连接。

8.2.2 LTE-V 技术介绍

1. LTE-V 定义

LTE-V(Long Term Evolution-Vehicle 是我国具有自主知识产权的 V2X 技术，是基于 TD-LTE 的智能交通系统解决方案，属于 LTE 后续演进技术的重要应用分支。2015 年 2 月，3GPP 工作组 LTE-V 标准化研究工作正式启动，Release 14 的提出标志着 LTE-V 技术标准制定工作在 3GPP 工作组计划中的正式开始，同时也将在 5G 中得到兼容和性能的大幅提升。

LTE-V 本身并不具备主动安全功能，需传输基于北斗/GPS 导航等传感器的数据。要实现车辆主动安全功能，需至少配备北斗/GPS 导航，LTE-V 通信模块，信息处理、运算设备。车辆的位置、速度、行进方向、加速度数据由北斗/GPS 导航产生，同时可从 CAN 总线采集其他传感器的数据。若要实现 V2I，路侧基础设施也要配备 LTE-V 通信模块，信息处理、运算设备可实现交通流量控制、红绿灯车速引导、交叉路口碰撞避免提醒等。基于 LTE-V 的 V2X 通信机制示意图如图 8-8 所示。

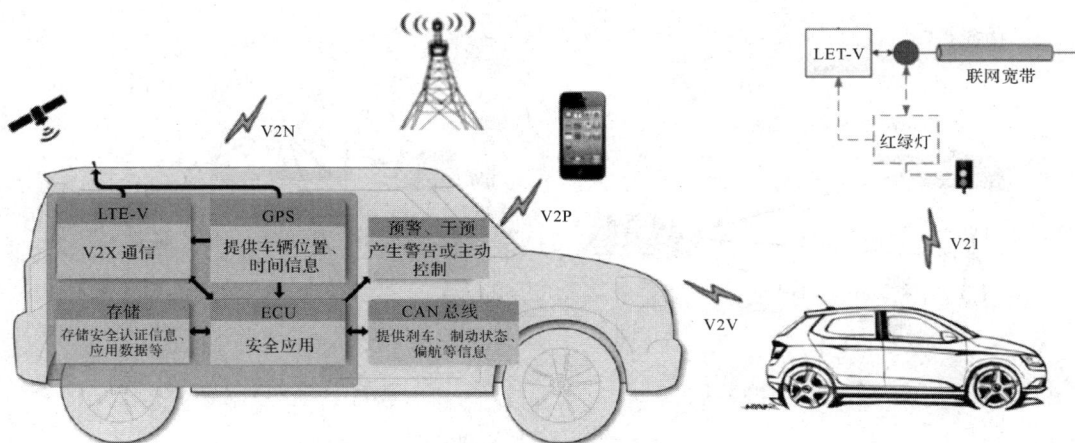

图 8-8　基于 LTE-V 的 V2X 通信机制示意图

　　LTE-V 系统设备组成包含了 UE(User Equipment，用户终端)、RSU、eNB(ETURAN Node B，ETURAN 基站)三部分，具体组成如图 8-9 所示。UE 包含了车载设备、个人用户便携设备等。RSU 提供了 V2I 服务，处于 eNB 和 UE 之间，承担着双方的数据通信任务。eNB 是承担了 LTE-V 系统的无线接入控制功能的设备，主要完成无线接入功能，包括管理空中接口、用户资源分配、接入控制、移动性控制等无线资源管理功能。

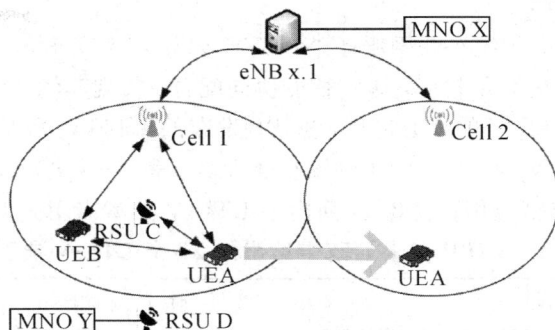

图 8-9　LTE-V 系统设备组成示意图

2. LTE-V 通信方式

　　LTE-V 系统的通信方式采用了"广域集中式蜂窝通信"(LTE-V-Cell，LTE-V 蜂窝)和"短程分布式直通通信"(LTE-V-Direct，LTE-V 直通)两种技术方案，分别对应基于 LTE-Uu(UTRANUE，接入网-用户终端)和 PC5(ProSe Direct Communication，ProSe 直接通信)接口的网络架构，如图 8-10 所示。广域集中式蜂窝通信技术是基于现有蜂窝技术的扩展，主要承载传统的车联网业务，满足系统与终端间大数据量的要求。短程分布式直通通信技术引入 LTE D2D 方式，实现 V2V、V2I 直接通信，承载了车辆主动安全业务，主要满足终端之间低时延、高可靠性的要求。

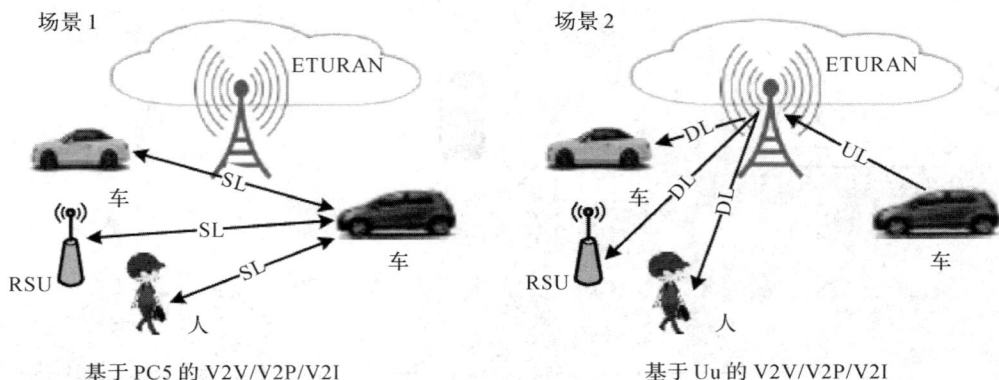

图 8 - 10　LTE-V 的分类

传统 TD-LTE 通信技术由于数据速率、数据量的上下行需求等因素的差异,采用非对称技术,但是在 V2X 应用的车辆之间要求能够进行对称通信,同时终端之间由于能够绕过 RSU 进行直接通信,从而大大降低了通信时延。短程分布式直通通信正是面对这一需求而产生的自组织对称通信技术。根据通信方式的多样性,网络架构采用了灵活的扁平化架构,降低了系统的复杂度,减少了网络节点,降低了系统时延,也降低了网络部署和维护成本。

3. LTE-V 应用场景

除可供导航、娱乐等传统车联网服务外,LTE-V2X 可实现车车、车路、车人之间实时、高效、可靠的双向信息交互和共享,达到智能协同配合,实现车辆主动安全,并提高行车效率。车辆主动安全为 LTE-V 的核心应用,3GPP 发布的 LTE-V 需求规范中,给出了 27 个典型应用,主要是基于 V2V、V2I 的主动安全类业务。表 8-3 列出了 3GPP 需求规范中给出的 27 个 LTE-V 的典型应用;表 8-4 列出了 LTE-V 典型应用案例详解。

表 8 - 3　3GPP 需求规范中给出的 27 个 LTE-V 典型应用

分　类	应　　用
V2V	前方碰撞警告、车辆失控警告、紧急车辆警告、紧急停车、协同自适应巡航控制、基站控制下的通信、预碰撞警告、非网络覆盖下通信、错误驾驶警告、V2V 通信的信息安全
V2P	行人碰撞警告、道路安全警告、交通弱势群体安全应用
V2I	与路测单元的通信体验、自动停车系统、曲线速度警告、基于路侧设施的道路安全服务、道路安全服务、紧急情况下的停车服务、排队警告
V2N	交通流量优化、交通车辆记录查询、提高交通车辆的定位精度、远程诊断和及时修复通知
V2X	漫游下的信息交换、混合交通管理、与外界通信的最低服务质量

表 8-4　LTE-V 的典型应用案例详解

分　类	应　用	案　例　详　解
车联网主动安全类	前方碰撞警告	前方车辆 B 通过 V2V 周期性广播位置、速度、加速度及可选的行驶轨迹等信息，当前车辆 A 收到该广播信息后判断是否存在与碰撞危险，有则提醒车主采取相应的措施
	车辆失控警告	若当前车辆 A 处于失控状态，则自动生成失控警告信息并通过 V2V 广播给附近车辆，附近车辆接收信息，确定该信息关联性后，如需要则向驾驶者发出相关警告
	V2V/V2I紧急停车	行驶中的车辆在无预期的情况下紧急停车，此时车辆自动生成"静态车辆警告"信息，并通过 V2V 业务广播给附近车辆，或通过 V2I 业务广播给附近的路边设备单元，路边设备单元再将该警告信息转发给其附近车辆
	协同式自适应巡航控制	车辆 B 和其他平台成员周期性地广播 CACC 组信息，如 size、速度、跟进距离、位置信息；车辆 A 接收并基于一定的准则（如速度、跟进原则等）确定是否加入 CACC 组；若加入，则发送加入请求；车辆 B 若允许其加入，则回应确认信息；CACC 组其他成员接收来自车辆 A 的信息并更新 CACC 组信息
	道路安全基站	车辆 A 和车辆 B 首先确定一个 eNB，该 eNB 支持道路安全业务。车辆 A 触发 V2I 信息的周期性发送或基于一定的事件触发，如碰撞危险警告；eNB 从一个或多个车辆（包括车辆 A）接收一个或多个 V2I 信息，并在所覆盖的小区范围内广播收到的 V2I 信息；车辆 B 监测 V2I 信息的发送，一旦 eNB 广播该信息，车辆 B 便收到该信息；车辆 B 基于收到的来自 eNB 的 V2I 信息，为车主生成必要的警惕信息，以便车主提前采取必要的预防性措施来应对可能的危险
	错误驾驶方式警告	车辆 A 和车辆 B 正在以允许的最高时速 140 km/h 在单行道上行驶；车辆 C 以同样的时速 140 km/h 在该路上向相反的方向行驶，但车辆 C 的驾驶者对该道路不熟悉，没有意识到即将发生的迎面碰撞危险；车辆 C 的安全业务发现该事件，随之生成错误驾驶方式警告信息并进行广播以警告其他附近的车辆；车辆 A 和车辆 B 收到该警告信息，并采取相应措施避免可能发生的危险
	预碰撞传感警告	车辆 A 检测到一个即将发生的不可避免的碰撞，车辆 A 广播预碰撞警告信息；车辆 B 收到并处理该信息，并给驾驶者提供该警告信息
	曲线速度警告	该应用警告驾驶者以使其在曲线行驶时更好地控制速度
	行人碰撞警告	该应用用于警告交通弱势群体（如行人，非机动车辆）可能发生的车辆碰撞事故。例如：处于十字路口一侧的行人 B 的智能终端监测 V2X 信息的发送；处于十字路口的车辆 A 即将通过该十字路口，其以一定的周期和时延通过 V2P 业务发送 V2X 信息，包括行驶轨迹、速度等信息；行人 B 接收到车辆 A 发送的 V2X 信息，意识到十字路口即将驶来的车辆 B 的存在，并及时采取措施以避免可能发生的被撞事故
	紧急车辆警告	紧急车辆周期性确认自身位置、速度和方向信息的变化程度，并与预设门限值比较，若达到门限值，便广播包含车辆状态的信息，以便路上相关车辆避让，从而更快到达目的地

分 类	应 用	案 例 详 解
行车 效率类	排队告警	排队中的车辆 A、B、C 用 V2V 业务周期性地向附近的其他车辆广播自身状态信息，如位置、车辆尺寸、速度、制动器状态、齿轮转速和可能的环境信息；车辆 C 接收到广播信息，并确定为队尾然后通过 V2I 服务周期性地将排队信息通知给路旁设备单元，如队列长度、队列状态、队尾的位置、哪些车道受影响等；RSU 通过 V2I 业务将收到的来自车辆 C 的队列信息广播给附近的车辆；当车辆 D 靠近 RSU 时，通过 V2I 业务收到前方车辆排队信息，车主便可以在到达队列之前做出相应的驾驶策略；若车辆 D 到达队列，则取代车辆 C 成为新的队尾，并通过 V2I 业务向 RSU 更新队列信息
	V2I 交通 流优化	车辆与集中式的智能交通系统(ITS)服务器进行 V2I 通信以优化交通流。例如：支持 V2I 的车辆 A、B、C、D 向一个交通信号灯控制实体发送它们的位置、速度和行驶方向信息
车主 服务类	自动停车 系统	安装了自动停车系统的车辆 A，通过 V2I 业务向处理停车预定请求的终端发送请求；车辆 A 收到停车位预定确认及预定号；通过导航应用，车辆 A 被引导至预定的停车位；当车辆 A 接近预定停车场时，连接停车场附近的 RSU，并通过预定号相互进行身份鉴定；若正确，允许车辆 A 进入停车场，并提醒停车位地点

8.3 V2X 安全

8.3.1 V2X 安全概述

1. V2X 通信的安全需求

V2X 通信的安全性主要从五个方面来考虑，分别是网络实体的身份可认证性、隐私性、消息完整性、可用性、消息不可否认性等。

(1)网络实体的身份可认证性，V2X 中必须实现车载节点、RSU、后台服务器的身份认证机制，即提供有效的方法以验证网络节点声称的身份信息是否真实。主要目的是排除外部敌手对网络的攻击和实现用户访问控制。

(2)隐私性。由于交通系统的特性，V2X 中包含大量用户隐私信息。首先，为了交通管理的方便，车载节点的网络标识（网络地址、证书等）、车辆的唯一标识符（车牌号码、车架号码等）和用户个人信息（姓名、身份证号）之间存在关联，攻击者可以通过网络攻击侵犯用户身份隐私；其次，车辆运动轨迹由驾驶者日常活动规律决定，车辆行驶过程中车载节点频繁与外界通信，攻击者通过监听通信过程跟踪车辆位置，获取车辆移动轨迹，从而分析驾驶者的出行时间、目的地位置、停留时间等敏感信息。

(3)消息完整性。要确保 V2X 消息在传递过程中不受任何未经授权的插入、重放、篡改，即使处在消息的多跳转发路径上的内部敌手也无法破坏消息的完整性。

(4)可用性。由于交通系统的固有属性，V2X 多项应用，如事故告警、协作驾驶等对网络功能的可靠性和实时性提出了较高的要求，VANET 安全机制不仅要具有较高的效率（如签名的快速验证），以满足系统的性能需求，而且要对各种攻击手段具有较强的鲁棒性，能够准确、

智能网联汽车安全

及时地检测、抵御各种攻击，确保 V2X 各种系统功能正常运行，防止系统失效或崩溃。

（5）消息不可否认性。V2X 中内部敌手注入虚假数据的攻击对系统安全构成严重威胁，因此实现消息的不可否认性至关重要。任何网络实体都无法否认曾经发送的消息，系统应该提供可审计性，用于节点声誉管理、攻击检测与恶意节点惩罚机制。

2. V2X 安全威胁分析

按照节点身份不同，V2X 攻击者可以分为内部攻击者和外部攻击者。内部攻击者指 V2X 正常网络节点中的攻击者，内部攻击者的特点是经过 CA(Certificate Authority，证书认证机构)的认证，拥有 CA 分发的证书和密钥，能够执行签名和加解密算法，为发送的消息生成合法签名。内部攻击者可分为两类：一是恶意用户通过更改车载节点软硬件实施攻击行为的情况；二是通过网络传播恶意代码，或者在车辆维修保养时植入恶意代码，在用户不知情的情况下车载节点被入侵，从而发起攻击的情况。外部攻击者指不具有合法身份、不拥有系统安全参数的攻击者。

按照攻击方法不同，V2X 攻击者可以分为主动攻击者和被动攻击者。被动攻击者通过监听 V2X 无线信道的方法获取用户通信内容、行驶轨迹等信息。主动攻击者采取外在手段干扰、破坏用户的通信过程，影响网络服务和协议的可用性，或者通过篡改、插入消息误导其他车辆节点采取错误动作。

按照行为方式不同，V2X 攻击者可以分为理性攻击者和恶意攻击者。理性攻击者以获得个体利益为目的，衡量攻击行为的风险与收益，决定有利的攻击时间、地点和方式，其行为特征具有一定的可预测性。恶意攻击者指不具备行为理性，单纯以破坏 V2X 系统为目的的攻击者。

按照攻击范围不同，V2X 攻击者可以分为局部攻击者和扩展攻击者。局部攻击者指单个攻击者或少量合谋攻击者，只能针对 V2X 网络的局部范围发起攻击；扩展攻击者指多个甚至大量攻击者以协作的方式在较大范围内展开攻击。

几种常见的、易于实施的 V2X 攻击总结如下：

（1）贪婪的驾驶者：具有自私性的驾驶者为了自身利益发起的攻击。如为了获得更快的行驶速度，攻击者发送虚假的数据或告警消息声称发生交通事故，误导周边车辆选择其他道路行驶。此类攻击一般由 V2X 网络内部发起，攻击者的动机是实现个体利益，并考虑攻击被发现的风险，因此一般为理性攻击者。

（2）窃取隐私的监听者：以被动攻击为手段，以获得用户隐私为目的发起的攻击。攻击者可以是内部敌手或外部敌手，通过监听无线信道并收集数据包，使用无线定位、数据挖掘等方法获得车辆节点的位置、行驶轨迹，推测用户职业、身份、活动规律、使用的网络服务类型等敏感信息。

（3）物理攻击：由于 RSU 一般部署在无人值守的户外开放环境，因此容易受到各种物理攻击，导致内部数据被窃取，或被植入恶意的软硬件模块，从而间接危害 V2I 通信的安全和隐私保护属性。类似地，车辆在脱离用户控制时（如停放、维修过程中），也容易遭受物理攻击。

8.3.2 V2X 安全案例分析：基于 V2X 通信的信号嗅探与位置跟踪

2015 年，来自研究机构 Security Innovation 的 Jonathan Petit 和荷兰特文特大学的

Djurrre Broekhuis 等人在 BlackHat Europe 上发表了一篇论文：*Connected Vehicles*：*Surveillance Threat and Mitigation*，讨论了基于 V2X 通信的智能交通系统面临的安全威胁，以及如何利用 V2X 的脆弱性部署嗅探基站，并设计实验实现对具备 V2X 通信功能汽车的位置跟踪。下面将分析他们的研究成果，证实对 V2X 通信进行攻击的可行性和有效性。图 8－11 为跟踪攻击模型。

1. 攻击设置

为了验证车辆对 V2X 通信隐私的影响，研究人员部署了两种不同类型的硬件（部署在车上的硬件和部署在路旁的硬件）。首先，将一个发射基站安装在车上，发射基站将发送攻击者可以嗅探的 V2X 信息。其次，在路边部署嗅探基站以嗅探 V2X 信息并利用这些信息追踪车辆。

Cohda Wireless 公司的嗅探基站使用 MK3 平台，凭借其内置的 802.11p 无线电模块，MK3 平台允许连接两个天线以实现 802.11p 连接，高增益 Smarteq V09/54 天线与平台结合使用。车辆上的发射基站使用了 Nexcom VTC6201，并扩展了带有用于 802.11p 连接的定制驱动程序的 Unex CM10-HI Mini-PCI 模块，该模块允许连接两个天线，并且具有用于 GPS 模块的 SMA 连接器。对于天线，使用了两个 Mobile Mark ECOM9-5500，覆盖的频率范围为 5.0～6.0 GHz，这些都是高增益 9dBi 天线，配有磁性支架，可以轻松固定到车顶。

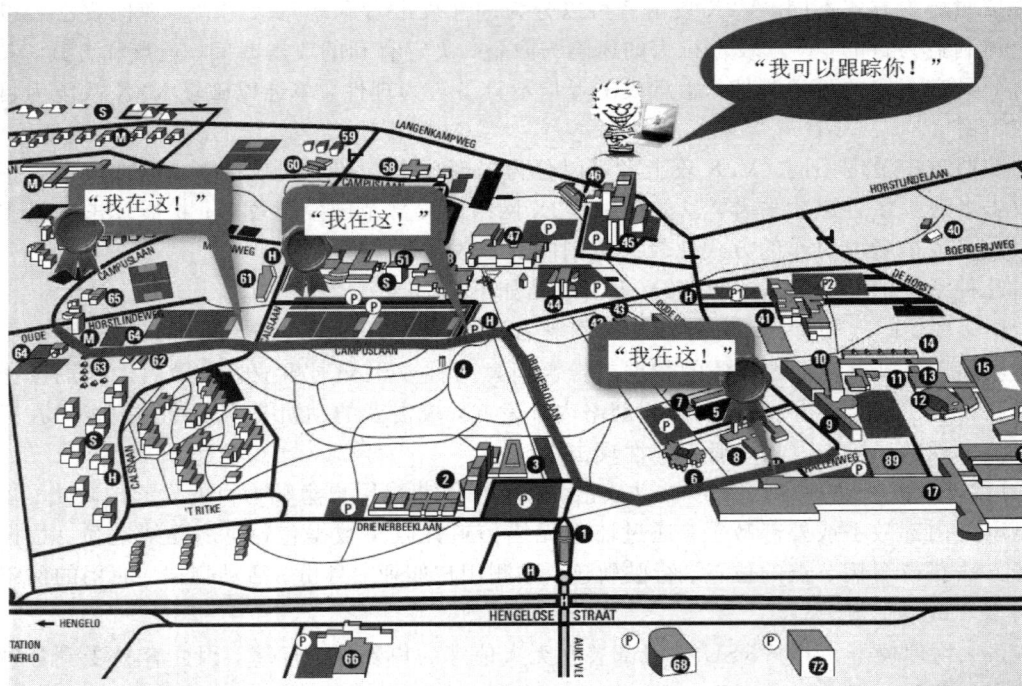

图 8－11　跟踪攻击模型

Nexcom 设备由车辆的 12 V 连接器供电，但是，这意味着一旦车辆转向，计算机的电源将被切断并突然关闭，为防止这种情况发生，研究人员增加了电池缓冲器和电池充电器。完整的设置如图 8－12 所示，车载计算机在右侧，电池充电器和电池本身在左侧，所有设备都被拧到安全板上，安全板可以牢固地放置在车辆的后备箱中。

嗅探基站部署在交叉路口，因为这些地点在有效距离范围内能够嗅探数量相对较多的带有 V2X 功能的车辆，并且从不同的方向可以看到连接到路口的道路。当然，如果在嗅探基站和被嗅探车辆之间没有交叉路口，那么在车辆到达嗅探范围之前，车辆有可能转弯到不同的道路上，这就有一些推论。例如，如果攻击者可以观察到两个非连续的交叉路口，并且在某个时间范围内先在第一个交叉路口，后在第二个交叉路口观察到车辆，则攻击者可以合理推断车辆的行驶路线并决定在哪个时间段开始嗅探。如图 8-13 所示，研究人员的嗅探基站部署在图中 A、B 两个交叉路口。

图 8-12　发射基站设置

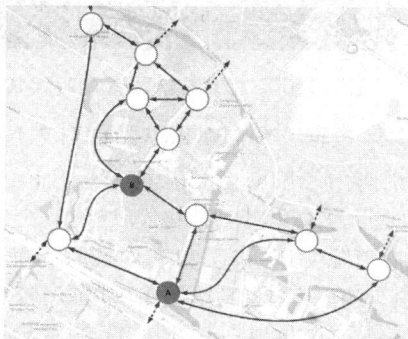

图 8-13　嗅探基站部署选择

嗅探基站部署依据有三个。首先，拥有大量连接道路的交叉路口会提供所有这些道路的信息。根据车辆的速度和方向，攻击者可以准确地知道车辆来自哪条路，并推断车辆在这些路段上的位置。在该图中，研究人员选择具有较大连接可能的点，因此，嗅探基站的放置应该集中在图中最大可能的点上。第二个标准是图的关节点。图中的关节点移除时会将图完全分割成不同的双连通分支，这对于攻击者很有用，因为如果这些点被覆盖了，那么攻击者将知道图中哪个双连通分量是车辆。换句话说，从一个双连通分支到另一个双连通分支，车辆不可能不经过攻击者观察的交叉路口，这允许攻击者将车辆的位置缩小到其想要跟踪该车辆的区域的某个区域。第三个标准是嗅探信号要覆盖最繁忙的交叉路口，因为车辆更可能经过这些路口，攻击者可以通过查看历史流量数据或者采用收集统计流量数据的方法来获取信息。

此外，为了尽可能好地覆盖交叉路口，需要将嗅探站放置在交叉路口附近，并且要放置在不受安全措施保护的地方，最好通过互联网连接，以便进行远程日志检索和运行状态检查。在交叉路口 A，嗅探基站和交叉路口中心之间约有 75 m 的距离，安装在了地面；在交叉路口 B，嗅探基站和交叉路口中心之间的距离大约为 110 m，安装在一楼的地面。基站部署情况如图 8-14、图 8-15 所示。

2. 实验结果

车辆中的发射基站和路口的嗅探基站共部署了 16 天，在此期间，所有基站合计收集了约 300MB 的 CAM(Cooperative Awareness Message，协同感知信息，典型的 CAM 包括车辆经过加密的经纬度、轨迹、速度、时间戳和标识符等信息)。车辆发射基站记录了所有传输的 CAM 数据，表示实际发送情况；嗅探基站记录了所有嗅探到的 CAM 数据，表示观察到的数据。实验车辆共进行了 411 次有效行驶，并在大约 76 h 的总时间内发送了 2 734 691

图 8-14　部署在路口 A 的嗅探基站　　　　图 8-15　部署在路口 B 的嗅探基站

次 CAM 数据。来自嗅探基站的日志包含了超过 68 542 个的 CAM 数据。嗅探基站设备从车辆接收信息的时间总共约为 1.9 h，并且只有 2.5% 的传输信息被嗅探到，车辆平均每天开车时间为 4.75 h，其中 7.1 min 在嗅探范围内。

为消除 GPS 错误和车辆长时间静止的时间段对实验造成的误差影响，研究人员删除了 53.56% 的 CAM，保留了 1 270 016 个 CAM，剩余大约 38.24 h 的有用驾驶数据。在嗅探基站上，清理后仍保留了 40 254 个 CAM，减少了 41.27%。在这些剩余的信息中，在 A 路口收到 18 293 个，在 B 路口收到 21 961 个，清理后的嗅探信息占所有传输 CAM 的 3.17%，并且覆盖了约 1.1 h 的车辆驾驶时间。尽管看起来有效嗅探时间很短，但嗅探时间不等于跟踪时间，因为攻击者会尝试推断车辆在哪里消息没有被嗅探及其时间段，即使嗅探这些小比例的消息，也可以实现相当准确的位置跟踪。

研究人员的实验结果表明，位置跟踪很容易执行，两个嗅探基站足以提供成功率超过 40% 的有效跟踪，而 8 个嗅探基站跟踪成功率超过 90%[①]。

参 考 文 献

[1]　王建昱. V2X 车联网及其关键技术[J]. 信息技术与信息化，2013(5)：3-5.

[2]　李克强. 智能网联汽车现状及发展战略建议[J]. 汽车商业评论，2016(2). 7-9.

[3]　王群，钱焕延. 车联网体系结构及感知层关键技术研究[J]. 电信科学，2012，28(12)：1-9.

[4]　DSRC：The Future of Safer Driving. Web：https：//www. its. dot. gov/factsheets/dsrc factsheet . html.

[5]　Amoozadeh M，Raghuramu A，Chuah C N，et al. Security Vulnerabilities of Connected Vehicle Streams and Their Impact on Cooperative Driving. IEEE Communications Magazine，2015.

[6]　Checkoway S，McCoy D，Kantor B，et al. Comprehensive Experimental Analyses of Automotive Attack Surfaces. USENIX Security，2011.

[7]　Cho K T，Shin K G. Fingerprinting Electronic Control Units for Vehicle Intrusion Detection. USENIX Security Symposium，2016.

---

①　具体细节分析请参考 https：//www. blackhat. com/docs/eu-15/materials/eu-15-Petit-Self-Driving-And-Connected-Cars-Fooling-Sensors-And-Tracking-Drivers-wp2. pdf。

智能网联汽车安全

第

三

篇

第9章 自动驾驶安全

9.1 自动驾驶概述

9.1.1 自动驾驶汽车概念

关于自动驾驶汽车，维基百科给出的定义是：自动驾驶汽车（Autonomous Vehicles；Self-piloting Automobile）又称电脑驾驶汽车，或轮式移动机器人，是一种通过电脑系统实现自动驾驶的智能汽车。自动驾驶汽车依靠人工智能、视觉计算、监控装置、定位导航系统等协同合作，让计算机可以在没有人类主动的操作下，自动安全地操作机动车辆。图9-1所示为一辆自动驾驶汽车。

图9-1 自动驾驶汽车

9.1.2 自动驾驶原理概述

自动驾驶汽车系统的体系结构描述了汽车系统各部分组织架构以及各部分之间的交互关系，定义了汽车软/硬件的组织原则、集成方法及支持程序，确定了系统的各组成模块的输入和输出。自动驾驶汽车系统的体系结构包括系统信息的交流和控制，起着神经系统的作用。自动驾驶汽车系统的体系结构主要分为三种：分层递阶式体系结构、反应式体系结构以及混合式体系结构。

243

分层递阶式体系结构由感知、建模、任务规划、运动规划、运动控制和执行器等模块串联起来构成，前者的输出结果为后者的输入，又称为感知—模型—规划—行动结构。在这种体系结构下，执行器产生的动作不是传感器直接作用的结果，而是经过了一系列的感知、建模、规划和控制等阶段，具有执行特定任务的能力。分层递阶式体系结构的构建一部分依托于用户对环境中已知对象的了解及相互关系的推测与分析，另一部分依托于传感器模型的自主构造。这种体系结构缺乏实时性和灵活性，串联的结构系统使得可靠性不高，当一个模块出现故障时，将导致整个系统瘫痪。

反应式体系结构是针对各种目标设计的基本行为，形成各种不同层次的能力的并联体系结构。每个控制层根据传感器的输入进行决策，高层次对低层次施加影响，低层次具备独立的控制系统，故可以产生快速的响应，实时性强。整个系统可以方便灵活地实现从低层次到高层次的障碍规避，系统的鲁棒性和灵活性得到提高。此外，由于每层负责执行一个行为，且执行方式可以采用并联式，当一个层次模块出现故障时，其他层次模块仍然能够正常工作。

混合式体系结构的规则在于，在较低层次上采用面向目标搜索的反应式行为，在较高层次上采用面向目标定义的递阶式行为。混合式体系结构包括传感器、数据处理、数据存储、计算机建模和控制，可以实现一个或多个系统的控制，并且其中的体系可以完全自主，或通过其他方式进行交互。体系的层次之间以时间/空间进行划分，高层次的时间和空间跨度很大，但分辨率很低；低层次的时间和空间跨度很小，但分辨率很高。

对于自动驾驶汽车系统，无论哪一种体系结构都可以分成环境感知、决策规划、控制执行等主要部分，如图 9-2 所示。

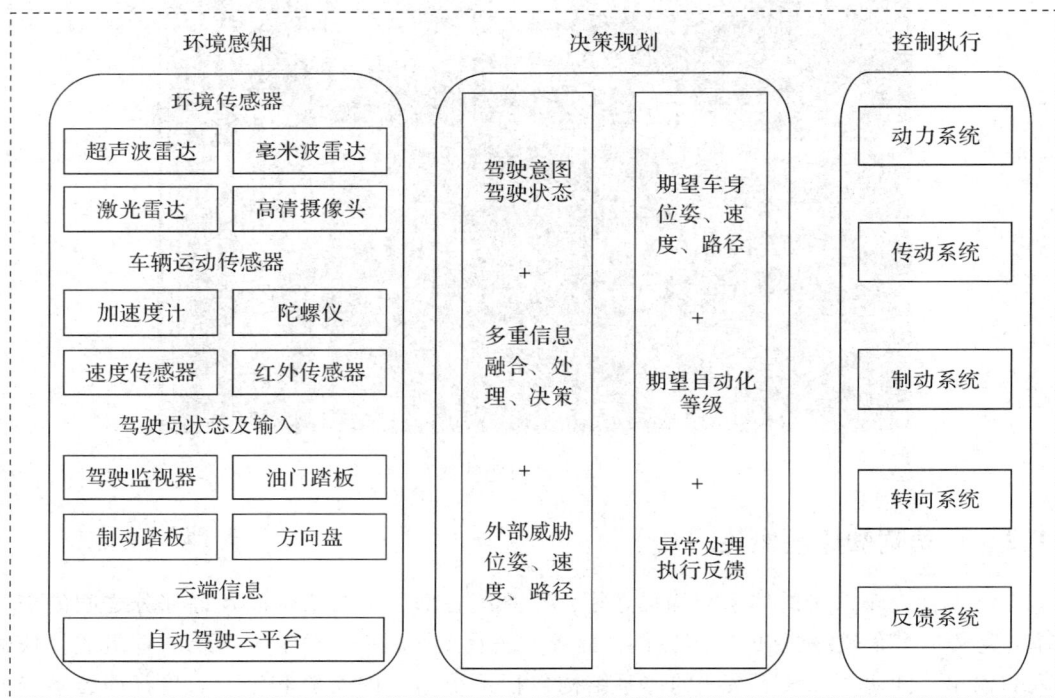

图 9-2 自动驾驶汽车系统的体系结构

1. 环境感知

自动驾驶汽车在行驶过程中需要对环境信息进行实时获取并处理。从目前的大多数技术方案来看，首先是激光雷达对周围环境的三维空间感知，完成 $60\%\sim75\%$ 的环境信息获取，其次是摄像头获取的图像信息，再次是毫米波雷达获取的定向目标距离信息以及 GPS 定位及惯性导航获取的车辆位置及自身姿态信息，最后是超声波传感器、红外线传感器等其他光电传感器获取的各种信息。图 9-3 所示为自动驾驶汽车的主要传感器和模块。

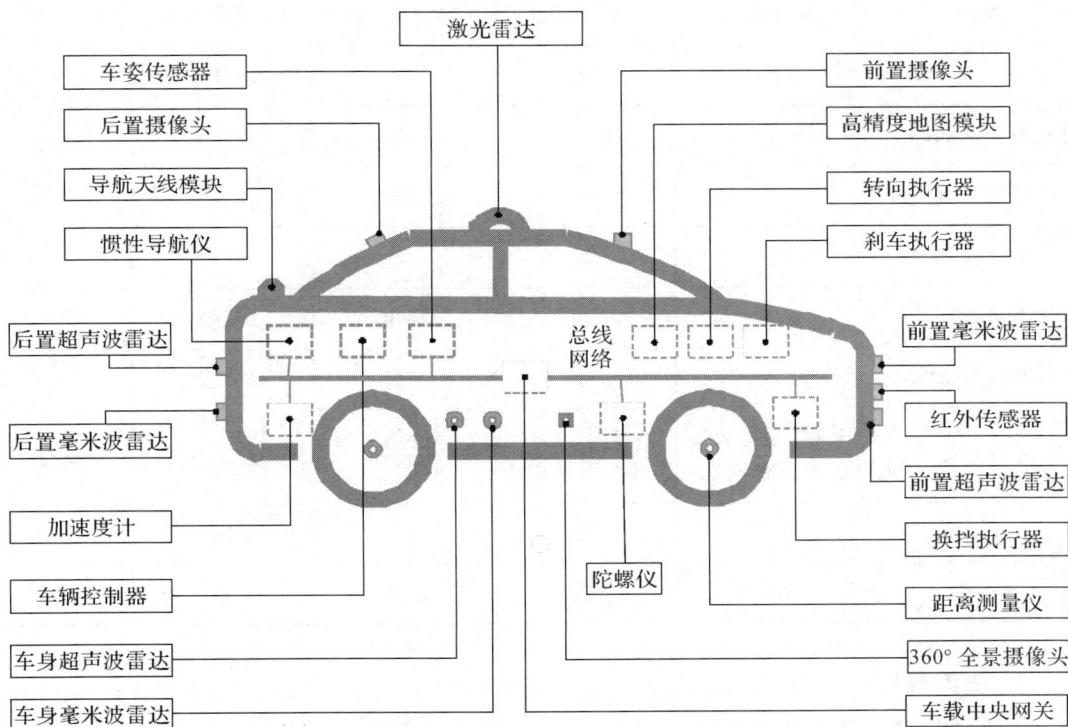

图 9-3 自动驾驶汽车的主要传感器和模块

一般来讲，感知设备种类越多、价格越贵，精度相对越高、识别范围相对越大，但是每种感知设备都有其局限性。

雷达对光照、色彩等干扰因素具有很强的鲁棒性，激光雷达、毫米波雷达和超声波雷达也都有各自的优势。但是不管安装多少数量/种类的雷达、选取多高的采样速率，都不可能彻底解决凹坑反射，烟尘干扰和雨、雪、雾等恶劣天气条件下的探测难题，也难以实现真正的全天候、全天时、全空间维度，因此雷达不可能完美。

无论是单目摄像头、双目摄像头，还是多目摄像头、深度摄像头，无论像素多么清晰、采样速率多么高，也无法解决所有图像采集和处理的难题。由于道路环境、天气环境的多样性、复杂性以及智能驾驶车辆本身的运动特性，摄像头容易受到光照、视角、尺度、阴影、污损、背景干扰和目标遮挡等诸多不确定因素的影响。而在驾驶过程中，车道线、交通灯等交通要素存在一定程度的磨损、反光是常态，因此不存在完全理想的摄像头。

定位导航系统为智能驾驶提供了高精度、高可靠的定位、导航和实时服务，载波相位差分技术加上惯性导航系统更是为实时精准定位和位置精度保持奠定了重要基础。但是无论位置服务公共平台多好、陀螺仪精度多高，还是存在采样频率不够、地理环境过于复杂、初始化时间过长、卫星信号失效等问题，因此定位导航系统总是存在缺陷。

对于不同的驾驶任务而言，需要不同的感知设备，并非要配置最全、最多、最贵的感知设备才能完成驾驶任务，而是要以任务需求为导向，有针对性地选取合适的感知设备，组合实现、优化配置。表 9-1 列出了车身传感器的各项技术指标。

表 9-1　车身主要传感器的各项技术对比

类型	毫米波雷达	超声波雷达	激光雷达	红外传感器	高清摄像头
作用距离/m	1000	15	300	35	
速度范围/(km/h)	>1000	<100	>300	<10	
径向运动	好	好	好	差	
切向运动	差	差	差	好	
静止测距	复杂	简单	简单	不能	
角度测量能力	较好	好	极好	不能	
环境因素	全天候，恶劣天气会影响性能	风、沙尘等	雨雪等	温度、湿度	光线
成本	中	低	高	低	中
穿透性	好	较差	较差	差	较差

2. 决策规划

决策规划是自动驾驶的关键部分之一，它首先融合多种传感信息，接着根据驾驶需求进行任务决策，最后在能避开可能存在的障碍物的前提下，通过一些特定的约束条件，规划出两点间多条可选安全路径，并在这些路径中选取一条最优的路径作为车辆行驶轨迹。决策规划按照划分的层面不同可分为全局规划和局部规划两种。全局规划指由获取到的地图信息，规划出一条在一些特定条件下的无碰撞最优路径；局部规划则指根据全局规划，在一些局部环境信息基础上，避免撞上未知的障碍物，最终到达目标点的过程。

自动驾驶决策规划系统的开发和集成基于递阶系统的层次性特征，可分为四个关键环节，分别是信息融合、任务决策、轨迹规划和异常处理。其中，信息融合完成多传感器的数据关联和融合及周边环境模型建立任务；任务决策完成智能汽车的全局路径规划任务；轨迹规划在不同的局部环境下，进行智能驾驶车辆的运动轨迹状态规划；异常处理负责智能汽车的故障预警和预留安全机制。任务决策和轨迹规划分别对智能性和实时性要求较高。

1）信息融合

在环境感知方面，通常会使用到多种传感器来进行行驶环境数据的采集与分析，分为环境传感器(如单目摄像头、立体摄像头、毫米波雷达、激光雷达、超声波传感器、红外传感器等)、定位导航设备(如 GPS 和北斗等)以及 V2X 车联网通信设备三种信息来源。智能汽车在复杂多变的路况下行进时,周围信息的不确定性会使之处于危险之中,尤其是仅依赖单一的环境传感器时。使用多传感器对周围环境进行检测,利用数据融合,可以充分准确地描述目标物体的特征,并且减少二义性,提高智能驾驶汽车决策的准确性与鲁棒性。

数据融合技术可以认为是一种解决问题的工具,它包括对融合单元的理解以及对融合架构的设计两个方面。融合单元是指每一次数据处理到输出给决策层的整个部分,而融合架构则是进行数据融合的框架与模式。一个数据融合架构至少需要包括负责采集外部信息的感知框架,即传感器管理框架,以及负责数据处理的模型管理框架。其中,模型管理具体涉及数据匹配、数据关联、融合决策等部分。

数据融合具体技术中包括数据转换、数据关联、融合计算等,其中数据转换与数据关联在融合架构的实现中已经体现,而数据融合的核心可以认为是融合计算,其中有很多可选择的方法,常用的方法包括:加权平均、卡尔曼滤波、贝叶斯估计、统计决策理论、证据理论、熵理论、模糊推理、神经网络以及产生式规则等。

2)任务决策

任务决策作为智能驾驶的智能核心部分,接收到传感感知融合信息,通过智能算法学习外界场景信息,从全局的角度规划具体行驶任务,从而实现智能车辆拟人化控制。

3)轨迹规划

轨迹规划是根据局部环境信息、上层决策任务和车身实时位姿信息,在满足一定的运动学约束下,为提升智能汽车安全、高效和舒适性能,规划决断出局部空间和时间内车辆期望的运动轨迹,包括行驶轨迹、速度、方向和状态等,并将规划输出的期望车速以及可行驶轨迹等信息导入下层车辆控制执行系统。轨迹规划层应能对任务决策层产生的各种任务分解做出合理规划。

4)异常处理

异常处理作为预留的智能驾驶系统安全保障机制,一方面是在遇到不平坦及复杂路面,易造成车辆机械部件松动、传感部件失效等问题时,通过预警和容错控制维持车辆安全运行;另一方面是在决策过程中,因某些算法参数设置不合理、推理规则不完备等原因导致智能汽车在行为动作中重复出现某些错误并陷入死循环时,能够建立错误修复机制,使智能汽车自主地跳出死循环,朝着完成既定任务的方向继续前进,以减少人工干预。

异常处理采用降低系统复杂性的原则,在智能汽车陷入死循环时,进入错误修复状态,利用自适应错误修复算法产生新的动作序列,直至智能汽车成功跳出死循环并转入程序正常运行状态。具体的技术方法是:建立专家系统,就智能汽车交叉口通行中出现的错误状态的表现与成因进行分析、定义与规则描述,制定判断动作失败的标准;研究自适应错误修复算法,对各错误状态的成因进行分类,并相应地制定调整策略,以产生新的动作序列。

3. 控制执行

自动驾驶控制的核心技术是车辆的纵向控制技术和横向控制技术。纵向控制,即车辆的驱动与制动控制；横向控制，即方向盘角度的调整以及轮胎力的控制。实现了纵向和横向自动控制，就可以按给定目标和约束条件控制车辆自动运行。所以，从车辆本身来说，自动驾驶就是综合纵向控制和横向控制。但要真正实现点到点的自动驾驶运行，车辆控制系统必须获取道路和周边交通情况的详细动态信息，并具有高度智能的控制性能。完善的交通信息系统和高性能、高可靠性的车上传感器及智能控制系统是实现自动驾驶的重要前提。鉴于点到点自动驾驶的难度，人们提出首先实现自动驾驶路段的概念，即在路况简明的高速公路开辟可自动驾驶路段，进入这种路段可以启动自动驾驶，出了这个路段时再转入人工操纵。由于道路条件和车上控制系统性能的限制，目前的自动驾驶结构几乎都是手动/自动可转换的。

自动驾驶控制需要在智能驾驶汽车上配置各种对应的系统才能实现，目前包括车道保持系统、自适应巡航控制系统、自动泊车系统、紧急制动和卫星导航系统等。

1）纵向控制

车辆纵向控制是指对行车速度和方向的控制，即车速以及本车与前/后车或障碍物距离的自动控制。巡航控制和紧急制动控制都是典型的自动驾驶纵向控制案例。这类控制问题可归结为对电机、发动机、传动和制动系统的控制。各种电机—发动机—传动模型、汽车运行模型和刹车过程模型与不同的控制器算法结合，构成了各种各样的纵向控制模式，典型结构如图9-4所示。

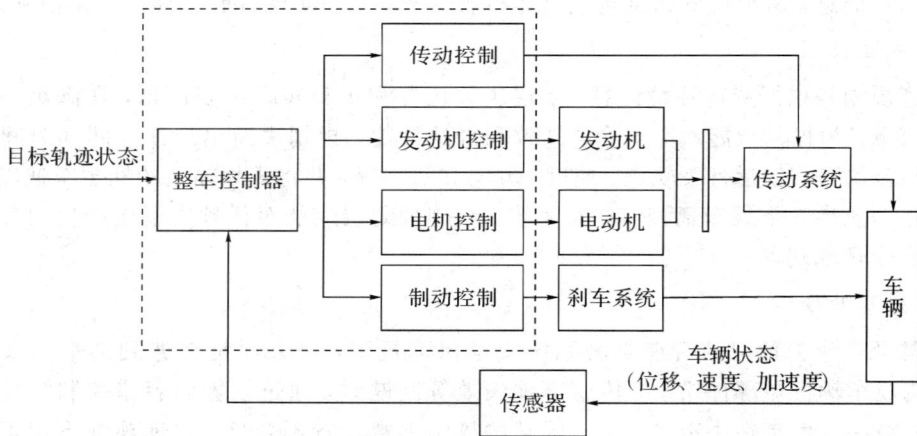

图9-4　纵向控制典型结构

此外，针对轮胎作用力的滑移率控制是纵向稳定控制中的关键部分。滑移率控制系统通过控制车轮滑移率调节车辆的纵向动力学特性来防止车辆发生过度驱动滑移或者制动抱死，从而提高车辆的稳定性和操纵性能。

智能控制策略，如模糊控制、神经网络控制、滚动时域优化控制等，在纵向控制中也得到了广泛研究和应用，并取得了较好的效果，被认为是最有效的方法。而传统控制的方法，如PID控制和前馈开环控制，一般是建立发动机和汽车运动过程的近似线性模型，在此基础上设计控制器。这种方法实现的控制，由于对模型依赖性大及模型误差较大，所以精度差、适应性差。从目前的研究来看，简单而准确的电机—发动机—传动装置、刹车过程和汽车运动模型，以及对随机扰动有鲁棒性和对汽车本身性能变化有适应性的控制器仍是研究的主要方向。目前应用的系统，如巡航控制系统、防碰撞控制系统等都是自主系统，即由车载传感器获取控制所需信息，缺乏对 V2X 车联网信息的利用。在智能交通环境下，单车可以通过 V2X 通信系统获得更多周边交通流信息，以用于控制。在纵向控制方面，可利用本车及周边车辆位置、当前及前方道路情况、前车操纵状态等信息实现预测控制，达到在提高速度、减小车间距的同时保证安全，即安全、高效和节能的目的。

2）横向控制

横向控制指垂直于运动方向上的控制，对于汽车而言就是转向控制。横向控制的目的是控制汽车自动保持期望的行车路线，并在不同的车速、载荷、风阻、路况下有很好的乘坐舒适性和稳定性。

车辆横向控制系统主要有两种基本设计方法：一种是基于驾驶员的方法；另一种是基于运动力学模型的方法。基于驾驶员的方法，一种策略是使用较简单的运动力学模型和驾驶员操纵规则进行设计；另一策略是用驾驶员操纵过程的训练控制器获取控制算法。基于运动力学模型的方法要建立较精确的汽车横向运动模型。典型模型是所谓的单轨模型，或称为自行车模型，也就是认为汽车左右两侧特性相同，控制目标一般是车中心与路中心线间的偏移量，同时受舒适性等指标约束。图 9-5 所示为横向控制系统结构。

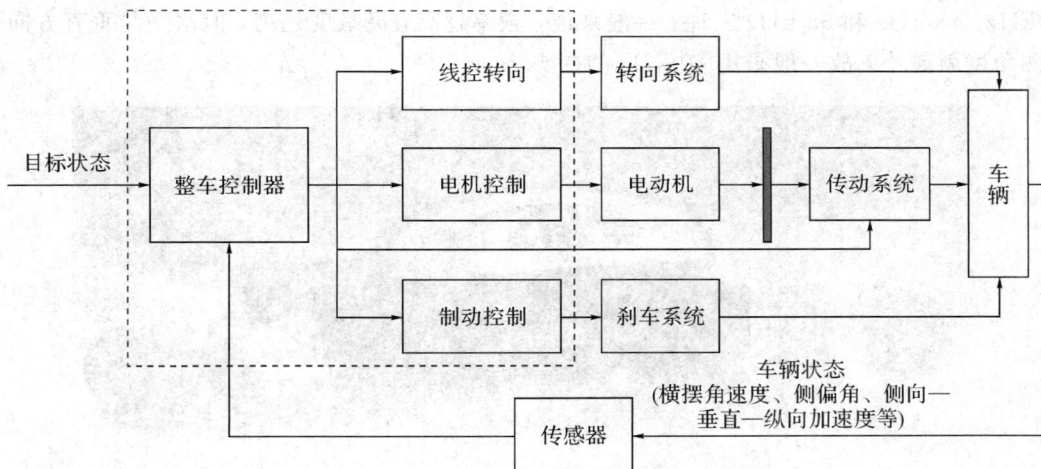

图 9-5　横向控制系统结构

针对低附着路面的极限工况中车辆横摆稳定控制是车辆横向控制中的关键部分。传统操纵稳定性控制系统，如电子稳定性控制系统和前轮主动转向系统等控制的是轮胎作用力的分布和前轮转向，通过利用轮胎附着力和降低轮胎利用率来提高车辆稳定性。大多数车企沿袭冗余驱动的控制分配框架，通过改变内外侧轮胎驱/制动力差异的方法，增加单侧驱/制动转矩，并相应减小另一侧驱/制动转矩，以为整车产生一个附加的横摆转矩来改善车辆转向动态特性，保证了车辆的横摆稳定性和行驶安全性。电子控制技术和电气化的发展给汽车底盘技术的突破带来了契机，也使得汽车的整体集成控制成为可能。同时，在智能网联的交通环境下，单车可以通过自身环境传感器、定位导航和 V2X 通信信息系统获得更多周边交通流信息，用于横向控制，以便于提前感知道路危险。

9.2 自动驾驶系统关键攻击技术分析

9.2.1 超声波雷达攻击技术分析

2016年，来自浙江大学和360智能网联汽车安全实验室的研究人员在DEFCON上发表论文 *Can You Trust Autonomous Vehicles: Contactless Attacks against Sensors of Self-driving Vehicle*，阐述了具有自动驾驶功能的汽车的超声波雷达、毫米波雷达、高清摄像头等存在的漏洞，并分别进行了攻击实验，在特斯拉 Model S 等车辆上完成了验证。

1. 超声波雷达概述

车载超声波雷达系统一般由传感器（俗称超声波探头）、控制器和显示器等部分组成，如图9-6所示。现在市场上的超声波雷达大多采用超声波测距原理，驾驶者在倒车或前进时启动超声波雷达，在控制器的控制下，由装置于车尾或车头的探头（如图9-7所示）发送超声波，遇到障碍物时产生回波信号，传感器接收到回波信号后经控制器进行数据处理，判断出障碍物的位置，由显示器显示距离并发出警示信号。目前，常用探头的工作频率有40 kHz、48 kHz和58 kHz三种。一般来说，频率越高，灵敏度越高，但水平与垂直方向的探测角度就越小，故一般采用40 kHz的探头。

图9-6 超声波雷达组成

图9-7 车尾超声波雷达

1）探测角度

由于探头只能接收一定角度范围的超声波，故将这一角度范围称为探测角度（或检知角度）。探测角度有水平方向和垂直方向之分，常用超声波雷达的探测角度为水平方向 90°~120°，垂直方向 60°~80°。

2）探测覆盖范围

通常来说，探头的数量越多，超声波雷达的探测覆盖范围就越广，即探测盲区就越小。现在市面上的倒车雷达有 2 探头、3 探头、4 探头、6 探头及 8 探头之分。2~4 探头的倒车雷达一般安装在汽车的后保险杆上，6~8 探头的倒车雷达一般采用"前 2 后 4"或"前 4 后 4"的设置。

3）探测灵敏度

超声波雷达探测灵敏度除取决于探头自身的结构与材质外，还取决于反射回波的强度，而反射回波的强度又与超声波的传播特性有关，主要表现为以下特点：

第一，由于超声波在空气中传输存在衰减，所以同一个反射面，同样的角度，距离越远，反射的超声波衰减越大，越不易被探测到。

第二，障碍物反射面的面积（正对传感器）越大，反射波越强，探测距离越远；若障碍物反射面较小，或粗糙面方向感不显著，或反射面虽大但偏离传感器方向，尤其是表面为光滑平面的物体，传感器接收到的反射波很少甚至没有，这样尽管距离较近也可能探测不到。

第三，处于传感器中心线上的障碍物其反射波最强，探测距离最远，反之较近。

第四，障碍物会吸收掉一部分超声波，反射回去的只是其中一部分。吸收多少或反射多少与障碍物的材质和表面有关，一般来说，疏松、多孔的物体，表面较易吸收超声波，其反射效率较低，不易被探测到。相反，障碍物的材质越硬，反射回波就越强。

第五，环境温度、空气湿度、气压等因素都会影响反射回波强度，空气湿度越大则信号越强。总之，大雨、大雪或过冷、过热、过湿天气，都有可能会影响探测效果。

根据以上特点可知，障碍物为锐角反射面的锥形物体，或为多角度反射面（弧面）的物体，或为位置较低的水管，或为铁丝网、绳索之类的过于细小的物体，或为棉质等表面易吸收超声波的物体，或为低于地表的沟渠等时不易被探测到。另外，由于使用的超声波频率一般为 40 kHz，如果附近有相近频率的其他干扰源，则易出现误报或反应迟钝现象。常见的干扰源有：喷漆的制冷剂灌装设备、气动工具、大功率连续冲击设备、大功率强排风电扇等。

2. 超声波雷达系统模型

通过使用低成本 Arduino 制作超声波干扰器，研究人员设法对超声波传感器进行干扰攻击和欺骗攻击，并在包括特斯拉 Model S 在内的几款流行车型上进行测试。

干扰攻击可能使得超声波传感器检测不到障碍物，从而导致汽车发生碰撞，或在行驶过程中紧急刹车。欺骗攻击可以操纵传感器读数，并导致显示伪障碍物。由于声音的传播速度相对较慢，从技术角度来看，使用超声波传感器根据脉冲/回波原理进行距离测量非常简单。超声波传感器通过发射超声波脉冲来检测物体，先测量回波脉冲从障碍物反射回来的时间，而到最近的障碍物的距离则可根据回波脉冲的传播时间计算：

$$d = 0.5 \times t_e \times c$$

其中，t_e 是回波脉冲的传播时间；c 是空气中的声速（约 340 m/s）。还有一种称为三边测量的方法，它根据相邻传感器的直接读数来计算车辆的实际距离。

研究人员的超声波雷达传感器由一个带集成插入式连接的塑料外壳、一个超声波换能器和一个带电子电路的印刷电路板组成，用于传输、接收和评估超声波信号，参见图9-8。

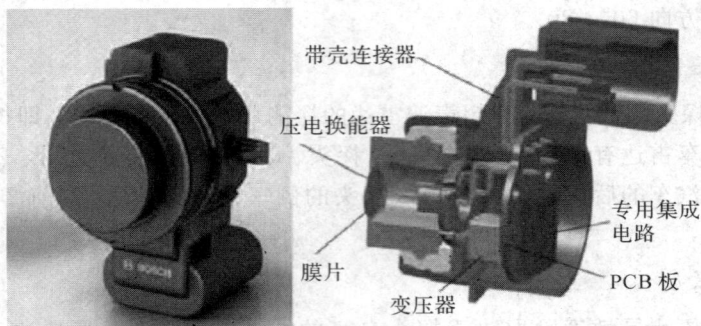

带壳连接器
压电换能器
膜片
变压器
专用集成电路
PCB板

图 9-8　超声波雷达传感器

超声波雷达传感器的声学部分是一个压电换能器。与听觉范围内的传感器（麦克风或扬声器）相同，超声波雷达传感器建立在压电效应的基础上。压电体受到外机械力作用而发生电极化，并导致压电体两端表面内出现符号相反的束缚电荷，其电荷密度与外机械力成正比，这种现象称为正压电效应。压电体受到外电场作用而发生形变，其形变量与外电场强度成正比，这种现象称为逆压电效应。具有正压电效应的物体，也必定具有逆压电效应，反之亦然。正压电效应和逆压电效应总称为压电效应，晶体是否具有压电效应，是由晶体结构的对称性决定的。

当传感器接收到来自 ECU 的数字传输信号时，电路以共振频率（40～50 kHz）的方波激励膜片（大约 300 μs）振动并发射超声波。一旦停下来，膜片可以通过从障碍物反射回来的回波再次振动，这些振动被压电晶体转换成模拟信号，然后进行放大、滤波、数字化，并与阈值进行比较以确定回波的到达，回波传输时间用以进一步计算距离。

对于超声波换能器来说，通常使用 40～50 kHz 的工作频率，这已被证明是良好的声学性能（灵敏度和范围）与抗传感器周围噪声的高鲁棒性之间的最佳折中。

基于上述知识，研究人员设计了一种攻击系统，可以产生与汽车传感器相同频率的超声波，利用超声波脉冲模拟传感器的工作模式，然后观察传感器反应和车辆系统反应，发起干扰攻击和欺骗攻击。

3. 干扰攻击

干扰攻击的原理是产生超声波噪声，使传感器上的膜片持续振动，最终使得测量无法正常进行，不能准确检测到障碍物。

1）固有漏洞

研究人员发现在两种情况下超声波传感器的性能会下降：一种是，在车辆附近的超声波工作频率区域内的超声波发射器会降低信噪比，导致车载超声波传感器进行错误测量，实际上，噪声源会压缩空气噪声（如汽车上的空气制动器）和金属碰撞噪音。另一种是，传感器隔膜上的任何污垢、雨雪或冰层都可与缓冲器形成噪声介质，从而以不确定的方式延长传输激励的衰减行为。

这些固有的脆弱性表明对超声波传感器进行物理攻击是可行的。为了模拟外部噪声源，超声波换能器是一个不错的选择。超声波换能器的功能是将输入的电信号转换成超声波传递出去，而自身消耗很少的一部分功率。换能器由外壳、匹配层、压电陶瓷圆盘换能器、背衬、引出电缆和 Cymbal 阵列接收器组成，有极高的声压级、极好的频率性能和可控性，而且，粘贴在表面的特制吸音面罩可以防止透射。

2）实验说明

干扰攻击实验建立在一个非常简单的想法上——传感器上不断发射超声波以降低车载超声波传感器的信噪比。研究人员主要考虑的因素是谐振频率。

如前所述，车载超声波传感器通常在 40～50 kHz 频率上运行。研究人员根据对几款车型的分析，发现这个频率接近 50 kHz。超声波换能器具有由压电陶瓷的直径决定的固定谐振频率，在带通滤波器的谐振频率附近几千赫兹范围内，传感器表现出最佳的发射角度和灵敏度，因此，最好选择与车载传感器在同一频段的干扰传感器。研究人员决定使用 50 kHz 的传感器，但是市场上没有 50 kHz 的传感器，因而使用了频率为 40 kHz 的传感器进行实验，结果表明它也具有可以通过的性能。

压电效应通过施加交流电压来产生声波，而且交流信号的频率决定振荡频率，并因此决定产生的声波的频率。通过向换能器施加 40 kHz 的方波，能够产生 40 kHz 的超声波，此原理适用于其他具有兼容硬件的频率，包括麦克风和扬声器。

研究人员发现 Arduino Uno 板成本很低并且是现成的硬件，它可以用一个名为 Tone() 的内置函数在数字 I/O 引脚上输出指定频率的方波。尽管干扰性能似乎没有得到完整体现，但在 40 kHz 及更高频率处存在可观察的频率抖动（为获得准确的相位敏感攻击频率，建议使用专用硬件）。

声压级依赖于压电效应的电压水平，反之亦然。为了获得更远的攻击距离，必须施加更高的电压。为了在空中衰减之后为目标传感器提供可接受的声压级，研究人员采用了 5 V 的 Arduino 输出，其在有限的范围内运行良好。研究人员使用函数发生器来实现更高的频率精度和电压水平。读者也可以考虑使用其他的设备来完成这种攻击。

3）实验结果

研究人员在室内和室外测试了多款超声波传感器和带有自动驾驶功能的汽车，还进一步测试了特斯拉 Model S 的辅助泊车和自动泊车功能，所有的实验都是在障碍物一直存在的情况下进行的，并且这些障碍物在没有发生攻击时可以被传感器检测到。

研究人员在实验室对 8 个不同的超声波传感器进行了测试，其中 6 个是单独的超声波测距模块，1 个是售后车载超声波传感器，1 个是由 1 个 ECU 和 4 个传感器组成的停车辅助系统。在干扰攻击下，研究人员得到两种相反的传感器输出结果：一种是零距离；另一种是最大距离。零距离意味着检测到几乎接近的障碍物，最大距离表示检测不到任何障碍物，相反的结果是由于不同的传感器设计造成的。对于第一种，超声波传感器为检测返回波设置了固定阈值，研究人员的干扰信号总是超过阈值，并且会被错误地识别为返回的回波，一旦接收模式成为可能，干扰下的读数就为零。另一种设置了灵活的阈值来消除噪音，研究人员的干扰信号被认为是噪声，因为噪声在整个周期内都存在，会降低信噪比，所以读数是最大的。

研究人员测试了四辆带驾驶辅助系统的汽车,它们是奥迪、大众、特斯拉和福特的流行车型。如图 9-9 所示,超声波干扰器(A)放置在保险杠前面,B 是特斯拉 Model S 的三个超声波传感器。

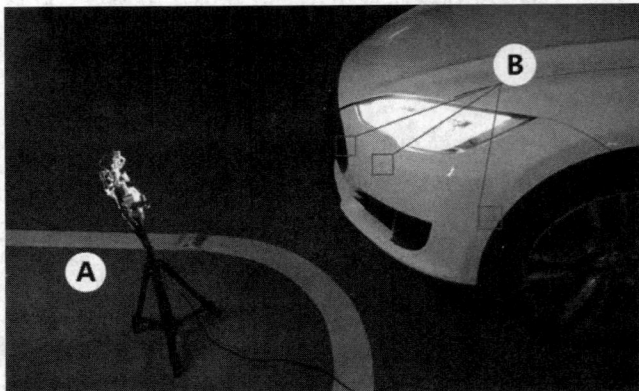

图 9-9　干扰实验(车辆为特斯拉 Model S)

当发起干扰攻击时,一种情况是车辆检测不到障碍物,另一种情况是车辆检测到障碍物的距离为最大值,因此车辆不会对驾驶员发出警报(见图 9-10(c))。研究人员进一步测试了汽车倒挡行驶时的情况,结果是一样的。

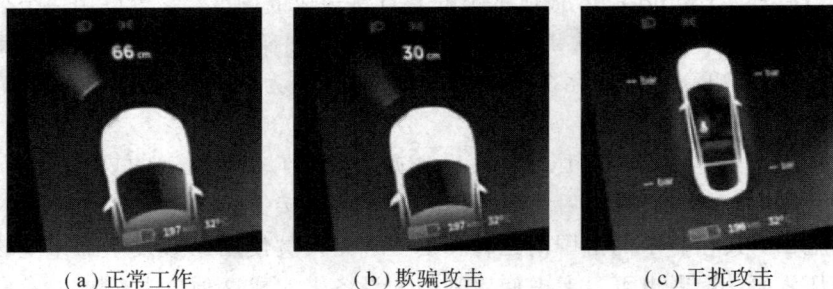

（a）正常工作　　　　　　　（b）欺骗攻击　　　　　　　（c）干扰攻击

图 9-10　实验结果

研究人员又进一步测试了特斯拉 Model S 的自动泊车和辅助驾驶功能。令研究人员吃惊的是,特斯拉 Model S 的超声波传感器似乎已经采用了另一种算法来处理自动泊车中的传感器读数,并且只要研究人员发起干扰攻击,它就会立即停止工作。

4. 欺骗攻击

欺骗攻击是基于这样的假设:如果精心制作的超声波脉冲可以被识别为来自障碍物的回波,并且在真实回波之前到达传感器,则传感器读数将偏离真实的数值。通过调整精心制作的脉冲的触发时间,攻击者可以操纵传感器读数,即超声波传感器的测量距离。这种攻击方式的实验设置类似于干扰攻击,换能器用 50 kHz 方波激励,其性能优于 40 kHz。

为了欺骗传感器,仿真其物理模式(300 μs 激励和 700 μs 激励)是合理的,激励时间为 200~300 μs 时工作正常(研究人员不建议超过 1 ms)。

时机是欺骗攻击的关键,与激光雷达不同,超声波传感器只关心较近的障碍物,这意味着只有第一个合理的回波会被传感器接收和采纳,随后的其他回波将被完全忽略,因此

智能网联汽车安全

假冒回波必须先于真实回波到达超声波传感器才能发挥作用，这也意味着欺骗性的测量范围只能是递减的。这里研究人员定义了用于欺骗攻击的攻击时隙，它是发送脉冲结束和检测到第一个回波开始之间的时隙。研究人员的信号注入必须驻留在攻击时隙内，其长度取决于传感器到障碍物距离。另一个问题是测量结果大约每隔 100 ms 重复一次，如果盲注 300 μs 假冒回波，对于距离 2 m 远的障碍物来说，击中障碍物的概率将低于 10％，并且概率只会随着障碍物靠近而减小。

如上所述，欺骗攻击的结果取决于注入的时间以及伪造回波和周期时间的长短。然而，通过反复试验，研究人员找到了一组有效的传感器输出结果，如图 9-10(b)所示。

9.2.2 毫米波雷达攻击技术分析

1. 毫米波雷达概述

汽车毫米波雷达是自动驾驶汽车的关键部件，工作频段为 21.65~26.65 GHz 和 76~81 GHz。比较常见的汽车毫米波雷达工作频率在 24 GHz、77 GHz、79 GHz 这三个频率附近。汽车毫米波雷达有不受天气情况和夜晚光线强弱影响的特点，具有远距离探测、全天候工作、车速测量等能力，温度稳定性强，在雨雪、烟雾等恶劣环境下优势显著。图 9-11 所示为一款毫米波雷达。

图 9-11 毫米波雷达

车载毫米波雷达通过天线向外发射毫米波，接收目标反射信号，经后方处理后快速准确地获取汽车车身周围的物理环境信息（如汽车与其他物体之间的相对距离、相对速度、角度、运动方向等），然后根据所探知的物体信息进行目标追踪和识别分类，进而结合车身动态信息进行数据融合，最终通过 ECU 进行处理。经合理决策后，以声、光及触觉等多种方式告知或警告驾驶员，或及时对汽车做出主动干预，从而保证驾驶过程的安全性和舒适性，减少事故发生概率。根据测量原理不同，毫米波雷达可分为脉冲方式和调频连续波方式两种。

（1）脉冲方式的毫米波雷达。采用脉冲方式的毫米波雷达需要在短时间内发射大功率脉冲信号，通过脉冲信号控制雷达的压控振荡器从低频瞬时跳变到高频，对回波信号进行放大处理之前需将其与发射信号进行严格隔离。

（2）调频连续波方式的毫米波雷达。调频连续波方式的毫米波雷达结构简单、体积小，最大的优势是可以同时得到目标的相对距离和相对速度。当它发射的连续调频信号遇到前方目标时，会产生有一定延时的回波，再通过雷达的混频器进行混频处理，而混频后的结果与目标的相对距离和相对速度有关。

2. 毫米波雷达基本原理

1）毫米波雷达测距原理

毫米波雷达利用多普勒效应来测量不同距离目标的速度。多普勒效应是指发射源向给定的目标发射微波信号时，发射信号的频率和回波信号的频率存在差值。分析这个频率差值，可以精确测量出目标相对于雷达的运动速度等信息。

雷达的调频器通过天线发射连续波信号，发射信号遇到目标后，经过目标的反射会产生回波信号，发射信号与回波信号相比，有相同的形状，只是时间上存在差值，以发射信号为三角波为例，则发射信号与返回的回波信号的对比如图 9-12 所示。

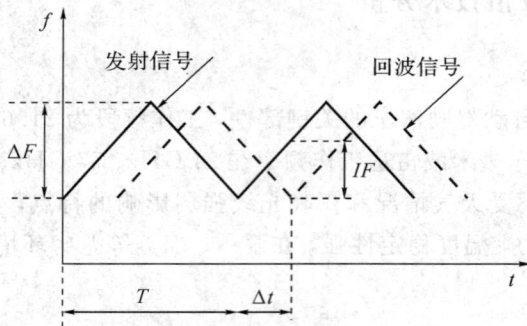

图 9-12　发射信号与回波信号对比

雷达探测目标的距离 R（半径）可用下式描述：

$$R = \frac{\Delta t \times c}{2}$$

其中，Δt 为发射信号与回波信号的时间间隔（单位 ms）；c 为光速。

中频变化图像如图 9-13 所示。

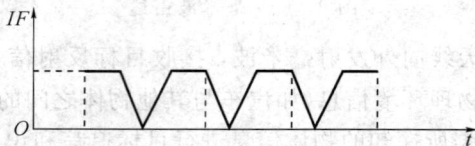

图 9-13　中频变化图像

发射信号与回波信号形状相同，因此根据三角函数的关系式可得如下关系式：

$$\frac{\Delta t}{IF} = \frac{T/2}{\Delta F}$$

其中，T 为发射信号的周期（单位 ms）；ΔF 为调频带宽；IF 为发射信号与回波信号混频后的中频信号频率。

根据上面的两个等式可以得出目标距离 R 与中频信号间的关系式：

$$R = \frac{cT}{4\Delta F} IF$$

2）毫米波雷达测速原理

当目标与雷达信号发射源之间存在相对运动时，除了目标反射的回波信号与发射信号间存在时间差外，回波信号的频率与发射信号相比，会产生多普勒位移，如图 9 - 14 所示。

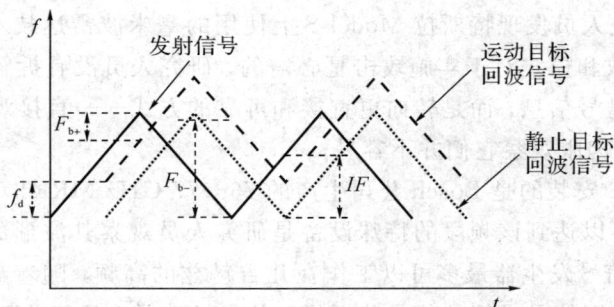

图 9 - 14　多普勒位移

图中，中频信号在信号的上升阶段的频率与下降阶段的频率分别用下列等式表示：

$$f_{b+} = IF - f_d$$
$$f_{b-} = IF - f_d$$

其中，f_d 为发射信号与回波信号间的多普勒位移。

$$f_d = \frac{f_{b-} - f_{b+}}{2}$$

可根据多普勒位移原理计算目标的相对运动速度 v：

$$v = \frac{c(f_{b-} - f_{b+})}{4f_0} = \frac{\lambda(f_{b-} - f_{b+})}{4}$$

其中，f_0 为发射信号的中心频率；λ 为发射信号的波长。

3）毫米波雷达的目标识别

毫米波雷达的目标识别基本原理是：利用雷达回波中的幅度、相位、频谱和极化等目标特征信息，通过多维空间变换来估算目标的大小、形状等物理特性参数，最后根据大量训练样本所确定的鉴别函数，在分类器中进行识别判决，内容包括目标识别预处理、特征信号提取、特征空间变换、模式分类器及样本学习等模块。其中，特征信号提取是指毫米波雷达采集提取其发射的电磁波与目标相互作用产生的各种信息，包括雷达散射截面积以及其他特征参数。常用的特征参数有目标的结构外形特征、目标的动态特征和回波波形特征等。特征空间变换的目的为：改变原始数据分布结构，压缩特征空间的维数，去除冗余特征。常用的特征变换技术有 K - L 变换（去冗余）和 Walsh 变换（降维）等。毫米波雷达的目标识别原理如图 9 - 15 所示。

图 9 - 15　毫米波雷达目标识别原理

257

3. 信号分析

经过分析，研究人员发现特斯拉 Model S 上使用的毫米波雷达技术尚未公开，而该雷达传感器的某些参数和模式对于实施攻击是必需的。研究人员没有拆解前保险杠寻找毫米波雷达的制造商和型号信息，而是转向更直接和可靠的方式——直接观察毫米波信号的光谱和波形，但是，用肉眼观察它们并不容易。

特斯拉 Model S 安装的是 Bosch 公司生产的 76～77 GHz MRR4 型毫米波雷达，在确认频段之后，使用可以达到该频段的特殊设备是研究人员观察其波形的唯一实用方式。正常的频谱分析仪和信号发生器最多可以工作在几吉赫兹的高频，随着最高频率的增加，价格会变得非常昂贵，即使是最好的信号分析仪和信号发生器也只能达到 40～50 GHz，因此必须加入倍频器和混频器才能达到提升频率的目的。

以下设备用于信号分析：Keysight N9040B UXA 信号分析仪（3 Hz～50 GHz）、DSOS804A 高清示波器、89601B VSA 软件和 VDI 100 GHz 谐波混频器。混频器作为 RF 前端，将 77 GHz 信号下变频至较低的频率，以便信号分析仪可以处理；示波器连接到信号分析仪，以便在时域内更好地观察；VSA 软件用于进一步的信号分析。

图 9 - 16 所示为实验装置，其中 A 是特斯拉的毫米波雷达，B 是高清示波器，C 是信号分析仪，D 是信号发生器，E 是倍频器、谐波混频器以及电源。为了获得更高的信号分析接收功率，研究人员将天线放在距汽车 0.5 m 的位置，水平方向与汽车毫米波雷达保持一致。切换到驱动装置后，给特斯拉毫米波雷达上电，可以从汽车仪表盘中看到毫米波雷达的工作情况。

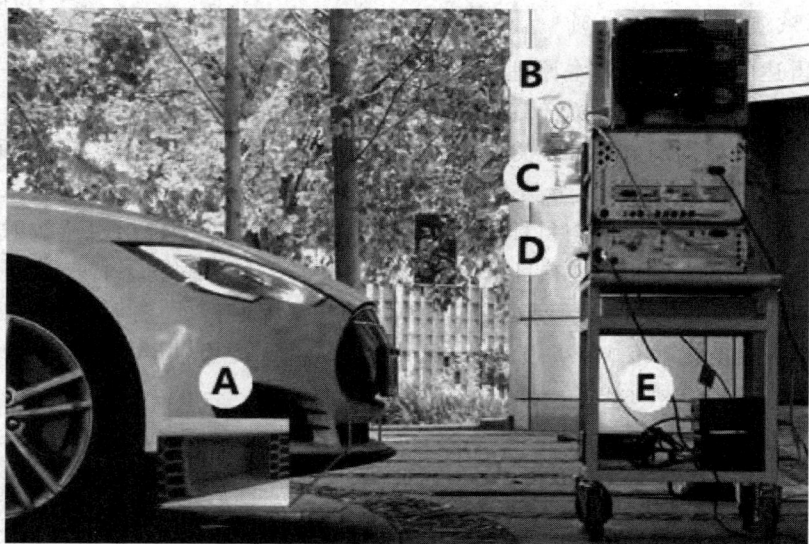

图 9 - 16　实验装置

利用信号分析仪，研究人员确认毫米波雷达信号的中心频率为 76.65 GHz 左右，这证明特斯拉上的汽车雷达能够在 76～77 GHz 频段内工作。经过手动修正后，研究人员进一步确定工作带宽（斜坡高度）约为 450 MHz，调制是 FMCW，具有 5 个斜坡的序列，这些都与 Bosch MRR4 的技术数据相对应。

4. 干扰攻击

1）实验说明

在知道了波形参数之后，直接的攻击想法是在相同的频率带宽内，发射 76～77 GHz 的信号对毫米波雷达进行干扰，根据对任何其他信号的抑制作用，当信号值高于噪声的 SNR 阈值大约 6～10 分贝时，系统可能会将干扰信号视为强噪声或错误输入，导致 SNR 降低或计算错误，从而导致毫米波雷达系统故障。

（1）干扰波形。干扰波形有很多选择，研究人员提出了两种：一种是固定频率 76.65 GHz；另一种是 450 MHz 带宽内的扫频。

（2）设备。利用 Keysight N5193A UXG 信号发生器(10 MHz～40 GHz)和 VDI WR10 倍频器(75～110 GHz)产生 77 GHz 的电磁波。

（3）实验装置。除了增加设备和汽车之间的距离以进行评估之外，实验装置与图 9-16 一致。

2）实验结果

干扰攻击的结果非常显著。起初，雷达系统检测到前方的障碍汽车，并显示在汽车仪表盘上，然而当射频输出（干扰攻击）开启时，障碍汽车的显示图标立即消失，当射频输出关闭时，障碍汽车又再次被检测到。此外，研究人员发现，当特斯拉 Model S 处于自动驾驶模式时，通过增加攻击距离和减少角度限制，攻击更加有效。研究人员认为这是由在自动驾驶模式下跟踪对象的阈值变化引起的。攻击效果如图 9-17 所示，图（a）为正常行驶状态；图（b）为自动驾驶状态；图（c）为干扰攻击正在进行的状态，此时障碍汽车图标消失。

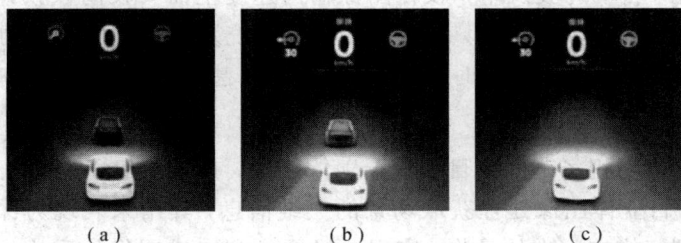

图 9-17 不同状态下的特斯拉 Model S 仪表盘显示

9.2.3 高清摄像头攻击技术分析

1. 高清摄像头概述

高清摄像头同样也是自动驾驶汽车必备的传感器，与雷达不同，摄像头没有任何穿透力且需要光线，用于自动驾驶的很多数据是通过对摄像头的图样识别得到的。不过摄像头也是最容易受到干扰的一种自动驾驶传感器，且一旦获取的图像有误差，对最终的识别结果就会产生极大的影响。高清摄像头的优点在于成本低，且目前视觉识别的方案相对来说发展得比较成熟，自动驾驶汽车可用的摄像头方案也比较多。图 9-18 中圆圈内为用于自动驾驶的高清摄像头。

摄像头可选择的型号和种类非常多，可简单分为单目摄像头、双目摄像头和全景摄像头三种。

图 9-18　用于自动驾驶的高清摄像头

1）单目摄像头

自动驾驶汽车的环境成像是机器视觉在车辆上的应用，需要满足车辆行驶环境及自身行驶状况的要求，天气变化、车辆运动速度、车辆运动轨迹、随机扰动、摄像头安装位置等都会影响车载视觉。自动驾驶汽车不仅在图像输出速度上需要较高帧频，而且在图像质量上也具有较高要求。单目摄像头是只使用一套光学系统及固体成像器件的连续输出图像的摄像头，能够实现实时调节光积分时间、自动白平衡，甚至能够完成开窗口输出图像功能。

2）双目摄像头

双目摄像头能够对视场范围内目标进行立体成像，其设计建立在对人类视觉系统研究的基础上，通过双目立体图像处理获取场景的三维信息，其结果表现为深度图，再经过一步处理就可以得到三维空间中的景物，实现二维图像到三维图像的重构。但是在自动驾驶任务应用中，双目摄像头的两套成像系统未必能够完美地对目标进行成像和特征提取。

3）全景摄像头

以加拿大 Point Grey 公司的 Lady bug 摄像头为代表的多摄像头拼接成像的全景摄像头被用于地图街景成像，它由完全相同的 6 个摄像头对上下方和 360 度全周进行同时成像，然后再进行 6 幅图像矫正和拼接，以获得同时成像的全景图像。使用全景摄像头的自动驾驶汽车可以同时获得车辆周围环境的全景图像，并进行处理和目标识别。另外，使用鱼眼镜头的单目摄像头也能呈现全景图像，虽然原始图像的畸变较大，但相比于多摄像头，其计算任务量和拼接方式较少，且价格低廉，也开始应用于自动驾驶领域。

来自超声波雷达、毫米波雷达、激光雷达等许多其他传感器的数据不足以实现安全的自动驾驶，特别是在应用了许多规则和条例的高速公路和城市街道上。对于有人类驾驶者的自动驾驶汽车共享交通系统而言，需要从道路标志和车载视觉系统上获取必要的信息，车载摄像头系统对周围环境进行视觉识别，包括车道线、交通标志、灯光、车辆、行人等其他障碍物的识别，在与其他传感器的数据融合后，可以为驾驶行为和路线提供更好更安全的规划。

摄像头是无源光传感器，从研究人员的经验来看，这些传感器可能会被干扰或欺骗。为了验证对车载摄像头的攻击，研究人员在不同场景下进行了致盲摄像头的攻击，通过记录和观察实验结果，研究人员发现：汽车高清摄像头不能提供足够的降噪或保护，可能会被强光遮蔽或照射损坏。

2. 高清摄像头系统模型

如图 9-19 所示，高清摄像头利用 CCD/CMOS 设备并通过滤波器采集光学数据，在摄像头模块中生成图像，并将其发送给 MCU 进行处理和计算，识别结果将从 CAN 总线发送到自动驾驶系统的各个 ECU。自动驾驶系统的综合处理器进行驾驶决策并向执行器发送命令，有些自动驾驶系统还会在车载大屏上为驾驶员提供视频输出以供参考。

摄像头控制单元

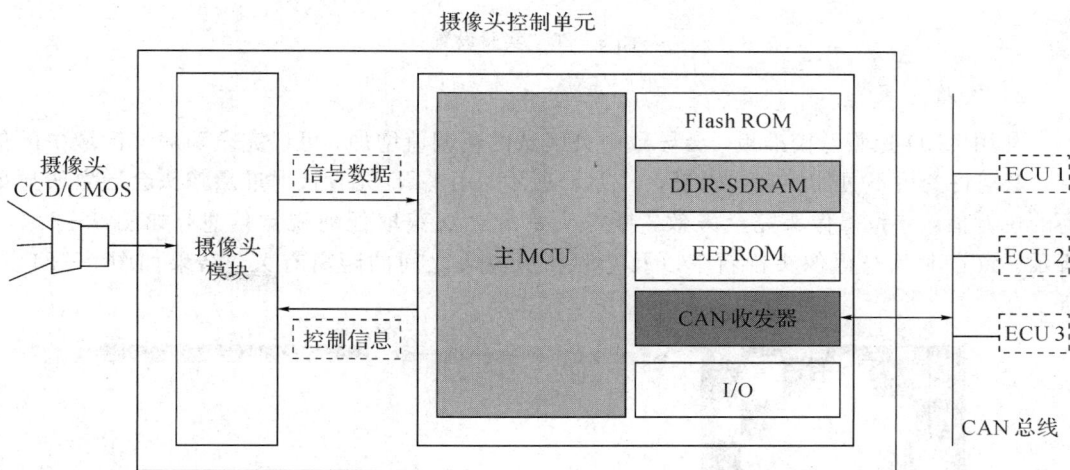

图 9-19　摄像头系统框图

3. 致盲攻击

研究人员的攻击基于这样的假设：CCD/CMOS 摄像头传感器可能会受到恶意光学输入的干扰，并会产生无法识别的图像，破碎的图像将进一步影响自动驾驶控制单元的决策并间接影响车辆控制，导致汽车行驶偏差或紧急制动，甚至导致车毁人亡的交通事故。

1）实验说明

光电传感器对光的强度非常敏感，吸收系数一般在 $10^3 \sim 10^5$ 之间，传感器对大部分激光能量都可以吸收，损坏光电传感器所需的时间比损害人眼的时间少几个数量级。由于非均匀温度场引起的热力效应，摄像头表面温度会由于光照迅速升高，半导体材料的雪崩击穿会对光电器件造成不可逆转的损伤。在研究人员的实验中，使用了三种光源，即 LED 灯光、激光和红外 LED 光。图 9-20 所示为致盲攻击的实验装置，校准板 A 位于摄像头 B 前方 1 m 处；光源指向摄像机或校准板上的 C1 和 C2，C1 的轴线与 AB 连线成 15°角，而 C2 的轴线与 AB 连线成 45°角。研究人员分别用 650 nm 红色激光、850 nm 红外 LED 光和 800 mW 功率的 LED 光进行了测试，观察了摄像头图像的输出，并测量了色调分布的变化。

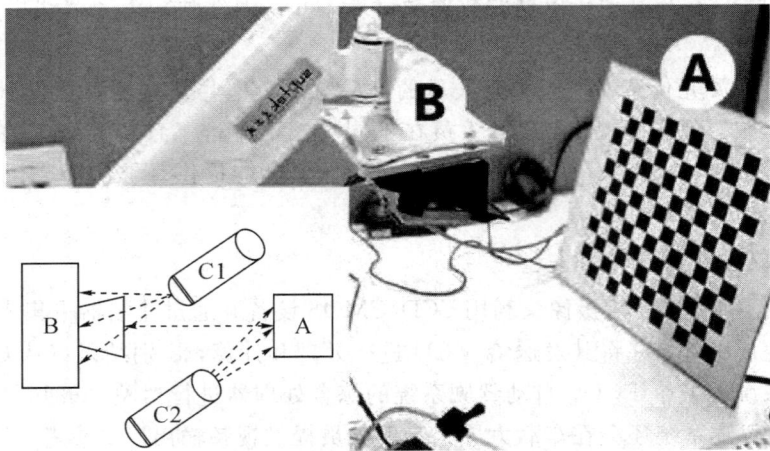

图 9-20　实验设置

2）实验结果

利用 LED 光照射校准板，会导致中央区域的色调值增加，可以完全隐藏该区域中的信息，识别将变得不可能实现，如图 9-21（a）所示。用 LED 光直接对准摄像头会导致明显更高的色调值，导致摄像头完全失效，摄像头系统无法获取任何视觉信息，如图 9-21（b）所示。致盲时间与摄像头刷新率以及光源和摄像头之间的距离有关，结果如图 9-21（c）所示。

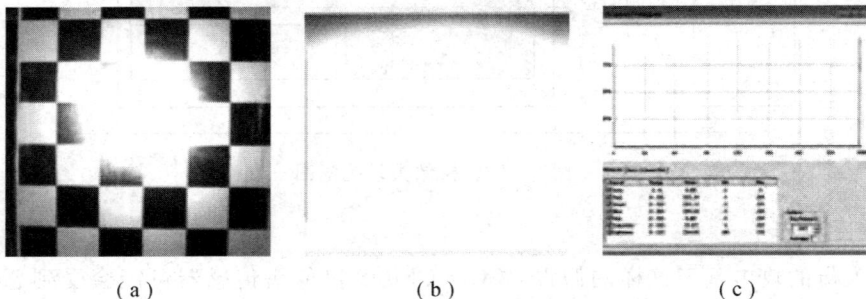

（a）　　　　　　　　　　（b）　　　　　　　　　　（c）

图 9-21　利用 LED 光致盲摄像头

将激光束指向校准板，对摄像头几乎没有任何影响，如图 9-22（a）所示。但是，将激光直接指向摄像头会导致摄像头完全失效约 3 s，在此期间图像识别将无法进行。研究人员进一步做了移动式激光光源的实验，以模拟手持式激光光源攻击或无意识地将激光照射摄像头的情况，如图 9-22（b）所示，虽然由于在 CCD/CMOS 芯片的一个点处的曝光时间较短，色调值并不高，但也可能导致摄像头识别图像失败。

当激光束在 0.5 m 内直接照射到摄像头上并持续几秒钟时，就会造成 CCD/CMOS 芯片的损坏，图 9-22（c）中的黑色曲线就是证据。当移开激光光源时，曲线仍然存在，如图 9-22（d）所示。可见，损坏是永久且不可逆的，只能通过更换 CCD/CMOS 组件来解决。在真实场景下，自动驾驶车辆附近的激光雷达可能会造成这种意外的损坏。

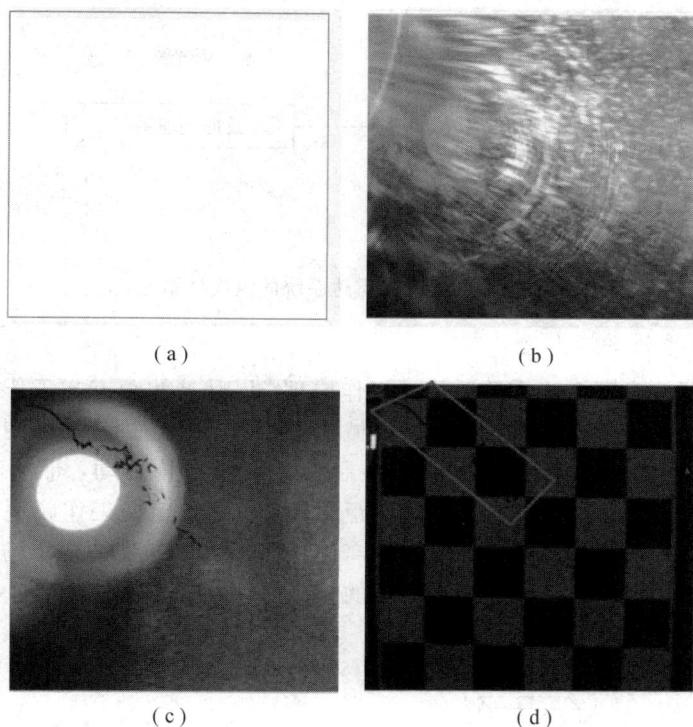

(a)　　　　　　　　　　(b)

(c)　　　　　　　　　　(d)

图 9 - 22　利用激光致盲摄像头

将红外 LED 光指向摄像头或校准板,观察到摄像头没有任何反应,这是由于摄像头上滤波器的频带较窄,这也是硬件质量良好的标志。

9.2.4　激光雷达攻击技术分析

2015 年,来自 Security Innovation 的 Jonathan Petit 等人在安全会议 BlackHat Europe 上发表了一篇论文:*Self Driving And Connected Cars Fooling Sensors And Tracking Drivers*,对激光雷达 ibeo LUX 3 和高清摄像头 MobilEye C2 - 270 进行了深入的安全分析,并利用设备进行了攻击实验。

1. 激光雷达概述

1)激光雷达系统的组成及功能

如图 9 - 23 所示,车载激光雷达系统主要由线阵测距传感器、机械扫描结构、扫描控制系统以及数据处理系统等几部分组成。线阵测距传感器是车载激光雷达的核心部件,可按照特定的工作频率测量汽车周围环境的距离信息。机械扫描结构提供了系统旋转扫描的动力,带动测距传感器旋转并获取 360°一定距离范围内的距离信息,同时能够在 360°旋转的情况下进行供电及数据传输,保证测距传感器与数据处理系统的通信。作为一个旋转体,该部分还要兼顾整个系统在旋转过程中的动平衡。扫描控制系统主要是对机械扫描结构进行控制,控制旋转和扫描的速度。数据处理系统主要是对测距传感器传回的数据进行处理分析、环境重建以及路径规划等。

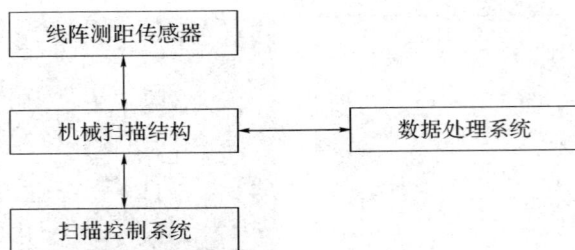

图 9-23　激光雷达系统的组成框图

2）激光雷达系统的工作原理

图 9-24 所示为车载激光雷达系统的工作原理。以脉冲测距方式工作的激光测距传感器通过机械扫描结构架设在车载平台上，机械扫描结构通过电机带动测距传感器进行扫描测距。在运行过程中，汽车通过控制系统控制机械扫描结构转动，带动测距传感器进行 360°旋转。测距传感器根据脉冲飞行时间测距原理，按照特定的工作频率探测汽车与周围环境之间的距离，并将测得的周围环境的距离信息通过机械扫描结构传输到车载平台的计算机系统中进行数据处理，从而为规划汽车的行车路线，规避障碍物等提供数据信息。

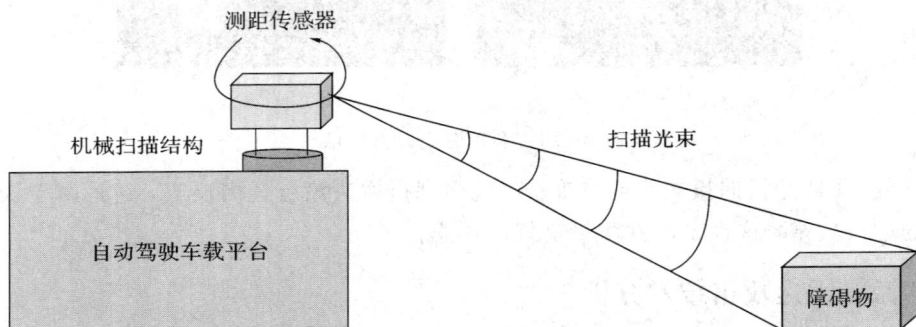

图 9-24　车载激光雷达系统的工作原理

3）激光雷达测距原理

车载激光雷达采用脉冲飞行时间测距原理，利用激光在发射点与目标间往返的时间差的准确测量来实现距离的计算。以激光作为信号源，由激光器发射出的脉冲激光，打到树木、道路、桥梁和建筑物上，引起散射，一部分光波会反射到激光雷达的接收器上，根据测距原理计算，就能得到从激光雷达到目标点的距离。设激光脉冲的飞行时间间隔为 Δt，目标距离为 R，光在空气中的传播速度为 c，则测距公式如下：

$$R=\frac{c\Delta t}{2}$$

4）激光雷达 ibeo LUX 3

研究人员测试的激光雷达是 ibeo LUX 3，如图 9-25 所示。这是一个四层激光雷达，四层指的是扫描光线的数量，每层相对于道路略微倾斜，所以激光雷达可以在崎岖不平的道路上测距。尽管它是一个多层激光雷达，但它不能提供三维视图，只能提供四层二维平面视图。该款激光雷达的最大射程可达 200 m，具体取决于天气条件，最多可探测三个回波脉冲，脉冲之间的最小恒定角分辨率在 12.5 Hz 或 25 Hz 时为 0.25°，在 50 Hz 时为 0.5°。例如，在探测距离为 20 m 且发射脉冲频率为 50 Hz 时，每个脉冲之间的差距将是 0.29 m。ibeo LUX 3 包含一个嵌入式对象跟踪系统，该系统使用卡尔曼滤波器跟踪以下对象：汽车、自行车、行人以及未知大小和分类的障碍物，该跟踪系统可以跟踪的对象的最大数目是 65 个，每个对象在被检测到时会增加一个用于跟踪目的的对象标识号。

图 9-25　激光雷达：ibeo LUX 3

这款激光雷达还运用了以下技术：

（1）两倍输出技术。这款雷达采用电源保存技术，测量距离可超过 200 m，即使在恶劣天气条件下，也能保持高持续性和可靠性。在众多的优点中，拥有远测量距离可更早发现目标并报警，尤其是在车辆全速行驶中（比如：高速自动巡航中）。

（2）三次回波技术。IBEO 公司同时开发出针对目标物体的优化测量技术，通过增加对每个目标平面探测的回波次数，从 2 次到 3 次，LUX 每次测量时都处理多次回波，使得测量结果能可靠地还原被测物体。传感器不仅能精确地分析相关物体数据，而且能识别不相关的物体数据，尤其是由灰尘、雾、雪或者雨引起的不相关物体数据。这些伪像通过独特技术被过滤掉，确保了测量结果的无误性。

（3）角度分辨率技术。该款雷达有三种角度分辨率，根据不同的应用环境来调整，能获得更好的探测结果。比如对于 ACC（自动巡航控制），在与行驶方向一致时，可增加分辨率至 1/10°，这样可轻易识别远处的物体。在其他不重要的场合，可适当减少角度分辨率。LUX（内部集成电子计算单元）传感器不仅输出原始扫描数据（4 层的极坐标数据值），同时输出每个测量对象的数据（位置、尺寸、纵向速度、横向速度等）。

2. 中继攻击

1）实验说明

中继攻击旨在将来自目标车辆激光雷达的原始信号从另一个位置中继以产生假回波，并最终使真实障碍物比其实际位置更近或更远。

为了执行中继攻击，攻击者需要两个信号收发器（图 9-26 中的 B 和 C）。由于 ibeo LUX 3 使用波长为 905 nm 的激光，因此收发器 B 是一个对此波长敏感的光电探测器

(Osram SFH-213，成本为 0.65 美元)。B 的输出是一个电压信号，对应于激光雷达(图 9-26中的 A)发送的脉冲强度，示波器连接到 B 以显示信号。B 的输出信号发送给 C，C 利用设备(Osram SPL-PL90，成本 43.25 美元)发出脉冲作为反馈。

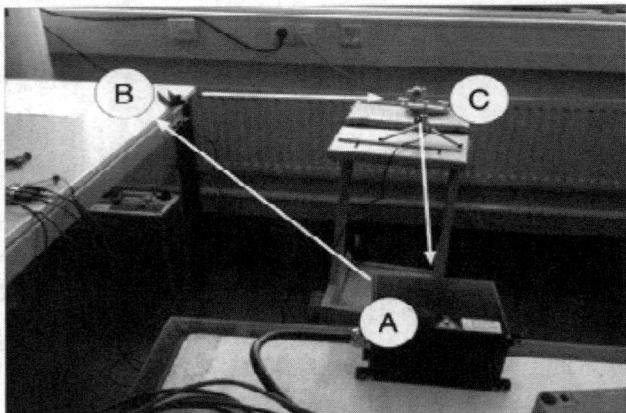

图 9-26　中继攻击的实验装置

在图 9-26 中，两个收发器相距 1 m 远。经过研究发现，如果收发器位于 ibeo LUX 3 的后面，中继攻击的效果会很好。由于激光雷达信号反射，一些反射回来的激光信号也会被 ibeo LUX3 接收，如果收发器接收到这些反射回来的信号，相同的信号可以从另一个位置重新传输，因此，用这些收发器执行中继攻击不需要目标激光雷达暴露在视野中。中继攻击最有可能发生在路旁，攻击者可从车辆接收激光雷达信号并将其转发到位于不同位置的另一辆具有自动驾驶功能的汽车中。

2) 实验结果

图 9-27 显示了中继攻击对激光雷达感知环境信息的影响。在攻击之前，激光雷达只检测到位于其前方 1 m 处的墙(见图 9-27 中的①)。在中继攻击期间，由于环境中存在攻击者发射的脉冲信号，激光雷达接收到 20 m 和 50 m 外的物体的回波(图 9-27 中圈出)。

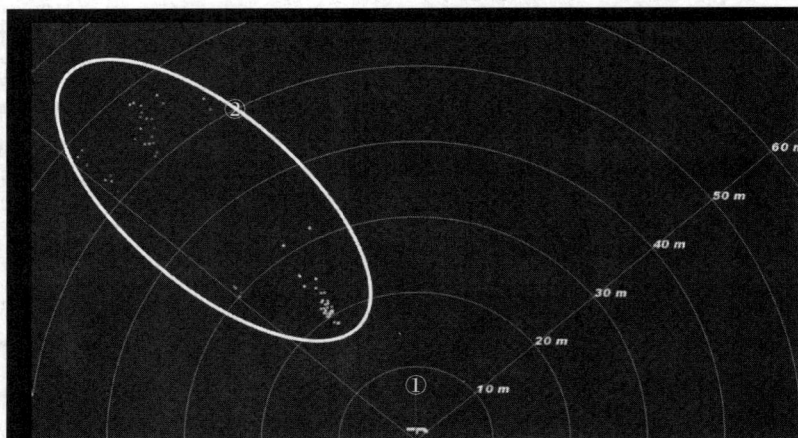

图 9-27　中继攻击的结果

由于自动驾驶系统可以进一步发现障碍物，因此这些回波会影响汽车的任务规划。研究人员实施的这种中继攻击表明激光信号没有被发射它们的激光雷达编码，并且可以被重播和中继以产生假的回波。

3. 信号欺骗攻击

对激光雷达的中继攻击表明可以在激光雷达所处的环境中很容易地注入假回波。在此处，研究人员通过创建假对象来对攻击进行扩展实验，使用原始信号作为触发信号来主动欺骗 ibeo LUX 3。

1）实验说明

光以约 $3.0×10^8$ m/s 的速度传播，ibeo LUX 3 的最大探测距离为 200 m，若信号在大约 1.33 μs 内前后移动，这就意味着激光雷达监听信号输入/反射的时间至少为 1.33 μs。要成功将信号在 1.33 μs 的时隙内注入激光雷达，伪造信号应该在此窗口内到达。激光雷达越早收到信号，则障碍物距激光雷达越近。因此，如果攻击者延迟原始信号，就可以"控制"障碍物的位置。注意，如果攻击者在 200 m 处，攻击窗口会非常小，因为前 200 m 已经有激光脉冲传播。

图 9-28 所示为激光雷达攻击窗口。在接收到第一个回波（原始脉冲）后，激光雷达接收到伪造脉冲回波，这使得障碍物看起来更远，因为激光雷达认为脉冲信号走了更远的距离，如果在静默窗口（间隙）中（即在 1.33 μs 的攻击窗口之后）接收到伪造脉冲，障碍物将不被察觉。这就是攻击者需要知道何时产生脉冲信号的原因。

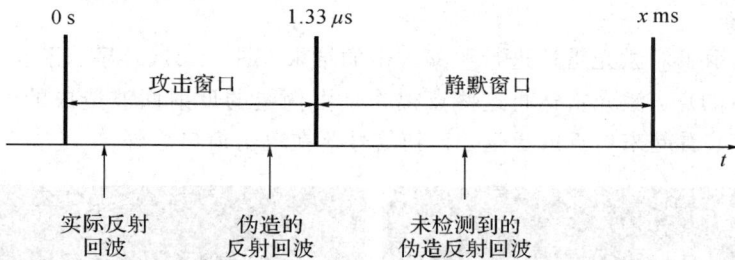

注：箭头表示如果攻击者的脉波击中激光雷达会发生的情况

图 9-28 激光雷达攻击窗口

图 9-29 展示了实验装置，A 表示 ibeo LUX 3，B 表示收发器，P1 和 P2 表示逻辑控制单元（在实际装置中未显示）。伪造的脉冲信号通过外部逻辑控制模块产生，外部逻辑控制模块

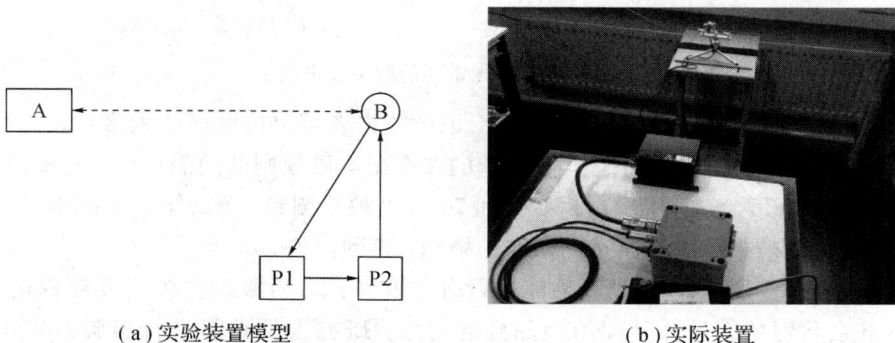

（a）实验装置模型　　　　　　　　　　　　（b）实际装置

图 9-29 欺骗攻击实验装置

由两个脉冲发生器组成。B的输出连接到 HP 8011A 脉冲发生器(P1)的触发输入端，一旦 P1 被触发，将延迟输出。P1 的输出连接到第二个脉冲发生器的输入端，即 Philips PM 5715(P2)，一旦 P2 被触发，就可以产生固定数量的方波脉冲，然后将 P2 的输出发送回收发器。

在实验中，延迟、脉冲数量、副本个数、脉冲宽度和脉冲周期是可以控制的变量。图 9-30 显示了延迟输出和副本数量如何影响伪造信号，一旦脉冲触发外部逻辑控制模块，就会产生固定数量的脉冲，通过使用示波器调整脉冲宽度和脉冲周期，可以让伪造信号与原始信号极其相似。

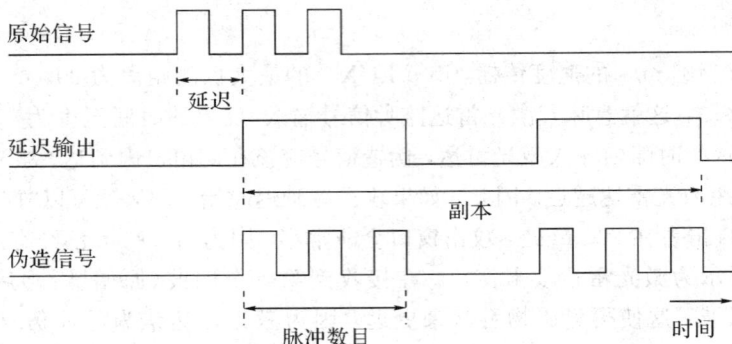

图 9-30　用于创建伪造信号的参数：延迟、脉冲数量和副本个数

2）实验结果

图 9-31 显示了对激光雷达进行欺骗攻击的结果。图 9-31(a)显示了在大约 50 m 处检测到的墙壁副本的点，激光雷达将这些点视为是由伪造的反射回波造成的。通过调整延迟时间，可以使墙壁看起来更近或更远，直到信号落在攻击窗口之外。

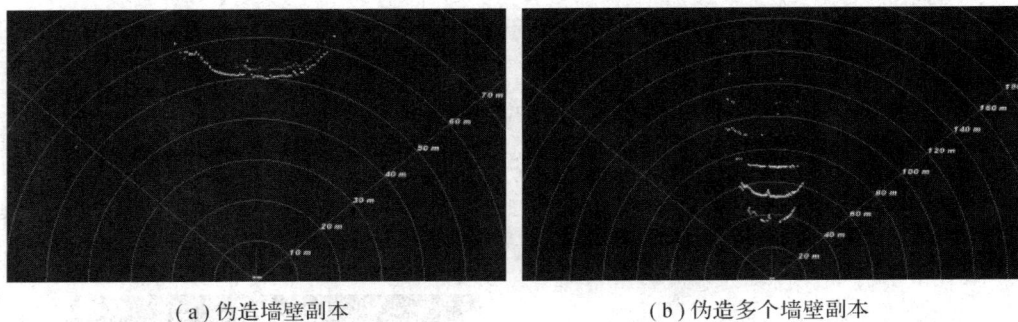

（a）伪造墙壁副本　　　　　　　　（b）伪造多个墙壁副本

图 9-31　对激光雷达的欺骗攻击结果

P1 可以配置为在触发时输出多个脉冲，因此攻击者可以按顺序注入多个伪造脉冲。图 9-31(b)显示了欺骗攻击的结果，其中墙壁的多个副本以规则的间隔产生。这些假墙（伪造的墙壁副本）在距离激光雷达 40 m、50 m 和 70 m 处被检测到。墙的第一个副本被认为是第二个回波，其他的是第二个和第三个回波的叠加，直到消失。

如前所述，ibeo LUX 3 可以对物体进行分类和跟踪，当跟踪框锁定要跟踪的物体时，ibeo LUX 3 会将对象编号并分配给检测到的对象。研究人员重新进行实验并启用跟踪功能，ibeo LUX 3 将墙壁副本分类为"未知类型的障碍物"（有时甚至是"汽车"）。图 9-32 显示了连续三次激光雷达的扫描结果，可以看到，第二个伪造的墙壁副本被检测到并被分类为"未知类型的障碍物"，并且其对象编号发生了变化。在不到 0.46 s 的时间内，第二个墙壁副本被识别为三个新对象，这表明 ibeo LUX 3 将同一个欺骗对象归类为一个新对象，因此无法随着时间的推移追踪欺骗对象。此结果证明了伪造的对象可以用来欺骗 ibeo LUX 3[①]。

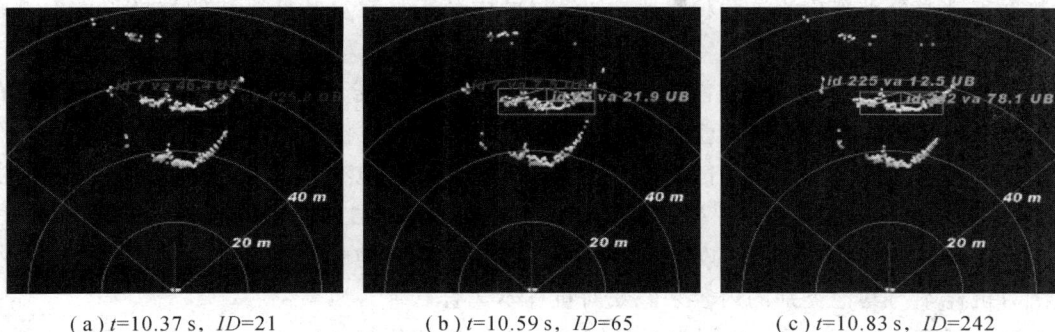

(a) t=10.37 s，ID=21   (b) t=10.59 s，ID=65   (c) t=10.83 s，ID=242

图 9-32　激光雷达的扫描结果

9.2.5　对抗样本攻击技术分析

1. 自动驾驶与机器学习

机器学习是自动驾驶技术日渐成熟的基础。随着各种传感器数据处理在汽车 ECU 中被引入，自动驾驶汽车必须越来越多地使用机器学习来完成新的任务，潜在的应用涉及通过来自不同外部和内部传感器（如激光雷达、毫米波雷达、超声波雷达、摄像头等）的数据融合来评估驾驶员状况或对驾驶场景分类。机器学习算法被分类为无监督学习和监督学习，两者之间的区别在于它们的学习方式。

监督学习算法利用训练数据集学习，并持续学习直到达到期望（最小化错误概率）的程度。监督学习算法可以分为回归、分类和异常检测或降维。

无监督学习算法尝试从可用数据中获取价值数据。这意味着，在可用数据内，算法产生关系，以便检测模式或根据它们之间的相似程度将数据集划分为子组。无监督学习算法通常被分类为关联规则学习和聚类。

在自动驾驶汽车上，机器学习算法的主要任务之一是持续感应周围环境，并预测可能出现的变化。在自动驾驶汽车通过各种传感器收集到数据时，对于原始的训练数据要首先进行预处理、计算均值，并对数据的均值做均值标准化，对原始数据做主成分分析，使用 PCA 白化或 ZCA 白化。例如，将激光雷达收集到的时间数据转换为车与物体之间的距离；将高清摄像头拍摄到的照片信息转换为对路障的判断、对红绿灯的判断、对行人的判断等；将毫米波雷达探测到的数据转换为各个物体之间的距离。

2. 机器学习安全威胁概述

已知的机器学习安全性问题主要集中在监督学习中，其中分类算法的安全性问题居

---

① 更加详细的内容请参考：https://pdfs.semanticscholar.org/e06f/ef73f5bad0489bb033f490d41a046f61878a.pdf。

多，有少量集中在无监督学习的聚类算法和强化学习中。对于传统的监督学习算法而言，朴素贝叶斯和支持向量机算法是两种经典的学习方法，应用十分广泛，而机器学习的安全性问题最早也是在这两种经典分类算法中出现的，暴露的主要安全问题涉及以传统监督学习算法为基础的网络安全检测系统。多数攻击采取训练期间注入恶意数据或者精心制作恶意数据来逃避分类器检测这两种手段，如最早的向基于朴素贝叶斯算法的垃圾邮件检测系统中注入恶意数据。

聚类算法是一种典型无监督学习算法，它可以发现数据分布的隐含模式，目前已经在很多领域中使用，尤其是在恶意域名检测、恶意程序检测、收集网络攻击来源信息等安全领域广泛应用。同样，这些用于安全领域的聚类算法本身也存在安全问题。针对聚类算法的攻击手段主要是训练期间注入恶意数据，进而影响聚类结果。除此之外，针对聚类算法的攻击手段还有迷惑攻击，即攻击者的目的是在不改变其他样本聚类结果的前提下，通过混淆对抗样本与其他类别的内容来隐藏对抗样本集合。

近几年来，深度学习是机器学习领域中快速发展的研究方向之一，引起了学术界和工业界的广泛关注，而 DNN(Deep Neural Networks，深度神经网络)作为深度学习的重要组成，在很多模式识别的任务中取得了优异的性能，尤其是在视觉分类和语音识别上表现尤为突出。虽然 DNN 在分类性能上优于其他的分类方法，但近期研究表明其具有反直觉的特性，具体来讲，就是在图片和语音识别任务中，DNN 只提取了其中很少的特征，导致其无法识别甚至误分类具有部分差异的图片。攻击者利用这个 DNN 弱点能够逃避系统检测，甚至模仿受害者来获取其权限。2013 年末，有研究团队首次提出用他们产生的轻微扰动的图片来欺骗训练好的 DNN 的实例，随后，其他研究团队也提出了很多对目前取得优异分类性能的 DNN 进行模仿攻击的实例，甚至对物理世界的人脸识别系统实现了攻击。除了人脸识别系统面临的安全威胁之外，与 DNN 相关的诸如语音识别系统、自动驾驶系统等也面临着安全威胁。

3. 对抗样本攻击概述

什么是对抗样本？对抗样本的概念最早是 Christian Szegedy 等人在 ICLR2014 发表的论文中提出来的，即在数据集中通过故意添加细微的干扰形成输入样本，受干扰之后的输入导致模型以高置信度给出了一个错误的输出。什么是对抗样本攻击？在 Ian J. Goodfellow 的论文 *Explaining and Harnessing Adversarial Examples* 中有这么一个例子，如图 9-33 所示：左边是一只大熊猫的图片，在这张图片中加入一个很小的干扰噪声，虽然生成的图片看起来和原始的没有什么区别，但是却会导致系统将其误认为是长臂猿的照片。

识别为熊猫　　　　　　　　　　　　识别为长臂猿

图 9-33　对抗样本攻击举例

前已述及，DNN 已经在图像处理、文本分析和语音识别等各种应用领域取得了很大的进展，也是很多网络与实体相连接的系统的重要组成部分，比如自动驾驶汽车的视觉系统可以利用 DNN 来更好地识别行人、车辆和道路标志。但是，近来的研究表明，DNN 容易受到对抗样本的影响：在输入中加入精心设计的对抗扰动可以误导目标 DNN，使其在运行中给该输入加标签时出错。当在现实生活中应用 DNN 时，这样的对抗样本就会带来安全问题，比如，对抗扰动输入可以误导自动驾驶汽车的感知系统，使其在分类道路标志时出错，从而造成灾难性的后果。

对已有的对抗样本攻击的研究表明，在现实世界中，对抗样本往往不能使分类模型错误分类，或者只在非常有限的情况（比如复杂原始图像经修改后打印出来）下才能达到对抗样本攻击的目的。2017 年，来自华盛顿大学、伯克利人工智能研究实验室的研究人员 Ivan Evtimov、Earlence Fernandes 等发表了一篇论文——*Robust Physical-World Attacks on Deep Learning Models*，该文指出，在针对分类的对抗样本攻击可行性方面，仍然有许多遗留问题：第一，给目标的背景增加扰动不可实现；第二，相比于目前所用的复杂图片，将扰动隐藏在像道路交通标志这种简单的目标中是更加困难的；第三，对于难以感知的扰动，还有额外的物理限制，因为轻微的扰动可能让车载摄像头在自然场景下不能获取扰动信息（如远距离和多角度情况下）。

研究人员的主要目的是验证对真实世界目标构建鲁棒且轻微的扰动是否可行。研究人员为创造有效的对抗样本攻击，攻克了以下几个挑战：第一，对抗扰动应该限制在目标物体上，并且不能增加目标物体的背景（许多数字对抗样本生成算法没有考虑这个约束，即会增加目标对象及其背景的扰动）；第二，对抗扰动应在各种动态物理条件下有效，这些条件也可能会降低扰动的有效性，如在识别系统中，所产生的物理对抗样本应该针对不同的识别条件而更加鲁棒；第三，数字世界中的扰动幅度可能会非常低，以至于人类无法感知它们，但是由于传感器缺陷，实际的物理传感器可能也无法捕获这种小幅度的扰动；第四，扰动应考虑实验设备的缺陷，如打印机在打印图片时无法包含整个色谱。

除了这些普遍的挑战之外，研究人员研究的道路标志也存在一些障碍：道路交通标志是一个非常简单的对象，隐藏对抗扰动非常困难。道路交通标志存在于不受控的嘈杂物理环境中，在这样的环境中有多种错误的干扰源可以降低攻击的有效性：其一，自动驾驶车辆中的摄像头与道路标志之间的距离随着道路形状、车辆类型、车辆位置、车道数量而不断变化；其二，车载摄像头的角度相对于道路标志也在不断变化；其三，光照强度根据一天中的时间和天气而变化；其四，各种各样的障碍物可能遮挡摄像头的视野。因此，对自动驾驶汽车视觉处理中使用的 DNN 进行有效的攻击必须能够容忍多种误差源。

受上述分析以及最近研究工作的启发，研究人员设计了 RP₂算法。利用 RP₂算法可以产生可见的但不显眼的扰动，只扰乱目标物体——道路交通标志，而不是目标物体所处的环境。研究人员在算法的目标函数中添加一个掩模矩阵来实现扰动的空间约束。

使用这种算法，攻击者可以利用低成本技术在物理基础上输入对抗扰动，从而可靠地在距离、角度和分辨率发生变化时让基于 DNN 的自动驾驶视觉处理系统进行错误分类。具体地说，就是可以让视觉处理系统将停车标志错误地识别为限速标志。研究人员采用了两种攻击方法：海报打印攻击（Poster-printing Attacks）和贴纸攻击（Sticker Attacks）。

对于海报打印攻击，研究人员利用微小的对抗扰动——对目标对象的整个区域（但不是背景)进行小幅度的修改,这些小幅修改是不易被察觉到的,因为产生的扰动表现为原始版本的淡化版本。海报打印攻击的步骤如下:

(1)攻击者在不同的角度、距离和光照强度条件下获得一系列交通标志的高分辨率图像。

(2)攻击者裁剪、重新缩放并将图像馈送到RP_2中,利用设计好的公式作为目标函数。

(3)攻击者在贴纸上打印标志(以及施加的对抗扰动),得到的印刷品的物理尺寸与实物物理尺寸匹配。在攻击中,打印了3000像素×3000像素像素的停车标志和1800像素×1800像素的右转标志。

(4)攻击者将打印的标志切割成物理符号(八角形或菱形)的形状,并将其覆盖在原始物理标志上面。

对于贴纸攻击,研究人员模仿在道路标志上的常见修改,用涂鸦的方式对目标物体的较小区域进行大幅度扰动,这也不易引起注意。贴纸攻击步骤如下:

(1)攻击者利用RP_2算法以数字形式产生对抗扰动。

(2)攻击者在海报打印机上打印出原始大小的停车标志,并将对抗扰动占据的区域剪掉。

(3)攻击者利用停车标志其余部分作为模板,制成贴纸贴在剪掉的缺口上和交通标志的其他部位,构成新的实物对抗样本。

研究人员的这两种攻击类型都不需要特殊资源,可以使用彩色打印机和摄像头进行辅助实验。如图9-34所示,在现实世界中看到随机涂鸦或颜色改变的道路交通标志是常见的(这些交通标志都是真实世界的道路标志)。如果这些随机模式的对抗扰动实际上是攻击者蓄意造成的,那么它们可能会导致自动驾驶系统产生错误判断,进而引起车祸甚至更严重的后果。

图9-34 真实场景中被涂鸦的停车标志

鉴于缺乏评估攻击的标准方法,研究人员提出了一种两阶段评估方法,包括在受控条件下感知目标对象的实验室测试和适当场景下感知目标对象的现场测试。研究人员针对两个卷积神经网络路标分类器对攻击效果进行评估:LISA-CNN分类器,这是在美国路标LISA数据集上训练的,分类准确率为91%;GTSRB*-CNN分类器,该分类器在经过修改的 GTSRB(德国交通标志识别基准)数据集上训练,分类准确率为 95%。

　　研究人员首先使用真实的道路标志图像来训练具有高识别精度的 DNN,然后使用 RP₂算法为训练出的分类器生成不同类型的对抗样本,最后使用提出的评估方法评估这些攻击方法的成功率。在实验室测试中,研究人员从不同的距离和角度拍摄了带有对抗扰动的交通标志,如图 9-35 所示。在室外现场实际测试中,在车辆上以不同的速度记录拍摄相同标志的视频,并从视频中提取图像帧。研究人员利用高精度分类器对这些实验图像进行错误标记测试,目的是用这些测试证明对抗样本攻击对于物理世界中的多种环境因素变化具有鲁棒性。图 9-36 展示了用于生成和评估现实世界中物理对抗性扰动的实验。

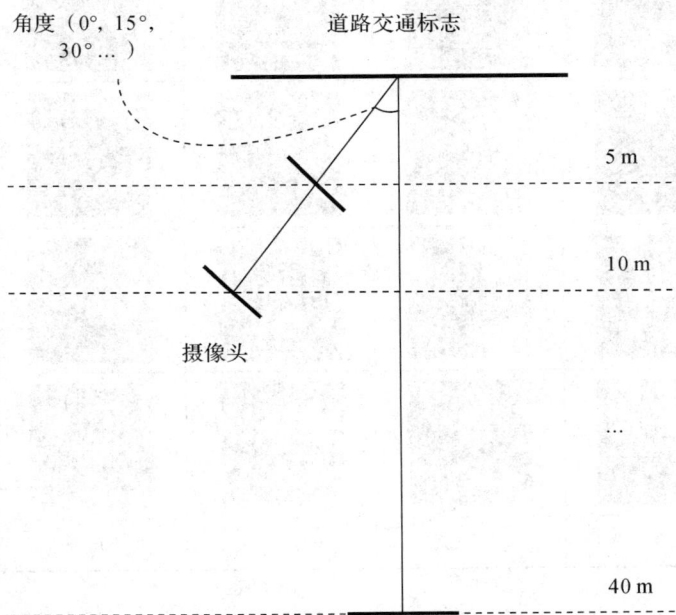

图 9-35　从不同的距离和角度拍摄带有对抗扰动的交通标志

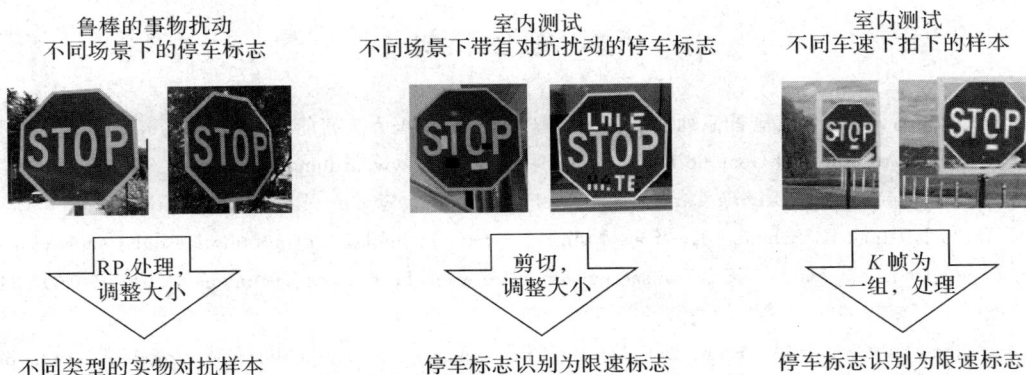

图 9-36　用于生成和评估现实世界中物理对抗性扰动的实验

　　表 9-2 所示是在选定的距离和角度下海报打印攻击和贴纸攻击的实验结果。

表 9-2　海报打印攻击和贴纸攻击的实验结果

角度	添加对抗扰动的停车标志	添加对抗扰动的转弯标志	被涂鸦的停车标志	贴纸伪装(LISA-CNN)	贴纸伪装(GTSRB＊.CNN)
5′0°					
5′15°					
10′0°					
10′30°					
40′0°					
攻击成功率	100％	73.33％	66.67％	100％	80％

这些实验结果为对抗攻击自动驾驶系统的 DNN 的潜在后果提供了强有力的证据,研究人员相信这项工作可以为未来的自动驾驶安全研究提供有价值的信息[①]。

参 考 文 献

[1] 李德毅,等. 中国人工智能系列白皮书——智能交通. 中国人工智能学会,2017,65-68.

[2] Arduino. Arduino and Genuino Project. Web: https://www.arduino.cc/.

[3] Google. Google Self-Driving Car Project. Web: https://www.google.com/selfdrivingcar/.

[4] Hasch J,Topak E,Schnabel R,et al. Millimeter-wave technology for automotive radar sensors in the 77 ghz frequency band. IEEE Transactions on Microwave Theory and Techniques,2012,60(3):845-860.

[5] Koscher K,Czeskis A,Roesner F,et al. Experimental security analysis of a modern automobile. Proceedings-IEEE Symposium on Security and Privacy,2010,447-462.

---

① 要了解更多深度学习系统面临的安全风险,可以访问 https://iotsecurity.eecs.umich.edu/＃roadsigns。

智能网联汽车安全

［6］ Miller C, Valasek C. Remote Exploitation of an Unaltered Passenger Vehicle. USA: BlackHat, 2015.

［7］ Noll M, Rapps P. Ultrasonic sensors for a k44das. Handbook of Driver Assistance Systems: Basic Information, Components and Systems for Active Safety and Comfort, 2016, 303 - 323.

［8］ Seiter M, Mathony H J, Knoll P. Parking assist. Handbook of Intelligent Vehicles, 2012, 829 - 864.

［9］ Son Y, Shin H, Kim D, et al. Rocking drones with intentional sound noise on gyroscopic sensors. 24th USENIX Security Symposium, 2015, 881 - 896.

［10］ Staszewski R, Estl H. Making cars safer through technology innovation. White Paper by Texas Instruments Incorporated, 2013.